大数据与人工智能技术丛书

Python
数据挖掘算法与应用

◎ 刘金岭 马甲林 编著

清华大学出版社

北京

内 容 简 介

本书较完整地讲解了数据挖掘和机器学习的基本概念、基本算法原理和应用技术。本书用通俗的语言和实例解释了抽象的概念，并将抽象概念融合到具体的案例中，以便于读者理解和掌握。

本书在编写过程中力求做到语言精练、概念清晰、取材合理、深入浅出、突出应用，为读者进一步从事数据分析、应用、开发和研究奠定坚实的基础。

本书既可作为高等院校信息类和管理类专业的数据挖掘或机器学习课程的教材，也可作为科研人员、工程师和数据分析爱好者的参考书。

图书在版编目（CIP）数据

Python 数据挖掘算法与应用/刘金岭，马甲林编著. —北京：清华大学出版社，2024.1
（大数据与人工智能技术丛书）
ISBN 978-7-302-63932-9

Ⅰ. ①P… Ⅱ. ①刘… ②马… Ⅲ. ①数据采集 Ⅳ. ①TP274

中国国家版本馆 CIP 数据核字（2023）第 118152 号

策划编辑：魏江江
责任编辑：王冰飞
封面设计：刘　键
责任校对：时翠兰
责任印制：沈　露

出版发行：清华大学出版社
　　　网　　址：https://www.tup.com.cn，https://www.wqxuetang.com
　　　地　　址：北京清华大学学研大厦 A 座　　　邮　　编：100084
　　　社 总 机：010-83470000　　　邮　　购：010-62786544
　　　投稿与读者服务：010-62776969，c-service@tup.tsinghua.edu.cn
　　　质量反馈：010-62772015，zhiliang@tup.tsinghua.edu.cn
　　　课件下载：https://www.tup.com.cn，010-83470236
印 装 者：三河市龙大印装有限公司
经　　销：全国新华书店
开　　本：185mm×260mm　　印　张：20　　　　　字　　数：527 千字
版　　次：2024 年 1 月第 1 版　　　　　　　　　　印　　次：2024 年 1 月第 1 次印刷
印　　数：1～1500
定　　价：59.80 元

产品编号：095607-01

前　言

党的二十大报告中指出：教育、科技、人才是全面建设社会主义现代化国家的基础性、战略性支撑。必须坚持科技是第一生产力、人才是第一资源、创新是第一动力，深入实施科教兴国战略、人才强国战略、创新驱动发展战略，这三大战略共同服务于创新型国家的建设。高等教育与经济社会发展紧密相连，对促进就业创业、助力经济社会发展、增进人民福祉具有重要意义。

随着信息技术的迅猛发展和互联网的普及，人类已经积累了海量的数据，而且这些数据还在不断地、快速地以指数级的速度增长。根据国际著名数据调查公司 IDC 在 2021 年的估计，全世界数据库中的数据量正以每 20 个月翻一番的速度增长。数据挖掘作为一种大有前途的工具和方法引起了产业界和学术界的极大关注，形成了信息领域的热点。本书中的案例采用Python 语言编写。Python 具有代码开源、简洁易读、科学计算软件包丰富的特点，已成为很多高校和研究机构进行教学和科学计算的语言。

本书结合编者多年从事数据挖掘课程教学、开发智能数据分析项目的经验，利用 Python作为工具，以实用的案例，系统地讲解了数据挖掘的相关算法及其应用。全书共 10 章，分为四篇。

第 1 篇为基础篇，由第 1～3 章组成。第 1 章介绍数据挖掘的定义和发展过程、数据挖掘的经典算法和应用领域等；第 2 章介绍 Python 用于数据分析的基础知识；第 3 章介绍数据挖掘中常用的 Python 处理模块。

第 2 篇为数据预处理篇，由第 4 章和第 5 章组成。第 4 章介绍数据的描述与可视化，首先讲解属性类型和数据对象，然后讲解数据对象的相似性度量和数据的可视化；第 5 章介绍数据采集和预处理，首先讲解数据的采集，然后讲解缺失值清洗、异常值清洗等，接着讲解数据标准化、数据归约、数据变换与数据离散化。

第 3 篇为数据挖掘算法描述和应用篇，由第 6～9 章组成。第 6 章首先讲解数据分类的基本概念、分类挖掘的一般流程，然后讲解 KNN 分类模型、Rocchio 分类模型、决策树分类模型、贝叶斯分类模型、支持向量机等相应算法的原理和 Python 实现；第 7 章首先讲解聚类分析的基本概念，然后讲解基于划分、层次、密度、网格、模型的聚类方法及其应用和 Python 实现；第 8 章首先讲解频繁项集、最小支持度、最小置信度、强关联规则、兴趣度、提升度等概念，然后讲解 Apriori 算法、FP-Growth 算法、Eclat 算法的原理及 Python 实现；第 9 章首先讲解预测分析的一般步骤，然后讲解回归分析预测模型、趋势外推法预测模型、时间序列预测法模型的概念及应用。

第 4 篇为后续学习引导篇，由第 10 章组成。第 10 章首先讲解深度学习的发展和基本概念，然后讲解深度学习的几种经典模型与算法，即常用的卷积神经网络、循环神经网络、生成对抗网络等。

本书具有如下特色：

(1) 在逻辑安排上循序渐进，由浅入深，便于读者系统学习。

(2) 内容丰富，信息量大，融入了大量本领域的新知识和新方法。

（3）重要知识点配有与理论内容相结合的案例分析，并采用 Python 语言编程实现。

（4）在内容选取、章节安排、难易程度、例子选取等方面充分考虑理论教学和实践教学的需要，力求使教材概念准确、清晰、重点明确，内容精练，便于取舍。每章均配有习题，便于教学。

为便于教学，本书提供丰富的配套资源，包括教学大纲、教学课件、在线作业、习题答案、实验指导和实训指导。

资源下载提示

课件等资源：扫描封底的"课件下载"二维码，在公众号"书圈"下载。

在线作业：扫描封底的作业系统二维码，登录网站在线做题及查看答案。

为了方便对数据挖掘课程的学习及数据挖掘技术的应用，编者还组织编写了配套教材《Python 数据挖掘算法与应用实验及课程实训指导》，作为读者学习本课程时的实践用书。

清华大学出版社的魏江江分社长和王冰飞老师对本书的编写给出了指导性的意见，张囡囡老师参与了本书的部分工作，在此表示衷心的感谢。

本书使用 Python 3.6 版本进行实验。

由于编者水平有限，书中疏漏之处在所难免，殷切希望广大读者批评指正。

编　者

2024 年 1 月

目　录

第 3 篇　数据挖掘算法描述和应用篇

第 4 篇　后续学习引导篇

第1篇

基 础 篇

第 **1** 章

数据挖掘概述

在 20 世纪 90 年代,随着数据库系统的广泛应用和网络技术的高速发展,数据库技术也进入一个全新的阶段,即从过去仅管理一些简单数据发展到管理由计算机所产生的图形、图像、音频、视频、电子档案、Web 页面等多种类型的复杂数据,并且数据量越来越大。数据库在给人们提供丰富信息的同时也体现出明显的海量信息特征。在信息爆炸时代,海量信息给人们的使用带来许多困难,最主要的是难以高效地提炼有效信息,过多无用的信息必然会产生信息距离(信息距离是对一个事物信息状态转移所遇到障碍的测度)和有用知识的丢失。这也就是约翰 • 内斯伯特(John Nalsbert)所称的"信息丰富而知识贫乏"的窘境。因此,人们迫切地希望能对海量数据进行深入分析,发现并提取隐藏在其中的有价值的信息,以更好地利用这些数据,但仅以数据库技术的录入、查询、统计等功能无法发现数据中存在的关系和规则,无法根据现有的数据预测未来的发展趋势,更缺乏挖掘数据背后隐藏知识的手段。数据挖掘技术就是在这样的需求背景下应运而生的。

1.1 什么是数据挖掘

数据挖掘是通过分析海量数据,从大量数据中寻找其规律或知识的技术,主要有数据准备、规律寻找和知识表示 3 个步骤。数据准备是从相关的数据源中选取所需的数据并整合成用于数据挖掘的数据集,规律寻找是用某种方法将数据集所含的规律找出来,知识表示是尽可能以用户可理解的方式(例如可视化)将找出的知识表示出来。

1.1.1 数据、信息、知识和智慧

数据(Data)是将客观事物记录下来的、可以鉴别的符号,这些符号不仅指数字,而且包括字符、文字、图形等。数据经过处理后仍然是数据,处理数据是为了便于更好地解释,只有经过解释,数据才有意义,才能够成为信息,可以说信息是经过加工以后对客观世界产生影响的数据。例如孤立的数字 165 是数据,而在 165 后面加上 cm 就变成了身高,具体是什么,还要结合语境。信息(Information)是对客观世界中各种事物的特征的反映,是关于客观事实的可通信的知识。所谓知识(Knowledge),就是反映各种事物的信息进入人的大脑,对神经细胞产生作用后留下的痕迹,知识是由信息形成。智慧是人类做出正确判断的能力和对知识的正确使用,智慧可以回答为什么的问题,可以判断是非、对错、好坏,关注未来,试图理解过去没有理

解的东西。比如,榴莲是数据,好吃或不好吃是信息,经过直接品尝实践后得到经验,这是类似于知识产生的过程,吃过以后有了经验,能够用于判断这就是智慧。

在管理过程中,对于同一数据,每个人的解释可能不同,其对决策的影响也可能不同。决策者利用经过处理的数据做出决策,可能取得成功,也可能失败,这里的关键在于对数据的解释是否正确,即是否正确地运用知识对数据做出解释,以得到准确的信息。

1.1.2　数据挖掘的定义

数据挖掘就是从大量的、不完全的、有噪声的、模糊的、随机的实际应用数据中提取隐藏在其中有潜在价值的信息和知识的过程。该定义包含以下几层含义:

(1) 数据源必须是真实的、大量的、有噪声的。

(2) 发现对用户有价值的知识。

(3) 发现的知识是可接受、可理解、可运用的。

(4) 并不要求发现放之四海而皆准的知识,仅支持特定的发现问题。

数据挖掘以解决实际问题为出发点,核心任务是对数据关系和特征进行探索。

1.1.3　数据挖掘的功能

数据挖掘综合了多个学科技术,具有很多功能,目前的主要功能如下:

(1) 数据总结。数据总结继承于数据分析中的统计分析。数据总结的目的是对数据进行浓缩,给出它的紧凑描述。传统的常用统计方法(例如求和、求平均值、求方差等)都是经典的有效方法。另外,还可以用直方图、饼图等图形方式进行表示。从广义上讲,多维分析也可以归入这一类。

(2) 分类。分类的目的是构造一个分类函数或分类模型(也常称作分类器),该模型能把数据库中的数据项映射到给定类别中的某一个。如果要构造分类器,需要有一个训练样本数据集作为输入。训练集由一组数据库记录或元组构成,每个元组是一个由有关字段(又称属性或特征)值组成的特征向量。此外,训练样本还有一个类别标识。一个具体的样本的形式可表示为$(v_1, v_2, \cdots, v_n; c)$,其中 v_i 表示字段值,c 表示类别。

例如,银行部门根据以前的数据将客户分成不同的类别,之后就可以根据这些类别来区分新申请贷款的客户,以选取相应的贷款方案。

(3) 聚类。聚类是把整个数据集分成不同的群组,目的是使群组与群组之间有明显的差别,而同一个群组之间的数据尽量相似。这种方法通常用于客户的细分。在开始细分之前通常并不知道要把客户分成几类,因此通过聚类分析可以找出客户特性相似的群体,例如客户消费特性相似或年龄特性相似等。在此基础上可以制定一些针对不同客户群体的营销方案。

例如,将申请贷款人分为高度风险申请者、中度风险申请者和低度风险申请者。

(4) 关联分析。关联分析是寻找数据的相关性。其常用的两种技术是关联规则和序列模式。关联规则是寻找在同一个事件中出现的不同项的相关性;序列模式与前者类似,但寻找的是事件之间时间上的相关性,例如今天银行利率的调整、明天股市的变化等。

(5) 预测。预测是通过分析对象发展的规律,近而对未来的趋势做出预见。例如对未来经济发展的判断。

(6) 偏差检测。偏差检测是对分析对象中少数的、极端特例的描述,并揭示内在的原因。例如,在银行的 100 万笔交易中有 500 例存在欺诈行为,银行为了稳健经营,需要发现这 500 例的内在因素,从而降低未来经营的风险。

以上数据挖掘的各项功能不是独立存在的,它们在数据挖掘中互相联系,联合发挥作用。

1.1.4　数据挖掘的发展简史

数据挖掘起始于20世纪的下半叶,是在当时多个学科发展的基础上发展起来的。随着数据库技术的发展和应用,数据积累的不断膨胀,导致简单的查询和统计已经无法满足企业的商业需求,亟须一些革命性的技术去挖掘数据背后的信息。同时,在这期间计算机领域的人工智能也取得了巨大进展,进入机器学习阶段。因此,人们将两者结合起来,用数据库管理系统存储数据,用计算机分析数据,并且尝试挖掘数据背后的价值。这两者结合促生了一门新的学科,即数据库中的知识发现。

在1989年8月召开的第11届国际人工智能联合会议的专题讨论会上首次出现了知识发现(Knowledge Discovery in Database,KDD)这个术语。KDD涉及数据库、机器学习、统计学、模式识别、数据可视化、高性能计算、知识获取、神经网络、信息检索等众多学科技术的集成,涉及这些领域中的许多理论和方法,形成了一个独立的研究方向。1995年,在加拿大蒙特利尔召开的第一届"知识发现和数据挖掘"国际会议上首次提出了数据挖掘这一学科的名称。同年,在美国计算机年会上开始把数据挖掘视为数据库知识发现的一个基本步骤,认为数据挖掘是KDD过程中对数据应用算法抽取知识的步骤,是KDD过程中的重要环节,其算法的好坏直接影响KDD所发现知识的准确性。最有影响的算法有IBM公司的R. Agrawal提出的关联算法、澳大利亚教授J. R. Quinlan给出的分类算法、密歇根州立大学的Erick Goodman提出的遗传算法等。同时也有一些国际知名公司纷纷加入数据挖掘技术研究的行列,例如美国的IBM公司于1996年研制出智能挖掘机Intelligent Miner,用于提供数据挖掘解决方案,SPSS公司开发了基于决策树的数据挖掘软件——SPSS CHAID挖掘系统,以及SAS公司的Enterprise Miner、SGI公司的SetMiner、Sybase公司的Warehouse Studio等。

到目前为止,KDD的重点已经从发现方法转向了实践应用,而数据挖掘是知识发现(KDD)的核心部分,它指的是从数据集合中自动抽取隐藏在数据中的有用信息的非平凡过程,这些信息的表现形式为规则、概念、规律和模式等。

进入21世纪,数据挖掘已经成为一门比较成熟的交叉学科,并且数据挖掘技术也伴随着信息技术的发展日益成熟起来。

总体来说,数据挖掘融合了数据库、人工智能、机器学习、统计学、高性能计算、模式识别、神经网络、数据可视化、信息检索和空间数据分析等多个领域的理论和技术,是21世纪初期对人类产生重大影响的十大新兴技术之一。

1.2　数据挖掘的基本步骤及方法

在实施数据挖掘之前要先制定采取什么样的步骤,每一步都做什么,要达到什么样的目标,有了好的计划才能保证数据挖掘有条不紊地实施并取得成功。

1.2.1　数据挖掘的基本步骤

数据挖掘的基本流程大致如下:

(1) 问题定义。在开始数据挖掘之前,最重要的前提条件是熟悉领域知识,弄清用户的需求。缺少了领域知识,就不能明确定义要解决的问题,就不能为挖掘准备优质的数据,也很难正确地解释得到的结果。要想充分发挥数据挖掘的价值,必须对目标有一个清晰、明确的定义,即决定到底想干什么。

（2）建立数据挖掘库。要进行数据挖掘必须收集要挖掘的数据资源。一般建议把要挖掘的数据都收集到一个数据库中，而不是采用原有的数据库或数据仓库。这是因为在大部分情况下需要对挖掘的数据进行处理，而且还会遇到采用外部数据的情况；另外，数据挖掘还要对数据进行各种纷繁复杂的统计分析，而数据仓库有可能不支持这些数据结构。

（3）分析数据。分析数据的目的是找到对预测输出影响最大的数据字段，并决定是否需要定义导出的字段。如果数据集中包含成百上千个字段，那么浏览、分析这些数据将是一件非常耗时和累人的事情，这时需要选择一个具有好的界面和功能强大的工具软件来协助完成这个事情。

（4）调整数据。通过上述步骤的操作，大家对数据的状态和趋势有了进一步的了解，这时要尽可能地对要解决的问题进一步明确化和量化。针对问题的需求对数据进行增、删，按照对整个数据挖掘过程的新认识来组合或生成一个新的变量，以体现对状态的有效描述。

（5）建立模型。建立模型是一个反复的过程，需要仔细考察不同的模型以判断哪个模型对具体问题最有用。先用一部分数据建立模型，然后用剩下的数据来测试和验证这个模型。有时还需要第三个数据集，称之为验证集，因为测试集可能受模型的特性影响，这时需要一个独立的数据集来验证模型的准确性。训练和测试数据挖掘模型需要把数据至少分成两个部分，一个用于模型训练，另一个用于模型测试。

（6）测试模型。在模型建立好之后，必须评价得到的结果、解释模型的价值。从测试集得到的准确率只对用于建立模型的数据有意义。在实际应用中需要进一步了解错误的类型和由此带来的相关费用。经验表明，有效的模型并不一定是正确的模型。造成这一点的直接原因就是模型建立中隐含的各种假定，因此直接在现实世界中去测试模型很重要。先在小范围内应用，取得测试数据，满意之后再大范围推广。

（7）实施。模型建立并经验证之后有两种主要的应用，一种是提供给分析人员做参考，另一种是把此模型应用到不同的数据集上。

1.2.2　数据挖掘的任务

（1）关联分析（Association-analysis）。关联分析的目的是找出数据库中隐藏的关联（简单关联、时序关联、因果关联）网，用于发现隐藏在大型数据集中令人感兴趣的联系。两个或两个以上变量的取值之间存在的规律性称为关联。数据关联是数据库中存在的一类重要的、可被发现的知识。一般用支持度和可信度两个阈值来度量关联规则的相关性，同时还引入了兴趣度等参数，使得所挖掘的规则更符合需求。

（2）聚类分析（Clustering-analysis）。聚类是把数据按照相似性归纳成若干类别，同一类中的数据彼此相似，不同类中的数据相异。通过聚类分析可以建立宏观的概念，发现数据的分布模式，以及可能的数据属性之间的相互关系。

（3）分类（Classification）。分类就是找出一个类别的概念描述，它代表了这类数据的整体信息，即该类的内涵描述，并用这种描述来构造模型，一般用规则或决策树模式表示。分类是利用训练数据集通过一定的算法求得分类规则。分类可被用于规则描述和预测。

（4）回归分析预测（Regression-analysis Prediction）。回归分析预测是在分析自变量和因变量之间相关关系的基础上建立变量之间的回归方程，并将回归方程作为预测模型，根据自变量在预测期的数量变化来预测因变量关系并表现为相关关系。其运用十分广泛，回归分析按照涉及变量的多少分为一元回归分析和多元回归分析。

（5）时序模式（Time-series Pattern）。时序模式是指通过时间序列搜索出的重复发生概率较高的模式。与回归一样，时序模式也是用已知的数据预测未来的值，但这些数据的区别是变量所处的时间不同。

（6）偏差分析（Deviation-analysis）。在偏差中包括很多有用的知识，数据库中的数据存在很多异常情况，找出数据库中数据存在的异常情况是非常重要的。偏差检验的基本方法就是寻找观察结果与参照之间的差别。

1.2.3　数据挖掘的分析方法

数据挖掘分为有指导的数据挖掘和无指导的数据挖掘。有指导的数据挖掘是利用可用的数据建立一个模型，这个模型是对一个特定属性的描述。无指导的数据挖掘是在所有的属性中寻找某种关系。具体而言，分类、估值和预测属于有指导的数据挖掘；关联规则和聚类属于无指导的数据挖掘。

（1）分类。首先从数据中选出已经分好类的训练集，在该训练集上运用数据挖掘技术建立一个分类模型，再将该模型用于对没有分类的数据进行分类。

（2）估值。估值与分类类似，但估值最终的输出结果是连续型数值，估值的量并非预先确定。估值可以作为分类的准备工作。

（3）预测。预测通过分类或估值来进行，通过分类或估值训练得出一个模型，如果对于检验样本组而言该模型具有较高的准确率，可将该模型用于对新样本的未知变量进行预测。

（4）相关性分组或关联规则。其目的是发现哪些事情总是一起发生。

（5）聚类。聚类是自动寻找并建立分组规则的方法，它通过判断样本之间的相似性把相似样本划分在一个簇中。

1.3　数据挖掘与统计学的关系

数据挖掘来源于统计分析，而又不同于统计分析。数据挖掘不是为了替代传统的统计分析技术，相反，数据挖掘是统计分析方法的扩展和延伸。

1.3.1　数据挖掘与统计学的联系

大多数的统计分析技术都基于完善的数学理论和高超的技巧，其预测的准确程度还是令人满意的，但对于使用者的知识要求比较高。随着计算机功能的不断强大，数据挖掘可以利用相对简单和固定的程序完成同样的功能。新的计算算法的产生（例如神经网络、决策树）使人们不需要了解其内部复杂的原理也可以通过这些方法获得良好的分析和预测效果。

由于数据挖掘和统计分析之间具有根深蒂固的联系，常用的数据挖掘工具都能够通过可选件或自身提供统计分析功能。这些功能对于数据挖掘前期的数据探索和数据挖掘之后的数据总结与分析都是十分必要的。统计分析所提供的诸如方差分析、假设检验、相关性分析、线性预测、时间序列分析等功能都有助于在数据挖掘前期对数据进行探索：发现数据挖掘的课题、找出数据挖掘的目标、确定数据挖掘所需涉及的变量、对数据源进行抽样等。所有这些前期工作都会对数据挖掘的效果产生重大影响。数据挖掘的结果也需要对统计分析的描述功能（例如最大值、最小值、平均值、方差、四分位、个数、概率分配等）进行具体描述，使数据挖掘的结果能够被用户理解。因此，统计分析和数据挖掘是相辅相成的过程，两者的合理配合是数据挖掘成功的重要条件。

1.3.2　数据挖掘与统计学的区别

统计学目前有一种趋势——越来越精确。当然，这本身并不是坏事，只有越来越精确才能避免错误,发现真理。统计学在采用一个方法之前要先证明,而不是像计算机科学和机器学习那样注重经验。有时候同一问题的其他领域研究者提出了一个明显有用的方法,但它却不能被统计学家证明(或者现在还没有被证明)。统计杂志倾向于发表经过数学证明的方法而不是一些特殊方法。数据挖掘作为几门学科的综合,已经从机器学习那里继承了实验的态度。这并不意味着数据挖掘工作者不注重精确,而只是说明如果方法不能产生结果就会被放弃。

正是由于统计学的数学精确性,以及其对推理的侧重,尽管统计学的一些分支也侧重于描述,但是浏览一下统计论文就会发现这些论文的核心研究问题就是在观察了样本的情况下如何去推断总体,当然这也常常是数据挖掘所关注的。事实上数据挖掘常根据一个特定属性去处理一个大数据集,这就意味着传统统计学由于可行性的原因常常是利用一个样本来进行分析处理,而所描述的样本取自于那个大数据集。其实数据挖掘问题也常常需要得到数据总体,例如一个公司的所有职工数据、数据库中的所有客户资料、去年的所有业务等。在这种情形下统计学的推断就没有价值了。

在很多情况下,数据挖掘的本质是很偶然地发现非预期但很有价值的信息。这说明数据挖掘过程本质上是实验性的。这和确定性分析是不同的,即它不能完全确定一个理论,而是只能提供证据和不确定的证据。确定性分析着眼于最适合的模型,即建立一个推荐模型,这个模型也许不能很好地解释观测到的数据。大部分统计分析提出的是确定性分析。

如果数据挖掘的主要目的是知识发现,那它就不必关心统计学领域中的在回答一个特定问题之前如何很好地搜集数据,例如实验设计和调查设计。数据挖掘本质上假想数据已经被搜集好,关注的只是如何发现其中的知识。

另外,统计学的核心是模型,数据挖掘更注重的是准则。

1.4 数据挖掘与机器学习的关系

机器学习为数据挖掘提供了底层的技术支撑,而机器学习也需要大量的数据挖掘算法对有效数据进行训练,所以机器学习和数据挖掘是相互促进的。

1.4.1 数据挖掘与机器学习的联系

在数据挖掘中用到了大量的机器学习提供的数据分析技术和数据库提供的数据管理技术。学习能力是智能行为的一个非常重要的特征。不具有学习能力的系统很难称为一个真正的智能系统,而机器学习希望系统(计算机)能够利用经验来改善自身的性能,因此该领域一直是人工智能的核心研究领域之一。在计算机系统中,"经验"通常是以数据的形式存在的,因此机器学习不仅涉及对人的认知学习过程的探索,还涉及对数据的分析处理。实际上,机器学习已经成为计算机数据分析技术的创新源头之一。由于几乎所有的学科都要面对数据分析任务,所以机器学习已经影响到计算机科学的众多领域,甚至影响到计算机科学之外的很多学科。机器学习是数据挖掘中的一种重要工具。数据挖掘不仅要研究、拓展、应用一些机器学习方法,还要通过许多非机器学习技术解决数据仓储、大规模数据、数据噪声等实践问题。

1.4.2 数据挖掘与机器学习的区别

数据挖掘使用了大量的机器学习算法,还使用了一系列的工程技术。机器学习则是以统计学为支撑的一门面向理论的学科,其不需要考虑诸如数据仓库、OLAP 等应用工程技术。

数据挖掘是从目的而言的,机器学习是从方法而言的,两个领域有相当大的交集,但不能等同。机器学习的涉及面很宽,常用在数据挖掘上的方法只是"从数据学习"。机器学习不仅可以用在数据挖掘领域,还可以应用到一些机器学习的子领域甚至与数据挖掘关系不大的领域,例如增强学习与自动控制等。

简而言之,机器学习是一门更加偏向理论的学科,其目的是让计算机不断学习找到接近目标函数 f 的假设 h。数据挖掘则是使用了包括机器学习算法在内的众多知识的一门应用学科,它主要是使用一系列处理方法挖掘数据背后的信息。

1.5 数据挖掘的十大经典算法

国际权威的学术组织 the IEEE International Conference on Data Mining(ICDM)在 2006 年 12 月评选出了数据挖掘领域的十大经典算法,即 C4.5、k-means、SVM、Apriori、EM、PageRank、AdaBoost、KNN、Naive Bayes 和 CART。

1. C4.5

C4.5 算法是机器学习算法中的一种分类决策树算法,其核心算法是 ID3 算法。C4.5 算法继承了 ID3 算法的优点,并在以下方面对 ID3 算法进行了改进:

(1) 用信息增益率来选择属性,克服了用信息增益选择属性时偏向选择取值多的属性的不足。

(2) 在构造树的过程中进行剪枝。

(3) 能够完成对连续属性的离散化处理。

(4) 能够对不完整的数据进行处理。

C4.5 算法的优点是产生的分类规则易于理解,准确率较高;缺点是在构造树的过程中需要对数据集进行多次顺序扫描和排序,导致算法低效。

2. k-means

k-means 算法是一种聚类算法,把 n 个对象根据它们的属性分为 k 个簇,k<n。该算法与处理混合正态分布的最大期望算法很相似,因为它们都试图找到数据中自然聚类的中心。该算法假设对象属性来自于空间向量,并且目标是使各个簇内部的均方误差总和最小。

3. SVM

支持向量机(Support Vector Machine,SVM)是一种监督式学习的方法,广泛地应用于统计分类以及回归分析中。支持向量机将向量映射到一个更高维的空间中,在这个空间中建立一个最大间隔超平面。在分开数据的超平面的两边建有两个互相平行的超平面。分隔超平面使两个平行超平面的距离最大化。平行超平面间的距离越大,分类器的总误差越小。

4. Apriori

Apriori 算法是一种最有影响的挖掘布尔关联规则频繁项集的算法。其核心是基于两阶段频繁项集思想的递推算法。该关联规则在分类上属于单维、单层、布尔关联规则。在这里,所有支持度大于最小支持度的项集称为频繁项集。然后由频繁项集产生强关联规则,这些规则必须满足最小支持度和最小可信度。

5. EM

在统计计算中,最大期望(Expectation Maximization,EM)算法是在概率模型中寻找参数最大似然估计的算法,其中概率模型依赖于无法观测的隐藏变量。最大期望算法经常应用于机器学习和计算机视觉的数据聚类领域。

6. PageRank

PageRank 算法又称网页排名,它根据网站外部链接和内部链接的数量和质量来衡量网站的价值。该算法的原理为每个到页面的链接都是对该页面的一次投票,被链接的越多,就意味着被其他网站投票越多,这就是所谓的"链接流行度",由此来衡量多少人愿意将他们的网站和该网站挂钩。PageRank 这个概念源自学术中一篇论文被引用的频度,即被别人引用的次数越多,通常判断这篇论文的权威性就越高。

7. AdaBoost

AdaBoost 是一种迭代算法,其核心思想是针对同一个训练集训练不同的分类器(弱分类器),然后把这些弱分类器集合起来,构成一个更强的最终分类器(强分类器)。其算法本身是通过改变数据分布来实现的,它根据每次训练集中每个样本的分类是否正确以及上次总体分类的准确率来确定每个样本的权值,将修改过权值的新数据集传输给下层分类器进行训练,最后将每次训练得到的分类器融合起来作为最终的决策分类器。

8. KNN

KNN 算法也称为 K 最近邻(K-Nearest Neighbor)分类算法,它是一个理论上比较成熟的方法,也是最简单的机器学习算法之一。该算法的原理是如果一个样本在特征空间中的 k 个最相似(即在特征空间中最邻近)的样本中的大多数属于某一个类别,则该样本也属于这个类别。

9. Naive Bayes

在众多的分类模型中,应用最为广泛的两种分类模型是决策树模型和朴素贝叶斯模型(Naive Bayes Model,NBM)。朴素贝叶斯模型发源于古典数学理论,有着坚实的数学基础及稳定的分类效率。同时,NBM 模型所需估计的参数很少,对缺失数据不太敏感,算法也比较简单。理论上,NBM 模型与其他分类方法相比具有最小的误差率,但实际上并非总是如此,这是因为 NBM 模型假设属性之间相互独立,这个假设在实际应用中往往是不成立的,这给 NBM 模型的正确分类带来了一定的影响。在属性个数比较多或者属性之间相关性较大时,NBM 模型的分类效率比不上决策树模型;在属性相关性较小时,NBM 模型的性能最为良好。

10. CART

CART 算法也称为分类与回归树(Classification And Regression Tree)。在分类树下面有两个关键的思想,一个是关于递归地划分自变量空间的想法(二元切分法);另一个是用验证数据进行剪枝(预剪枝、后剪枝)。虽然在回归树基础上构建模型树的难度可能增加了,但其分类效果也有所提升。

1.6　数据挖掘的典型应用

不同于传统时代,社会各领域在参与激烈的市场竞争的过程中充分认识到数据对自身长远发展战略实现的重要性,因此数据挖掘技术在当前各行业的发展中随处可见。

1. 应用于医学方面,提高诊断的准确率

众所周知,人体奥秘无穷无尽,遗传密码、人类疾病等方面都蕴含了海量的数据信息。传统研究模式单纯依靠人工无法探索真正的秘密,而利用数据挖掘技术能够有效地解决这些问题,给医疗工作者带来了极大的便利。同时,在医疗体制改革的背景下,医院内部医疗器具的管理、病人档案资料的整理等方面同样涉及数据,引进数据挖掘技术能够深入分析疾病之间的联系及规律,帮助医生进行诊断和治疗,并达到事半功倍的效果,为保障人类健康等提供了强大的技术支持。

2. 应用于金融方面,提高工作的有效性

在银行等金融机构中涉及储蓄、信贷等大量数据信息,利用数据挖掘技术管理和应用这些数据信息,能够帮助金融机构更好地适应互联网金融时代的发展趋势,提高金融数据的完整性、可靠性,为金融决策提供科学依据。金融市场变幻莫测,要想在竞争中提升自身的核心竞争力,需要对数据进行多维分析和研究。在应用中,特别是侦破洗黑钱等犯罪活动时,可以采取孤立点分析等工具进行分析,为相关工作有序开展奠定坚实的基础。

3. 应用于高校的日常管理方面,实现高校的信息化建设

当前,针对高校中存在的贫困大学生而言,由于受到自身家庭等因素的影响,他们的学业和生活存在很多困难,为此高校将数据挖掘技术引入贫困生管理工作中,将校内的贫困生群体作为主要研究对象,采集和存储他们在生活、学习等多方面的信息,然后构建贫困生认定模型,并将此作为基础进行查询和统计,能够为贫困生的管理工作提供技术支持,从而提高高校的学生管理的质量和效率,促进高校和谐、有序发展。

4. 应用于电信方面,实现经济效益最大化的目标

在现代社会的发展趋势下,电信产业已经不仅仅局限于传统意义上的语音服务提供商,而是将语音、文字、视频等有机整合成一项数据通信综合业务。电信网、因特网等已经融合在一起,在该背景下,应用数据挖掘技术能够帮助运营商更好地开展业务,例如利用多维分析统计电信数据,或者采用聚类等方法查找异常状态及盗用模式等,不断提高数据资源的利用率,深入地了解用户行为,促进电信业务的推广及应用,从而实现经济效益最大化的目标。

扫一扫

自测题

习题 1

1-1 选择题:

(1) 张三告诉李四"榴莲的味道太臭,不好吃",张三用的是( )。

    A. 知识   B. 智慧   C. 信息   D. 数据

(2) 下列不属于数据挖掘功能的是( )。

    A. 分类   B. 聚类   C. 关联分析   D. 完善缺失值

(3) 以下不属于数据挖掘内容的是( )。

    A. 补充与完善网络属性

    B. 利用多维分析统计用户的出行规律

    C. 建立道路拥堵概率与拥堵趋势变化模型

    D. 高德地图导航有躲避拥堵功能

(4) 数据挖掘的十大经典算法不包括( )。

    A. C4.5   B. k-means   C. Rocchio   D. SVM

1-2 填空题:

(1) 数据挖掘是通过分析每个数据,从大量数据中寻找其规律的技术,主要有( ),规律寻找和知识表示 3 个步骤。

(2) 时序模式是指通过( )搜索出的重复发生概率较高的模式。

(3) 偏差检验的基本方法就是寻找观察结果与( )之间的差别。

(4) 数据挖掘的本质是很偶然地发现( )但很有价值的信息。

(5) PageRank 算法根据网站外部链接和( )的数量和质量来衡量网站的价值。

1-3 简述数据挖掘与机器学习的联系与区别。

第 2 章

Python数据分析基础

Python 是一种解释型、面向对象、带有动态语义的高级程序设计语言，是 FLOSS（自由/开放源代码软件）之一。它是 1989 年由荷兰人 Guido von Rossum 在圣诞节感觉无聊时开发出来的，并于 1991 年发布第一个公开发行版本。

2.1 Python 程序概述

Python 具有很多优点，例如简单易学、语法简单、代码容易读/写、可移植性好等，它在数据分析、交互、探索性计算以及数据可视化等方面都具有明显的优势，它拥有 NumPy、Pandas、Matplotlib、Scikit-learn 等标准模块，在科学计算方面功能强大。

2.1.1 基础数据类型

数据类型在数据结构中被定义为一组性质相同值的集合以及定义在这个集合上一组操作的总称。在 Python 3 中有 6 种标准的数据类型，即 Number（数字）、String（字符串）、List（列表）、Tuple（元组）、Set（集合）和 Dictionary（字典）。其中，不可变数据类型有 Number、String 和 Tuple；可变数据类型有 List、Dictionary 和 Set。

2.1.2 变量和赋值

变量是用来存储数据的，它是程序中的一个已经被命名的存储单元。变量具有名字和数据类型，Python 中的变量在使用前不需要声明数据类型，但必须赋值，且仅在赋值后才会被创建。赋值号为"="，同一变量可以反复赋值，而且可以是不同类型的值。

例 2.1 变量赋值示例。

程序代码如下：

```
a,b,c = 12,'Python',34.567
print(a,b,c)
```

2.1.3 操作符和表达式

Python 的算术表达式具有结合性和优先级。结合性是指表达式按照从左到右、先乘除后加减的原则进行计算。Python 的运算符及优先级如表 2.1 所示。

表 2.1　**Python** 的运算符及优先级

优先级	运 算 符	说 明
1	**	指数
2	~、+、-	按位翻转、一元加号(正号)、减号(负号)
3	* 、/、% 、//	乘、除、取模、取整除
4	+、-	加法、减法
5	>>、<<	右移、左移
6	&	按位与
7	^、|	按位异或、按位或
8	<= 、<、>、>=	小于或等于、小于、大于、大于或等于
9	== 、!=	等于、不等于
10	= 、% = 、/= 、//= 、- = 、+ = 、* = 、** =	赋值、取模赋值、除法赋值、整除赋值、减法赋值、加法赋值、乘法赋值、幂运算赋值
11	is、is not	同一对象、不同对象
12	in、not in	属于、不属于
13	not、or、and	非、或、与

表达式是运算符和操作数所构成的序列。Python 中运算符的优先级也可以用括号来改变,和数学公式里面一样,先计算最里面的括号,之后是外面的括号。此外,Python 还支持形如 3<4<5 的表达式。

2.1.4　字符串

字符串被定义为引号之间的字符集合,在 Python 中字符串用单引号(')、双引号(")、三引号(''')括起来,且必须配对使用。

1. 转义字符

所谓转义字符是指字符串中具有特殊含义的字符,它们是以反斜杠("\")开头的。Python 中常用的转义字符如表 2.2 所示。

表 2.2　**Python** 中常用的转义字符

转 义 字 符	说 明
\n	换行符,将光标位置移到下一行开头
\r	回车符,将光标位置移到本行开头
\t	水平制表符,即 Tab 键,一般相当于 4~8 个空格
\b	退格(Backspace),将光标位置移到前一列
\	在字符串行尾的续行符,即一行未完转到下一行继续写

(1) 转义字符在书写形式上由多个字符组成,但 Python 将它们看作一个整体,表示一个字符。

例 2.2　转义字符示例。

程序代码如下:

```
info = "Python 教程: http://c.biancheng.net/python/\n\
C++教程: http://c.biancheng.net/cplus/\n\
Linux 教程: http://c.biancheng.net/linux_tutorial/"
print(info)
```

程序运行结果如图 2.1 所示。

(2) Python 允许用'r'或'R'表示字符串内部的字符不转义。

例 2.3 转义字符示例。

程序代码如下：

```
print('\\\t\\')
print(r'\\\t\\')
```

程序运行结果如图 2.2 所示。

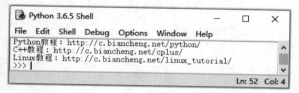

图 2.1 例 2.2 的运行结果

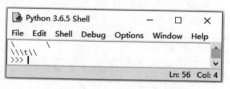

图 2.2 例 2.3 的运行结果

(3) Python 允许用'''···'''的格式表示多行内容的字符串。

例 2.4 多行内容的字符串示例。

程序代码如下：

```
print('''line1
…line2
…line3''')
```

程序运行结果如图 2.3 所示。

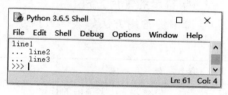

图 2.3 例 2.4 的运行结果

2. 字符串的常用操作

1) 字符串的常用运算

字符串的常用运算如表 2.3 所示,其中 str1='Hello',str2='Python'。

表 2.3 字符串的常用运算

运 算 符	说 明	示 例	结 果
＋	字符串的连接	str1＋str2	HelloPython
*	重复输出字符串	str1 * 2	HelloHello
in	判断子串是否属于字符串	'th' in str2	True
not in	判断子串是否不属于字符串	'th' not in str2	False

2) 字符串的切片

字符串的本质就是字符序列,用户可以在字符串后面添加[],在[]里面指定偏移量,用于提取该位置的单个字符。

(1) 正向搜索。最左侧第一个字符的偏移量是 0,第二个偏移量是 1,以此类推,直到 len(str)−1 为止。其中 str 为字符串变量。

(2) 反向搜索。最右侧第一个字符的偏移量是−1,倒数第二个偏移量是−2,以此类推,直到−len(str)为止。其中 str 为字符串变量。

通过切片(slice)操作可以快速提取子字符串。其标准格式为：

```
<字符串>[start:end:step]
```

其中,start、end 和 step 都是整数,分别表示起始偏移量、终止偏移量和步长。

该字符串操作遵循"左闭右开"的原则。

假设 str1='Python program',当 start、end、step 全为正数时的典型操作如表 2.4 所示。

表 2.4　start、end、step 全为正数时的典型操作

操 作 格 式	说　　明	示　　例	结　　果
[:]	提取整个字符串	str1[:]	Python program
[start:]	从 start 索引开始到结尾	str1[4:]	on program
[:end]	从头开始直到 end－1	str1[:10]	Python pro
[start:end]	从 start 到 end－1	str1[4:10]	on pro
[start:end:step]	从 start 提取到 end－1,步长是 step	str1[4:14:2]	o rga

假设 str1＝'Python program',当 start、end、step 全为负数时的典型操作如表 2.5 所示。

表 2.5　start、end、step 全为负数时的切片操作

操 作 格 式	说　　明	示　　例	结　　果
[:end]	从开始到倒数－end－1 个字符	str1[-4]	Python pro
[start:end]	从倒数第－start 个到倒数第－end－1 个字符	str1[-10:-3]	on prog
[::step]	从末尾开始,自右向左反向提取,步长为－step	str1[::-2]	mropnhy

3. 字符串的常用方法

字符串的常用方法如表 2.6 所示。假设 str1＝'classtissla\n',jn1＝'-'.

表 2.6　字符串的常用方法

方　　法	说　　明	示　　例	结　　果
len()	字符串的长度	len(str1)	12
strip()	去掉字符串两端的空格和换行符	str1.strip()	classtissla
count(<子串>)	查找子串在字符串中出现的次数	str1.count('ss')	2
find(<子串>)	找到子串返回下标,多个时返回第一个	str1.find('ss')	3
replace(<串1>,<串2>)	在字符串中<串1>被<串2>替换	str1.replace('ss','gg')	claggtiggla\n
split(<子串>)	利用子串切割字符串	str1.split('ss')	'cla', 'ti', 'la\n'
join(<字符串>)	将序列中的元素以指定的字符连接生成一个新的字符串	jn1.join(str1)	c-l-a-s-s-t-i-s-s-l-a-

2.1.5　流程控制

在 Python 编程中流程控制语句分为顺序语句、分支语句和循环语句,其中顺序语句不需要用单独的关键字来控制,就是一行一行地执行,也不需要特殊说明。这里主要介绍分支语句和循环语句。

1. 语句块

在 Python 中,语句块(Statement-block)是在条件为真(条件语句)时执行或者执行多次(循环语句)的一组语句。在代码前放置空格来缩进语句即可创建语句块,语句块中的每行必须具有同样的缩进量。

2. 分支语句

分支语句是通过条件表达式的判断结果(True/False)来决定执行哪个分支的代码块。Python 中提供的分支语句为 if ⋯ else 语句,它有以下几种形式。

1) 单分支

if < condition >: < statement block >

2）双分支

if < condition >：< statement_block_1 >

else：< statement_block_2 >

3）多分支

if < condition_1 >：< statement_block_1 >

elif < condition_2 >：< statement_block_2 >

…

elif < condition_n >：< statement_block_n >

else：< default_statement_block >

其中,各语句块中的行必须具有相同的缩进量,但不同语句块之间的缩进量可以不同。

例 2.5　输入学生的成绩,利用多分支判断出该成绩符合的等级。其中,90 分以上为优,80～89 分为良,70～79 分为中,60～69 分为及格,60 分以下为不及格。

程序代码如下：

```
score = input('请输入成绩：')    #手动输入成绩
score = int(score)               #将输入的字符串转换为数值
if score > = 90 and score < = 100:print('优')
elif score > = 80: print('良')
elif score > = 70: print('中')
elif score > = 60: print('及格')
elif score > = 0 and score < 60:print('不及格')
else:                            #输入大于 100 或小于 0 的分数时报错
    print('成绩输入错误!')
```

3. 循环语句

当需要多次执行一个代码语句或代码块时可以使用循环语句。在 Python 中提供的循环语句有 while 循环和 for 循环。

1）while 循环

while 循环的基本形式如下：

```
while < condition >:
    < statement_block >
```

2）for 循环

for 循环的基本形式如下：

```
for < variable > in < string|range|set >:
    < statement_block >
```

例 2.6　用辗转相除法求最大公约数,具体方法为有两个正整数 a 和 b,它们的最大公约数等于 a 除以 b 的余数 r 和 b 之间的最大公约数。

程序代码如下：

```
a = int(input('输入正整数 a: '))
b = int(input('输入正整数 b: '))
if a < b:
    a,b = b,a
r = a % b
while r != 0:
    a,b = b,r
    r = a % b
print('最大公约数: ' + str(b))
```

2.1.6　用户函数

Python 中的用户函数是预先组织好的、可重复使用的、用来实现单一或相关联功能的代码段。函数能提高应用的模块性和代码的重复利用率。函数仅在调用时运行,它将数据(称为参数)传递到函数内进行处理,最后把结果数据返回。

在 Python 中使用 def 关键字来定义函数,基本形式为:

```
def < function_name >(arguments):
    < statement_block >
    [ return [ returned_value]]
```

例 2.7　定义判定素数的函数,利用该函数输出 100~200 的素数个数。

程序代码如下:

```
def is_prime(n):
    mark = True
    for i in range(2,n//2 + 1):
        if n % i == 0: mark = False
    return mark
num = 0
for k in range(100,201):
    if is_prime(k):num = num + 1
print('100~200 的素数个数为' + str(num))
```

2.1.7　lambda 函数

lambda 函数在 Python 编程中的使用频率很高,使用起来也非常灵活、巧妙。该函数是匿名函数,即没有名字的函数。

lambda 函数的语法只包含一个语句,常用形式为:

```
lambda[arg_1[,arg_2, …,arg_n]]:expression
```

其中,lambda 是 Python 预留的关键字;arg_1、arg_2、……、arg_n 组成参数列表,它的结构与 Python 中函数的参数列表是一样的;expression 是单行的、唯一的参数表达式。lambda 函数返回通过计算表达式 expression 得到的值。

例如用户定义函数:

```
def sum(x,y):
    return x + y
```

用 lambda 函数来实现为:

```
p = lambda x,y:x + y
print(p(4,6))
```

lambda 函数可以接收任意多个参数(包括可选参数),但只能返回单个表达式的值。例如:

```
a = lambda x,y,z:(x + 8) * y - z
print(a(5,6,8))
```

2.2　Python 常用的内置数据结构

Python 中常用的内置数据结构有 4 种,即列表(List)、元组(Tuple)、字典(Dictionary)和集合(Set)。

2.2.1 列表

Python 中的 List 类似于 C 语言中的数组，List 中的元素类型可以为 Python 中的任意对象，而 C 语言中的数组只能是同种类型。

1. 列表的创建

列表是最常用的 Python 数据类型，它表示为一个方括号内由逗号分隔的若干元素，常见的创建列表的形式有以下 4 种。

(1) 用中括号创建的形式为 < list_name > = [< element_1 >,< element_2 >,…,< element_n >]。

(2) 用 list() 创建的形式为 < list_name > = list(< tuple | string >)。

(3) 用 range() 创建整数列表的形式为 < list_name > = range([< start_value >,] < end_value > [,< step >])。在 Python 3 中 range() 返回的是一个 range 对象，而不是列表，用户需要通过 list() 方法将其转换成列表对象。

(4) 使用列表推导式可以非常方便地创建列表，该方法在软件开发中经常使用。其常用形式为：

① [< expression > for < variable > in < list >]。例如[i for i in range(1,11)]，创建的列表为[1,2,3,4,5,6,7,8,9,10]。

② [< expression > for < variable > in < list > if < condition >]。例如[x * 2 for x in range(100) if x%9 == 0]，创建的列表为[0,18,36,54,72,90,108,126,144,162,180,198]。

列表中的元素不需要具有相同的类型，列表是一种有序的集合，可以随时添加、删除和修改其中的元素。

例 2.8 创建列表示例。

程序代码如下：

```
list1 = ['S1','张三','男',20,'计算机系']
list2 = list('Python program')
list3 = range( -3,16,2)
list4 = [x * 3 for x in range(5)]
print('list1 = ',list1)
print('list2 = ',list2)
print('list3 = ',list3)
print('list4 = ',list4)
```

程序运行结果如图 2.4 所示。

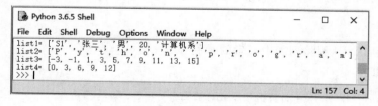

图 2.4 例 2.8 的运行结果

2. 列表的基本操作

用户可以对列表中的元素进行读取、增加、删除、修改和嵌套操作。

1) 读取元素

按下标读取元素，形式为 < list_name >[< index >]。

按项遍历整个列表，形式为 for < variable > in < list_name >: print(< variable >)。

按序号遍历整个列表,形式为 for < index > in range(len(list_name)): print(list_name[index])。

例 2.9　查找列表元素示例。

程序代码如下:

```
lst = ['S1','张三','男',20,'计算机系']
print(lst[3])
for se in lst:print(se,end = ' ')
print('\r')
for i in range(len(lst)):print(lst[i],end = ',')
```

2）添加元素

在尾部追加元素,形式为< list_name >. append(< element >)。

在某个位置插入元素,形式为< list_name >. insert(< index >,< element >)。

例 2.10　在列表中添加元素的示例。

程序代码如下:

```
lst = ['S1','张三','男',20,'计算机系']
lst.append('山东青岛')
lst.insert(3,'团员')
print(lst)
```

3）删除元素

删除列表中的元素,形式为< list_name >. remove(< element >)。

按下标删除元素,形式为< list_name >. pop(< index >)。

通过切片删除元素,形式为 del < list_name >[< start >:< end >]。

清空列表,形式为< list_name >. clear()。

例 2.11　利用 remove()删除列表中元素的示例。

程序代码如下:

```
lst = ['S1','张三','男',20,'计算机系','山东青岛']
lst.remove('计算机系')
print(lst)
```

例 2.12　利用 pop()删除列表中元素的示例。

程序代码如下:

```
lst = ['S1','张三','男',20,'计算机系','山东青岛']
lst.pop(3)
print(lst)
```

例 2.13　利用 del 删除列表中元素的示例。

程序代码如下:

```
lst = ['S1','张三','男',20,'计算机系','山东青岛']
del lst[2:4]
print(lst)
```

4）修改元素

按下标修改元素,形式为< list_name >[< index >]=< new_element >。

用户也可以先删除列表中的元素,再增加新元素。

5）嵌套

如果列表中的元素还是列表,则称为列表嵌套。多维数组可以用列表嵌套表示,例如:

$$matrix = \begin{pmatrix} 12 & -5 & 3 \\ 0 & 14 & -11 \\ 23 & -45 & 8 \end{pmatrix}$$

列表嵌套为 matrix＝[[12,－5,3],[0,14,－11],[23,－45,8]]。

6）排序

列表元素按值升序,形式为< list_name >. sort()。

列表元素按值降序,形式为< list_name >. sort(reverse＝True)。

列表元素翻转逆序,形式为< list_name >. reverse()。

例 2.14　列表排序示例。

程序代码如下:

```
lst = ['s','d','r','w','k','h','e']
print(lst)
lst.sort()
print('升序排序结果: ',lst)
lst.sort(reverse = True)
print('降序排序结果: ',lst)
```

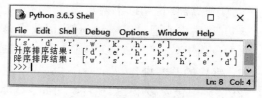

图 2.5　例 2.14 的运行结果

程序运行结果如图 2.5 所示。

7）长度

长度就是列表元素个数,形式为 len(< list_name >)。

2.2.2　元组

元组可以认为是封闭的列表,一旦定义,就不可以改变(不能添加、删除或修改)。

1. 元组的创建

元组表示为一个圆括号内由逗号分隔的若干元素。其访问方式和列表一样,使用元组的下标进行访问。常见的创建元组的形式如下:

(1) 圆括号创建的形式为< tuple_name >＝(< element_1 >,< element_2 >,…,< element_n >)。

(2) 逗号创建的形式为< tuple_name >＝< element_1 >,< element_2 >,…,< element_n >。

(3) tuple 创建的形式为< tuple_name >＝tuple(< list_name >)。

(4) 单元素创建的形式为< tuple_name >＝(< element >,)。

2. 元组的基本操作

元组中的元素是不可变的,且顺序是有序的。

1）读取元素

按下标读取元素,形式为< tuple_name >[< index >]。

读取元素下标,形式为< tuple_name >. index(< element >)。

2）合并

用户可以直接使用＋号进行元组的合并,形式为< tuple_name_1 >＋< tuple_name_2 >。

例 2.15　元组基本操作示例。

程序代码如下:

```
tup_1 = ('S1','许文秀','女',20,'计算机系')
tup_2 = ('S3','刘德峰','男',22,'统计系')
tup = tup_1 + tup_2
print(tup)
```

2.2.3 字典

字典是另一种可变容器模型,可存储任意类型的对象。

1. 字典的创建

字典的元素由键和值构成,键和值用冒号分隔,每个元素之间用逗号分隔,整个字典的元素包含在花括号中。

(1) 花括号创建的形式为< dict_name >={< key_1 >:< value_1 >,< key_2 >:< value_2 >,…,< key_n >:< value_n >}。

(2) 空字典创建的形式为< dict_name >={}|dict()。

对于键,需要说明以下两点:

(1) 程序需要通过键来访问值,因此字典中的键尽量不要重复。

(2) 键必须不可变,可以用数字、字符串或元组作为键,但不能用列表。

2. 字典的基本操作

在字典中包含多个< key >:< value >对,而< key >是字典的关键数据,因此程序对字典的操作都是基于 key 的。

(1) 读取 value 可以通过下标读取,形式为< dict_name >[< key >]。

(2) 添加元素,形式为< dict_name >[< key >]=< value >。

(3) 删除元素,形式为 del < dict_name >[< key >]。

(4) 修改元素,形式为< dict_name >[< key >]=< new_value >。

(5) 判断字典中是否包含某键,形式为< key > in|not in < dict_name >。

例 2.16 字典基本操作示例。

程序代码如下:

```
dit = {'学号':'S1','姓名':'许文秀','性别':'女','年龄':20,'系部':'计算机系'}
print('读取字典值: ')
for key in dit.keys():
    print(dit[key],end = ' ')
dit['籍贯'] = '广西北海'
print('\n 添加元素: 籍贯:广西北海: ')
print(dit)
del dit['性别']
print('删除元素: 性别:女: ')
print(dit)
dit['年龄'] = 22
print('修改年龄为 22: ')
print(dit)
```

程序运行结果如图 2.6 所示。

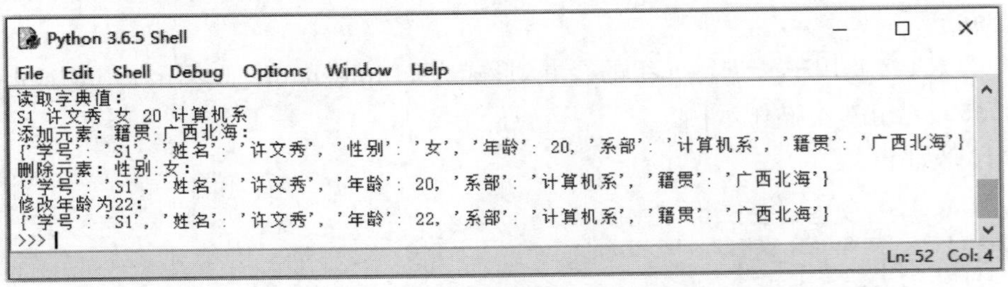

```
Python 3.6.5 Shell                                          —    □    ×

File  Edit  Shell  Debug  Options  Window  Help

读取字典值:
S1 许文秀 女 20 计算机系
添加元素: 籍贯:广西北海:
{'学号': 'S1', '姓名': '许文秀', '性别': '女', '年龄': 20, '系部': '计算机系', '籍贯': '广西北海'}
删除元素: 性别:女:
{'学号': 'S1', '姓名': '许文秀', '年龄': 20, '系部': '计算机系', '籍贯': '广西北海'}
修改年龄为22:
{'学号': 'S1', '姓名': '许文秀', '年龄': 22, '系部': '计算机系', '籍贯': '广西北海'}
>>> |
                                                            Ln: 52  Col: 4
```

图 2.6 例 2.16 的运行结果

3. 字典的常用方法

1）clear()

该方法用于清空字典中所有的元素,形式为< dict_name >. clear()。

2）get()

该方法根据< key >来获取< value >,形式为< dict_name >. get(< key >)。

3）update()

该方法可以使用一个字典中所包含的元素来更新已有的字典。在执行 update()方法时,如果被更新的字典中已包含对应的元素,那么原值会被覆盖;如果被更新的字典中不包含对应的元素,则该元素会被添加进去。其形式为< dict_name >. update(< dict_name_new >)。

4）items()、keys()和 values()

这 3 个方法(method)分别用于获取字典中的所有元素、所有键和所有值,其形式为< dict_name >. < method >。

例 2.17　字典常用方法示例。

程序代码如下:

```
dit = {'学号':'S1','姓名':'许文秀','性别':'女','系部':'计算机系'}
dit1 = {'学号':'S1','姓名':'王萍','数据库原理':82,'数据挖掘':92}
dit.update(dit1)
print('update 方法更新字典: ')
print(dit)
dit2 = dit.items()
print('获取字典所有元素: ')
print(dit2)
```

程序运行结果如图 2.7 所示。

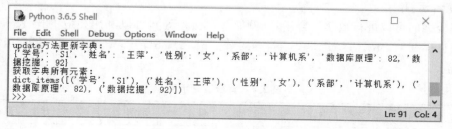

图 2.7　例 2.17 的运行结果

2.2.4　集合

集合(Set)是一个无序且不重复的元素序列,是一种类似列表和字典的数据结构。

1. 集合的创建

（1）花括号创建的形式为< set_name >= {< element_1 >,< element_2 >,…,< element_n >}。

（2）set()函数的创建形式为 set(< list_name >|< string >)。

（3）空集合创建的形式为{}|set()。

因为集合元素具有不重复的特点,所以若传入的参数有重复,则会自动忽略。因此集合非常适合用来消除重复元素。

例 2.18　利用集合消除重复元素示例。

程序代码如下:

```
se1 = set([23,32, - 4,56, - 4,23, - 4])
se2 = set('sretopsww')
print(se1,'\n',se2)
```

2. 集合的基本操作

因为集合是无序的,所以不可以用索引访问集合元素,也不能做切片操作,更没有键可用来获取集合中元素的值。

(1) 读取集合成员:

读取集合大小,形式为 len(< set_name >)。

读取集合成员,形式为 for < variable > in < set_name >: print(< variable >)。

(2) 添加元素,形式为< set_name >. add(< element >)。

(3) 删除元素,形式为< set_name >. discard|remove(< element >)。

(4) 抛出元素,形式为< set_name >. pop()。

例 2.19 集合的基本操作示例。

程序代码如下:

```
se = {23,32, - 4,56,4,'a','m'}
for x in se:
    print(x,end = ' ')
se.add('##')
se.discard(32)
print('\r')
for x in se:
    print(x,end = ' ')
print('\n', se.pop())
```

3. 集合运算

在集合之间可以进行数学集合运算(例如并、交、差等),可以利用相应的操作符或方法来实现。假设 se1= {'b','a','d','e','c'},se2= {'p','r','b','o','t','e','c'},集合运算示例如表 2.7 所示。

表 2.7 集合运算示例

运算符	含义	方　　法	说　　明	示例	结　　果
|	并	union()	se1∪se2	se1|se2	{'e','c','o','t','b','d','r','p','a'}
&	交	intersection()	se1∩se2	se1&se2	{'e','c','b'}
—	差	difference()	se1−se2	se1−se2	{'d','a'}
^	异或	sysmmetric_difference()	se1∪se2-se1∩se2	se1^se2	{'d','o','r','p','t','a'}

2.3 正则表达式

正则表达式是一个特殊的字符序列,可以方便地检查一个字符串是否与某种模式匹配,利用它可以方便地进行字符串的检索、替换、匹配等操作。在 Python 语言中 RE(Regular Expression)模块拥有所有的正则表达式功能。

2.3.1 概述

Python 所支持的正则表达式中的常用字符及含义如表 2.8 所示。

表 2.8　正则表达式中的常用字符

模 式	说 明	示 例
\d	匹配一个数字	"\d{3}\s+\d{2,8}"的含义如下。
\D	匹配非数字	\d{3}：表示匹配 3 个数字，例如'028'；
\w	匹配一个字符：[A-Za-z0-9_]	\s+：表示匹配至少一个空格；
\W	匹配非字母字符，即匹配特殊字符	\d{2,8}：表示匹配 2～8 个数字，例如'1245'。
.	匹配除换行符以外的任意一个字符	该表达式可以匹配以任意个空格隔开区号的电
\s	匹配任意一个空白字符，等价于[\t\n\r\f]	话号码，例如'010 57216520'
*	匹配任意个字符，包括零个	
+	匹配至少一个字符	
?	匹配零个或一个字符	
{n,m}	匹配 n～m 个字符	
{n}	允许前一个字符只能出现 n 次	a{3}b：可以匹配'aaab'
a|b	匹配 a 或者 b	(P|p)ython：可以匹配'Python'或者'python'
^	匹配行首	^\d：表示行必须以数字开头
$	匹配行尾	$\d：表示行必须以数字结尾

用[]表示范围，表 2.9 给出了常用正则表达式及其说明。

表 2.9　常用正则表达式

表 达 式	说 明
[0-9a-zA-Z_]	匹配一个数字、大/小写字母或者下画线
[0-9a-zA-Z_]+	匹配至少由一个数字、大/小写字母或者下画线组成的字符串
[a-zA-Z_][0-9a-zA-Z_]*	匹配由字母或下画线开头，后边有任意个数字、字母或者下画线的字符串
[a-zA-Z_][0-9a-zA-Z_]{0,19}	精确地限制了变量的长度是 1～20 个字符

2.3.2　常用方法

如果要使用 Python 3 中的 RE，则必须引入 RE 模块，该模块提供了正则表达式的一些处理方法，这些方法使用一个模式字符串作为它们的第一个参数。

1. match()方法

match()方法从字符串的起始位置匹配一个模式，如果起始位置匹配不成功，match()返回 None，匹配到的数据通常使用 group(num)（返回 num 小组字符串）或 groups()（返回所有小组字符串）等方法来提取（字符串格式）。match()方法的常用形式如下：

```
re.match(< pattern >,< string >[,flags = 0])
```

参数说明：

（1）pattern 为匹配的正则表达式。

（2）string 为需要匹配的字符串。

（3）flags 为标识位，用于控制正则表达式的匹配方式，例如是否区分大小写、多行匹配等。多个标识可以通过按位或（"|"）来指定。例如 re.I | re.M。标识修饰符如表 2.10 所示。

表 2.10　标识修饰符

修 饰 符	说 明
re.I	使匹配忽略大小写
re.L	做本地化识别(locale-aware)匹配

修　饰　符	说　　　明
re. M	多行匹配,影响"^"和"$"
re. S	表示"."的作用扩展到整个字符串,包括"\n"
re. U	根据 Unicode 字符集解析字符。这个标识影响"\w"和"\W"
re. X	该标识通过更灵活的格式将正则表达式写得更易于用户理解

例 2.20　match()方法应用示例。

程序代码如下:

```
import re
str1 = 'hello 123456789 word_this is just a test'
parttern = '^Hello\s\d{9}. * test $ '
'''
以"^"标识开头,这里匹配以 Hello 开头的字符串;"\s"匹配空白字符串;"\d{9}"匹配9位数字;"."匹
配除了换行符之外的任意字符; " * "匹配零次或多次,二者结合起来能够匹配任意字符(除换行符);
" $ "标识结尾,这里匹配以 test 结尾的字符串
'''
result = re.match(parttern, str1, re.I)
print(result)
print(result.group())               # group()方法输出匹配到的内容
print(result.span())                # span()方法输出匹配的范围
```

2. search()方法

search()方法扫描整个字符串并返回第一个成功的匹配,search()方法的常用形式如下:

```
re. search(< pattern >,< string >[,flags = 0])
```

其参数同 match()方法。

例 2.21　search()方法应用示例。

程序代码如下:

```
import re
line = 'In fact, cats are smarter than dogs'
result = re. search(r'(. * ) are (. * ?) . * ', line, re.M|re.I)
if result:
    print('result.group():', result.group())
    print(' result.group(1):', result.group(1))
    print('result.group(2):', result.group(2))
```

match()方法只检测字符串的起始位置是否匹配,匹配成功才会返回结果,否则返回
None;而 search()方法会在整个字符串内查找匹配,直到找到第一个成功的匹配后返回一个
包含匹配信息的对象,该对象可以通过调用 group()方法得到匹配的字符串,如果字符串不匹
配,则返回 None。

例 2.22　match()和 search()比较示例。

程序代码如下:

```
import re
line = 'In face, cats are smarter than dogs'
matchstr = re. match(r'dogs', line, re.M|re.I)
if matchstr:
    print("match --> matchstr.group() : ", matchstr.group())
else:
    print("No match!!")
matchstr = re. search(r'dogs',line,re.M|re.I)
if matchstr:
```

```
    print("search --> matchstr.group() : ", matchstr.group())
else:
    print("No match!!")
```

程序运行结果如图 2.8 所示。

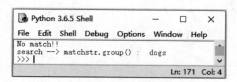

图 2.8　例 2.22 的运行结果

3. sub()方法

sub()方法通过正则表达式实现比字符串函数 replace()更强大的替换功能。sub()方法的常用形式如下：

sub(pattern, repl, string, count = 0, flags = 0)

参数说明：

（1）pattern 为正则表达式的字符串。

（2）repl 为被替换的内容。

（3）string 为正则表达式匹配的内容。

（4）由于正则表达式匹配的结果是多个，所以使用 count 来限定替换的个数（从左向右），其默认值是 0。

（5）flags 是匹配模式，可以使用按位或（"|"）表示同时生效，也可以在正则表达式字符串中指定。

例 2.23　sub()方法应用示例。

程序代码如下：

```
import re
phone = '0517 - 3214 - 7231               # 这是一个公司的电话号码
num = re.sub(r'#.* $ ', '', phone)         # 删除注释
print('电话号码 : ', num)
num = re.sub(r'\D', '', phone)             # 移除非数字的内容
print('电话号码: ', num)
```

4. findall()方法

findall()方法在字符串中找到正则表达式所匹配的所有子串，并返回一个列表，如果没有找到匹配的，则返回空列表。findall()方法的常用形式如下：

findall(pattern, string, flags = 0)

参数说明：

（1）pattern 为正则表达式。

（2）string 为需要处理的字符串。

（3）flags 说明匹配模式。

例 2.24　提取完整的年、月、日和时间字段。

程序代码如下：

```
import re
str1 = 'se234 2022 - 10 - 09 07:30:00 2022 - 10 - 10 07:25:00 最新疫情'
p = r'\d{4} - \d{2} - \d{2} \d{2}:\d{2}:\d{2}'
```

```
content = re.findall(p,str1,re.M)
print(content)
```

2.3.3　提取网页中的信息

例 2.25　提取字符串中的汉字。

程序代码如下：

```
import re
str1 = '< h1 > hello 你好,world 世界</h1 >'
chinese_pattern = '[\u4e00 - \u9fa5] + '  # 汉字编码范围
chinese_str = re.findall(chinese_pattern,str1)
for ch in chinese_str:
    print(ch,end = ' ')
```

例 2.26　提取字符串中的 URL。

程序代码如下：

```
import re
def find(string):
    url_pattern = r'[ ]a - zA - Z. ) + ://[^\s] * '
    url = re.findall(url_pattern,string)
    return url
str_url = '常用网站很多,下面列出两个,例如 Runoob 网站,网址为 https://www. runoob. com,Google
网站,网址为 https://www. google. com'
str1 = find(str_url)
for ch in str1:
    if ch!= ' ': print(ch,end = ' ')
```

例 2.27　抓取网页,提取网页中的网址和汉字信息。

程序代码如下：

```
from urllib. request import urlopen
# urllib. request. urlopen()函数用于实现对目标 URL 的访问
import re
text = urlopen('https://www. cnblogs. com'). read(). decode()
# 正则表达式提取网页的网址
s = 'https://www. baidu. com/message. asp?id = 35'
ret = re. sub(r'(https://. + ?)/. * ',lambda x:x. group(1),s)
print('在网页数据中提取的网址: \n',ret)
str1 = re. findall(u'[\u4e00 - \u9fa5] + ',text)
print('在网页数据中提取汉字信息: \n',str1)
```

2.4　文件的操作

　　Python 中的文件对象不仅可以用来访问普通的磁盘文件,而且可以访问任何其他类型抽象层面上的"文件"。一旦设置了文件句柄,就可以访问具有文件类型接口的其他对象,和访问普通文件一样。

2.4.1　文件的打开与关闭

　　文件的处理流程为先打开文件,得到文件句柄并赋值给一个变量;再通过句柄对文件进行操作;最后关闭文件。

　　用 Python 内置的 open()函数打开一个文件,创建一个 file 对象,并用相关的方法才可以调用它进行读/写。open()函数的常用形式为：

```
file < file_variable > = open(< file_name >[,<mode >][,<buffering >])
```

参数说明：

（1）file_name 是指打开的文件名,若非当前路径,需指出具体路径。

（2）mode 是指打开文件的模式,如表 2.11 所示。

表 2.11　文件打开模式

模　　式	功　　能	说　　明
r	只读模式	默认模式,文件必须存在,否则抛出异常
w	只写模式	不可读；不存在则创建,存在则清空内容
x	只写模式	不可读；不存在则创建,存在则报错
a	追加模式	可读；不存在则创建,存在则只追加内容,文件指针自动移到文件尾

说明：“+”表示可以同时读/写某个文件。例如 r+、w+、x+、a+均表示对打开的文件可读、可写。“b”表示以字节的方式操作,以二进制模式打开文件,而不是以文本模式。例如 rb 或 r+b、wb 或 w+b、xb 或 x+b、ab 或 a+b。但是以 b 方式打开时,读取到的内容是字节类型,写入时也需要提供字节类型,不能指定编码。

文件在使用完毕后必须关闭,语法形式为：

```
< file_variable >.close()
```

2.4.2　文件的读/写操作

通过 open()函数获得文件操作符后就可以对文件进行读操作(mode='r')或者写操作了(mode='w')。

1. 读文件操作

Python 文件对象提供了 3 种“读”方法,即 read()、readline()和 readlines()。每种方法可以接受一个变量,以限制每次读取的数据量。

（1）read()方法每次读取整个文件,通常用于将文件内容放到一个字符串变量中。如果文件大小大于可用内存,为了保险,可以反复调用 read(size)方法,每次最多读取 size 字节(小于可用内存)的内容。

（2）readline()方法每次只读取一行,通常比 read()慢得多,仅当没有足够内存可以一次读取整个文件时才使用 readline()。

（3）readlines()方法一次读取整个文件,和 read()一样。readlines()自动将文件内容分成一个行的列表,该列表可以由 Python 的 for…in…结构进行处理。

注意：这 3 种方法把每行末尾的'\n'也读进来了,并不会默认地把'\n'去掉,当需要去掉时可以手动去掉。

例 2.28　读取文件示例。

文件名为 D:\\Data_Mining\poetry.txt,内容为如下：

春夜喜雨

杜甫

好雨知时节,当春乃发生,

随风潜入夜,润物细无声。

野径云俱黑,江船火独明,

晓看红湿处,花重锦官城。

将文件内容读出并显示出来。

程序代码如下：

```
file = 'D:\\Data_Mining\poetry.txt'
f = open(file, 'r', encoding = 'utf - 8')        #在存储.txt文件时,编码必须选"utf - 8"
for i in range(2):
    first_line = f.readline()                     #读取第1行
    print(first_line)                             #输出第1行
data = f.read()                                   #读取剩下的所有内容,当文件大时不要用
print(data)                                       #输出读取内容
f.close()                                         #关闭文件
```

2. 写文件操作

在进行文件的写操作时,如果文件不存在,则会创建文件;如果文件存在,则将原文件中的内容删除,再写入新内容。需要说明的是,在写文件时只有调用close()方法,操作系统才能保证把没有写入的数据全部写入磁盘。

（1）write()方法是文件写操作中的一个比较简单的操作,它将字符串写入文件,没有返回值。

（2）writelines()方法是向文件中写入一个字符串列表。

例2.29　文件写操作示例。在文件D:\\Data_Mining\poetry.txt中的最后一行添加内容"《春夜喜雨》是唐诗名篇之一,是杜甫上元二年(761年)在成都草堂居住时所作。"

程序代码如下：

```
file = 'D:\\Data_Mining\poetry.txt'
f = open(file, 'a + ', encoding = 'utf - 8')     #打开文件
str1 = '《春夜喜雨》是唐诗名篇之一,是杜甫上元二年(761年)在成都草堂居住时所作。'
f.write('\n')
f.write(str1)
f.close()
f = open(file, 'r', encoding = 'utf - 8')
data = f.read()
print(data)
f.close()
```

程序运行结果如图2.9所示。

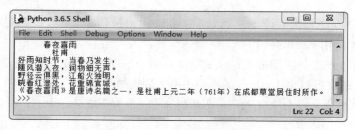

图2.9　例2.29的运行结果

2.4.3　文件的其他操作

如果要对文件指定的位置进行读/写操作,需要先将文件读/写指针移动到想要的位置,然后再对文件进行相应操作。

seek()方法用于将文件读指针移动到指定位置,常用形式为：

```
<file_variable>.seek(offset[, whence])
```

参数说明：

（1）offset 为开始的偏移量，代表需要偏移的字节数。

（2）whence 可选，默认值为 0，用于给 offset 参数一个定义，表示从哪个位置开始偏移，其中 0 代表从文件开头算起，1 代表从当前位置算起，2 代表从文件末尾算起。

返回值：如果操作成功，返回指定的文件位置；如果操作失败，返回 −1。

例 2.30 seek()方法应用示例。

程序代码如下：

```
file = 'D:\\Data_Mining\poetry.txt'
f = open(file, 'r + ', encoding = 'utf - 8')
print('文件名为：', f.name)
line = f.readline()
print('读取的数据为：', line)
f.seek(0,1)                          # 重新设置文件读指针到开头
line = f.readline()
print('读取的数据为：', line)
f.close()
```

程序运行结果如图 2.10 所示。

图 2.10 例 2.30 的运行结果

扫一扫

自测题

习题 2

2-1 选择题：

（1）Python 语言中的标识符只能由字母、数字、下画线 3 种字符组成，且第一个字符（ ）。

A. 必须是字母
B. 必须为下画线
C. 必须为字母或下画线
D. 可以是字母、数字、下画线中的任意一种字符

（2）str1 = 'Runoob example…wow!!!'

str2 = 'exam'

print(str1.find(str2))的输出结果是（ ）。

A. 6
B. 7
C. 8
D. −1

（3）对于列表 ls 的操作，以下描述中错误的是（ ）。

A. ls.clear()：删除 ls 的最后一个元素
B. ls.append(x)：在 ls 最后增加一个元素
C. ls.pop(i)：按下标序号 i 删除列表元素
D. ls.reverse()：将列表 ls 中的所有元素反转

（4）s = ['seashell', 'gold', 'pink', 'brown', 'purple', 'tomato']

print(s[1:4:2])的输出结果为（ ）。

A. ['gold', 'pink', 'brown']
B. ['gold', 'pink']
C. ['gold', 'pink', 'brown', 'purple', 'tomato']
D. ['gold', 'brown']

（5）在 Python 中,对两个集合对象实行 A&B 操作得到的结果是（　　）。

    A. 并集 　　　　　　　B. 交集 　　　　　　　C. 差集 　　　　　　　D. 异或集

（6）有以下 Python 程序段:

```
import re
print(re.search('com', 'www.runoob.com').span())
```

该程序段执行后的结果为（　　）。

    A. (11,14) 　　　　　　B. 'com' 　　　　　　C. (11,13) 　　　　　　D. (10,13)

2-2　填空题:

（1）在 Python 中如果语句太长,可以使用（　　）作为续行符。

（2）设 s= 'Python Programming',则 s[−5:−2]的结果是（　　）。

（3）Python 语句 list(range(1,10,3))的执行结果为（　　）。

（4）对于字典 D={'A':10,'B':20,'C':30,'D':40},len(D)的值是（　　）。

（5）设 a=set([1,2,2,3,3,3,4,4,4,4]),则 sum(a)的值是（　　）。

（6）有以下 Python 程序段:

```
import re
line = 'Cats are smarter than dogs'
matchObj = re.match(r'(.*) are (.*?).*', line, re.M|re.I)
print(matchObj.group(1))
```

该程序段的执行结果为（　　）。

2-3　编程题:

（1）输入一元二次方程的 3 个系数 a、b、c,判断是否有实根。如果有实根,输出两个实根（保留两位小数）,否则输出"此方程无实根!"。

（2）输入若干个整数,以"."结束,输出最大整数以及输入最大整数时的序号。

（3）定义阶乘函数 p(n)=n!,调用该函数求出组合数 C_9^4 的值。

（4）假设有字符串"@i&oaq022-9359-5509 *.% #这是一个天津地区的电话号码",构造正则表达式,把电话号码提取出来。

（5）将古诗"锄禾日当午,汗滴禾下土。谁知盘中餐,粒粒皆辛苦?"写到文本文件 D:/Data_Mining/text.txt 中,再读出来。

第 3 章

Python数据挖掘中的常用模块

Python 具有强大的扩展能力,其中的数据分析与挖掘常用模块几乎可以满足人们的各种需求。例如,科学计算模块 NumPy 提供了矩阵运算;基于 NumPy 的数据分析处理模块 Pandas 提供了一些数据挖掘工具;数据可视化模块 Matplotlib 具有类似 MATLAB 的绘图工具;针对 Python 编程软件免费版的机器学习模块 Scikit-learn 具有常用的分类、回归和聚类等算法。

3.1 NumPy 模块

NumPy(Numerical Python 的简称)是 Python 的一个开源数值计算扩展模块,可以用来存储和处理大型矩阵。NumPy 要比 Python 自身的嵌套列表结构高效得多,支持大维度数组与矩阵运算,并且针对数组运算提供了大量的数学函数库。

3.1.1 NumPy 数据类型

NumPy 提供了一个 n 维数组类型 ndarray,描述了相同类型的"items"的集合。n 维数组(ndarray)是 NumPy 主要的数据类型,数组的下标从 0 开始。

1. ndarray 对象

ndarray 对象可以通过一个常规的 Python 列表或者使用 array()函数的元组来构建,通过调用生成后数组的 dtype 属性来了解该数组的元素类型。

导入 NumPy 库的语句形式主要有以下 3 种。

- import numpy as np:在这个方式下使用 NumPy 函数或属性时以 np. 开头。
- import numpy:在这个方式下使用 NumPy 函数或属性时以 numpy. 开头。
- from numpy import *:在这个方式下使用 NumPy 函数或属性时可以直接引用。

一般常用第一种方法,尽量不用第三种方法。以后如果没有特殊说明,都是默认使用第一种方法。

(1)利用列表创建数组,其常用形式为 np. array(object[,dtype][,ndmin])。

参数说明:

① object 为同类型元素的列表或元组。

② dtype 表示数组所需的数据类型,默认为 None。

③ ndmin 为 int 类型,指定生成数组应该具有的最小维数,默认为 None。

例 3.1 用列表生成数组示例。

程序代码如下:

```
import numpy as np
data = [3, - 4,7,12]
x = np.array(data) #使用列表生成一维数组
print(x)
data = [[1,2],[3,4],[5,6]]
y = np.array(data) #使用列表生成二维数组
print(y)
```

(2) 利用 range()和 arange()函数生成一维数组,其常用形式如下。

① range(start,end,step):返回一个 list 对象,起始值为 start,终止值为 end,但不含终止值,步长为 step。该函数只能创建 int 型 list。

② arange(start,end,step):与 range()类似,但是返回一个 ndarray 对象,并且可以使用 float 型数据。

(3) 利用 arange()函数和 reshape()函数创建多维数组,其常用形式为:

np.arange(< elements_num >).reshape(< dimension_1 >,< dimension_2 >, …,< dimension_m >)

说明:该方法利用 arange()函数生成一维数组,而利用 reshape()函数将一维数组转换为多维数组。

例 3.2 创建数组示例。

程序代码如下:

```
import numpy as np
a = np.arange(0,1,0.1) #生成一维数组
print(a)
b = np.arange(10).reshape(2,5) #生成 2×5 数组
print(b)
```

2. matrix 对象

matrix 是 ndarray 的一个小分支,它拥有 ndarray 的所有特性。在 NumPy 中 matrix 的主要优势是具有简单的乘法运算符号。例如 a 和 b 是两个 matrix 类型的对象,则 a * b 就是矩阵积。

利用 mat()函数或 matrix()函数可以创建矩阵,其常用形式为 np.mat|matrix(< object >),其中< object >可以是①字符串,例如 np.mat('1 2 3; 4 5 3');②嵌套列表,例如 np.mat([[1,5,10], [1.5,6,14]]);③数组,例如 np.mat(np.random.rand(3,4))。

以下是创建矩阵的常见例句。

data1 = np.mat(np.zeros((3,3))):创建一个 3×3 的零矩阵,其中 zeros()函数的参数是一个 tuple 类型。

data2 = np.mat(np.ones((2,4))):创建一个 2×4 的元素为 1 的矩阵,默认是浮点型的数据,如果需要是 int 类型,可以使用 dtype=int。

data3 = np.mat(np.random.rand(2,2)):其中 random 使用的是 NumPy 中的 random 模块,random.rand(2,2)创建的是一个二维数组,需要将其转换成 matrix 类型。

data4 = np.mat(np.random.randint(10,size=(3,3))):生成一个 3×3 的 0~10 的随机整数矩阵,如果需要指定下界,则可以多加一个参数。

data5 = np.mat(np.random.randint(2,8,size=(2,5))):产生一个 2~8 的随机整数

矩阵。

data6＝np.mat(np.diag([1,2,3]))：生成一个对角线元素为1、2、3的对角矩阵。

3. Python 列表与 NumPy 数组的区别

虽然 Python 列表与 NumPy 数组在形式和应用上类似，但是它们之间有着本质的区别，在数据科学领域中应用 NumPy 多维数组要比应用 Python 列表更有效。NumPy 数组也支持"向量化"操作，可以有效地处理大型稀疏数据集。

Python 列表与 NumPy 数组的区别如下：

（1）Python 列表不需要指定长度、数据类型，可以进行索引、更新、删除、切片等操作，但创建 NumPy 数组时必须指定数组长度和数据类型。

（2）列表是 Python 中内置的数据类型，使用方括号[]和逗号分隔符，其元素的类型可以不同，但 NumPy 数组中元素的类型必须相同。

（3）Python 列表中所有元素的内存地址可以不是连续的，它是通过每个元素记录上一个元素的内存地址和下一个元素的内存地址来排列的，而 NumPy 数组是一个连续的内存空间，每个元素都按照先后顺序排列在内存中，所以存放数据还是尽量使用数组。

（4）Python 列表中有 append 的方法，可以进行追加，而 NumPy 数组没有类似的方法。

（5）用 print()函数打印的结果不同，Python 列表元素之间用逗号分隔，而 NumPy 数组元素之间用空格分隔。

3.1.2　NumPy 基本运算

NumPy 提供了一些用于算术运算的方法，使用起来会比 Python 提供的运算符灵活一些。

1. ndarray 对象的基本运算

NumPy 基本运算都是按元素操作的，下面给出一些基本运算。

假设 a＝np.arange(3,11,2)，b＝np.array([1,4,3,2])，ndarray 对象的基本运算如表 3.1所示。

表 3.1　ndarray 对象的基本运算

运　算　符	说　　明	示　　例	结　　果
＋	加法	a＋b	[4　9 10 11]
－	减法	a－b	[2 1 4 7]
*	乘法	a * b,3 * a	[3 20 21 18],[9 15 21 27]
/	除法	a/b	[3. 1.25　2.33333333 4.5]
%	取余数	b%a	[0 1 1 1]
**	幂运算	a ** 3	[27 125 343 729]

例 3.3　多维数组基本运算示例。

程序代码如下：

```
import numpy as np
a = np.array([[1,2,3],[3,4,1]])
b = np.arange(6).reshape(2,3)
print(a,'\n',b)
print(a + b)
print(a - b)
print(a * b)
```

```
print(a ** 3)
print(2 * a)
```

dot()函数返回的是两个数组(向量)的点积(dot product)。

例 3.4　数组对象乘法和点积运算示例。

程序代码如下：

```
import numpy as np
a = np.array([0,1,2,3])
b = np.array([2,1,3, -2])
c = np.array([[4,3],[2,1]])
d = np.array([[1,2],[3,4]])
print('一维数组乘法：',a * b)
print('一维数组点积：',np.dot(a,b))
print('二维数组乘法：\n',c * d)
print('二维数组点积：\n',np.dot(c,d))
```

2. matrix 对象的基本运算

NumPy 中的 ndarray 对象重载了许多运算符,使用这些运算符可以完成矩阵间对应元素的运算。matrix 对象的优势在于能够实现部分矩阵运算,例如矩阵乘法、逆矩阵等运算。

1) 矩阵乘法

假设 a、b 表示矩阵,a * b、np.dot(a,b)表示数学中的矩阵乘法运算,np.multiply(a,b)表示矩阵对应元素的乘积。

2) 矩阵转置

矩阵转置的形式为< matrix_variate >.transpose()|T。

例 3.5　矩阵转置示例。

程序代码如下：

```
import numpy as np
a = np.mat([[4,3,5, -4],[2,1,4,0]])      # 定义 2×4 矩阵 a
print(a.transpose())                      # 输出 a 的转置矩阵
print(a.T)                                # 输出 a 的转置矩阵
```

3) 逆矩阵

求矩阵的逆矩阵需要先导入 numpy.linalg,用 linalg 的 inv()函数来求逆矩阵,形式如下：

linalg.inv(< matrix_variate >)或< matrix_variate >.I

例 3.6　求逆矩阵示例。

程序代码如下：

```
import numpy as np
a = np.mat([[1,0,0],[3,4,0],[1,2,3]])    # 定义 3×3 矩阵 a
print(np.linalg.inv(a))                   # 输出 a 的逆矩阵
print(a.I)                                # 输出 a 的逆矩阵
```

3.1.3　生成随机数的常用函数

在 NumPy 的 random 模块中含有两类随机数生成函数,一类是浮点型的,常以 uniform()为代表；另一类是整数型的,常以 randint()为代表。

1. uniform()函数

使用 uniform()函数可以生成给定范围内的浮点型随机数,可以是单个值,也可以是一维数组,还可以是多维数组。其常用语法形式如下：

```
np.random.uniform([<low>,<high>[,<size>]])
```

功能：从一个浮点数均匀分布[low,high]中随机采样,注意定义域是左闭右开,即包含low,不包含 high。

参数说明：

（1）low 为采样下界,float 类型,默认值为 0。

（2）high 为采样上界,float 类型,默认值为 1。

（3）size 为输出样本数目,int 或元组(tuple)类型。例如 size＝(m,n,k),则表示输出 m＊n＊k 个样本,该参数省略时输出一个值。

返回值：ndarray 类型,其形状和 size 参数中的描述一致。

例 3.7 使用 uniform()函数生成随机数示例。

程序代码如下：

```
import numpy as np
print(np.random.uniform())                    #默认为 0 到 1
print(np.random.uniform(1,5))                 #生成 1～5 的 float 数
print(np.random.uniform(1,5,4))               #生成一维数组
print(np.random.uniform(1,5,(4,3)))           #生成 4×3 的数组
print(np.random.uniform([1,5],[5,10]))        #生成两个元素的一维数组
```

2. randint()函数

使用 randint()函数可以生成给定范围内的整型随机数,可以是单个值,也可以是一维数组,还可以是多维数组。其常用语法形式如下：

```
np.random.randint(<low>[,high = None],size = None,dtype = 'l')
```

功能：用于生成一个指定范围内的整数。其中 low 是下限、high 是上限,生成的随机数 n 有 low<=n<high,即[low,high)。

参数说明：

（1）low 为 int 类型,是随机数的下限。

（2）high 为 int 类型,默认为空,是随机数的上限,当该值为空时,函数生成[0,<low>]区间内的随机数。

（3）size 为 int 类型或元组,指明生成模式。

（4）dtype 表示元素的数据类型,可选'int'、'int64',默认为'l'。

例 3.8 randint()函数应用示例。

程序代码如下：

```
import numpy as np
print(np.random.randint(5))                           #生成 0～5 的整数
print(np.random.randint(5,size = 4))                  #生成 0～5 的 4 个元素的数组
print(np.random.randint(5,10,size = 6))               #生成 5～10 的 6 个元素的数组
print(np.random.randint(5,10,size = (2,3),dtype = 'int'))  #生成 5～10 的 2×3 数组
```

例 3.9 随机函数生成验证码示例。

程序代码如下：

```
import random
#从一个字符串中随机生成若干个字符
def gen_code(n):
    s = 'er0dfsdfxcvbn7f989fd'
    code = ''
    for i in range(n):
```

```
        r = random.randint(0,len(s) − 1)
        code += s[r]
    return code
username = input("输入用户名：")
passwd = input("输入密码:")
code = gen_code(5)
print("验证码是：",code)
code1 = input("输入验证码：")
if code.lower() == code1.lower():
    if username == 'knn' and passwd == 'abc':
        print("Login success!")
    else:
        print("username or password error!")
else:
    print("check code error!")
```

3.1.4　对象转换

在使用字符串、列表、数组和矩阵的过程中经常需要进行相互转换，用户可以使用 type()函数查看对象的类型。

1. 列表和字符串相互转换

1）列表转换为字符串

如果列表中的各元素都是字符串，一般通过 join()函数转换成字符串，但是当列表中含有数字类型的元素时，需要先将数字类型的元素转换为字符串。

例 3.10　列表转换为字符串示例。

程序代码如下：

```
lst1 = ['This','is','an','apple']
print(''.join(lst1))
# 如果列表中包含数字类型的元素,需要先转换为字符串
lst2 = ['S1','许文秀','女',20,'计算机系']
print(''.join([str(x) for x in lst2]))
```

2）字符串转换为列表

字符串转换为列表的方法有两种，一是利用列表直接转换，即 list(< string >)；二是通过字符串的 split()方法转换。

例 3.11　字符串转换为列表示例。

程序代码如下：

```
str1 = 'Python program'
result1 = list(str1)              # 用 list()转换
print(result1)
result2 = str1.split()            # 默认以空格分隔
print(result2)
result3 = str1.split(',')         # 以逗号分隔
print(result3)
```

2. 数组和字符串相互转换

将数组转换为字符串的方法和将列表转换为字符串的方法是一样的。

例 3.12　数组转换为字符串示例。

程序代码如下：

```
import numpy as np
lst = ['This','is','a','program']
```

```
arr = np.array(lst)
str1 = ''.join(arr)
print(str1)
```

将字符串转换为数组可以先将字符串转换为列表,再将列表转换为数组。

例3.13 字符串转换为数组示例。

程序代码如下:

```
import numpy as np
str1 = '567232'
lst = list(str1)
arr1 = np.array(lst)
print(arr1)
```

3. 列表和数组相互转换

使用np.array()方法可以将列表转换为数组。

例3.14 列表转换为数组示例。

程序代码如下:

```
import numpy as np
lst1 = [-3,4,8,6]
lst2 = [[2,3,4],[4,7,1]]
arr1 = np.array(lst1)
arr2 = np.array(lst2)
print(arr1)
print(arr2)
```

使用tolist()或list()方法可以将数组转换为列表。

例3.15 数组转换为列表示例。

程序代码如下:

```
import numpy as np
arr1 = np.array([-3,4,8,6])
arr2 = np.array([[2,3,4],[4,7,1]])
lst1 = arr1.tolist()
lst2 = arr2.tolist()
print(lst1)
print(lst2)
```

4. 列表和矩阵相互转换

使用np.mat()方法可以将列表转换为矩阵。

例3.16 列表转换为矩阵示例。

程序代码如下:

```
import numpy as np
lst = [[1,2,3],[4,5,6]]
matr = np.mat(lst)
print(type(matr))
print(matr)
```

将矩阵转换为列表和将数组转换为列表的方法相同。

5. 数组和矩阵相互转换

将数组转换为矩阵和将列表转换为矩阵的方法相同,将矩阵转换为数组和将列表转换为数组的方法相同。

3.1.5 数组元素和切片

NumPy多维数组和列表的类型非常类似,同样有访问数组元素和切片的功能,访问数组元素是指获取数组中特定位置元素的过程,切片是指获取数组元素子集的过程。

1. 一维数组元素和切片

一维数组元素和切片与 Python 列表类似。

例 3.17 一维数组元素和切片示例。

程序代码如下:

```
import numpy as np
arr = np.array([-4,8,12,6,9,11,25])
print(arr[4])                    #输出下标为 4 的元素
print(arr[2:5])                  #输出下标为 2、3、4 的元素
print(arr[1:5:2])                #输出下标为 1、3 的元素
```

2. 多维数组元素和切片

多维数组元素的不同维度用逗号隔开,取切片用冒号,多维数组取步长用冒号。

例 3.18 多维数组元素和切片示例。

程序代码如下:

```
import numpy as np
arr = np.arange(12).reshape([3,4])
print(arr[1,2])                  #输出下标为[1,2]的元素
print(arr[1:,2:])                #输出行标为 1 和 2、列标为 2 和 3 的元素
print(arr[::2,1])                #输出行标为 0 和 2、列标为 1 的元素
```

3.2 Pandas 模块

Pandas 是基于 NumPy 的一种工具,该工具是为了解决数据分析任务而创建的。它采用的是矩阵运算,要比 Python 自带的字典或者列表的效率高得多。

3.2.1 Pandas 中的数据结构

Pandas 有两大数据结构——Series 和 DataFrame。数据分析的相关操作都围绕着这两种结构进行,它们需要用 import pandas as pd 语句导入。Series 是一种一维数组对象,DataFrame 是一个二维的表结构,类似 Excel。

1. Series 对象

Series 对象包含一组数据和一组索引,可以理解为一组带索引的数组。它由两个相关联的数组组合在一起,即主元素数组和 index 数组。index 数组可以是数字或者字符串。创建 Series 对象的常用形式如下:

(1) 通过列表创建,形式为 pd.Series(<list>[,index=<index_array>]),其中<list>为数据列表;<index_array>为 Series 的索引,如果没有定义,则默认为(0,1,2,…,n)。

(2) 通过字典创建,形式为 pd.Series({<key_1>:<value_1>,<key_2>:<value_2>,…,<key_n>:<value_n>})。

例 3.19 Series 对象创建示例。

程序代码如下:

```
import pandas as pd
s1 = pd.Series([12,5,7,21],index=[4,2,3,1])
s2 = pd.Series([12,5,7,21],index=['a','b','c','d'])
s3 = pd.Series({'a':21,'b':213,'c':309,'d':210,'e':111})
print(s1)
print(s2)
print(s3)
```

2. DataFrame 对象

DataFrame 是一个表格型的数据结构,包含一组有序的列,每列可以是不同的值类型(数值、字符串、布尔型等)。它既有行索引又有列索引,可以被看作由 Series 组成的字典。

(1) 用二维列表创建 DataFrame 对象,常用的形式为:

pd.DataFrame(< two_dimension_list >[,index = < line_index >][,columns = < column_index >])

参数说明:

① < two_dimension_list >表示二维列表数据。

② index 表示 DataFrame 的行索引,默认为(0,1,2,…,m)。

③ columns 表示 DataFrame 的列索引,默认为(0,1,2,…,n)。

例 3.20 用二维列表创建 DataFrame 对象示例。

程序代码如下:

```
import pandas as pd
datas = [['许文秀','女',20,'计算机系'],['刘世元','男',21,'电信系'],['刘德峰','男',22,'统计系'],
['于金凤','女',20,'计算机系']]
line_index = ['S1','S2','S3','S4']
column_index = ['姓名','性别','年龄','系部']
df = pd.DataFrame(datas,index = line_index,columns = column_index)
print(df)
```

(2) 用字典方式创建 DataFrame 对象,形式为:

pd.DataFrame(< dict >[,index = < line_index >])

参数说明:

① dict 表示字典数据。

② index 表示 DataFrame 的行索引,默认为(0,1,2,…,m)。

例 3.21 用字典方式创建 DataFrame 对象示例。

程序代码如下:

```
import pandas as pd
datas = {'姓名':['许文秀','刘世元','刘德峰','于金凤'],'性别':['女','男','男','女'],'年龄':[20,21,
22,20],'系部':['计算机系','电信系','统计系','计算机系']}
line_index = ['S1','S2','S3','S4']
df = pd.DataFrame(datas,index = line_index)
print(df)
```

3.2.2 DataFrame 的基本属性

DataFrame 的基础属性有 values、index、columns、ndim 和 shape 等,分别用来获取 DataFrame 的元素、索引、列名、维度和形状。假设 df = pd.DataFrame({'姓名':['许文秀','刘世元'],'性别':['女','男'],'年龄':[20,21],'系部':['计算机系','电信系']},index=['S1','S2']),DataFrame 的基本属性如表 3.2 所示。

表 3.2　DataFrame 的基本属性

属性和方法	说　　明	示　　例	结　　果
values	获取 ndarray 类型的元素	df.values	[['许文秀' '女' 20 '计算机系'] ['刘世元' '男' 21 '电信系']]
index	获取行索引	df.index	index(['S1','S2'],dtype= 'object')

续表

属性和方法	说　明	示　例	结　果
axes	获取行索引及列索引	df.axes	[index(['S1' 'S2'],dtype='object'),index(['姓名','性别','年龄','系部'],dtype='object')]
columns	获取列名列表	df.columns	index(['姓名','性别','年龄','系部'],dtype='object')
size	获取元素个数	df.size	8
ndim	获取维度	df.ndim	2
shape	获取形状	df.shape	(2,4)

3.2.3　DataFrame 的常用方法

继续利用 3.2.2 节中的例子,DataFrame 的常用方法如表 3.3 所示。

表 3.3　DataFrame 的常用方法

属性和方法	说　明	示　例	结　果
iloc[<行序>,<列序>]	按序号获得元素	df.iloc[:,0:2]	姓名　　性别 S1　许文秀　　女 S2　刘世元　　男
loc[<行索引>,<列索引>]	按索引获得元素	df.loc['S2','姓名']	刘世元
df.head(i)	显示前 i 行数据	df.head(1)	姓名　性别　年龄　　系部 S1　许文秀　女　　20　　计算机系
df.tail(i)	显示后 i 行数据	df.tail(1)	姓名　性别　年龄　　系部 S2　刘世元　男　　21　　电信系
df.describe()	查看数据列的统计信息	df.describe()	年龄列的 count、mean、std、min、max、25%(下四分位数)、50%(中位数)、75%(上四分位数)的值
del	删除指定列	del df['性别']	删除性别列
drop(columns=[<列名1>,<列名2>,…,<列名n>])	同时删除多个列	df.drop(columns=['性别','系部'])	姓名　　年龄 S1　许文秀　　20 S2　刘世元　　21
rename(columns={<原名1>:<新名1>,<原名2>:<新名2>,…,<原名n>:<新名n>})	同时修改多个列名	df.rename(columns={'姓名':'Name','性别':'Sex','年龄':'Age','系部':'Dept'})	Name Sex　Age　Dept S1　许文秀　女　　20　　计算机系 S2　刘世元　男　　21　　电信系
df.copy()	复制 df	df1=df.copy()	df1 中为 df 内容

3.2.4　DataFrame 的数据查询与编辑

1. 数据查询

数据查询一般都是通过索引来操作的。

1) 查询列数据

通过列索引标签或者属性的方式可以单独获取 DataFrame 的列数据,返回的数据类型为 Series。注意在选取列时不能使用切片的方式,若超过一个列名,用 df[[< column_name_1>, < column_name_2>,…,< column_name_k>]]形式。

例 3.22 查询列数据示例。

程序代码如下:

```
import pandas as pd
datas = {'姓名':['许文秀','刘世元','刘德峰','于金凤'],
        '性别':['女','男','男','女'],
        '年龄':[20,21,22,20],
        '系部':['计算机系','电信系','统计系','计算机系']}
df = pd.DataFrame(datas,index = ['S1','S2','S3','S4'])
print('查询姓名列: \n',df[['姓名']])
print('查询姓名和年龄列\n: ',df[['姓名','年龄']])
```

2) 查询行数据

通过行索引或者行索引位置的切片形式获取行数据(从 0 开始,左闭右开)。DataFrame 提供的 head()和 tail()方法分别用于获取开始和末尾的连续多行数据。

例 3.23 查询行数据示例。

程序代码如下:

```
import pandas as pd
datas = {'姓名':['许文秀','刘世元','刘德峰','于金凤'],
        '性别':['女','男','男','女'],
        '年龄':[20,21,22,20],
        '系部':['计算机系','电信系','统计系','计算机系']}
df = pd.DataFrame(datas,index = ['S1','S2','S3','S4'])
print('查询前两行: \n',df[:2])
print('查询第 2 行: \n',df[1:2])
print('查询前 3 行: \n',df.head(3))
print('查询后两行: \n',df.tail(2))
```

3) 同时查询行和列

切片查询行的限制比较大,查询单独的几行数据可以采用 Pandas 提供的 iloc[]和 loc[] 方法实现。

例 3.24 同时选择行和列示例。

程序代码如下:

```
import pandas as pd
datas = {'姓名':['许文秀','刘世元','刘德峰','于金凤'],
        '性别':['女','男','男','女'],
        '年龄':[20,21,22,20],
        '系部':['计算机系','电信系','统计系','计算机系']}
df = pd.DataFrame(datas,index = ['S1','S2','S3','S4'])
print('查询序号为 S1 和 S3 的同学的姓名和系部: \n',df.loc[['S1','S3'],['姓名','系部']])
print('查询第 1 行和第 3 行的第 2 列: \n',df.iloc[[1,3],[1]])
```

4) 条件查询

条件查询由逻辑表达式构成查询条件,获取符合条件的记录。

例 3.25 条件查询示例。

程序代码如下:

```
import pandas as pd
datas = {'姓名':['许文秀','刘世元','刘德峰','于金凤'],
        '性别':['女','男','男','女'],
        '年龄':[20,21,22,20],
        '系部':['计算机系','电信系','统计系','计算机系']}
df = pd.DataFrame(datas,index = ['S1','S2','S3','S4'])
```

```
print('查询姓名为刘德峰的行数据\n',df[df['姓名'] == '刘德峰'])
print('查询计算机系的女同学：\n',df[(df['性别'] == '女') & (df['系部'] == '计算机系')])
```

2. 数据编辑

DataFrame 对象的数据编辑方法有很多，这里只介绍常用的几种。

1）添加数据

添加一行数据可以通过 append()方法实现，创建一个新的数据列的方法类似于在字典中添加项的方法。

例 3.26 添加新的行或列示例。

程序代码如下：

```
import pandas as pd
datas = {'姓名':['许文秀','刘世元','刘德峰','于金凤'],
        '性别':['女','男','男','女'],
        '年龄':[20,21,22,20],
        '系部':['计算机系','电信系','统计系','计算机系']}
df = pd.DataFrame(datas)
data_1 = {'姓名':'王文庆','性别':'男','年龄':21,'系部':'电信系'}
df1 = df.append(data_1,ignore_index = True)  # 添加一行数据
print('添加新的数据行：\n',df1)
df1['籍贯'] = ['河北省','天津市','河北省','重庆市','江苏省']   # 添加一列数据
print('添加新的数据列：\n',df1)
```

2）删除数据

删除数据直接用 drop()方法，行、列数据通过 axis 参数设置，其中 0 默认为删除行，1 默认为删除列。默认删除数据不修改原数据，inplace＝True 表示在原数据上删除。

例 3.27 删除行或列示例。

程序代码如下：

```
import pandas as pd
datas = {'姓名':['许文秀','刘世元','刘德峰','于金凤'],
        '性别':['女','男','男','女'],
        '年龄':[20,21,22,20],
        '系部':['计算机系','电信系','统计系','计算机系']}
df = pd.DataFrame(datas)
df1 = df.drop([2],axis = 0,inplace = False)  # 删除序号为 2 的行，即第 3 行
print('删除第 3 行：\n',df1)
df.drop('系部',axis = 1,inplace = True)  # 删除系部列
print('删除系部列：\n',df)
```

3）修改数据

修改行、列标题使用 df.rename()方法，修改数据只需要对选择的数据进行赋值。

例 3.28 修改行、列标题示例。

程序代码如下：

```
import pandas as pd
datas = {'姓名':['许文秀','刘世元','刘德峰','于金凤'],
        '性别':['女','男','男','女'],
        '年龄':[20,21,22,20],
        '系部':['计算机系','电信系','统计系','计算机系']}
df = pd.DataFrame(datas)
print('原数据：\n',df)
df1 = df.rename({0:'S1',1:'S2',2:'S3',3:'S4'})  # 修改行标题
print('修改行标题：\n',df1)
df1.rename(columns = {'姓名':'name','性别':'sex','年龄':'age','系部':'dept'},inplace = True)
```

```
print('修改列标题: \n',df1)
```

例 3.29　数据修改示例。

程序代码如下：

```
import pandas as pd
datas = {'姓名':['许文秀','刘世元','刘德峰','于金凤'],
         '性别':['女','男','男','女'],
         '年龄':[20,21,22,20],
         '系部':['计算机系','电信系','统计系','计算机系']}
df = pd.DataFrame(datas)
df.loc[2,'姓名'] = '刘得锋'        #将姓名刘德峰改成刘得锋,或用 df.iloc[2,0]
print('修改一个元素的值: \n',df)
df.loc[1,['姓名','性别']] = ['陈晓晴','女']  #修改第 2 行的姓名和性别
print('修改某行几个元素的值: \n',df)
df.iloc[:,2] = [21,22,23,21]      #修改第 3 列的内容
print('修改某列的值: \n',df)
```

3.2.5　Pandas 数据的四则运算

两个 DataFrame 对象可以进行四则运算,运算法则是对应元素进行运算,对于不同维度的对象,无对应元素结果取 NaN 值,也可以利用 fill_value＝<data_values>先填充,后计算。

例 3.30　两个 DataFrame 对象的四则运算示例。

程序代码如下：

```
import numpy as np
import pandas as pd
df1 = pd.DataFrame(np.arange(12).reshape((3,4)),columns = list('abcd'))
df2 = pd.DataFrame(np.arange(20).reshape((4,5)),columns = list('abcde'))
print('A = \n',df1,'\nB = \n',df2) #打印 DataFrame 对象
print('A + B = \n',df1.add(df2,fill_value = 0)) #或用 df1 + df2 输出 df1 与 df2 的和
print('A - B = \n',df1.sub(df2,fill_value = 0)) #或用 df1 - df2 输出 df1 与 df2 的差
print('A * B = \n',df1.mul(df2,fill_value = 0)) #或用 df1 * df2 输出 df1 与 df2 的积
print('A/B = \n',df1.div(df2,fill_value = 0)) #或用 df1/df2 输出 df1 与 df2 的商
```

3.2.6　函数变换

在数据清洗工作中经常需要对数据进行各种函数变换,为此 Pandas 提供了 map()、apply() 和 applymap()等函数。

1. map()函数

map()函数主要用在 Series 对象中,用来对 Series 对象中的元素进行变换。

例 3.31　map()函数变换示例。

程序代码如下：

```
import pandas as pd
datas = {'姓名':['许文秀','刘世元','刘德峰','于金凤'],
         '性别':['女','男','男','女'],
         '年龄':[20,21,22,20],
         '系部':['计算机系','电信系','统计系','计算机系']}
df = pd.DataFrame(datas)
def sex_map(x): #将性别'男'改为'M'、'女'改为'F'
    sex = 'F'
    if x == '男': sex = 'M'
    return sex #该函数也可以用字典 sex_map = {'男':'M','女':'F'}替代
```

```
df['性别'] = df['性别'].map(sex_map)
print(df)
```

2. apply() 函数

apply() 是 Pandas 模块的一个很重要的函数,可以直接用于 DataFrame 和 Series 对象,它经常结合 NumPy 库和隐函数 lambda 来使用。

例 3.32 apply() 函数应用示例。

程序代码如下:

```
import pandas as pd
import numpy as np
df = pd.DataFrame(np.arange(12).reshape((3,4)),columns = list('ABCD'))
print('df 中原始数据为: \n',df)
print('计算每个元素的平方根: \n',df.apply(np.sqrt))
print('计算每一列元素的平均值:\n',df.apply(np.mean))
print('计算每一行元素的平均值:\n',df.apply(np.mean,axis = 1))
print('增加第 E 列,为前面 4 列元素之和: ')
def Add_a(x):
    return x.A + x.B + x.C + x.D
df['E'] = df.apply(Add_a,axis = 1)
print(df)
print('列 E 中的所有元素加 5: ')
df.E = df.E.apply(lambda x:x + 5)
print(df)
print('第 E 列元素被 3 整除的均赋值 Yes,否则赋值 No: ')
df.E = df.E.apply(lambda x: 'Yes' if x % 3 == 0 else'No')
print(df)
```

3. applymap() 函数

applymap() 函数是元素级别的操作,返回结果是对 DataFrame 中的每个元素执行指定的函数操作。

例 3.33 applymap() 函数应用示例。

程序代码如下:

```
import pandas as pd
df = pd.DataFrame([[1,2.12,3.245],[3.356,4.56,2.1101]],columns = list('abc'),index = [2,3])
def f(x):
    return len(str(x))    ♯对每一个元素求长度,其中 1 按 1.0 计算
print(df.applymap(f))
```

4. map()、apply() 和 applymap() 在应用上的区别

简单总结起来,这 3 个函数在应用上有以下几点区别:

(1) map() 函数只能作用于 Series 对象中的每个元素。

(2) apply() 函数既可以作用于 Series 对象中的每个元素,也可以作用于 DataFrame 对象中的行或列。

(3) applymap() 只能作用于 DataFrame 对象中的每个元素。

3.2.7　排序

在数据分析过程中,有时需要根据索引的大小或者值的大小对 Series 对象和 DataFrame 对象进行排序,使用 sort_index() 函数可以根据行或列的索引进行排序,使用 sort_values() 函数可以根据行或列的值进行排序。

例3.34　Series 对象按索引进行排序示例。

程序代码如下：

```
import pandas as pd
s = pd.Series([1,2,3],index = ['a','c','b'])
print('按 Series 对象的索引进行升序排序：\n',s.sort_index()) #默认是升序排序
print('按 Series 对象的索引进行降序排序：\n',s.sort_index(ascending = False))
```

例3.35　Series 对象按值进行排序示例。

程序代码如下：

```
import pandas as pd
import numpy as np
s = pd.Series([np.nan,1,7,2,3],index = ['a','c','e','b','d'])
print('按 Series 对象的值进行升序排序：\n',s.sort_values()) #默认是升序排序
print('按 Series 对象的值进行降序排序：\n',s.sort_values(ascending = False))
```

说明：在对值进行排序的时候，无论是升序还是降序，缺失值（NaN）都会排在最后。

例3.36　DataFrame 对象按索引排序示例。

程序代码如下：

```
import numpy as np
import pandas as pd
a = np.arange(9).reshape(3,3)
data = pd.DataFrame(a,index = ['0','2','1'],columns = ['c','a','b'])
print('按行的索引进行升序排序：\n',data.sort_index())      #默认按行升序排序
print('按行的索引进行降序排序：\n',data.sort_index(ascending = False))
print('按列的索引进行升序排序：\n',data.sort_index(axis = 1))    #默认按列升序排序
print('按列的索引进行降序排序：\n',data.sort_index(axis = 1, ascending = False))
```

例3.37　DataFrame 对象按值排序示例。

程序代码如下：

```
import pandas as pd
import numpy as np
data = [[9,3,1],[1,2,8],[1,0,5]]
df = pd.DataFrame(data,index = ['S1','S2','S3'],columns = ['c','a', 'b'])
print('按指定列的值大小顺序进行排序：\n',df.sort_values(by = 'c')) #默认升序
print('按指定多列的值大小顺序进行排序：\n',df.sort_values(by = ['c','a']))
# 在对 DataFrame 对象的值进行排序时,要使用 by 指定某一行(列)或者某几行(列)
print('按指定行值进行排序：\n',df.sort_values(by = 'S1',axis = 1))
# 在指定行值进行排序的时候必须设置 axis = 1
```

3.2.8　汇总与统计

Pandas 对象拥有一组常用的数学和统计方法，和 NumPy 数组相比，它们只对真实值（非缺失数据）进行统计。

1. 常用方法

假设 df＝pd.DataFrame([[np.nan,1,3],[4,5,6]],index ＝ {'S1','S2'},columns＝['c','a','b'])，Pandas 对象的常用方法及示例如表 3.4 所示。

2. 协方差和相关系数

协方差（Covariance）反映两个样本/变量 X、Y 之间的相互关系以及相关程度。如果协方差为正，说明 X、Y 同向变化，协方差越大，说明同向程度越高；如果协方差为负，说明 X、Y 反向变化，协方差越小，说明反向程度越高。

表 3.4 Pandas 对象的常用方法及示例

方　　法	说　　明	示　　例	结　　果
count	按列统计非 NaN 值的数量	df. count()	输出列名及各列非 NaN 值的数量
describe	针对 Series 或各 DataFrame 列计算汇总统计	df. describe()	输出各列的 count、mean、std、min、max 等值
max、min	最大值和最小值	df. max()	输出列名及各列的最大值
sum	值的总和	df. sum()	输出列名及各列的和
mean	值的平均数	df. mean()	输出列名及各列的平均值
median	值的算术中位数(二分位数)	df. median()	输出列名及各列的中位数
var	样本值的方差	df. var()	输出列名及各列的方差
std	样本值的标准差	df. std()	输出列名及各列的标准差
diff	一阶差分	df. diff()	输出列名及各列的一阶差分

相关系数(Correlation-coefficient)反映两个样本/变量之间的相关程度。相关系数也可以看成是两个变量的量化影响、标准化后的特殊协方差。相关系数在 $-1 \sim +1$ 变化:

(1) 当相关系数为 1 的时候两者相似度最大,同向正相关。

(2) 当相关系数为 0 的时候两者没有相似度,两个变量无关。

(3) 当相关系数为 -1 的时候两者变化的反向相似度最大,完全反向负相关。

使用 cov()方法和 corr()方法分别计算两个 Series 对象或 DataFrame 对象的协方差和相关系数。

例 3.38 协方差和相关系数示例。

程序代码如下:

```
import pandas as pd
df = pd.DataFrame({
       "年龄":[8,9,10,11,12],
       "身高":[130,135,140,141,150]})
print('\n 年龄和身高的协方差为: ',df['年龄'].cov(df['身高']))
print('\n 年龄和身高的相关系数为: ',df['年龄'].corr(df['身高']))
```

3.2.9　数据的分组与统计

Pandas 提供了较好的分组与统计功能,可以很方便地对数据进行不同维度的分组与统计操作。

1. 分组

分组(Groupby)就是对数据集进行分组,然后对每组数据进行统计分析。Pandas 使用 groupby()进行分组,它没有进行实际运算,只是包含分组的中间数据。

按列名分组的常用形式为< DataFrame_object >. groupby(< column_name >)。

例 3.39 groupby()分组运算示例。

程序代码如下:

```
import pandas as pd
import numpy as np
dict = {'key1': ['a', 'b', 'a', 'b','a', 'b', 'a', 'a'],
        'key2': ['one', 'one', 'two', 'three','two', 'two', 'one', 'three'],
        'data1': np. random. randn(8), 'data2': np. random. randn(8)}
df = pd. DataFrame(dict)
print('\n 创建的 DataFrame 对象: \n',df)
grouped1 = df. groupby('key1')
```

```
print('\n 第一分组均值：\n',grouped1.mean())        # DataFrame 根据 key1 进行分组
grouped2 = df['data1'].groupby(df['key1'])          # DataFrame 的 data1 列根据 key1 进行分组
print('\n 第二分组均值：\n',grouped2.mean())
print('\n 分组一元素个数：\n',grouped1.size())
print('\n 分组二元素个数：\n',grouped2.size())
```

用户可以将分组关键字定义为列表或多层列表，也可以选定多个关键字分组。

例 3.40　自定义 key 分组及多层分组示例。

程序代码如下：

```
import pandas as pd
import numpy as np
dict = {'key1'：['a', 'b', 'a', 'b','a', 'b', 'a', 'a'],
        'key2'：['one', 'one', 'two', 'three','two', 'two', 'one', 'three'],
        'data1': np. random. randn(8),'data2': np. random. randn(8)}
df = pd. DataFrame(dict)
print(df)
self_def_key = [0, 1, 2, 3, 3, 4, 5, 7]
print(df.groupby(self_def_key).size())               # 按自定义关键字分组，列表
print(df.groupby([df['key1'], df['key2']]).size())   # 按自定义关键字分组，多层列表
grouped2 = df.groupby(['key1', 'key2'])              # 按多个列进行多层分组
print(grouped2.size())
grouped3 = df.groupby(['key2', 'key1'])              # 多层分组按关键字顺序进行
print(grouped3.mean())
# unstack()可以将多层索引结果转换成单层的 DataFrame
print(grouped3.mean().unstack())
```

2. 统计

Pandas 提供了基于行和列的统计操作，统计运算方法有 sum()、mean()、max()、min()、size()、describe()等。

例 3.41　分组后应用统计函数示例。

程序代码如下：

```
import pandas as pd
import numpy as np
dict = {'key1'：['a', 'b', 'a', 'b','a', 'b', 'a', 'a'],
        'key2'：['one', 'one', 'two', 'three','two','two', 'one', 'three'],
        'data1': np. random. randn(8),'data2': np. random. randn(8)}
df = pd. DataFrame(dict)
print(df)
# 使用统计函数
print(df.groupby('key1').sum())
print(df.groupby('key1').max())
print(df.groupby('key1').min())
print(df.groupby('key1').mean())
print(df.groupby('key1').size())
print(df.groupby('key1').count())
print(df.groupby('key1').describe())
```

3.2.10　Pandas 数据的读取与存储

数据大部分存储在文件中，因此 Pandas 支持复杂的 I/O 操作，它的 API 支持众多的文件格式，例如 CSV、TXT、Excel、MySQL 等。

1. CSV 文件

CSV(Comma Separated Values)文件是最通用的一种文件格式，它可以被非常容易地导

入各种计算机表格及数据库中。此文件一行即为数据表的一行,生成的数据表字段用半角逗号隔开。Pandas 利用 writerow()方法写入 CSV 文件数据,利用 read_csv()方法读取 CSV 文件数据。

例 3.42 在指定路径下创建 CSV 文件示例。

程序代码如下:

```
import csv
import os
os.chdir('D:\\Data_Mining') #改变当前路径
head = ['学号','姓名','性别','年龄','系部'] #定义文件头
lst = [['S1','许文秀','女',20,'计算机系'],
       ['S2','刘世元','男',21,'电信系'],
       ['S3','刘德峰','男',22,'统计系'],
       ['S4','于金凤','女',20,'计算机系']]
with open ('test.csv', 'a', newline = '') as f: #以追加方式打开或创建
    f_csv = csv.writer(f)
    f_csv.writerow(head) #写入文件头
    for i in range(4): #按行写入文件
        f_csv.writerow(lst[i])
```

例 3.43 Pandas 读取 CSV 文件示例。

程序代码如下:

```
import pandas as pd
import os
os.chdir('D:\\Data_Mining') #设置当前路径
data = pd.read_csv('test.csv',encoding = 'gb18030') #读取文件数据
print(data)
```

2. Excel 文件

Pandas 依赖 xlrd 模块处理 Excel 文件,因此需要提前安装该模块,其安装命令为 pip install xlrd。注意 xlrd 1.2.0 之后的版本不支持 XLSX 格式,仅支持 XLS 格式。

Pandas 利用 read_excel()方法读取 Excel 文件数据后返回 DataFrame 对象。

例 3.44 Pandas 读取 Excel 数据文件示例。

程序代码如下:

```
import pandas as pd
file = 'D:\\Data_Mining\stud.xls'
df = pd.read_excel(file)
print('获得 Excel 文件数据:\n',df)
```

如果是将整个 DataFrame 写入 Excel,则调用 to_excel()方法即可实现。

例 3.45 Pandas 将 DataFrame 对象数据写入 Excel 文件示例。

程序代码如下:

```
import pandas as pd
head = ['学号','姓名','性别','年龄','系部']
data = [['S1','许文秀','女',20,'计算机系'],
        ['S2','刘世元','男',21,'电信系'],
        ['S3','刘德峰','男',22,'统计系'],
        ['S4','于金凤','女',20,'计算机系']]
df = pd.DataFrame(data,columns = head)
file = 'D:\\Data_Mining\stud11.xlsx'
```

```
df.to_excel(file)
```

3. 读取 MySQL 数据

Pandas 利用 read_sql()方法读取 MySQL 文件。

例 3.46　读取 MySQL 数据示例。

程序代码如下：

```
import pymysql
con = pymysql.connect(host = 'localhost', user = 'root', password = 'root', database = 'test', port = 3306, charset = 'utf - 8')
sql_select = 'select * from a'df = pd.read_sql(sql_select, con)
```

其中，host 是主机名，一般填写 IP 地址，user 代表数据库用户名，password 代表数据库密码，database 代表需要连接的数据库名称，port 代表端口，charset 代表编码格式，一般使用 utf-8。

3.3　Matplotlib 图表绘制基础

Matplotlib 是一个 Python 工具箱，用于科学计算的数据可视化，它是一个非常好用的库，无论是写论文需要画图，还是在数据调研中显示数据相关性，都是一个很好的选择。

3.3.1　Matplotlib 简介

Matplotlib 是 Python 中基于 NumPy 的一套绘图工具包。Matplotlib 提供了一整套在 Python 下实现类似 MATLAB 的纯 Python 第三方库，其风格与 MATLAB 相似，并且继承了 Python 简单明了的优点。近年来，在开源社区的推动下，Matplotlib 在科学计算领域得到了广泛应用，成为 Python 中应用非常广的绘图工具包之一。

3.3.2　Matplotlib 绘图基础

Matplotlib 绘图流程如图 3.1 所示。

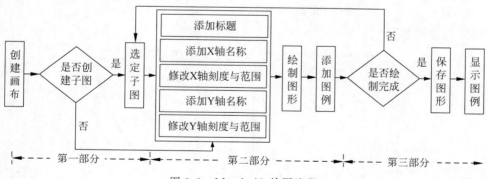

图 3.1　Matplotlib 绘图流程

使用 Matplotlib 模块进行绘图主要有 3 个步骤，第一步创建画布与子图；第二步准备数据，进行绘图及修饰；第三步保存与显示图形。

1. 创建画布与子图

该部分的主要作用是创建一张空白画布，并可以选择是否将整个画布划分为多个部分，方便在同一幅图上绘制多个图形。最简单的绘图可以省略第一部分，然后直接在默认的画布上进行图形绘制。创建画布与子图涉及的函数如表 3.5 所示。

表 3.5 创建画布与子图涉及的函数

函 数 名	功 能
figure()	创建一个空白画布,可以指定画布的大小、像素
figure. add_subplot()	创建并选中子图,可以指定子图的行数、列数
subplots_adjust()	调整子图之间的间距,wspace 为调整宽度,hspace 为调整高度

创建子图的常用步骤如下:

(1) 利用 plt.figure()函数创建画布(只绘制一幅图时,取默认画布,所以可以省略这一步)。

(2) 利用 plt.subplot()函数创建子图,需要传入行、列、索引等参数。

(3) 利用 axi=plt.subplot(m,n,i)(i=1,2,…,m×n)在画布中创建 m×n 个图形。

(4) 给子图 axi 绘制图形。

(5) 利用 plt.show()展示图片,释放内存。

例 3.47 创建多个子图示例。

程序代码如下:

```
import numpy as np
import matplotlib.pyplot as plt
x1 = np.arange( - 2,2,0.01)
p1 = plt.figure(figsize = (8,4),dpi = 80)  #确定画布大小
ax1 = p1.add_subplot(1,2,1)  #创建一个 1 行 2 列的子图,并开始绘制第一幅
plt.title('Power Function')
plt.plot(x1,x1 ** 2)
plt.plot(x1,x1 ** 4)
plt.legend(['y = x^2', 'y = x^4'])
ax2 = p1.add_subplot(1,2,2)
plt.title('e^x/log(x)')
x2 = np.arange(1,4,0.01)
plt.plot(x2,np.exp(x2))
plt.plot(x2,np.log(x2))
plt.legend(['y = e^x', 'y = log(x)'])
plt.show()          #显示绘制出的图
```

程序运行结果如图 3.2 所示。

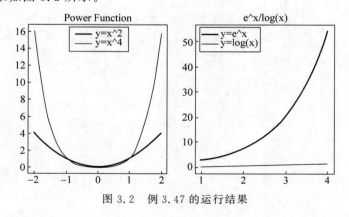

图 3.2 例 3.47 的运行结果

2. 绘图及修饰

该部分是绘图的主体部分,其中添加标题、坐标轴名称,绘制图形等步骤是并列的,没有先后顺序,可以先绘制图形,也可以先添加各类标签,但是添加图例一定要在绘制图形之后。绘图及修饰涉及的函数如表 3.6 所示。

表3.6 绘图及修饰涉及的函数

函 数 名	功 能
plt. title()	在当前图形中添加标题,可以指定标题的名称、位置、颜色、字体大小等参数
plt. xlabel()	在当前图形中添加 X 轴名称,可以指定位置、颜色、字体大小等参数
plt. ylabel()	在当前图形中添加 Y 轴名称,可以指定位置、颜色、字体大小等参数
plt. xlim()	指定当前图形的 X 轴的范围,只能确定一个数值区间,而无法使用字符串标识
plt. ylim()	指定当前图形的 Y 轴的范围,只能确定一个数值区间,而无法使用字符串标识
plt. xticks()	指定 X 轴刻度的数目与取值
plt. yticks()	指定 Y 轴刻度的数目与取值
plt. legend()	指定当前图形的图例,可以指定图例的大小、位置、标签

3. 保存与显示图形

该部分用于保存与显示图形,主要涉及的函数如表3.7 所示。

表3.7 保存与显示图形涉及的函数

函 数 名	功 能
plt. savafig()	保存绘制的图形,可以指定图片的分辨率、边缘的颜色等参数
plt. show()	在本机显示图形

例 3.48 某市某周每天的最高气温如表3.8 所示。

表3.8 某市某周每天的最高气温

日期	周一	周二	周三	周四	周五	周六	周日
最高气温/℃	15	20	22	23	20	18	16

绘制该周的温度变化曲线。

程序代码如下:

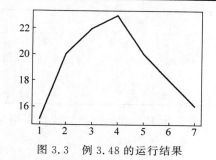

图 3.3 例 3.48 的运行结果

```
import numpy as np
import matplotlib.pyplot as plt
x = np.arange(1,8)              #绘图及修饰
y = np.array([15,20,22,23,20,18,16])
plt.plot(x,y)
plt.show()                     #显示图形
```

程序运行结果如图3.3 所示。

3.3.3 使用 Matplotlib 简单绘图

Matplotlib 是 Python 中的一个简单又完善的开源绘图库,用户只需要编写几行代码就可以生成绘图。Matplotlib 含有 pyplot 和 pylab 两个绘图模块,其中 pyplot 提供了一套和 MATLAB 类似的绘图 API,将众多绘图对象所构成的复杂结构隐藏在这套 API 内;pylab 包含了许多 NumPy 和 pyplot 模块中常用的函数,方便用户快速进行计算和绘图,非常适合在 Python 交互式环境中使用。

1. pyplot 模块

Matplotlib. pyplot 是一个有命令风格的函数集合,各种状态通过函数调用保存起来,以便随时跟踪当前图像和绘图区域等对象。利用绘图函数可以绘制折线图、散点图、柱状图、饼图、直方图等图像。引入 pyplot 模块的常用语句为 import matplotlib. pyplot as plt。

1) plot()函数

使用 Matplotlib 提供的 plot()函数绘制二维图像,展现变量的变化趋势。plot()函数的常用形式如下：

```
plt.plot(< x >,< y >,< style >,< line_width >,< label >)
```

参数说明：

（1）x 是 X 轴上的有效坐标数组。

（2）y 是 Y 轴上的有效坐标数组。

（3）style 为线条风格，可选，它由表 3.9～表 3.11 所示的颜色字符、风格字符和标识字符组成。

（4）line_width 为折线图的线条宽度。

（5）label 是标识图内容的标签文本。

表 3.9　常用颜色字符表

颜 色 字 符	说　　明	颜 色 字 符	说　　明
'b'	蓝色	'm'	洋红色（magenta）
'g'	绿色	'y'	黄色
'r'	红色	'k'	黑色
'c'	青色（cyan）	'w'	白色
'#008000'	RGB 某颜色	'0.8'	灰度值字符串

表 3.10　常用风格字符表

风 格 字 符	说　　明	风 格 字 符	说　　明
'-'	实线	'-.'	点画线
'--'	破折线	":"	虚线

表 3.11　常用标识字符表

标 识 字 符	说　　明	标 识 字 符	说　　明
'o'	实心圈标识	'x'	x 标识
'v'	倒三角形标识	'D'	菱形标识
'^'	上三角形标识	'd'	瘦菱形标识
'+'	十字标识	'*'	星形标识

例 3.49　plot()函数线条风格应用示例。

程序代码如下：

```
import matplotlib.pyplot as plt
import numpy as np
x = np.arange(10)
plt.plot(x,x * 1.5,'g + :',x,x * 2.5,'ro - .',x,x * 3.5,'x-- ',x,x * 4.5,'bd - ')
plt.show()
```

程序运行结果如图 3.4 所示。

例 3.50　plot()函数绘图示例。

程序代码如下：

```
import matplotlib.pyplot as plt
import numpy as np
x = np.arange(0.01,np.e, 0.01)
y1 = np.exp( - x)
y2 = np.log(x)
fig = plt.figure()
ax1 = fig.add_subplot(111)
ax1.plot(x, y1, 'r', label = 'exp( - x)')
ax1.legend(bbox_to_anchor = (1,0.5))
```

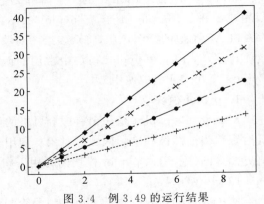

图 3.4　例 3.49 的运行结果

```
ax1.set_ylabel('Y values for exp( - x)',color = 'r')
ax1.set_xlabel('X values')
ax1.set_title('Double Y axis')
ax2 = ax1.twinx()
ax2.plot(x,y2,'g',label = 'log(x)')
ax2.legend(bbox_to_anchor = (1,0.6))
ax2.set_ylabel('Y values for log(x)',color = 'g')
plt.show()
```

程序运行结果如图 3.5 所示。

用户可以利用 plot() 函数绘制简单的图形、图像。

例 3.51 绘制直线示例。

程序代码如下：

```
import matplotlib.pyplot as plt
x = [1,2]                        ＃横坐标区域
y = [3,6]                        ＃纵坐标区域
plt.plot(x,y)                    ＃当前绘图对象进行绘图
plt.show()                       ＃结果展示
```

例 3.52 绘制折线图示例。

程序代码如下：

```
import matplotlib.pyplot as plt
x = [0,1,2,3,4,5,6]                      ＃横坐标数据
y = [0.3,0.4,2,5,3,4.5,4]                ＃纵坐标数据
plt.figure(figsize = (8,4))              ＃创建绘图对象
plt.plot(x,y,'b - ',linewidth = 1)       ＃当前对象绘图
plt.show()                               ＃结果展示
```

程序运行结果如图 3.6 所示。

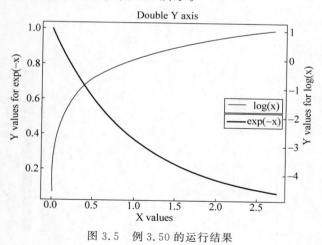

图 3.5　例 3.50 的运行结果

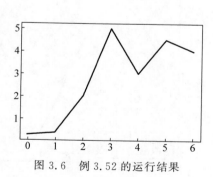

图 3.6　例 3.52 的运行结果

例 3.53 绘制正弦和余弦曲线图。

程序代码如下：

```
import matplotlib.pyplot as plt
import numpy as np
x = np.linspace(0,2 * np.pi,1000)
y1 = np.sin(x)
y2 = np.cos(x)
plt.plot(x, y1, ls = " - ", lw = 2, label = "sin(x) figure")
plt.plot(x, y2, ls = " - ", lw = 2, label = "cos(x) figure")
```

```
plt.legend()  #给图加上图例
plt.show()
```

程序运行结果如图 3.7 所示。

2）scatter()函数

用户可以使用 Matplotlib 提供的 scatter()函数绘制散点图（Scatter Diagram）。散点图又称散点分布图，是以一个特征为横坐标，另一个特征为纵坐标，利用坐标点（散点）的分布形态反映特征间统计关系的一种图形。它的值由点在图表中的位置表示，类别由图表中的不同标识表示，通常用于比较不同类别的数据。scatter()函数的常用形式如下：

```
plt.scatter(<x>,<y>[,s = 20][,c = 'b'][,marker = 'o'])
```

参数说明：

（1）x、y 分别为相同长度的有效坐标数组。

（2）s 给出散点面积大小，可选，默认为 20。

（3）c 颜色或颜色序列，为散点的颜色，可选，值默认为'b'。

（4）marker 表示 MarkerStyle（见表 3.11），可选，值默认为'o'。

例 3.54　绘制散点图示例。

程序代码如下：

```
import matplotlib.pyplot as plt
import numpy as np
x = np.random.uniform(0,1,200)
y = np.random.uniform(0,1,200)
size = np.random.uniform(0,1,200) * 30
color = np.random.uniform(0,1,200)
plt.scatter(x,y,size,color)
plt.colorbar()
plt.show()
```

程序运行结果如图 3.8 所示。

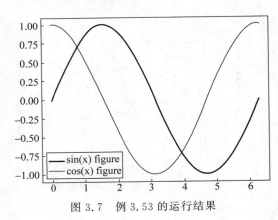

图 3.7　例 3.53 的运行结果

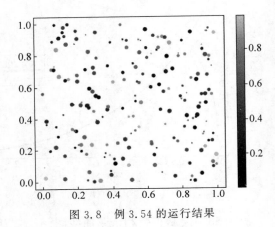

图 3.8　例 3.54 的运行结果

3）bar()函数

用户可以使用 Matplotlib 提供的 bar()函数绘制条形图（Bar Chart）。条形图是一种以长方形长度为变量表达图形的统计报告图，它由一系列高度不等的纵向条纹表示数据分布的情况，用于分析数据内部的分布状态或分散状态，适用于对较小数据集的分析。bar()函数的常用形式如下：

```
plt.bar(<x>,<height>,label = 'label_string',width = 0.8,bottom = None,color = 'b',edgecolor =
```

'b', linewidth = None, orientation = 'vertical')

参数说明：

（1）x 表示每一个条形左侧的横坐标。

（2）height 表示每一个条形的高度，它与 x 具有相同长度的有效坐标数组。

（3）label 表示图形标签。

（4）width 表示条形的宽度，取值范围为 0～1，默认为 0.8。

（5）bottom 表示条形的起始位置，默认为 None。

（6）color 表示条形的颜色，取值为 'r'、'b'、'g' 等，默认为 'b'。

（7）edgecolor 表示边框的颜色，取值同上。

（8）linewidth 表示边框的宽度，为 int 类型，单位是像素，默认为 None。

（9）orientation 表示是竖直条还是水平条，取值为 'vertical'（竖直条）或 'horizontal'（水平条）。

例 3.55　条形图示例。

程序代码如下：

```
import matplotlib.pyplot as plt
x = [0,1,2,3,4,5]
y = [222,42,455,664,454,334]
plt.bar(x,y,0.4,color = 'g')
plt.show() #结果展示
```

例 3.56　利用条形图将表 3.12 中 2017—2023 年度的数据库技术和数据挖掘教材销售数据进行可视化展示。

表 3.12　2017—2023 年度的数据库技术和数据挖掘教材销售数据

年度	2017	2018	2019	2020	2021	2022	2023
数据库技术	58 000	60 200	63 000	71 000	84 000	90 500	107 000
数据挖掘	52 000	54 200	51 500	58 300	56 800	59 500	62 700

程序代码如下：

```
import matplotlib.pyplot as plt
import numpy as np
x_data = ['2017','2018','2019','2020','2021','2022','2023',]
y_data1 = [58000,60200,63000,71000,84000,90500,107000]
y_data2 = [52000,54200,51500,58300,56800,59500,62700]
bar_width = 0.3
plt.rcParams['font.family'] = 'STSong' #图形中显示汉字
plt.rcParams['font.size'] = 12 #显示汉字字体
plt.bar(x = np.arange(len(x_data)),height = y_data1,label = '数据库技术',color = 'blue',width = bar_width)
plt.bar(x = np.arange(len(x_data)) + bar_width,height = y_data2,label = '数据挖掘',color = 'red',width = bar_width)
for x,y in enumerate(y_data1):
    plt.text(x,y + 100,'%s'% y,ha = 'center',va = 'bottom')
for x,y in enumerate(y_data2):
    plt.text(x + bar_width,y + 100,'%s'% y,ha = 'center',va = 'top')
plt.title('数据库技术与数据挖掘销售对比')
plt.xlabel('2017—2023 年度')
plt.ylabel('销量')
plt.legend()
plt.show()
```

程序运行结果如图 3.9 所示。

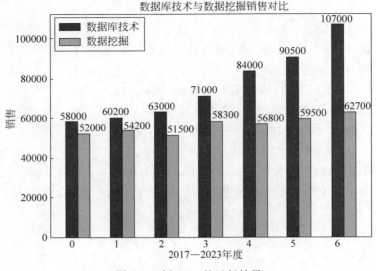

图 3.9　例 3.56 的运行结果

4）pie()函数

用户可以使用 pyplot 模块中的 pie()函数绘制饼图(Pie-graph)，它的功能是沿着逆时针方向排列饼图中的饼形或楔形。饼图是将各项的大小与各项总和的比例显示在一张"饼"中，以"饼"的大小来确定每一项的占比。饼图可以比较清楚地反映出部分与部分、部分与整体之间的比例关系，易于显示每组数据相对于总数的大小，而且显示方式直观。pie()函数的常用形式如下：

pie(<x>, labels = None, explode = separation_value, colors = ('b','g','r','c','m','y','k','w'), autopct = None, labeldistance = 1.1, pctdistance = 0.6, shadow = False)

参数说明：

（1）x 表示每一块的比例，如果 sum(x)>1，会使用 sum(x)归一化。

（2）labels 表示每一块饼图外侧显示的说明文字。例如 labels＝['苹果','香蕉','橘子','火龙果']。

（3）explode 表示每一块离开中心的距离。

（4）colors 表示每一块显示的颜色。

（5）autopct 表示饼图内的百分比设置，可以使用 format 字符串或者 format function'％3.1f％％'指明小数点前后的位数（没有时用空格补齐）。

（6）labeldistance 表示 label 绘制位置，相对于半径的比例，如小于 1 则绘制在饼图内侧。

（7）pctdistance 类似于 labeldistance，表示 autopct 的位置刻度，radius 控制饼图半径。

（8）shadow 表示是否添加阴影，以增加立体感。

例 3.57　绘制饼图示例。

程序代码如下：

```
import matplotlib.pyplot as plt
fracs = [15, 30.6, 44.4, 10]
A = [0,0.1,0,0]
label = ['A','B','C','D']
plt.pie(x = fracs, autopct = '% 3.1f % % ', explode = A, labels = label, shadow = True)
plt.show()
```

程序运行结果如图 3.10 所示。

5）hist（）函数

用户可以使用 pyplot 模块中的 hist（）函数绘制直方图（Histogram）。直方图又称质量分布图，是统计报告图的一种，由一系列高度不等的纵向条纹或线段表示数据分布情况，一般用横轴表示数据所属类别，用纵轴表示数量或者占比。用直方图可以比较直观地看出产品质量特性的分布状态，以便于判断其总体质量的分布情况。通过直方图可以发现分布表无法发现的数据模式、样本的频率分布和总体分布。hist（）函数的常用形式如下：

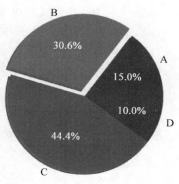

图 3.10　例 3.57 的运行结果

```
hist(< x >, bins = None, range = None, normed = False, align = 'mid',
orientation = 'vertical', color = None)
```

参数说明：

（1）x 表示每个箱子（bin）分布的数据，可以是一个数组或多个数组，对应于 X 轴。

（2）bins 表示箱子（bin）的个数，即共有多少个箱子。

（3）range 表示显示范围，范围以外的将被舍弃，取值为 tuple 或 None。

（4）normed 表示得到的直方图向量是否归一化，为布尔值。

（5）align 表示对齐方式，取值为 'left'、'mid'、'right'。

（6）orientation 表示直方图方向，取值为 'horizontal'、'vertical'。

（7）color 表示设置的颜色，默认值为 None。

例 3.58　绘制直方图示例。

程序代码如下：

```
import numpy as np
import matplotlib.pyplot as plt
data = np.random.normal(0, 1, 10000)
n, bins, patches = plt.hist(data, 50)
plt.show()
```

程序运行结果如图 3.11 所示。

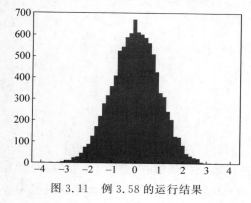

图 3.11　例 3.58 的运行结果

6）boxplot（）函数

用户可以使用 boxplot（）函数绘制箱线图（Boxplot）。箱线图也称箱须图，其绘制需要使用常用的统计量，能提供有关数据位置和分散情况的关键信息，尤其在比较不同特征时更可表现其分散程度的差异。箱线图利用数据中的 5 个统计量（最小值、下四分位数、中位数、上四分位数和最大值）来描述数据，通过它可以粗略地看出数据是否具有对称性以及分布的分散程度等信息，尤其是用于对几个样本的比较。boxplot（）函数的常用形式如下：

```
boxplot(< x >, notch = None, sym = None, vert = None, whis = None, positions = None, widths = None,
boxprops = None)
```

参数说明：

（1）x 表示要绘制箱线图的数据。

（2）notch 表示是否以凹口形式展现箱线图，默认为非凹口。

（3）sym 表示异常点的形状，默认以＋号显示。

（4）vert 表示是否需要将箱线图垂直摆放，默认为垂直摆放。

（5）whis 表示上下与上下四分位的距离，默认为 1.5 倍的四分位差。

（6）positions 表示箱线图的位置，默认为 $[0,1,2,\cdots]$。

（7）widths 表示箱线图的宽度，默认为 0.5。

（8）boxprops 表示箱体的属性，例如边框色、填充色等。

例 3.59 绘制箱线图示例。

程序代码如下：

```
import pandas as pd
import numpy as np
import matplotlib.pyplot as plt
dt = pd.DataFrame(np.random.rand(4,4))
plt.boxplot(x = dt.values, labels = dt.columns, whis = 1.5)
plt.show()
```

程序运行结果如图 3.12 所示。

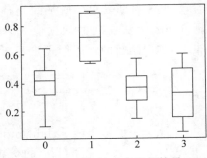

图 3.12　例 3.59 的运行结果

2. pylab 模块

Matplotlib 还提供了一个 pylab 模块，它的语法和 MATLAB 十分相近，主要的绘图命令和 MATLAB 对应的命令有相似参数，pylab 结合了 pyplot 和 NumPy，对交互式使用来说比较方便，既可以画图又可以进行简单的计算。

在实际应用中建议分别导入使用，即：

```
import numpy as np
import matplotlib.pyplot as plt
```

而不是 import pylab as pl（即便使用这一条语句也能满足需要，如例 3.59）。

例 3.60 pylab 绘图示例。

程序代码如下：

```
import pylab as pl
x = range(10)                                    # 横轴的数据
y = [i * i for i in x]                           # 纵轴的数据
pl.rcParams['font.family'] = 'STSong'            # 图形中显示汉字
pl.rcParams['font.size'] = 12                    # 显示汉字字体
pl.plot(x, y, 'ob - ', label = 'y = x^2 曲线图')  # 调用 pylab 的 plot() 函数绘制曲线
pl.xlabel('X 轴')
pl.ylabel('Y 轴')
pl.legend()
pl.show()
```

3.3.4　文本注解

绘图有时需要在图表中添加文本注解，Python 通过 text() 函数在指定的位置 (x,y) 添加图形内容细节的无指向型注释文本，也可以利用 annotate() 函数根据 (x,y) 坐标完成指向型注释。

1. text() 函数

text() 函数的常用形式如下：

```
text(< x >,< y >,< string >, weight = 'bold', color = 'b')
```

参数说明：

（1）x 表示注释文本内容所在位置的横坐标。

（2）y 表示注释文本内容所在位置的纵坐标。

（3）string 表示注释文本内容。

（4）weight 表示注释文本内容的粗细风格。

（5）color 表示注释文本内容的字体颜色。

例 3.61　text()函数应用示例。

程序代码如下：

```
import matplotlib.pyplot as plt
import numpy as np
x = np.arange( - 10,11,1)
y = x ** 2
plt.plot(x,y)
plt.text( - 3,20,'Function: y = x^2',size = 12)
plt.show()
```

程序运行结果如图 3.13 所示。

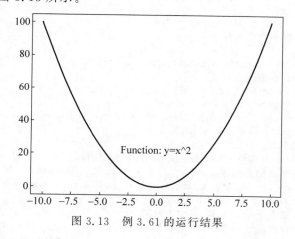

图 3.13　例 3.61 的运行结果

2. annotate()函数

在 Matplotlib 中可以实现用一个箭头指向要注释的地方，再加上一段话的效果。因为要控制的细节比较多，这里仅介绍最简单的实现方法。annotate()函数的简单形式如下：

```
annotate( < text >, xy = xycoords, xytext = note_coordinates, xycoords = coordinates_property,
textcoords = coordinates_property2,arrowprops = arrow_shape)
```

参数说明：

（1）text 表示注释文本的内容。

（2）xy 表示被注释的坐标点，二维元组形如（x,y）。

（3）xytext 表示注释文本的坐标点，也是二维元组，默认与 xy 相同。

（4）xycoords 表示被注释点的坐标系属性，允许输入的值如表 3.13 所示。

（5）textcoords 表示注释文本的坐标系属性，默认与 xycoords 属性的值相同，也可设为 offset points 和 offset pixels 两种属性值，其中 offset points 为相对于被注释点 xy 的偏移量，单位是点；offset pixels 也为相对于被注释点 xy 的偏移量，但单位是像素。

（6）arrowprops 表示箭头的样式，取值主要有 '->'、'-['、'|-|'、'-|>'、'<-'、'<->'、'<|-'。

表 3.13　坐标系属性的取值

属　性　值	说　　明
figure points	以绘图区的左下角为参考,单位是点
figure pixels	以绘图区的左下角为参考,单位是像素
figure fraction	以绘图区的左下角为参考,单位是百分比
axes points	以子绘图区的左下角为参考,单位是点(一个 figure 可以有多个 axex,默认为一个)
axes pixels	以子绘图区的左下角为参考,单位是像素
axes fraction	以子绘图区的左下角为参考,单位是百分比
data	以被注释的坐标点 xy 为参考(默认值)
polar	不使用本地数据坐标系,使用极坐标系

例 3.62　annotate()函数应用示例。

程序代码如下:

```python
import numpy as np
import matplotlib.pyplot as plt
x = np.arange(0,10,0.005)  # 以步长 0.005 绘制一个曲线
y = np.exp(-x/2.0) * np.sin(2 * np.pi * x)
fig, ax = plt.subplots()
ax.plot(x,y)
ax.set_xlim(0,10)
ax.set_ylim(-1,1)
# 注释点的数据轴坐标和所在的像素
xdata, ydata = 5,0
xdis, ydis = ax.transData.transform_point((xdata,ydata))
# 设置注释文本的样式和箭头的样式
bbox1 = dict(boxstyle = 'round', fc = '0.8')
arrow1 = dict(arrowstyle = '->')
arrow2 = dict(arrowstyle = '->', connectionstyle = 'angle, angleA = 0, angleB = 90, rad = 10')
# 用参数 connectionstyle 控制箭头弯曲
offset = 72  # 设置偏移量
# xycoords 默认为'data'数据轴坐标,对坐标点(5,0)添加注释
# 注释文本参考被注释点设置偏移量,向左 2 × 72points,向上 72points
ax.annotate('data = (%.1f, %.1f)' % (xdata,ydata), (xdata,ydata), xytext = (-2 * offset,offset),
textcoords = 'offset points', bbox = bbox1, arrowprops = arrow1)
# xycoords 以绘图区的左下角为参考,单位为像素
# 注释文本参考被注释点设置偏移量,向左 0.5 × 72points,向下 72points
disp = ax.annotate('display = (%.1f, %.1f)' % (xdis, ydis), (xdis, ydis), xytext = (0.5 * offset,
-offset), xycoords = 'figure pixels', textcoords = 'offset points', bbox = bbox1, arrowprops = arrow2)
plt.show()
```

程序运行结果如图 3.14 所示。

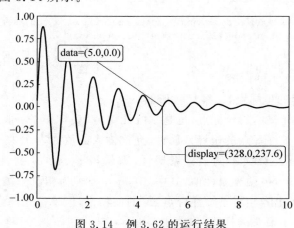

图 3.14　例 3.62 的运行结果

3.4 Scikit-learn

Scikit-learn 简称 sklearn,它是用 Python 实现的机器学习算法库。Scikit-learn 依赖于 Python 的 NumPy、Pandas 和 Matplotlib 库,封装了大量经典以及最新的机器学习模型。作为一款用于机器学习和实践的 Python 第三方开源数据库,Scikit-learn 具备出色的接口设计和高效的学习能力。如果用户已经安装过 NumPy 和 Pandas,安装 Scikit-learn 的最简单方法是使用 Python 包管理工具 pip 直接安装,即在命令提示符下输入 pip install -U scikit-learn。

3.4.1 Scikit-learn 的主要功能

Scikit-learn 包含众多的机器学习算法,主要有六大基本功能,分别是分类、回归、聚类、数据降维、模型选择和数据预处理,如表 3.14 所示。

表 3.14 Scikit-learn 的基本功能

基 本 功 能	说　　　明	算　　　法
分类	对给定对象指定所属类别	支持向量机(SVM)、K 最近邻算法(KNN)等
回归	通过建立模型研究因变量和自变量之间的显著关系	向量回归(SVR)、Lasso 回归、贝叶斯回归等
聚类	自动识别具有相似属性的给定对象,并将其分组为簇类	K-均值聚类、分层聚类、DBSCAN 聚类等
数据降维	用来减少随机数个数的方法,主要用在可视化处理、效率提升的应用场景中	主成分分析(PCA)、非负矩阵分解(NMF)等
模型选择	对给定参数和模型进行比较、验证和选择的方法,目的是通过调整参数来提升精度	交叉验证和各种针对预测误差评估的度量函数等
数据预处理	在数据分析处理之前对数据进行的一些处理	数据清理、数据集成、数据归约、数据规范化等

3.4.2 Scikit-learn 自带的小规模数据集

在机器学习过程中需要使用各种各样的数据集,Scikit-learn 内置了一些小规模数据集,小规模数据集包含在 datasets 模块中,大规模数据集需要用户从网络上下载。本书只介绍常用的小规模数据集,如表 3.15 所示。

表 3.15　常用的小规模数据集

名　　称	说　　明	主 要 用 途	样本×属性
iris	鸢尾花数据集	用于多分类任务的数据集	150×4
boston	波士顿房价数据集	用于回归任务的经典数据集	506×13
breast_cancer	乳腺癌数据集	用于二分类任务的数据集	569×30
linnerud	健身数据集	用于多变量回归的数据集	20×3
wine	红酒数据集	用于分类的数据集	178×13
diabetes	糖尿病数据集	用于回归分析的数据集	442×10
digits	手写数字数据集	用于分类的数据集	1797×64

调用 sklearn 中的小规模数据集首先要导入 datasets 模块,语句形式为 from sklearn import datasets,调用形式为 datasets.load_< name >。其中< name >为被调用的小规模数据集的名称。下面仅介绍常用的 iris、boston 和 digits 小规模数据集的数据结构。

1. iris

iris 数据集有 150 个数据样本,共分为 3 类,每类 50 个样本,每个样本有 4 个特征。

样本包含的 4 个特征分别为 Sepal. Length(花萼长度)、Sepal. Width(花萼宽度)、Petal. Length(花瓣长度)和 Petal. Width(花瓣宽度)。特征值都是正浮点数,单位为厘米。鸢尾花示意图如图 3.15 所示。

图 3.15　鸢尾花示意图

用户可以通过这 4 个特征预测鸢尾花属于 iris-setosa(山鸢尾)、iris-versicolour(杂色鸢尾)和 iris-virginica(维吉尼亚鸢尾)3 类中的哪一类。

例 3.63　查看 iris 数据集的数据结构示例。

程序代码如下:

```
from sklearn.datasets import load_iris
data = load_iris()                      # 加载 iris 数据集
print(data.feature_names)               # 查看数据的特征名
print('*'*80)
print(data.target_names)                # 查看数据的分类名
print('*'*80)
print(data.target)                      # 目标标签值
print('*'*80)
print(data.target[[1,10,100]])          # 查看第 2、11、101 个样本的目标值
```

2. boston

boston(波士顿房价)数据集包含 506 条数据,每条数据包含房屋以及房屋周围的详细信息,其中包括城镇犯罪率、一氧化氮浓度、住宅平均房间数、到中心区域的加权距离以及自住房平均房价等。boston 数据集的属性描述如表 3.16 所示。

表 3.16　boston 数据集的属性描述

属　　性	说　　　　明	属　　性	说　　　　明
CRIM	城镇人均犯罪率	DIS	到波士顿 5 个中心区域的加权距离
ZN	住宅用地超过 25 000 平方英尺的比例	RAD	径向高速公路的可达性指数
INDUS	城镇非零售商用土地的比例	TAX	每 10 000 美元的不动产税
CHAS	查尔斯河虚拟变量	PTRATIO	城镇师生比例
NOX	一氧化氮浓度	B	城镇中黑人的比例
RM	住宅平均房间数	LSTAT	人口中地位低收入者的比例
AGE	1940 年之前建成的自用房屋比例		

例 3.64　查看 boston 数据集的数据结构示例。

程序代码如下:

```
from sklearn.datasets import load_boston
boston = load_boston()
print(boston.data.shape)
print(boston.data)
```

3. digits

digits(手写数字)数据集包括 1797 个 0~9 的手写数字数据,每个数字由 8×8 大小的矩阵构成,矩阵中值的范围是 0~16,代表颜色的深度。加载该数据集的语句中有 return_X_y 和 n_class 两个参数。

(1) return_X_y 若为 True,则以(data,target)形式返回数据。其默认为 False,表示以字

典形式返回数据的全部信息(包括 data 和 target)。

(2) n_class 表示返回数据的类别数,default＝10,例如 n_class＝5,返回 0 到 4 的数据样本。

例 3.65　查看 digits 数据集的数据结构示例。

程序代码如下:

```
import matplotlib.pyplot as plt
from sklearn.datasets import load_digits
data = load_digits(n_class = 5, return_X_y = False)
print(data.target[0:10])  #查看第 1～10 个样本的目标值
print(data.data)
print(' * ' * 80)
print(data.feature_names)
print(' * ' * 80)
print(data.target_names)
print(' * ' * 80)
print(data.target)
print(' * ' * 80)
print(data.target[[2, 20, 200]])  #查看第 3、21、201 个样本的目标值
print(' * ' * 80)
print(data.images.shape)  #查看数字图形的形式
print(' * ' * 80)
plt.matshow(data.images[1])  #查看数字图像
plt.show()
```

3.4.3　使用 Scikit-learn 生成数据集

在机器学习算法中经常需要数据集来验证算法、调试参数,但是找到一组十分适合某种特定算法类型的数据样本不容易。除 NumPy 模块提供了随机数生成的功能外,使用 Scikit-learn 也可以生成指定模式和复杂形状的数据样本集。

1. 生成聚类和分类数据集

使用 make_blobs() 和 make_classification() 都可以创建多个类别的数据集,但 make_blobs() 主要用来创建聚类的数据集,对每个聚类的中心、标准差都能很好地控制;make_classification() 通过冗杂、无效的特征等方法引入噪声,用来创建分类的数据集。

1) make_blobs() 函数

make_blobs() 的常用形式如下:

```
X, y = make_blobs(n_features = 2, n_samples = 100, centers = 3, random_state = num_value, cluster_std =
[0.8, 2, 5])
```

参数说明:

(1) n_features 表示每个样本的特征(或属性)数,也是数据的维度,默认值为 2。

(2) n_samples 表示数据样本点的个数,默认值为 100。

(3) centers 表示类别数(标签的种类数),默认值为 3。

(4) random_state 表示随机生成器的种子,给定数值之后,每次生成的数据集就是固定的;若不给定数值,则由于随机性将导致每次运行程序所获得的结果可能有所不同。

(5) cluster_std 表示每个类别的方差,例如希望生成两类数据,其中一类比另一类具有更大的方差,可以将 cluster_std 设置为[1.0, 3.0],其默认值为 1.0。

返回值:

(1) X 为产生的相应数据集。

（2）y 为产生的相应类别标签。

例 3.66　make_blobs()函数应用示例。

程序代码如下：

```
from sklearn.datasets import make_blobs
import matplotlib.pyplot as plt
data,target = make_blobs(n_samples = 100,n_features = 2,centers = 3)
#在二维图中绘制数据样本,每个样本的颜色不同
plt.scatter(data[:,0],data[:,1],c = target);
plt.show()
```

程序运行结果如图 3.16 所示。

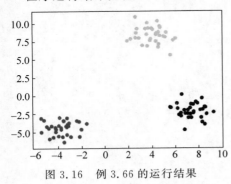

图 3.16　例 3.66 的运行结果

2）make_classification()函数

make_classification()函数的常用形式如下：

```
X, y = make_classification(n_samples = 100,
n_features = 2,n_informative = 2,n_redundant = 0,
n_classes = 2,n_clusters_per_class = 2,weights =
None)
```

参数说明：

（1）n_samples 为 int 类型或数组,如果是数组,则序列中的每个元素表示相应聚簇的样本数量,该参数可选,默认值为 100。

（2）n_features 为 int 类型,表示每个数据样本的特征（或属性）数量,该参数可选,默认值为 2。

（3）n_informative 表示多信息特征（或属性）的个数。

（4）n_redundant 表示冗余信息,informative 特征的随机线性组合。

（5）n_classes 表示分类类别数。

（6）n_clusters_per_class 表示某一个类别是由几个 cluster 构成的。

（7）weights 表示列表类型,权重比,默认值为 None。

返回值：

（1）X 为产生的相应数据集。

（2）y 为产生的相应类别标签。

例 3.67　make_classification()函数应用示例。

程序代码如下：

```
import numpy as np
import matplotlib.pyplot as plt
from sklearn.datasets import make_classification
#X 为样本特征,y 为样本类别输出,共 400 个样本,每个样本两个特征,输出有 3 个类别,没有冗余特
#征,每个类别一个簇
X,y = make_classification(n_samples = 400,n_features = 2,n_redundant = 0,n_clusters_per_class =
1,n_classes = 3)
plt.scatter(X[:,0],X[:,1],marker = 'o',c = y)
plt.show()
```

程序运行结果如图 3.17 所示。

2. 生成环形形状和月亮形状数据集

make_circles()函数和 make_moons()函数在二维图中分别创建一个大圆包含小圆的环形形状和月亮形状的数据样本集,用于可视化聚类和分类算法。

1）make_circles()函数

该函数的常用形式为：

X,y = make_circles(n_samples = 100,factor = 0.8,noise = None)

参数说明：

（1）n_samples 表示生成的样本数量，默认值为 100。

（2）factor 为（0,1）的浮点数，默认值为 0.8，表示内、外圆之间的比例因子。

（3）noise 表示样本的随机噪声。

返回值：

（1）X 为产生的相应数据集。

（2）y 为产生的相应类别标签。

例 3.68　make_circles()函数应用示例。

程序代码如下：

```
import matplotlib.pyplot as plt
from sklearn.datasets import make_circles
#生成环形形状数据集
X,y = make_circles(n_samples = 1000,factor = 0.6,noise = 0.1)
plt.scatter(X[:,0],X[:,1],c = y,s = 25)
plt.show()
```

程序运行结果如图 3.18 所示。

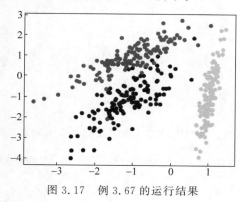

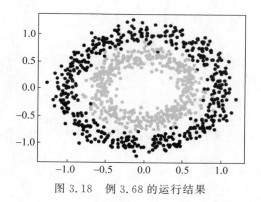

图 3.17　例 3.67 的运行结果　　　　图 3.18　例 3.68 的运行结果

2）make_moons()函数

该函数的常用形式为：

X,y = make_moons(n_samples = 100,shuffle = True,noise = None)

参数说明：

（1）n_samples 为 int 类型，表示产生总样本的数量，该参数可选，默认值为 100。

（2）shuffle 为 boolean 类型，表示是否对数据样本进行重新洗牌，该参数可选，默认值为 True。

（3）noise 为 float 类型，表示增加到数据里面的高斯噪声标准差，默认值为 None。

返回值：

（1）X 为产生的相应数据集。

（2）y 为产生的相应类别标签。

例 3.69　make_moons()函数应用示例。

程序代码如下：

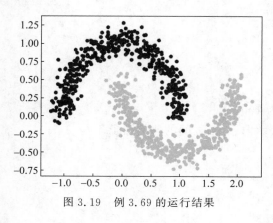

图 3.19　例 3.69 的运行结果

```
import matplotlib.pyplot as plt
from sklearn.datasets import make_moons
♯生成月亮数据集
X, y = make_moons(n_samples = 1000, noise = 0.1)
plt.scatter(X[:,0], X[:,1], c = y, s = 25)
plt.show()
```

程序运行结果如图 3.19 所示。

3. make_gaussian_quantiles()函数

make_gaussian_quantiles()函数可以随机生成多类别的多维正态分布数据集。其常用形式如下：

```
X, y = make_gaussian_quantiles(n_samples = 100,
n_features = 2, n_classes = 4, mean = [1,2], cov = 2)
```

参数说明：

（1）n_samples 表示生成数据样本集的样本数，默认为 100。

（2）n_features 表示正态分布的维数，默认为 2。

（3）n_classes 表示数据在正态分布中按分位数分配的类别数，默认为 4。

（4）mean 表示特征均值。

（5）cov 表示样本协方差的系数。

返回值：

（1）X 为产生的相应数据集。

（2）y 为产生的相应类别标签。

例 3.70　make_gaussian_quantiles()函数应用示例。

程序代码如下：

```
import matplotlib.pyplot as plt
from sklearn.datasets import make_gaussian_quantiles
♯生成二维正态分布,生成的数据按分位数分成 3 组,1000 个样本,样本特征均值为 1 和 2,协方差系数
♯为 2
X, y = make_gaussian_quantiles(n_samples = 1000, n_features = 2, n_classes = 3, mean = [1,2], cov = 2)
plt.scatter(X[:,0], X[:,1], marker = 'o', c = y)
plt.show()
```

程序运行结果如图 3.20 所示。

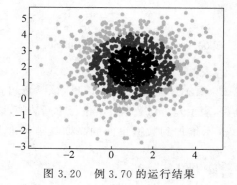

图 3.20　例 3.70 的运行结果

4. make_regression()函数

使用 make_regression()函数可以生成回归模型数据集，其常用形式如下：

```
X, y, coef = make_regression(n_samples = num_value1, n_features = num, noise = num_value2, coef =
True)
```

参数说明：

（1）n_samples 表示生成的样本个数。

（2）n_features 表示样本的特征（或属性）个数。

（3）noise 表示样本的随机噪声。

（4）coef 表示是否返回回归系数。

返回值：

（1）X 为产生的相应数据集。

（2）y 为产生的相应类别标签。

例 3.71　make_regression( )函数应用示例。

程序代码如下：

```
import matplotlib.pyplot as plt
from sklearn.datasets import make_regression
X, y, coef = make_regression(n_samples = 1000, n_features = 1, noise = 20, coef = True)  #共 1000
                                                        #个样本,每个样本一个特征
plt.scatter(X, y, color = 'black')
plt.plot(X, X * coef, color = 'blue', linewidth = 3)
plt.show()
```

程序运行结果如图 3.21 所示。

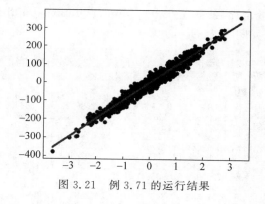

图 3.21　例 3.71 的运行结果

3.5　股票数据的简单分析

分析股票数据可以了解股市的大盘走势，进行股票行情分析，以掌握股票的涨跌趋势，提供股票解套方案，提示股票买卖关键点。

3.5.1　抓取股票数据

获取股票数据是股票数据分析中必不可少的一部分，而网络爬虫是获取股票数据的一个重要渠道，该部分获取的是证券之星网站上某网页中的 A 股数据。该程序主要分为 3 个部分，即网页源代码的获取、所需内容的提取、所得结果的整理。程序代码如下：

```
import urllib.request
import re
import csv
import os
url = 'http://quote.stockstar.com/stock/ranklist_a_3_1_1.html'    #目标网址
```

```
headers = {"User - Agent":"Mozilla/5.0 (Windows NT 10.0; WOW64)"}    #伪装浏览器请求报头
request = urllib.request.Request(url = url, headers = headers)        #请求服务器
response = urllib.request.urlopen(request)                           #服务器应答
content = response.read().decode('gbk')                              #以一定的编码方式查看源代码
print(content)                                                       #打印页面源代码
pattern = re.compile('< tbody[\s\S] * </tbody>')
body = re.findall(pattern, str(content))        #匹配< tbody>和</tbody>之间的所有代码
pattern = re.compile('>(. * ?)<')
stock_page = re.findall(pattern, body[0])                            #匹配>和<之间的所有信息
stock_total = stock_page
stock_last = stock_total[:]          # stock_total: 匹配出的股票数据
for data in stock_total:             # stock_last: 整理后的股票数据
    if data == ":
        stock_last.remove(")
head = ['代码','简称','最新价','涨跌幅','涨跌额','5 分钟涨幅']
lst = []
for i in range(0, len(stock_last),6):                               #网页中共有 6 列数据
    lst.append([stock_last[i], stock_last[i + 1], stock_last[i + 2], stock_last[i + 3], stock_last
[i + 4], stock_last[i + 5]])
    os.chdir('D:\\Data_Mining\gupiaoshujufenxi')                    #改变当前路径
    with open ('test.csv', 'a', newline = '') as f :               #以追加方式打开或创建
        f_csv = csv.writer(f)
        f_csv.writerow(head) #写入文件头
        for i in range(len(lst)): #按行写入文件
            f_csv.writerow(lst[i])
```

程序运行结果是在指定路径 D:\\Data_Mining\gupiaoshujufenxi 下创建了数据文件 test.csv,文件的部分数据如图 3.22 所示。

图 3.22　获取证券之星网站上某天的所有 A 股数据

3.5.2　股票数据的各指标折线图

以顺序号为横坐标,最新价、涨跌幅、涨跌额为纵坐标,绘制折线图,可以观察各股票的大致情况。程序代码如下:

```
import pandas as pd
import matplotlib.pyplot as plt
import os
```

```
os.chdir('D:\\Data_Mining\gupiaoshujufenxi')        ♯设置当前路径
data = pd.read_csv('test.csv',encoding = 'gb18030')  ♯读取文件数据
plt.rcParams['font.family'] = 'STSong'               ♯图形中显示汉字字体
plt.rcParams['font.size'] = 12                       ♯显示汉字字号
data['最新价'].plot(grid = True)
data['涨跌幅'].plot(grid = True)
data['涨跌额'].plot(grid = True)
plt.legend(['最新价','涨跌幅','涨跌额'])
plt.show()
```

程序运行结果如图 3.23 所示。

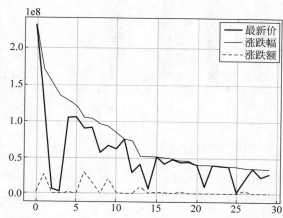

图 3.23　以顺序号为横坐标,最新价、涨跌幅、涨跌额为纵坐标的折线图

3.5.3　各股票的 5 分钟涨幅柱状图

由于篇幅原因,本书设计每 6 股股票为一张图。程序代码如下:

```
import pandas as pd
import matplotlib.pyplot as plt
import os
os.chdir('D:\\Data_Mining\gupiaoshujufenxi')         ♯设置当前路径
data = pd.read_csv('test.csv',encoding = 'gb18030')   ♯读取文件数据
plt.rcParams['font.family'] = 'STSong'                ♯图形中显示汉字字体
plt.rcParams['font.size'] = 12                        ♯显示汉字字号
lst = []
lst1 = []
for i in range(0,len(data['简称']) - 6,6):
    lst.append([data['简称'][i + 0],data['简称'][i + 1],data['简称'][i + 2],data['简称'][i + 3],
data['简称'][i + 4],data['简称'][i + 5]])
    lst1.append([data['5 分钟涨幅'][i + 0],data['5 分钟涨幅'][i + 1],data['5 分钟涨幅'][i + 2],
data['5 分钟涨幅'][i + 3],data['5 分钟涨幅'][i + 4],data['5 分钟涨幅'][i + 5]])
for i in range(len(lst)):
    x = range(len(lst[i]))
    y = lst1[i]
    plt.bar(x,y,width = 0.3)
    plt.xticks(x,lst[i])
plt.title('第' + str(i + 1) + '张图')
plt.legend(['5 分钟涨幅'])
plt.show()
```

程序运行结果如图 3.24 所示。

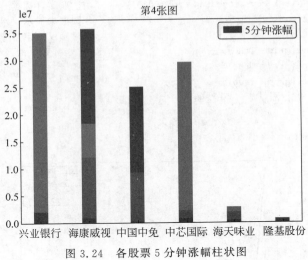

图 3.24　各股票 5 分钟涨幅柱状图

3.5.4　股票各指标之间的关系对比

选取股票部分具有代表性的指标,使用 pd. plotting. scatter_matrix()函数将各项指标数据两两关联做散点图,对角线是每个指标数据的直方图。程序代码如下:

```
import pandas as pd
import matplotlib.pyplot as plt
import os
os.chdir('D:\\Data_Mining\gupiaoshujufenxi') #设置当前路径
data = pd. read_csv('test.csv', encoding = 'gb18030') #读取文件数据
plt.rcParams['font.family'] = 'STSong' #图形中显示汉字字体
plt.rcParams['font.size'] = 12 #显示汉字字号
small = data[['最新价', '涨跌幅', '涨跌额', '5分钟涨幅']]
st = pd. plotting. scatter_matrix(small)
plt.show()
```

程序运行结果如图 3.25 所示。

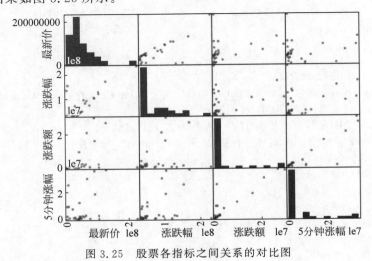

图 3.25　股票各指标之间关系的对比图

习题 3

3-1　选择题：

（1）创建一个 3×3 零矩阵的 Python 语句为（　　）。

    A. np. mat(np. zeros(3,3))　　　　　　　　B. np. mat(np. zeros(3))

    C. np. mat(np. zeros((3,3)))　　　　　　　D. np. mat(np. zeros((3)))

（2）生成一个 3×3 的 0～10 的随机整数矩阵的 Python 语句为（　　）。

    A. np. random. randint(10, size＝(3,3))

    B. np. random. randint([0,10], size＝(3,3))

    C. np. mat(np. random. randint(10, size＝(3,3)))

    D. np. mat(np. random. randint([0,10], size＝(3,3)))

（3）Python 语句 np. mat(np. random. randint(2,8,size＝(2,5)))执行后的结果是（　　）。

    A. 产生一个 2～8 的 2×5 的随机整数矩阵

    B. 产生一个 2～5 的 2×8 的随机整数矩阵

    C. 产生一个 2～8 共有 2×5 个整数的随机数序列

    D. 产生一个 2～5 共有 2×8 个整数的随机数序列

（4）执行下列 Python 语句序列后，使得 a 和 b 进行相应元素相乘的运算是（　　）。

```
import numpy as np
a = mat([[12,3],[2,14]])
b = np.mat([[1,1],[0,0]])
```

    A. np. dot(a,b)　　　　　　　　　　　　B. np. multiply(a,b)

    C. a * b　　　　　　　　　　　　　　　　D. a · b

（5）Python 语句 np. random. uniform([1,5],[5,10])执行后的结果为（　　）。

    A. 生成 1～5 和 5～10 的二维整型数组

    B. 生成 1～5 和 5～10 的二维浮点型数组

    C. 生成 1～5 和 5～10 的两个整型数的一维数组

    D. 生成 1～5 和 5～10 的两个浮点型数的一维数组

（6）Pandas 利用 read_excel()方法读取 Excel 文件数据后返回（　　）对象。

    A. Excel　　　　　B. DataFrame　　　　C. CSV　　　　D. Series

（7）下列不属于 Scikit-learn 处理的功能是（　　）。

    A. 数据降维　　　　B. 模型选择　　　　C. 数据预处理　　　　D. 数据可视化

（8）Scikit-learn 模块自带的 iris(鸢尾花)小规模数据集（　　）。

    A. 有 150 个数据样本，共分为 3 类，每个样本有 4 个特征

    B. 有 50 个数据样本，共分为 3 类，每个样本有 4 个特征

    C. 有 150 个数据样本，共分为 5 类，每个样本有 4 个特征

    D. 有 150 个数据样本，共分为 3 类，每个样本有两个特征

（9）饼图利用圆形及圆内扇形的（　　）表示数值大小。

    A. 面积　　　　　B. 弧线长度　　　　C. 角度　　　　D. 颜色

（10）条形图利用宽度相同的条形的（　　）表述数据多少的图形。

    A. 面积　　　　　B. 高度或长度　　　　C. 频数　　　　D. 类别

3-2 填空题：

（1）NumPy 是高性能科学计算和（　　　　）的基础包。

（2）Python 语句 np. random. randint(5,10,size＝6)生成（　　　　）的 6 个元素的数组。

（3）在使用字符串、列表、数组和矩阵的过程中经常需要相互转换,可以用（　　　　）函数查看对象的类型。

（4）执行下列 Python 语句序列后输出（　　　　）。

```
import numpy as np
arr = np. arange(1 2). reshape([3,4])
    print(arr[::2,1])
```

（5）通过（　　　　）或者属性的方式可以单独获取 DataFrame 的列数据,返回数据的类型为 Series。

（6）在 DataFrame 下查询单独的几行数据可以采用 Pandas 提供的（　　　　）和 loc()方法实现。

（7）在 DataFrame 下对值进行排序的时候,无论是升序还是降序,缺失值(NaN)都会排在（　　　　）。

（8）CSV 是最通用的一种文件格式,它可以被非常容易地导入各种计算机表格及（　　　　）中。

（9）Scikit-learn 模块的波士顿房价数据集包含（　　　　）条数据,每条数据包含房屋以及房屋周围的详细信息。

3-3　简述 map()、apply()和 mapapply()三者在用法上的区别。

3-4　利用 plot()函数绘制二次函数 $y＝2x^2－3x＋1$ 在$[－2,3.5]$上的图像。

3-5　2022 年 4 月某国总统大选第一轮投票结果如表 3.17 所示,用饼图展现得票结果,并将最高得分显著展示出来。

表 3.17　2022 年 4 月某国总统大选第一轮投票结果

候选人	马西龙	勒庞让	吕克里	埃里克	瓦莱丽	卓丽雅
得票率/%	29.6	24.5	22.4	12.3	7.9	3.2

3-6　运行以下程序,解释程序运行结果。

```
from sklearn. datasets import make_circles
from sklearn. datasets import make_moons
import matplotlib. pyplot as plt
import numpy as np
fig = plt. figure(1)
x1,y1 = make_circles(n_samples = 1000,factor = 0.5,noise = 0.1)
plt. subplot(121)
plt. title('make_circles function example')
plt. scatter(x1[:,0],x1[:,1],marker = 'o',c = y1)
plt. subplot(122)
x1,y1 = make_moons(n_samples = 1000,noise = 0.1)
plt. title('make_moons function example')
plt. scatter(x1[:,0],x1[:,1],marker = 'o',c = y1)
plt. show()
```

第2篇

数据预处理篇

第 4 章

数据的描述与可视化

随着科学技术的快速发展,对于数据的价值人们是普遍认可的,数据描述是一切数据分析的前提。为了更好地帮助人们分析数据,对数据中所包含的意义进行分析,经常将分析结果进行可视化,它是技术与艺术的完美结合,能够清晰、有效地传达与沟通信息。

4.1 概述

当人们获取到一批规范的数据时,首先要做的是对这批数据有个初步的了解。这个过程不仅是了解数据的过程,也是数据向人们描述的过程。

4.1.1 数据的描述

在研究和分析数据时,涉及如何采集数据和整理、分析数据,以便成功地从数据中提取有用的信息。至于数据的采集和预处理,将在下一章讲到。从提取信息的角度来看,当人们采集到一堆杂乱无章的数据后,首先需要科学、合理地描述这些信息。例如,对于连续变量数据进行分析时,可以用百分位值、集中趋势、离散趋势和数据分布的统计量来描述;对于分析数据向其中心值聚集的程度这类问题时,可以通过平均值、中位数和众数等数据来描述;对于讨论数据远离中心值程度的这些问题时,可以通过范围、标准差和方差等数据来描述;对于样本量较大情况下连续变量的研究,有时在数据描述时会提前提出假设,认为数据应当服从某种分布,可以采用一系列的指标来描述数据离散分布的程度。

在数据描述方面,中学讲得比较多的是统计图表,有时人们还需要用列表、图形来描述,这就是数据的可视化问题,因此利用可视化反映信息是一种非常重要的数据描述方法。同时大家也要注意到不同的数据图和表反映的信息是不一样的。比如对数据分类时,如果需要了解数据分布,可以选择条形图;如果需要了解数据结构,则选择饼图;而对于连续数据,也可以选择直方图。

4.1.2 数据的可视化

数据可视化(Data Visualization)是借助于图形化手段,清晰、有效地表达数据信息。数据可视化的客体是数据,它是以数据为工具,可视化为手段,目的是描述真实的世界和探索世界。

数据可视化领域的起源可以追溯到 20 世纪 50 年代计算机图形学的早期。当时人们利用计算机创造了首批图形图表。1987 年,由布鲁斯·麦考梅克、托马斯·德房蒂和马克辛·布朗所编写的美国国家科学基金会报告 *Visualization in Scientific Computing* 对这一领域的发展起到了极大的促进作用。

现代数据可视化技术指的是运用计算机图形学和图像处理技术将数据转换为图形或图像在屏幕上显示出来,并进行交互处理的理论、方法和技术。它涉及计算机图形学、图像处理、计算机辅助设计、计算机视觉和人机交互技术等多个领域。目前常用的数据可视化工具如下:

(1) Tableau。Tableau 可以帮助用户快速分析、可视化并分享信息。

(2) QlikView。QlikView 是一个完整的商业分析软件,使开发者和分析者能够构建和部署强大的分析应用。

(3) DataFocus。DataFocus 是一款新型的商业智能产品,主要用于智能的大数据分析领域。

(4) FineBI。FineBI 支持多种视图对数据表进行可视化管理。

在数据分析的初始阶段,通常都要进行可视化处理。Python 数据可视化是利用 Matplotlib 进行,它是建立在 NumPy 之上的一个 Python 图库,包括了很多绘图函数,类似 MATLAB 的绘图框架。

4.2　数据对象与属性类型

数据集由数据对象组成,一个数据对象代表一个实体。通常,数据对象用属性描述,它以数据元组的形式存放在数据库中,数据库的行对应于数据对象,列对应于属性。

4.2.1　数据对象

数据对象(Data Object)是指客观存在并且可以相互区别事物的数据描述。数据对象又称为样本或实例。数据对象可以是外部实体(例如产生或使用信息的任何事物)、事物(例如报表)、行为(例如打电话)、事件(例如响警报)、角色(例如教师、学生)、单位(例如会计科)、地点(例如仓库)或结构(例如文件)的数据描述等。总之,可以由一组属性值来确定的实体都可以被认为是数据对象。

例如在选课数据库中,对象可以是教师、课程和学生;在医疗数据库中,对象可以是患者、医生。如果将数据对象存放在数据库中,则它们被称为元组。

数据对象彼此之间相互连接的方式称为联系,也称为关系。联系可分为以下 3 种类型:

(1) 一对一联系(1∶1)。例如,一个班级只有一个班长,而每个班长只在一个班级任职,则班级对象与班长对象的联系是一对一的。

(2) 一对多联系(1∶N)。例如,一个班级有多名学生,而每名学生只属于一个班级,则班级对象与学生对象的联系是一对多的。

(3) 多对多联系(M∶N)。例如,一名学生可以学习多门课程,而每一门课程又可以有多名学生来学,则学生对象和课程对象之间的联系是多对多的。

4.2.2　属性与属性类型

属性(Attribute)是一个数据字段,表示数据对象的一个特征。数据对象可以由若干个属性来描述,但属性具有原子性,不可以再分解。例如,学生是一个数据对象,可以由属性(字段)学号、姓名、性别、出生日期、专业等来描述。一个属性的类型由该属性可能具有的值集合决定,一般分为两大类,一类是定性描述的属性,即用文字语言进行相关描述的属性,例如标称属性、二元属性和序数属性等；另一类是定量描述的属性，即用数学语言进行描述的属性，可以是整数值或连续值。

1. 标称属性

标称属性（Nominal Attribute）的值是一些符号或事物名称。每个值代表某种类别、编码或状态，因此标称属性又被看作是分类的（Categorical）。标称属性的值是枚举的，可以用数字表示这些符号或名称。例如姓名、性别、籍贯、邮政编码或婚姻状态等。标称属性的值不仅仅是不同的名字，它提供了足够的信息用于区分对象。鉴于标称属性值并不具有有意义的序，因此统计它的中位数和均值是没有意义的，但是可以找出某个出现次数最多的值。比如出现次数最多的姓名等，这个就可以用众数（Mode）来表示。因此，标称属性的中心趋势度量一般是众数。

2. 二元属性

二元属性（Binary Attribute）是标称属性的特例，只有 0 和 1 两种状态，其中 0 通常表示该属性不出现，1 表示该属性出现。常见的二元属性如抛一枚硬币是正面朝上还是反面朝上，新型冠状病毒感染的核酸检测结果是阴性还是阳性等。二元属性又称布尔属性，两种状态分别对应 False 和 True。

二元属性分为对称的和非对称的两种类型：

（1）对称的二元属性。两种状态具有同等价值，并且携带相同权重，例如抛硬币的结果状态、出生婴儿的性别属性等，分别用 0 和 1 表示。

（2）非对称的二元属性。两种状态的结果不是同等重要的，例如新型冠状病毒感染核酸检测的阳性和阴性结果。为了方便研究，通常将重要结果（通常是稀有的）的编码置为 1，非重要结果的编码置为 0。

3. 序数属性

序数属性（Ordinal Attribute）的可能值之间存在有意义的序或秩评定，但是相继值之间的差是未知的，也就是说对应的值有先后次序。例如五级评分标准：优秀（$90 \leqslant X \leqslant 100$）、良好（$80 \leqslant X < 90$）、中等（$70 \leqslant X < 80$）、及格（$60 \leqslant X < 70$）和不及格（$X < 60$）等，这些值都具有有意义的先后次序，因此也可以用数字如 1、2、3、4、5 分别对应属性的取值。

序数属性可以通过把数值量的值域划分成有限个有序类别（例如客户满意度评价：0-很不满意、1-不满意、2-中性、3-满意、4-很满意等）。由于序数属性是有序的，它的中位数是有意义的，所以序数属性的中心趋势度量可以是众数和中位数。标称属性、二元属性和序数属性都是定性的，因此它们只能描述对象的特征，而不能给出实际大小或数值。

4. 数值属性

数值属性（Numeric Attribute）是可以度量的量，用整数或实数值表示，例如成绩、年龄、体重等。数值属性分为区间标度和比率标度属性两类，区分的原则主要是该属性是否有固有的零点。

（1）区间标度属性（Interval-scaled Attribute）。区间标度属性用相等的单位尺度度量，区间属性的值有序，取值可以为正、0、负。例如温度属性表示为 $-7℃ \sim +3℃$。

（2）比率标度属性（Ratio-scaled Attribute）。比率标度属性是具有固定零点的数值属性，比值有意义。例如重量、高度、速度和货币量等属性。由于比率标度数据属性值是有序的，所以可以计算均值、方差、中位数、众数等。

5. 离散属性和连续属性

机器学习中的分类算法通常把属性分为离散和连续属性。

（1）离散属性（Discrete Attribute）。离散属性是指具有有限个或无限个可数个数的属性。例如年龄（有限个值）、顾客编号（无限可数）等属性。

（2）连续属性（Continuous Attribute）。连续属性是指非离散属性的属性。例如人的身高属性的取值是连续的。连续值是有范围的。在实践中，实数值用有限位数字表示，连续属性一般用浮点变量表示。

4.3 数据的基本统计描述

了解数据的分布对于数据预处理至关重要。基本的数据统计能够对数据分布特征进行直观描述，也可以识别数据的性质，凸显异常的数据应被视为噪声或离群点等。

4.3.1 中心趋势的度量

中心趋势在统计学中是指一组数据向某一中心值靠拢的程度，它反映了一组数据中心点的位置所在。中心趋势的度量就是寻找数据水平的代表值或中心值。中心趋势的度量指标包括均值、中位数、众数和中列数。

1. 均值

数据集"中心"最常用的数值度量是（算术）均值（Mean Value）。设某属性 X 的 N 个观测值为 $x_1, x_2, \cdots, x_N$，则该集合的均值为：

$$\text{mean} = \frac{x_1 + x_2 + \cdots + x_N}{N} = \frac{\sum\limits_{i=1}^{N} x_i}{N} \tag{4-1}$$

在实际问题中，对于 X 的每个 x_i 可以与一个权重 w_i 关联。权重反映它们所依附对应值的重要性或出现的频率。若各项权重不相等，则在计算平均数时就要采用加权平均数（Weighted Mean）。

$$\text{mean} = \frac{w_1 x_1 + w_2 x_2 + \cdots + w_N x_N}{w_1 + w_2 + \cdots + w_N} = \frac{\sum\limits_{i=1}^{N} w_i x_i}{\sum\limits_{i=1}^{N} w_i} \tag{4-2}$$

式（4-2）说明了加权平均值的大小不仅取决于总体中各单位数值的大小，而且取决于各数值出现的次数（频数）。

均值是描述数据集的最常用的统计量，但它并非度量数据中心的最佳方法，主要原因是均值对噪声数据很敏感。例如一个班级的某门课考试成绩的均值可能会被个别极低的分数拉低，或者某单位职工的平均工资会被个别高收入的工资抬高。为了减小少数极端值的影响，可以使用截尾均值（Trimmed Mean）。截尾均值是丢弃高、低极端值后的均值。例如一幅图像的像素值可以按由小到大排列后去掉前后各 2%。截尾均值要避免在两端去除太多数据，以防丢失有价值的信息。

2. 中位数

中位数（Median）又称中点数或中值，它是按顺序排列的一组数据中居于中间位置的数，即在这组数据中有一半的数据比它大，另一半的数据比它小。在概率论与统计学中，中位数一般用于数值型数据，在数据挖掘中可以把中位数推广到序数型数据中。假定有某属性 X 的 N 个值按递增顺序排列，如果 N 是奇数，则中位数是该有序数列的中间值；如果 N 是偶数，则中位数是中间两个值的任意一个。对数值型分组数据集，一般按式（4-3）求中位数。

$$\text{median} = L + \frac{\frac{N}{2} - (\sum \text{freq})_1}{\text{freq}_{\text{median}}} \times \text{width} \qquad (4\text{-}3)$$

其中,L 是中位数区间的下界,N 是数据集的数据个数,$(\sum \text{freq})_1$ 是中位数区间之前的频数(数据值个数) 的和,$\text{freq}_{\text{median}}$ 是中位数区间的频率,width 是中位数区间的宽度。

3. 众数

众数(Mode)是一组数据中出现次数最多的数值,可以对定性和定量型属性确定众数。众数是一种位置平均数,是总体中出现次数最多的变量值。从分布的角度看,众数是具有明显集中趋势点的数值,一组数据分布的最高峰点所对应的数值即为众数。有时众数在一组数中有几个。具有一个、两个或三个众数的数据集分别称为单峰(Unimodal)、双峰(Bimodal)和三峰(Trimodal)。一般具有两个或两个以上众数的数据集称为多峰(Multimodal)。在极端情况下,如果每个数值只出现一次,则它没有众数。

$$\text{mode} = L + \frac{\Delta_1}{\Delta_1 + \Delta_2} \times d \qquad (4\text{-}4)$$

其中 L 表示众数所在组的下限;Δ_1 表示众数所在组次数与其下限的邻组次数之差;Δ_2 表示众数所在组次数与其上限的邻组次数之差;d 表示所在组组距。

对于非对称的单峰型数据集,一般有以下经验关系:

$$\text{mean} - \text{mode} \approx 3 \times (\text{mean} - \text{median})$$

4. 中列数

中列数(Midrange)在统计中指的是数据集里最大值和最小值的算术平均值,用中列数也可以度量数值数据的中心趋势。

例 4.1 某企业 50 名工人日加工零件的数据如表 4.1 所示,分别计算加工零件数的均值、中位数和众数。

表 4.1　加工零件数统计表

按零件数分组/个	频数/人	按零件数分组/个	频数/人
105~110	3	125~130	10
110~115	5	130~135	6
115~120	8	135~140	4
120~125	14		

解:

(1) 计算加工零件数的均值。可以用表中零件数分组的组中值代表数据值,利用式(4-2)可得 mean=123.2。

(2) 计算加工零件数的中位数。由表中数据可知,中位数的位置为 $50/2=25$,即中位数在 120~125 这一组,由此可以得到 $L=120$,$(\sum \text{freq})_1 = 16$,$\text{freq}_{\text{median}} = 14$,$\text{width} = 5$,代入式(4-3) 得 median ≈ 123.31。

(3) 计算加工零件数的众数。由表中数据可知,最大频数值是 14,即众数在 120~125 这一组,由此可以得出 $L_1 = 120$,$\Delta_1 = 14 - 8 = 6$,$\Delta_2 = 14 - 10 = 4$,$d = 5$,代入式(4-4)得 mode=123。

例 4.2 利用 Python 求均值、中位数和众数。

程序代码如下:

```
import pandas as pd
import numpy as np
```

```
ss = pd.Series(np.random.randint(8,size = 18)) #生成 0～7 的 18 个整数
print(ss)
print('均值: \n',ss.mean())
print('中位数: \n',ss.median())
print('众数: \n',ss.mode())
```

4.3.2 数据散布的度量

数据散布的度量用于评估数值数据散布或发散的程度。散布度量的测定是对统计资料分散状况的测定,即找出各个变量值与集中趋势的偏离程度。通过度量散布趋势可以清楚地了解一组变量值的分布情况。离散统计量越大,表示变量值与集中统计量的偏差越大,这组变量就越分散。这时,如果用集中量数去做估计,所出现的误差就较大。因此,散布趋势可以看作中心趋势的补充说明。数据散布的度量指标包括极差、分位数、四分位数、百分位数和四分位数极差。五数概括可以用盒图显示,它对于识别离群点是有用的;方差和标准差也可以反映数据分布的散布状况。

1. 极差、四分位数和四分位数极差

极差(Range)又称范围误差或全距,是一组观测值的最大值与最小值之间的差距。它是标志值变动的最大范围,是测定标志变动的最简单指标。极差没有充分利用数据的信息,但计算十分简单,仅适用于样本容量较小(n<10)的情况。

分位数又称分位点,是指将一个随机变量的概率分布范围分为几个等份的数值点,常用的分位数有二分位数(即中位数)、四分位数和百分位数等。

四分位数是将全部数据由小到大(或由大到小)排序后用 3 个点将全部数据分为 4 等份,与这 3 个点位置上相对应的数值称为四分位数,分别记为 Q_1(下四分位数,25%)、Q_2(中位数,50%)、Q_3(上四分位数,75%)。其中,Q_3 到 Q_1 距离差的一半又称为半四分位差,半四分位差越小,说明中间部分的数据越集中;半四分位差越大,则意味着中间部分的数据越分散。

Q_1 和 Q_3 之间的距离是散布的一种简单度量,它给出被数据的中间一半所覆盖的范围。该距离称为四分位数极差(IQR),定义为:

$$IQR = Q_3 - Q_1 \tag{4-5}$$

例 4.3 在一个班级中随机抽取 10 名学生,得到每名学生的英语考试分数(单位:分)"91,69,83,75,78,81,96,92,88,86",求 IQR。

解: 第一步,对 10 名学生的考试分数进行排序,即"69,75,78,81,83,86,88,91,92,96"。

第二步,计算 Q_1、Q_3:Q_1 位置为 $(10+1)/4=2.75$,即 Q_1 在第 2 个数值(75)和第 3 个数值(78)之间 0.75 的位置上,因此 Q_1 为 $75+(78-75)\times0.75=77.25$(分);$Q_3$ 位置为 $3(10+1)/4=8.25$,即 Q_3 在第 8 个数值(91)和第 9 个数值(92)之间 0.25 的位置上,因此 Q_3 为 $91+(92-91)\times0.25=91.25$(分)。

第三步,计算四分位数极差 IQR:$IQR=Q_3-Q_1=91.25-77.25=14$(分)。

2. 五数概括、箱线图与离群点

在对称分布中,中位数(和其他中心度量)把数据划分成相同大小的两半。对于偏斜分布,除中位数之外,还提供两个四分位数 Q_1 和 Q_3,更加有益。识别可疑离群点的通常规则是,挑选落在上四分位数之上或下四分位数之下至少 $1.5\times IQR$ 处的值。

五数概括法(Five-number Summary)即用 5 个数来概括数据集,分别是最小值、下四分位数(Q_1)、中位数(Q_2)、上四分位数(Q_3)和最大值。

箱线图(Box Plot)又称为盒图或盒式图,它是一种用于显示一组数据分散情况的统计图,

因形状像箱子而得名,箱线图体现了五数概括,在各种领域经常用到,常见于品质管理、快速识别异常值等。一般异常对象被称为离群点。箱线图的示意图如图 4.1 所示。

图 4.1 中的参数下限、下四分位数、中位数、上四分位数和上限统称为箱线图的五大参数。其中,上限是非异常范围内的最大值,且上限$=Q_3+1.5\times IQR$;下限是非异常范围内的最小值,且下限$=Q_1-1.5\times IQR$。

例 4.4 例 4.3 中随机抽取 10 名学生,得到学生的英语考试排序分数"69,75,78,81,83,86,88,91,92,96",求出箱线图的五大参数。

解: 根据例 4.3 的结果,有 $Q_1=77.25$,$Q_3=91.25$,$IQR=14$。

中位数 Q_2 的位置为 $2(10+1)/4=5.5$,即 Q_2 在第 5 个数值(83)和第 6 个数值(86)之间 0.5 的位置上,因此 Q_2 为 $83+(86-83)\times0.5=84.5$。

上限$=Q_3+1.5\times IQR=91.25+1.5\times14=112.25$。

下限$=Q_1-1.5\times IQR=77.25-1.5\times14=56.25$。

例 4.5 利用 Python 实现例 4.4 的箱线图。

程序代码如下:

```
import matplotlib.pyplot as plt
import pandas as pd
ss = pd.Series([91,69,83,75,78,81,96,92,88,86]) #原始数据
plt.boxplot(ss) #绘制箱线图
plt.show()
```

程序运行结果如图 4.2 所示。

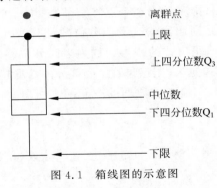

图 4.1 箱线图的示意图

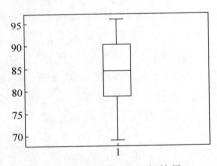

图 4.2 例 4.5 的运行结果

4.4 数据对象的相似性度量

数据对象的相似性度量是数据挖掘分析中非常重要的环节,相似性度量是综合评定两个事物之间相近程度的一种度量。两个事物越接近,它们的相似性度量也就越大;两个事物越疏远,它们的相似性度量也就越小。在现实生活中,人们经常需要处理的数据具有不同的形式和特征,针对这些不同形式的数据,不可能找到一种具备普遍意义的相似性度量算法,甚至可以说每种类型的数据都具有自己的相似性度量标准。数据对象的相似性度量也常用相异性来描述。

4.4.1 数据矩阵与相似矩阵

假设有 n 个对象(例如人),被 p 个属性(又称维或特征,例如年龄、身高、体重或性别)刻画,这些对象记作 $x_1=(x_{11},x_{12},\cdots,x_{1p})$,$x_2=(x_{21},x_{22},\cdots,x_{2p})$,$\cdots$,其中 x_{ij} 是对象 x_i 的第 j 个属性的值,对象 x_i 也称作对象的特征向量。把 x_i 的集合叫作数据矩阵,各个对象之间的距离构成的矩阵叫作相异性矩阵,通常情况下,常用的聚类算法都需要在这两种数据结构上运行。

数据矩阵又称为对象-属性结构,这种数据结构用关系表的形式或 $n \times p$(n 个对象 $\times p$ 个属性)矩阵存放 n 个对象,每行对应一个对象。

$$\begin{pmatrix} x_{11} & \cdots & x_{1p} \\ \vdots & & \vdots \\ x_{n1} & \cdots & x_{np} \end{pmatrix}$$

相异矩阵又称为对象-对象结构,这种数据结构存放 n 个对象两两之间的相异度,通常用一个 $n \times n$ 矩阵表示。

$$\begin{pmatrix} 0 & & & & \\ d(2,1) & 0 & & & \\ d(3,1) & d(3,2) & 0 & & \\ \vdots & \vdots & \vdots & & \\ d(n,1) & d(n,2) & \cdots & & 0 \end{pmatrix}$$

其中 $d(i,j)$ 是对象 i 和对象 j 之间的相异性或"差别"的度量,一般而言,$d(i,j)$ 是一个非负的数值,当对象 i 和 j 彼此高度相似或"接近"时,$d(i,j)$ 值接近于 0;对象 i 和 j 越不同,$d(i,j)$ 值越大。注意,$d(i,i)=0$,即一个对象与自己的相异性为 0。此外,如果 $d(i,j)=d(j,i)$,则矩阵是对称的。

4.4.2 标称属性的相异性

两个标称属性对象 i 和 j 之间的相异性 d 可以根据不匹配率来计算:

$$d(i,j) = \frac{p - m}{p} \tag{4-6}$$

其中,m 表示匹配的数目,即 i 和 j 取值相同状态的属性数;p 表示对象的属性总数。有时可以通过赋予 m 较大的权重或者赋给有较多状态属性的匹配具有更大权重来增加 m 的影响。

对象 i 和 j 之间的相似性 $sim(i,j)=1-d(i,j)$。

例 4.6 标称属性之间相异矩阵示例,数据如表 4.2 所示。

表 4.2 例 4.6 的数据

对象(标识)	籍贯(标称属性)	对象(标识)	籍贯(标称属性)
1	北京	3	江苏
2	湖南	4	北京

解:

由于只有一个标称属性"籍贯",即 $p=1$,当对象 i 和 j 相匹配时,$d(i,j)=0$;当对象不匹配时,$d(i,j)=1$,于是得到以下相异性矩阵。

$$\begin{pmatrix} 0 & & & \\ 1 & 0 & & \\ 1 & 1 & 0 & \\ 0 & 1 & 1 & 0 \end{pmatrix}$$

4.4.3 二元属性的相异性

二元属性只有 0 和 1 两种状态,其中 0 表示该属性不出现,1 表示该属性出现。例如,给出一个描述患者的属性"吸烟",1 表示患者吸烟,0 表示患者不吸烟。用户不能像处理数值一样处理二元属性,需要采用特定的方法来计算二元数据的相异性。

如果所有的二元数据都被看作具有相同的权重,则可以得到一个两行两列的列联表,如表4.3所示,其中q是对象i和j都取1的属性数,r是在对象i中取1、在对象j中取0的属性数,s是在对象i中取0、在对象j中取1的属性数,而t是对象i和j都取0的属性数。属性的总数是p,其中p=q+r+s+t。

表4.3　二元属性的列联表

对象	对象 j			
		1	0	sum
对象 i	1	q	r	q+r
	0	s	t	s+t
	sum	q+s	r+t	p

对于对称的二元属性,每个状态都同样重要。基于对称二元属性的相异性称为对称二元相异性。如果对象i和对象j都用对称的二元属性刻画,则i和j的相异性为:

$$d(i,j) = \frac{r+s}{q+r+s+t} \qquad (4-7)$$

对于非对称的二元属性,两个状态不是同等重要的,例如核酸检测的阳性(1)和阴性(0)结果。给定两个非对称的二元属性,两个都取值1的情况(正匹配)被认为比两个都取0的情况(负匹配)更有意义。这样的二元属性经常被认为是"一元的"(只有一种状态),基于这种属性的相异性称为非对称的二元相异性,其中负匹配t被认为是不重要的,因此在计算时经常被忽略,如式(4-8)所示。

$$d(i,j) = \frac{r+s}{q+r+s} \qquad (4-8)$$

当然,也可以基于相似性而不是基于相异性来度量两个二元属性的差别,则对于i和j之间非对称的二元相似性可以用下式计算:

$$sim(i,j) = \frac{q}{q+r+s} = 1 - d(i,j) \qquad (4-9)$$

式(4-9)的sim(i,j)被称为Jaccard系数,它在文献中被广泛使用。

例4.7 二元属性之间相异矩阵示例。假设一个患者记录表(见表4.4)包含属性姓名、性别、发烧、咳嗽、因素1、因素2、因素3和因素4,其中姓名是对象标识符,性别是对称属性,其余都是非对称的二元属性。

表4.4　患者记录的数据表

姓名	性别	发烧	咳嗽	因素 1	因素 2	因素 3	因素 4
刘世元	M	Y	N	P	N	N	N
李吉友	M	Y	Y	N	N	N	N
于金凤	F	Y	N	P	N	P	N
…	…	…	…	…	…	…	…

解:

对于非对称属性,值Y和P被设置为1,值N被设置为0。假设患者(对象)之间的距离只基于非对称属性来计算。根据式(4-7),3个患者刘世元、李吉友和于金凤两两之间的相异性如下:

$$d(刘世元,李吉友) = \frac{1+1}{1+1+1} = 0.67$$

$$d(刘世元,于金凤) = \frac{0+1}{2+0+1} = 0.33$$

$$d(李吉友,于金凤) = \frac{1+2}{1+1+2} = 0.75$$

这些度量值显示了刘世元和李吉友、李吉友和于金凤都不大可能患类似的疾病,因为他们的相异性较高。在这 3 个患者中,刘世元和于金凤最有可能患类似的疾病。

4.4.4　数值属性的相似性度量

在数据分析过程中经常需要把数据对象区分为不同的类别,判断不同对象是否归于同一个类别的依据是对象之间的相似性较高,而对象相似性一般由对象之间的距离来度量。距离是指把一个对象看作 n 维空间中的一个点,并在空间中定义距离。基于距离的相似性是指当两个对象距离较近时其相似性就大,否则相似性就小。

假设 n 维空间中的两个点为 $X_i(x_{i1}, x_{i2}, \cdots, x_{in})$ 和 $X_j(x_{j1}, x_{j2}, \cdots, x_{jn})$,定义 X_i 与 X_j 的如下距离。

1. 欧几里得距离

欧几里得距离(Euclidean Distance)是数据分析算法中最常用的距离度量指标,表示空间中两点之间的直线距离。其公式如下:

$$d(X_i, X_j) = \sqrt{\sum_{k=1}^{n}(x_{ik} - x_{jk})^2} \tag{4-10}$$

2. 切比雪夫距离

切比雪夫距离(Chebyshev Distance)是两点投影到各轴上距离的最大值。其公式如下:

$$d(X_i, X_j) = \max(\mid x_{i1} - x_{j1} \mid, \mid x_{i2} - x_{j2} \mid, \cdots, \mid x_{in} - x_{jn} \mid) \tag{4-11}$$

3. 曼哈顿距离

曼哈顿距离(Manhattan Distance)表示城市中两个点之间的街区距离,也称为城市街区距离。其公式如下:

$$d(X_i, X_j) = \sum_{k=1}^{n} \mid x_{ik} - x_{jk} \mid \tag{4-12}$$

4. 闵可夫斯基距离

将曼哈顿距离与欧几里得距离推广,可以得到闵可夫斯基距离(Minkowski Distance),也叫范数。其公式如下:

$$d(X_i, X_j) = \sqrt[p]{\sum_{k=1}^{n} \mid x_{ik} - x_{jk} \mid^p} \tag{4-13}$$

其中 p 是一个可变参数,根据可变参数的不同,闵可夫斯基距离可以表示不同类型的距离:当 p=1 时,就是曼哈顿距离;当 p=2 时,就是欧几里得距离;当 p→∞ 时,就是切比雪夫距离。

例 4.8　用 Python 计算各类距离。

程序代码如下:

```python
import numpy as np
Xi = np.array([1,2,3])
Xj = np.array([4,5,6])
d_Eu = np.sqrt(np.sum(np.square(Xi - Xj)))    # 欧几里得距离
d_Ch = np.abs(Xi - Xj).max()                  # 切比雪夫距离
d_Ma = np.sum(np.abs(Xi - Xj))                # 曼哈顿距离
print('Xi 与 Xj 的欧几里得距离为: ',d_Eu)
print('Xi 与 Xj 的切比雪夫距离为: ',d_Ch)
print('Xi 与 Xj 的曼哈顿距离为: ',d_Ma)
```

4.4.5　序数属性的相似性度量

在计算对象之间的相异性时,序数属性的处理与数值属性的处理非常类似。假设 f 是用于描述 n 个对象的一组序数属性之一。关于 f 的相异性计算涉及如下步骤:

(1) 第 i 个对象的 f 值为 x_{if},属性 f 有 M_f 个有序的状态,表示排位 $1,2,\cdots,M_f$。用对应的排位 $r_{if} \in \{1,2,\cdots,M_f\}$ 取代 x_{if}。

(2) 由于每个序数属性都可以有不同的状态值,所以通常需要将每个属性的值域映射到 $[0.0,1.0]$ 上,以便每个属性都有相同的权重。用 z_{if} 代替第 i 个对象的 r_{if} 来实现数据规格化,其中:

$$z_{if} = \frac{r_{if} - 1}{M_f - 1} \tag{4-14}$$

(3) 相异性可以用 4.4.4 节介绍的任意一种数值属性的距离度量计算,使用 z_{if} 作为第 i 个对象的 f 值。

例 4.9　序数属性间的相异性示例。假定在表 4.4 所示的样本数据中,某患病因素为高血压,共有 3 种状态,即一级高血压、二级高血压、三级高血压,也就是 $M_f = 3$。

解:

第一步,如果把血压的每个值替换为它的排位数 1、2、3,假如 4 名患者的血压属性分别被赋值为 3、1、2、3。

第二步,通过将排位数 1 映射为 0.0、排位数 2 映射为 0.5、排位数 3 映射为 1.0 来实现对排位的规格化。

第三步,可以使用欧几里得距离的式(4-10)得到如下相异性矩阵:

$$\begin{bmatrix} 0 & & & \\ 1.0 & 0 & & \\ 0.5 & 0.5 & 0 & \\ 0 & 1.0 & 0.5 & 0 \end{bmatrix}$$

由相异性矩阵可以看出,对象 1 和对象 2 不相似,对象 2 和对象 4 也不相似,即 $d(2,1) = 1.0$,$d(4,2) = 1.0$。这符合直观,因为对象 1 和对象 4 都是三级高血压,对象 2 是一级高血压。

序数属性的相似性值也可以由相异性值得到,例如 $sim(i,j) = 1 - d(i,j)$。

4.4.6　混合类型属性的相似性

很多时候,人们在实际工作中所遇到的是混合类型属性。所谓混合类型属性,是指一组数据拥有多种类型的属性。

计算混合类型属性对象之间的相异性有两种方法:一种方法是将每种类型的属性分成一组,对每种类型分别进行数据挖掘分析(例如聚类分析),如果这些分析得到兼容的结果,则这种方法是可行的,然而在实际应用中每种属性类型分别分析不大可能产生兼容的结果;另一种更为可取的方法是将所有属性类型一起处理,只做一次分析,这样就需要将不同的属性组合在单个相异性矩阵中,把有意义的属性都转换到共同的区间 $[0.0,1.0]$ 上。

假设数据集包含 p 个混合类型属性,对象 i 和对象 j 之间的相异性 $d(i,j)$ 定义为:

$$d(i,j) = \frac{\sum_{j=1}^{p} \delta_{ij}^{(f)} d_{ij}^{(f)}}{\sum_{j=1}^{p} \delta_{ij}^{(f)}} \tag{4-15}$$

其中指示符 $d_{ij}^{(f)}$ 表示针对属性 f 对象 i 与 j 之间的相异性;当 x_{if} 或 x_{jf} 缺失(即对象 i 或对象 j 没有属性 f 的度量值),或者 $x_{if}=x_{jf}=0$ 且 f 是非对称的二元属性时,$\delta_{ij}^{(f)}=0$,否则指示符 $\delta_{ij}^{(f)}=1$。属性 f 对象 i 和 j 之间相异性的贡献根据它的类型计算:

(1)f 是数值的,$d_{ij}^{(f)}=\dfrac{|x_{if}-x_{jf}|}{\max_h x_{hf}-\min_h x_{hf}}$,其中 h 遍取属性 f 的所有非缺失对象。

(2)f 是标称或二元的,如果 $x_{if}=x_{jf}$,则 $d_{ij}^{(f)}=0$,否则 $d_{ij}^{(f)}=1$。

(3)f 是序数的,计算排位 r_{if} 和 $z_{if}=\dfrac{r_{if}-1}{M_f-1}$,并将 z_{if} 作为数值属性对待。

例 4.10 混合类型属性间的相异性示例。本例计算表 4.5 中对象的相异矩阵。

表 4.5 包含混合类型属性的样本数据集

对象标识符	属性 1(标称的)	属性 2(序数的)	属性 3(数值的)
1	北京	优秀	45
2	天津	中等	22
3	上海	良好	64
4	北京	优秀	28

解:首先利用 4.4.2 节和 4.4.5 节中介绍的方法分别计算出属性 1、属性 2 的相异性矩阵 M_1 和 M_2:

$$M_1=\begin{pmatrix}0\\1&0\\1&1&0\\0&1&1&0\end{pmatrix},\quad M_2=\begin{pmatrix}0.0\\1.0&0.0\\0.5&0.5&0.0\\0.0&1.0&0.5&0.0\end{pmatrix}$$

然后计算属性 3(数值属性)的相异矩阵,即计算 $d_{ij}^{(3)}$,根据数值属性规则,令 $\max_h x_h=64$,$\min_h x_h=22$。用二者之差来规格化相异矩阵的值,可得属性 3 的相异矩阵 M_3 为:

$$M_3=\begin{pmatrix}0.00\\0.55&0.00\\0.45&1.00&0.00\\0.40&0.14&0.86&0.00\end{pmatrix}$$

下面就可以利用式(4-15)计算这 3 个属性的相异矩阵了。对于每个属性 f,指示符 $d_{ij}^{(f)}=1$。例如,可以得到 $d(3,1)=\dfrac{1(1)+1(0.5)+1(0.45)}{3}=0.65$。由 3 个混合类型属性所描述的数据得到的结果相异矩阵 M 如下:

$$M=\begin{pmatrix}0.00\\0.85&0.00\\0.65&0.83&0.00\\0.13&0.71&0.79&0.00\end{pmatrix}$$

由表 4.5 可以看出,对象 1 和对象 4 在属性 1 和属性 2 上的值相同,因此能够直观地猜测出它们两个最相似。这一猜测通过相异性矩阵得到了证实,因为 $d(4,1)$ 是任何两个不同对象的最小值。

4.4.7 余弦相似性

余弦相似性是用向量空间中两个向量夹角的余弦值作为衡量两个对象间差异大小的度

量,它的取值范围为$-1\sim1$。余弦值越接近1,两个向量越相似,完全相同时数值为1;相反方向时为-1;正交或不相关为0。二维向量的余弦相似性如图4.3所示。余弦相似性最常见的应用是计算文本相似度,具体做法是分别抽取两个文档的所有特征词,建立两个文本向量,计算这两个向量的余弦值,这样就可以知道两个文档在统计学方法中的相似情况。实践证明,这是一个非常有效的方法。

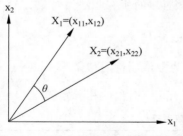

图 4.3　二维向量余弦相似性示意图

假设 n 维向量 $X_i=(x_{i1},x_{i2},\cdots,x_{in})$, $X_j=(x_{j1},x_{j2},\cdots,x_{jn})$, θ 是 X_i 和 X_j 的夹角,余弦相似性的公式如下:

$$\cos(\theta)=\frac{X_i\cdot X_j}{\parallel X_i\parallel\cdot\parallel X_j\parallel}=\frac{\sum\limits_{k=1}^{n}(x_{ik}\cdot x_{jk})}{\left(\sqrt{\sum\limits_{k=1}^{n}x_{ik}^2}\right)\cdot\left(\sqrt{\sum\limits_{k=1}^{n}x_{jk}^2}\right)}$$

(4-16)

其中 $X_i\cdot X_j$ 为向量的内积(数量积), $\parallel X_i\parallel$ 为向量的模。

例 4.11　用上述理论计算文本相似性。

解:为了简单,这里只计算句子的相似度。

句子 A:这只皮靴号码大了,那只号码合适。

句子 B:这只皮靴号码不小,那只更合适。

计算上面两个句子相似程度的基本思路是:如果这两个句子所用的特征词相同的越多,则它们的内容就应该越相似。因此可以从词频入手,计算它们的相似程度。

第一步,分词。

句子 A:这只/皮靴/号码/大了,那只/号码/合适。

句子 B:这只/皮靴/号码/不/小,那只/更/合适。

第二步,列出所有的词。

这只,皮靴,号码,大了,那只,合适,不,小,更

第三步,计算词频。

句子 A:这只 1,皮靴 1,号码 2,大了 1,那只 1,合适 1,不 0,小 0,更 0

句子 B:这只 1,皮靴 1,号码 1,大了 0,那只 1,合适 1,不 1,小 1,更 1

第四步,写出词频向量。

句子 A:(1,1,2,1,1,1,0,0,0)

句子 B:(1,1,1,0,1,1,1,1,1)

利用式(4-16)计算余弦相似性如下:

$$\cos(\theta)=\frac{6}{3\times\sqrt{8}}\approx\frac{6}{8.49}\approx0.71$$

例 4.12　利用 Python 求例 4.11 中文本向量的余弦相似性。

求余弦相似性需要用到 np.linalg.norm 求向量的范式,等同于求向量的欧几里得距离。程序代码如下:

```
import numpy as np
X1 = np.array([1,1,2,1,1,1,0,0,0])
X2 = np.array([1,1,1,0,1,1,1,1,1])
X1_norm = np.linalg.norm(X1)
X2_norm = np.linalg.norm(X2)
cos = np.dot(X1,X2)/(X1_norm * X2_norm) #引用计算内积函数 np.dot()
print('X1 和 X2 余弦相似性: ',cos)
```

4.5 几种数据可视化技术

数据可视化(Data Visualization)是通过图形清晰、有效地表达数据。它将数据的信息综合体(包括属性和变量)抽象化为一些图表形式展现出来。数据可视化的主要宗旨是借助于图形化手段清晰、有效地传达与沟通信息。有效的数据可视化能进一步帮助用户分析数据、推论事件和寻找规律,使得复杂数据更容易被用户所理解和使用。

4.5.1 基于像素的可视化技术

基于像素的可视化技术(Pixel-oriented Visualization Technique)在屏幕上创建 m 个窗口,每维一个,记录着 m 个维值映射到这些窗口中对应位置上的 m 个像素,像素的颜色反映对应的值。在窗口内,数据值按所有窗口共用的某种全局序安排,全局序可以用一种对研究问题有一定意义的方法,通过对所有记录排序得到。近些年来,基于像素的可视化技术在很多具体场景中得到了广泛的应用,并且充分验证了该方法的有效性。

例 4.13 基于像素的可视化示例。假设某电商的顾客信息表包含 4 个维(属性),即收入、信贷额度、成交量和年龄。通过可视化技术分析收入属性和其他属性之间的相关性。

解:对所有顾客按收入递增序排序,并使用这个序,在 4 个可视化窗口中安排顾客数据,如图 4.4 所示。像素颜色这样选择:值越小,颜色越淡。使用基于像素的可视化可以很容易地得到如下规律:信贷额度随收入增加而增加;收入处于中部区间的顾客更可能从该电商处购物;收入和年龄之间没有明显的相关性。

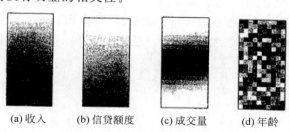

(a)收入　　(b)信贷额度　　(c)成交量　　(d)年龄

图 4.4　4 个属性的基于像素的可视化

基于像素的可视化技术的一个缺点是,它对于用户理解多维空间的数据分布帮助不大,例如它并不能显示在多维子空间中是否存在稠密区域。

4.5.2 几何投影技术

几何投影技术可以帮助用户发现多维数据集的有趣投影。几何投影技术的难点在于如何在二维空间上显示可视化高维空间。

1. 二维数据的散点图

二维数据的散点图是在笛卡儿坐标系的两个坐标轴下绘制的散点图,也可以使用不同颜色或形状表示不同的数据点,以增加到第三维。

例 4.14 用 Python 绘制二维数据的散点图并用不同颜色显示。

程序代码如下:

```
import matplotlib.pyplot as plt
import numpy as np
n = 50
x = np.random.rand(n) * 2          #随机产生 50 个 0~2 的 x,y 坐标值
```

```
y = np. random. rand(n) * 2
colors = np. random. rand(50)                    # 随机产生 50 个 0~1 的颜色值
area = np. pi * (10 * np. random. rand(n)) ** 2    # 点的半径范围为 0~10
plt. scatter(x, y, s = area, c = colors, alpha = 0.5, marker = (9,3,30))
plt. show()
```

程序运行结果如图 4.5 所示。

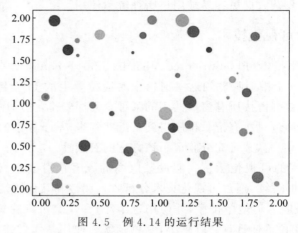

图 4.5 例 4.14 的运行结果

2. 三维数据的散点图

三维数据的散点图是在笛卡儿坐标系的 3 个坐标轴下绘制的散点图。如果使用颜色信息,也可以显示 4 维数据点。对于超过 4 维的数据集,散点图一般不太有效。

例 4.15 利用鸢尾花数据集的前 3 个特征绘制三维散点图并用不同颜色显示。

程序代码如下:

```
import pandas as pd
import matplotlib. pyplot as plt
from mpl_toolkits. mplot3d import Axes3D          # 绘制三维坐标系的函数
from sklearn. datasets import load_iris
iris = load_iris()                               # 导入鸢尾花数据集
df = pd. DataFrame(iris. data[:], columns = iris. feature_names[:])
x = df['sepal length(cm)']                       # 设置 X、Y、Z 轴
y = df['sepal width(cm)']
z = df['petal length(cm)']
fig = plt. figure()                              # 绘图
ax = Axes3D(fig)
ax. scatter(x, y, z)
ax. set_xlabel('sepal length(cm)', fontdict = {'size':10, 'color': 'black'})
ax. set_xlabel('sepal width(cm)', fontdict = {'size':10, 'color': 'black'})
ax. set_xlabel('petal length(cm)', fontdict = {'size':10, 'color': 'black'})
plt. show()
```

程序运行结果如图 4.6 所示。

3. 散点图矩阵

散点图矩阵(Scatter Matrix)是散点图的一种扩充,提供每个维与其他维的可视化。Python 通过 scatter_matrix()函数绘制散点图矩阵。

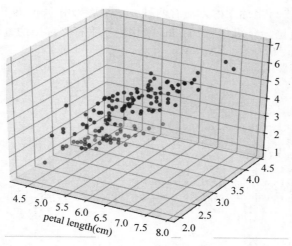

图 4.6 例 4.15 的运行结果

例 4.16 绘制散点图矩阵示例。

程序代码如下：

```
import numpy as np
import pandas as pd
import matplotlib.pyplot as plt
v1 = np.random.normal(0,1,100)                          # 生成数据
v2 = np.random.randint(0,23,100)
v3 = v1 * v2
df = pd.DataFrame([v1,v2,v3]).T                         # 3 * 100 的数据集
pd.plotting.scatter_matrix(df,diagonal = 'kde',color = 'b')   # 绘制散点图矩阵
plt.show()
```

程序运行结果如图 4.7 所示。

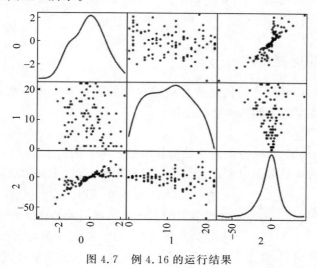

图 4.7 例 4.16 的运行结果

4. 平行坐标图

随着维度的增加,散点图矩阵变得不太有效。平行坐标图(Parallel Coordinates Plot)是对具有多个属性的问题的一种可视化处理方法。在平行坐标图中,数据集的一行数据用一条折线表示,纵向是属性值,横向是属性类别(用索引表示)。

利用 Python 绘制平行坐标图的方法有两种：一种是利用 Pandas 模块绘制；另一种是利用 plotly 模块绘制。这里只介绍利用 Pandas 模块绘制平行坐标图的方法。

例 4.17　用 Pandas 模块绘制平行坐标图示例。

程序代码如下：

```
import pandas as pd
import matplotlib.pyplot as plt
from pandas.plotting import parallel_coordinates
import seaborn as sea
data = sea.load_dataset('iris')
fig, axes = plt.subplots()
parallel_coordinates(data, 'species', ax = axes)
plt.legend(loc = 'upper center', bbox_to_anchor = (0.5, - 0.1), ncol = 3, fancybox = True, shadow = True)
plt.show()
```

程序运行结果如图 4.8 所示。

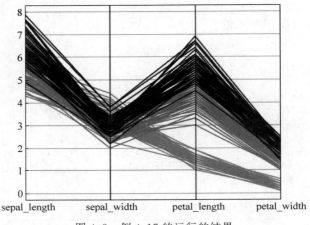

图 4.8　例 4.17 的运行的结果

4.5.3　基于图符的可视化技术

基于图符(Icon-based)的可视化技术是使用少量的图符表示多维数据值，有两种流行的基于图符的技术，即切尔诺夫脸和人物线条画。

1. 切尔诺夫脸

切尔诺夫脸(Chernoff Faces)是统计学家赫尔曼·切尔诺夫于 1973 年引进的。切尔诺夫脸把多达 18 个变量的多维数据以卡通人物的脸显示出来，有助于揭示数据中的趋势。脸的要

图 4.9　切尔诺夫脸

（每张脸表示一个 n 维数据）

素有眼、耳、口和鼻等，用其形状、大小、位置和方向表示维度的值。切尔诺夫脸利用人的思维能力识别面部特征的微小差异并且立即消化、理解许多面部特征。观察大型数据表可能是令人乏味的，切尔诺夫脸可以浓缩数据，从而更容易被人们消化、理解，有助于数据的可视化。切尔诺夫脸有对称的切尔诺夫脸(18 维)和非对称的切尔诺夫脸(36 维)两种类型，如图 4.9 所示。

由于人类非常善于识别脸部特征，将数据脸谱化使得多维数据容易被分析人员消化、理解，有助于将数据的规律

性和不规律性可视化。切尔诺夫脸的局限性在于，它无法表示数据的多重联系，以及不能显示具体的数据值。这种方法已被应用于多地域经济战略指标6数据分析、空间数据可视化等领域。

2. 人物线条画

人物线条画（Stick Figure）可视化技术是把多维数据映射到5段人物线条画中，其中每幅画都有四肢和一个躯体。两个维被映射到显示轴（X轴和Y轴），而其余维被映射到四肢的角度和长度。图4.10显示的是人口普查数据，其中年龄和收入被映射到显示轴，而其他维被映射到人物线条画。如果数据项关于两个显示维相对稠密，则结果可视化显示纹理模式，从而反映数据趋势。

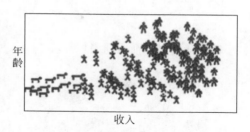

图 4.10　人物线条画

4.5.4　层次可视化技术

对于大型高维数据集，很难同时对所有维可视化。层次可视化（Hierarchical Visualization）技术是把所有维划分成子空间（即子集），然后对这些子空间可视化。一种常用的方法就是给定某些变量固定值时的子空间的可视化，经常通过三维图形展现。为了绘制三维图形，需要调用 Axes3D 对象的 plot_surface() 方法来完成。Matplotlib 的三维绘图函数 plot_surface() 的功能非常强大，绘图质量很好。

例 4.18　层次可视化示例。

对于三元函数 $u=[\sin(x)+y]\times\cos(z)$，不能直接绘制出其图形，下面分别绘制出 $y=2$ 时和 $z=\dfrac{\pi}{3}$ 时的子空间的函数图形。

（1）绘制 $u=[\sin(x)+2]\times\cos(z)$ 函数图形。

程序代码如下：

```
from mpl_toolkits.mplot3d import Axes3D
import numpy as np
from matplotlib import pyplot as plt
fig = plt.figure()
ax = Axes3D(fig)
x = np.arange(-2*np.pi, 2*np.pi, 0.1)
z = np.arange(-2*np.pi, 2*np.pi, 0.1)
x,z = np.meshgrid(x,z)
u = (np.sin(x) + 2) * np.cos(z)
plt.xlabel('x')
plt.ylabel('z')
ax.plot_surface(x,z,u,rstride = 1,cstride = 1,cmap = 'rainbow')
plt.show()
```

程序运行结果如图 4.11 所示。

（2）绘制 $u=[\sin(x)+y]\times\cos\left(\dfrac{\pi}{3}\right)$ 函数图形。

程序代码如下：

```
from mpl_toolkits.mplot3d import Axes3D
import numpy as np
from matplotlib import pyplot as plt
fig = plt.figure()
ax = Axes3D(fig)
x = np.arange(-2*np.pi, 2*np.pi, 0.1)
y = np.arange(-2*np.pi, 2*np.pi, 0.1)
```

```
x, y = np.meshgrid(x, y)
u = (np.sin(x) + y) * np.cos(np.pi/3)
plt.xlabel('x')
plt.ylabel('y')
ax.plot_surface(x, y, u, rstride = 1, cstride = 1, cmap = 'rainbow')
plt.show()
```

程序运行结果如图 4.12 所示。

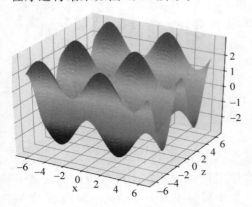 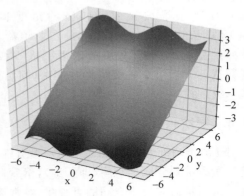

图 4.11　$u = [\sin(x) + 2] \times \cos(z)$ 函数图形　　　图 4.12　$u = [\sin(x) + y] \times \cos\left(\dfrac{\pi}{3}\right)$ 函数图形

4.5.5　高维数据的可视化

人们一般很难直观地理解高维(维数大于 3)的数据,如果将这些数据转换为可视化的形式,就可以帮助人们理解和分析高维空间中数据的特性。高维数据的可视化旨在用相关的低维数据图形表现高维的数据,并辅之以交互手段,帮助人们分析和理解高维数据。

1. 降维方法

降维方法是将高维数据投影到低维空间,尽量保留高维空间中原有的特性和聚类关系。常见的降维方法有主成分分析(Principle Component Analysis,PCA)、多维度分析(Multi-dimensional Scaling,MDS)和自组织图(Self-organization Map,SOM)等。这些方法通过数学模型将高维数据降维,进而在低维空间中显示。通常,数据在高维空间中的距离越近,在投影图中两点的距离也越近。高维投影图可以很好地展示高维数据间的相似度以及聚类情况等,但并不能表示数据在每个维度上的信息,也不能表现维度间的关系。高维投影图损失了数据在原始维度上的细节信息,但直观地提供了数据之间宏观的结构。高维数据降维的常用方法如图 4.13 所示。

图 4.13　高维数据降维的常用方法

2. 非降维方法

非降维方法保留了高维数据在每个维度上的信息,可以展示所有的维度。各种非降维方法的主要区别在于如何对不同的维度进行数据到图像属性的映射。当维度较少时,可以直接通过与位置、颜色、形状等多种视觉属性相结合的方式对高维数据进行编码。当维度数量增多,数据量变大,或对数据呈现精度需要提高时,这些方法难以满足需要。

4.5.6 文本词云图

绘制文本词云图需要用到 wordcloud 模块,该模块依赖 NumPy 库和 PIL 库。wordcloud 模块中的 WordCloud() 函数用于生成或者绘制词云的对象。WordCloud() 函数的常用形式如下:

```
wordcloud.WordCloud(font_path = None, width = 400, height = 200, mask = None, scale = 1, max_words =
200, min_font_size = 4, max_font_size = None, background_color = 'black', color_func = None, mode =
'RGB', prefer_horizontal = 0.9, random_state = None, relative_scaling = 0.5, font_step = 1, regexp =
None, collocations = True, colormap = 'viridis', contour_width = 0, contour_color = 'black', repeat =
False)
```

常用参数说明:

(1) font_path 用于设置字体路径,系统中的中文字体文件一般都在"C:\Windows\Fonts"目录下(默认为 wordcloud 模块下的 DroidSansMono.ttf),调用不同的字体文件可以改变相应的字体,显示出来的效果也不同。

(2) width 用于设置画布的宽度(默认值为 400 像素)。

(3) height 用于设置画布的高度(默认值为 200 像素)。

(4) mask 简单理解为绘制模板,默认值为 None。当 mask 不为 0 时,之前依据 height 和 width 设置的画布作废,此时"画布"形状及大小由 mask 决定。

(5) scale 为 float 类型,默认值为 1,用于按比例放大(>1)或者缩小(<1)画布,值越大,图像密度越大,越清晰。

(6) max_words 为 int 类型,默认值为 200,用于设定词云最多显示的特征词个数。

(7) min_font_size 为 int 类型,默认值为 4,用于设定最小特征词的字体大小。

(8) max_font_size 为 int 类型,默认值为 None,用于设定最大特征词的字体大小,如果没有设置,直接使用画布的大小。

(9) background_color 用于设置词云图像的背景色(默认值为 'black')。

(10) color_func 默认值为 None,用于设置生成新颜色的函数。

(11) mode 默认值为 'RGB',当 mode= 'RGBA' 且 background_color=None 时,将生成透明的背景。

不常用参数说明:

(1) prefer_horizontal 用于设置特征词水平方向排版出现的频率(默认值为 0.9)。

(2) random_state 用于设置有多少种随机生成状态,即有多少种配色方案。

(3) relative_scaling 为 float 类型,默认值为 0.5,设置按特征词频倒序排列,上一个特征词相对下一个特征词的大小倍数。

(4) font_step 为 int 类型,默认值为 1,用于对生成的特征词抽样,设定抽取的两个特征词之间略过的词个数,如果大于 1,会加快运算,但有可能导致结果出现较大的误差。

(5) regexp 设置使用正则表达式分割输入的字符。

(6) colormap 的默认值为 'viridis'。用于设置随机为每个特征词染色,该参数若使用了

'color_func'将会被屏蔽。

（7）contour_width 为 float 类型，默认值为 0，用于设置词云边界的宽度，但不画出词云的边界线。当 mask 中填充部分的边界平滑时可以设置 contour_width，否则不需要设置该参数，会产生锯齿。

（8）contour_color 用于设置边界线的颜色，默认值为'black'。当 contour_width 不为 0 时，设置该参数改变边界线的颜色。

（9）repeat 用于设置是否重复特征词，以使总特征词数量满足 max_words（默认为 False）。当文本内容较少时建议设置为 True。

例 4.19　文本词云图示例。

为文本文件 D:\Data_Mining\01.txt 绘制词云图。

程序代码如下：

```
import wordcloud
import numpy as np
import matplotlib.pyplot as plt
import PIL
import jieba
import re
with open(r'D:\python3sy\01.txt', encoding = 'utf8') as f:
    text1 = f.readlines()
image1 = PIL.Image.open(r'D:\python3sy\3.jpg')          #导入图片
MASK = np.array(image1)
WC = wordcloud.WordCloud(font_path = 'C:\\Windows\\Fonts\\simhei.TTF', max_words = 2000, mask =
MASK, height = 400, width = 400, background_color = 'white', repeat = False, mode = 'RGBA')
                                                        #设置词云对象的属性
st1 = re.sub('[,.、""''）]', '', str(text1))             #使用正则表达式将符号替换掉
conten = ' '.join(jieba.lcut(st1))                      #此处分词之间要用空格隔开
con = WC.generate(conten)
plt.imshow(con)
plt.axis('off')
plt.show()
```

程序运行结果如图 4.14 所示。

图 4.14　例 4.19 的运行结果

习题 4

4-1　选择题：

（1）用户有一种感兴趣的模式并且希望在数据集中找到相似的模式，属于数据挖掘的（　　）任务。

A. 根据内容检索　　　　　　　　　　B. 建模描述

C. 预测建模　　　　　　　　　　　　D. 寻找模式和规则

（2）在分析数据向其中心值聚集的程度这类问题时可以（　　　）。

A. 用百分位值、集中趋势、离散趋势和数据分布特征等描述

B. 通过平均值、中位数和众数等数据来描述

C. 通过范围、标准差和方差等数据来描述

D. 认为数据应当服从某种分布，采用一系列的指标来描述

（3）下面不属于数据的属性类型的是（　　　）。

A. 标称　　　　　B. 序数　　　　　C. 区间　　　　　D. 相异

（4）下面属于定量的属性类型的是（　　　）。

A. 标称　　　　　B. 序数　　　　　C. 区间　　　　　D. 相异

（5）只有非零值才重要的二元属性被称作（　　　）。

A. 计数属性　　　　　　　　　　　　B. 离散属性

C. 非对称的二元属性　　　　　　　　D. 对称属性

（6）以下不属于特征选择的标准方法的是（　　　）。

A. 嵌入　　　　　B. 过滤　　　　　C. 包装　　　　　D. 抽样

（7）下面不属于创建新属性相关方法的是（　　　）。

A. 特征提取　　　　　　　　　　　　B. 特征修改

C. 映射数据到新的空间　　　　　　　D. 特征构造

（8）假设 income 属性的最大值和最小值分别是 12 000 元和 98 000 元。利用最大最小规范化的方法将该属性的值映射到 0～1 的范围内，income 属性的 73 600 元将被转换为（　　　）。

A. 0.821　　　　　B. 1.224　　　　　C. 1.458　　　　　D. 0.716

（9）假设有数据集{12,24,33,24,55,68,26}，其四分位数极差等于（　　　）。

A. 31　　　　　B. 24　　　　　C. 55　　　　　D. 3

（10）一所大学内各年级的人数分别为：一年级 200 人，二年级 160 人，三年级 130 人，四年级 110 人，则年级属性的众数是（　　　）。

A. 一年级　　　　　B. 二年级　　　　　C. 三年级　　　　　D. 四年级

（11）下列不是专门用于可视化时间空间数据的技术是（　　　）。

A. 等高线图　　　　　B. 饼图　　　　　C. 曲面图　　　　　D. 向量场图

4-2 填空题：

（1）数据可视化的主要宗旨是借助于（　　　）手段清晰、有效地传达与沟通信息。

（2）中心趋势在统计学中是指一组数据向某一（　　　）靠拢的程度，它反映了一组数据中心点的位置所在。

（3）基本的数据统计描述可以识别数据的性质，凸显异常的数据应被视为（　　　）。

（4）（　　　）是按顺序排列的一组数据中居于中间位置的数，即在这组数据中有一半的数据比它大，另一半的数据比它小。

（5）中列数在统计中指的是数据集里最大值和最小值的算术平均值，也可以度量数值数据的（　　　）。

（6）人物线条画可视化技术把多维数据映射到 5 段人物线条画中，其中每幅画都有四肢和一个（　　　）。

4-3 简述数据可视化的意义。

4-4　数据集如例 4.6 中的表 4.2 所示,编程求其相异矩阵。

4-5　运行下列程序,观看运行结果,并利用互联网查找相关信息,给出 plot_surface()函数的参数的意义。

```
from matplotlib import pyplot as plt
import numpy as np
from mpl_toolkits.mplot3d import Axes3D
fig = plt.figure()
ax = Axes3D(fig)
X = np.arange(-4, 4, 0.25)
Y = np.arange(-4, 4, 0.25)
X, Y = np.meshgrid(X, Y)
R = np.sqrt(X**2 + Y**2)
Z = np.sin(R)
ax.plot_surface(X, Y, Z, rstride=1, cstride=1, cmap='rainbow')
plt.show()
```

4-6　为介绍北斗导航系统的文本文件 D:\Data_Mining\EX4-6.txt 绘制简答的词云图。

第 5 章

数据采集和预处理

在计算机广泛应用的今天,数据采集的重要性是十分显著的。它是计算机与外部物理世界连接的桥梁,各种类型信号采集的难易程度差别非常大。一般地,在进行实际数据采集时,所获得的数据极易受到噪声、缺失值和不一致数据的侵扰。数据的质量决定了数据挖掘的效果,因此在数据挖掘之前要对数据进行预处理以提高数据质量,从而提高数据挖掘的效果。

5.1 概述

数据采集是所有数据分析系统必不可少的,随着大数据越来越被重视,数据采集的挑战也变得尤为突出。同时,针对数据的种类多、数据量大、变化快等特点,利用各种预处理方法保证数据采集的可靠性、避免重复数据等,以保证数据的质量。

5.1.1 数据采集概述

大数据的来源非常广泛,例如信息管理系统、网络信息系统、物联网系统、科学实验系统等,其数据类型包括结构化数据、半结构化数据和非结构化数据。在大数据平台下,由于数据源具有更复杂的多样性,数据采集的形式也变得更加复杂、多样,当然业务处理也可能变得迥然不同。为了提升业务处理的性能,同时又希望保留历史数据以备进行数据挖掘与分析,对数据的采集要着重考虑以下几个方面:

(1)根据业务处理的需求,往往从关系数据库中采集数据,这种情况的可伸缩性较小。一般需要满足查询与其他数据操作的实时性,这就需要定期将超过时间期限的历史数据清除。

(2)有时需要将实时采集的源数据先写入某数据流存储平台。例如 Apache 软件基金会开发的开源流处理平台 Kafka,考虑到数据流处理业务的需求,数据采集会成为 Kafka 的消费者,就像一个水坝将上游源源不断的数据拦截住,然后根据具体业务做相应的处理(如去重、去噪、中间计算等),之后再写入对应的数据存储中。

(3)如果数据源为视频文件,需要提取特征数据。针对视频文件的大数据处理,加载图片后,根据某种识别算法识别并提取图片的特征信息,然后将其转换为具体业务需要的数据模型。在视频处理过程中,数据提取的耗时相对较长,也需要较多的内存资源。如果处理不当,可能会成为整个数据阶段的瓶颈。

在大数据采集阶段,一个棘手的问题是增量同步,尤其针对那些可变(即可删除、可修改)

的数据源。在人们无法掌控数据源的情况下通常会有 3 种选择：一是放弃同步,采用直连形式;二是放弃增量同步,选用全量同步;三是编写定期 Job,扫描数据源,以获得 delta 数据,然后针对 delta 数据进行增量同步。

为了更高效地完成数据采集,通常需要将整个流程切分成多个阶段,在细分的阶段中可以采用并行执行的方式。在这个过程中可能涉及 Job 的创建、提交与分发,采集流程的规划,数据格式的转换等。另外,在保证数据采集的高性能之外还要考虑数据丢失的容错。

5.1.2 数据采集的方法

传统的数据采集来源单一,且存储、管理和分析的数据量也相对较小,大多采用关系数据库和并行数据仓库即可处理。目前,在大数据采集方面增加了以下几种新的方法。

1. 网络数据采集方法

网络数据采集是指通过网络爬虫或网站公开 API 等方式从网站上获取数据信息。该方法可以将非结构化数据从网页中抽取出来,将其存储为统一的本地数据文件,并以结构化的方式存储。它支持图片、音频、视频等文件或附件的采集,附件与正文可以自动关联。除了网络中包含的内容之外,对于网络流量的采集可以使用 DPI 或 DFI 等流量解析技术进行处理。

2. 系统日志采集方法

很多互联网企业都有自己的海量数据采集工具,多用于系统日志采集,例如 Hadoop 的 Chukwa、Cloudera 的 Flume、Facebook 的 Scribe 等,这些工具均采用分布式架构,能满足每秒数百兆字节的日志数据采集和传输需求。

3. 其他数据采集方法

对于企业生产经营数据或学科研究数据等保密性要求较高的数据,可以通过与企业或研究机构合作,使用特定系统接口等相关方式采集数据。

5.1.3 数据预处理概述

数据预处理(Data Preprocessing)是指在数据挖掘之前对原始数据进行的一些处理。现实世界中的数据几乎都是"脏"数据,所采集的数据极易受到不一致数据、噪声、缺失值的侵扰。

(1) 不一致数据。原始数据是从各种实际应用系统中采集的,由于各应用系统的数据缺乏统一的标准和定义,数据结构也有较大的差异,所以各系统间的数据存在严重的不一致性。

(2) 噪声数据。在采集数据时很难得到精确的数据,如数据采集设备出现故障、数据传输过程中出现错误或存储介质出现损坏等,这些情况都会导致噪声数据的出现。

(3) 缺失值。由于系统在设计时可能存在的缺陷或者系统在使用过程中人为因素的影响,在数据记录中可能出现一些属性值丢失或不确定的情况,从而造成数据的不完整,例如数据采集传感器出现故障导致一部分数据无法采集等。

对于现实世界中不完整、不一致的"脏"数据,无法直接进行数据挖掘,或挖掘结果不尽如人意。为了提高数据挖掘的质量产生了数据预处理技术,这些技术在数据挖掘之前使用,大幅提高了数据的质量。那么高质量数据的标准是什么呢?

(1) 准确性。准确性是指数据记录的信息是否存在异常或错误。

(2) 完整性。完整性是指数据信息是否存在缺失的情况。数据缺失可能是整条数据记录的缺失,也可能是数据中某个属性值的缺失。

(3) 一致性。一致性是指数据是否遵循了统一的规范,数据集合是否保持了统一的格式。

(4) 时效性。时效性是指某些数据是否能及时更新,更新时间越短,时效性越高。

（5）可信性。可信性是指用户信赖数据的数量。用户信赖的数据越多，则可信性越强。

（6）可解释性。可解释性是指数据自身是否易于人们理解。数据自身越容易被人理解，可解释性就越强。

针对数据中存在的问题和数据质量要求，数据预处理过程主要包括数据清洗、数据集成、数据归约和数据变换等方法。

5.2 数据清洗

数据清洗（Data Cleaning）是指发现并纠正数据文件中可识别错误的最后一道程序。

5.2.1 缺失值清洗

在许多业务数据分析场景中数据不一定十分完整，总是存在部分缺失值，因此在数据清洗阶段对缺失值进行处理就显得尤为重要。

1. 缺失值处理方法

对于记录中缺失值的处理，最常用的方法有删除法、替换法和插补法。

（1）删除法。删除法是指将缺失值所在的观测记录删除（前提是缺失记录的比例非常低，例如 5% 以内），或者删除缺失值所对应的属性（前提是该属性中包含的缺失值比例非常高，例如 70% 左右）。

（2）替换法。替换法是指直接利用缺失变量的均值、中位数或众数替换该变量中的缺失值，其优点是缺失值的处理速度快，弊端是易产生有偏估计，导致缺失值替换的准确性下降。例如，假定电商信息表中顾客收入的数据分布是对称的，并且年平均收入为 56000 元，可以使用该值替换"收入"属性中的缺失值。

（3）插补法。插补法是利用有监督的机器学习方法（例如回归模型、树模型、网络模型等）对缺失值进行预测，其优势在于预测的准确性高，缺点是需要进行大量的计算，导致缺失值的处理速度大幅降低。例如，利用数据集中其他顾客的属性可以构造一棵决策树来预测缺失值。

需要注意的是，在某些情况下缺失值并不意味着数据有错误。例如申请信用卡时，要求申请人提供工作单位，但是刚毕业的大学生没有工作单位就自然不填写该属性了。

2. Pandas 对缺失值的处理

Pandas 对象的所有描述性统计默认都不包括缺失数据。对于数值数据，Pandas 使用浮点值 NaN 表示缺失数据。

1）对缺失值的检测与统计

使用 isnull() 函数（或 notnull() 函数）可以直接判断列中的哪个数据为 NaN，缺失值时为 True（或 False），非缺失值时为 False（或 True）。info() 和 sum() 分别用于查看非缺失值的信息和统计各列缺失值的数量。

例 5.1 缺失值检测和统计示例。

程序代码如下：

```
import numpy as np
import pandas as pd
df = pd.DataFrame([['S1','许文秀','女',20,'团员','计算机系','湖北'],
                   ['S2','刘世元','男',21,np.NaN,'电信系','贵州'],
                   ['S3','刘德峰','男',22,np.NaN,'统计系',np.NaN],
                   ['S4','于金凤','女',np.NaN,np.NaN,'计算机系',np.NaN],
                   ['S5','周新娥','女',23,'团员','电信系',np.NaN],
                   ['S6','王晓晴','女',22,np.NaN,np.NaN,np.NaN]],
```

```
                    columns = ['学号','姓名','性别','年龄','政治面貌','系部','籍贯'])
print(df)
print(df.info())                    # 打印出各列数据的非缺失值信息
print(df.isnull())                  # 打印出缺失值信息,缺失值时为 True,非缺失值时为 False
print(df.isnull().sum())            # 打印出各列中缺失值的数量
```

2) 删除缺失值

根据一定的规则将含有缺失值的行或列直接进行删除。dropna()为 Pandas 库中 DataFrame 的一个方法,用于删除缺失值。其常用形式如下:

```
dropna(axis = 0, how = 'any', thresh = None, subset = None,, inplace = False)
```

参数说明:

(1) axis 默认为 0,axis=0,当某行出现缺失值时将该行删除;axis=1,当某列出现缺失值时将该列删除。

(2) how 默认为'any',用于确定缺失值的个数,表示只要某行有缺失值就将该行删除,how='all'表明某行全部为缺失值才将其删除。

(3) thresh 为阈值设定,表示当某行中非缺失值的数量少于给定的阈值时就将该行删除。

(4) subset 表示部分列中有缺失值时删除相应的行,例如 subset=['a','d'],即删除列 a、d 中含有缺失值的行。

(5) inplace 默认为 False,表示将筛选后的数据存为副本,为 True 表示直接在原数据上更改。

例 5.2 删除缺失值示例。

程序代码如下:

```
import numpy as np
import pandas as pd
df = pd.DataFrame([['S1','许文秀','女',20,'团员','计算机系','湖北'],
                   ['S2','刘世元','男',21,np.NaN,'电信系','贵州'],
                   ['S3','刘德峰','男',22,np.NaN,'统计系',np.NaN],
                   ['S4','于金凤','女',np.NaN,np.NaN,'计算机系',np.NaN],
                   ['S5','周新娥','女',23,'团员','电信系',np.NaN],
                   ['S6','王晓晴','女',22,np.NaN,np.NaN,np.NaN]],
                   columns = ['学号','姓名','性别','年龄','政治面貌','系部','籍贯'])
print(df.dropna())                      # 删除含有缺失值的行
print(df.dropna(axis = 1))              # 删除含有缺失值的列
print(df.dropna(thresh = 5))            # 保留至少具有 5 个非 NaN 值的行
print(df.dropna(thresh = 3, axis = 1))  # 保留至少具有 3 个非 NaN 值的列
```

3) 填充缺失值

直接删除缺失值的样本并不是一个很好的方法,可以用一个特定的值替换缺失值。当缺失值所在的属性为数值型时,通常利用均值、中位数和众数等描述其集中趋势的统计量来填充;当缺失值所在的属性为类别型时,可以选择用众数来填充。在 Pandas 库中提供了缺失值的替换方法 fillna(),其常用形式如下:

```
fillna(value = None, method = None, axis = None, inplace = False, limit = None)
```

参数说明:

(1) value 默认为 False,表示填充缺失值的标量值或字典对象。

(2) method 默认为 None,表示插值方式,'ffill'为向前填充或向下填充,'bfill'为向后填充或向上填充。

（3）axis 默认为 0，表示待填充的轴，axis＝0 为 X 轴，axis＝1 为 Y 轴。

（4）inplace 表示修改调用者对象而不产生副本。

（5）limit 表示（对于向前和向后填充）可以连续填充的最大数量。

常见的填充方法如下：

（1）填充固定值。选取某个固定值/默认值填充缺失值。

（2）填充均值。对每一列的缺失值，填充当前列的均值。

（3）填充中位数。对每一列的缺失值，填充当前列的中位数。

（4）填充众数。对每一列的缺失值，填充当前列的众数。如果存在某列缺失值过多、众数为 NaN 的情况，则填充每列删除掉 NaN 值后的众数。

（5）填充上、下样本的数据。对每一数据样本的缺失值，填充其上面一个或下面一个样本的数据值。

（6）填充插值得到的数据。用插值法拟合出缺失的数据，然后进行填充。interpolate()函数默认采用线性插值，即假设函数是直线形式，缺失值用前一个值和后一个值的平均数填充。

（7）填充 KNN 数据。填充近邻的数据，先利用 KNN 计算邻近的 k 个数据，然后填充它们的均值。

（8）填充模型预测的值。把缺失值作为新的 Label，建立模型得到预测值，然后进行填充。

例 5.3　填充缺失值示例。

程序代码如下：

```
import numpy as np
import pandas as pd
df = pd.DataFrame([['S1','许文秀','女',20,'团员','计算机系','湖北',387],
        ['S2','刘世元','男',21,np.NaN,'电信系','贵州',376],
        ['S3','刘德峰','男',22,np.NaN,'统计系',np.NaN,380],
        ['S4','于金凤','女',np.NaN,np.NaN,'计算机系',np.NaN,np.NaN],
        ['S5','周新娥','女',23,'团员','电信系',np.NaN,367],
        ['S6','王晓晴','女',22,np.NaN,np.NaN,np.NaN,np.NaN]],
        columns = ['学号','姓名','性别','年龄','政治面貌','系部','籍贯','总分'])
print(df.fillna(-1))                      #填充缺失值为'-1'
print(df.fillna(method = 'ffill'))        #向下填充缺失值
print(df['年龄'].fillna(df['年龄'].mean())) #年龄列的缺失值用其均值填充
print(df.fillna(df.mode()))               #利用众数填充缺失值
for n in df:
    df[n] = df[n].interpolate()           #数值型属性利用线性插值
    df[n].dropna(inplace = True)
print(df)
```

5.2.2　异常值清洗

异常值是指在数据集中存在的不合理的值，这里所说的不合理的值是偏离正常范围的值，不是错误值。异常值的存在会严重干扰数据分析的结果。

1. 异常值检测

一般异常值的检测方法有基于统计的方法、基于聚类的方法，以及一些专门检测异常值的方法等，下面介绍一些简单的检测方法。

1）简单统计分析

最常用的统计量是最大值和最小值，用来判断变量的取值是否超出合理的范围。例如电商信息表中的客户年龄 age＝199，则该变量的取值存在异常。

例 5.4 计算成年人的身高、体重的公式为 $Y = (X-100) \times 0.9$，其中 X 为身高(cm)，Y 为标准体重(kg)。

程序代码如下：

```
import matplotlib.pyplot as plt
import numpy as np
x = np.arange(100,230,5)              #假设成年人(18岁以上)的正常高度在1～2.3米
y = (x - 100) * 0.9
plt.rcParams['font.family'] = 'STSong'   #图形中显示汉字
plt.rcParams['font.size'] = 12
plt.title('身高和体重')
plt.plot(x,y,'.')
plt.plot(140,187,'r.')                #异常值
plt.plot(156,212,'r.')                #异常值
plt.plot(187,208,'r.')
plt.show()
```

程序运行结果如图 5.1 所示。

2）散点图方法

通过数据分布的散点图可以检测异常数据。

例 5.5 探究房屋面积和房屋价格的关系示例。

程序代码如下：

```
import matplotlib.pyplot as plt
import numpy as np
x = [225.98,247.07,253.14,254.85,241.58,301.01,20.67,288.64, 163.56,120.06,207.83,342.75,
147.9,53.06,224.72,29.51,21.61,483.21, 245.25,299.25,343.35]  #房屋面积数据
y = [196.63,203.88,210.75,372.74,202.41,347.61,24.9,239.34,140.32,304.15,176.84,488.23,
128.79,49.64,191.74,33.1,30.74,400.02,205.35,330.64,283.45]  #房屋价格数据
plt.figure(figsize = (20,8),dpi = 100)                      #创建画布
plt.scatter(x,y)                                           #绘制散点图
plt.show()                                                 #显示图像
```

程序运行结果如图 5.2 所示。

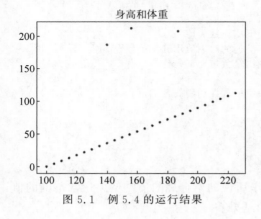

图 5.1　例 5.4 的运行结果

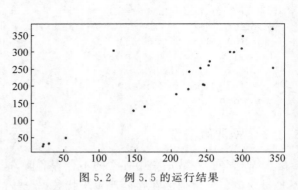

图 5.2　例 5.5 的运行结果

3）3σ 原则

在正态分布中，σ 代表标准差，μ 代表均值，x＝μ 即为图像的对称轴。

3σ 原则认为：数值分布在 $(\mu-\sigma, \mu+\sigma)$ 中的概率为 0.6827；数值分布在 $(\mu-2\sigma, \mu+2\sigma)$ 中的概率为 0.9544；数值分布在 $(\mu-3\sigma, \mu+3\sigma)$ 中的概率为 0.9974。也就是说，Y 的取值几乎全部集中在 $(\mu-3\sigma, \mu+3\sigma)$ 区间内，超出这个范围的可能性占不到 0.3%，属于极个别的小概率事件，因此超出 $(\mu-3\sigma, \mu+3\sigma)$ 的值都可以认为是异常值，如图 5.3 所示。

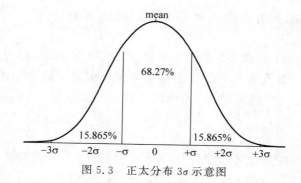

图5.3 正太分布3σ示意图

3σ原则要求数据服从正态或近似正态分布,且样本数量大于10。

例5.6 3σ原则检测异常值示例。

程序代码如下:

```
import pandas as pd
data = [78,72, - 14,70,68,72,77,78,42,78,74,54,80,82,65,62]    #学生某门课程的成绩
s = pd.Series(data)
dmean = s.mean()
dstd = s.std()
print('检测出异常值: ')
yz1 = dmean - 3 * dstd
yz2 = dmean + 3 * dstd
for i in range(0,len(data)):
    if (data[i]< yz1)or(data[i]> yz2):
        print(data[i],end = ',')
```

结果检测出异常值－14。

4）箱线图

箱线图是通过数据集的四分位数形成的图形化描述,是一种非常简单而且有效的可视化异常值的检测方法。

例5.7 箱线图检测异常值示例。

程序代码如下:

```
import pandas as pd
import matplotlib.pyplot as plt
data = [78,72,34,70,68,72,77,78,56,78,74,54,80,82,65,62]
s = pd.Series(data)
plt.boxplot(x = s.values,whis = 1.5)
plt.show()
```

程序运行结果如图5.4所示。

从图5.4可以看出,检测出的异常值为34。

2. 异常值处理

异常值处理是数据预处理中的一个重要步骤,它是保证原始数据可靠性、平均值与标准差计算准确性的前提。

1）直接删除

直接删除是指直接将含有异常值的记录删除。这种方法简单、易行,但缺点也不容忽视,一是在观测值很少的情况下,这种删除操作会造成样本量不足;二是直接删

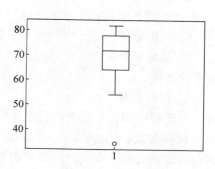

图5.4 例5.7的运行结果

除可能会对变量的原有分布造成影响,从而导致统计模型不稳定。

2)视为缺失值

视为缺失值是指利用处理缺失值的方法来处理。这种方法能够利用现有变量的信息来填补异常值。注意,将该异常值作为缺失值处理,需要根据该异常值的特点来进行,此时需要考虑该异常值(缺失值)是完全随机缺失、随机缺失还是非随机缺失,针对不同情况进行不同处理。

3)平均值修正

如果数据的样本量很小,也可以用前、后两个观测值的平均值来修正该异常值。这其实是一种比较折中的方法,大部分的方法是针对均值来建模的,用平均值来修正,优点是能克服丢失样本的缺陷,缺点是丢失了样本的"特色"。

4)盖帽法

盖帽法是指将某连续变量均值上下三倍标准差范围外的记录替换为均值上下三倍标准差值,即进行盖帽处理,如图 5.5 所示。

5)分箱平滑法

分箱平滑法是指通过考察"邻居"(周围的值)来平滑存储数据的值。分箱的主要目的是消除异常值,将连续数据离散化,增加粒度。

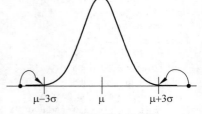

（1）分箱。在分箱前,一定要先对数据排序,再将它们分到等深(或等宽)的箱子中。

图 5.5　盖帽法示意图

① 等深分箱。等深分箱是指按记录数进行分箱,每箱具有相同的记录数,每箱的记录数称为箱子的权重,也称为箱子的深度。

② 等宽分箱。等宽分箱是指在整个属性值的区间上平均分布,即每箱的区间范围设定为一个常量,称为箱子的宽度。

例如,客户收入属性 income 排序后的值 2300,2500,2800,3000,3500,4000,4500,4800,5000,5300,5500,6000,6200,6700,7000,7200 的分箱结果如下(单位为元):

采用等深分箱,如深度为 4,分箱结果为"箱 1:2300,2500,2800,3000;箱 2:3500,4000,4500,4800;箱 3:5000,5300,5500,6000;箱 4:6200,6700,7000,7200"。

采用等宽分箱,如宽度为 1200,分箱结果为"箱 1:2300,2500,2800,3000,3500;箱 2:4000,4500,4800,5000;箱 3:5300,5500,6000,6200;箱 4:6700,7000,7800"。

（2）数据平滑。在将数据划分到不同的箱子之后,可以运用以下 3 种策略对每个箱子中的数据进行平滑处理。

① 平均值平滑。箱子中的每一个值都被箱中数值的平均值替换。

② 中值平滑。箱子中的每一个值都被箱中数值的中值替换。

③ 边界平滑。箱子中的最大值和最小值称为箱子的边界,箱子中的每一个值都被最近的边界值替换。

6)回归插补

对于两个相关变量之间的变化模式,通过使数据适合一个函数来平滑数据。如果变量之间存在依赖关系,也就是 y=f(x),那么就可以设法求出依赖关系 f,再根据 x 来预测 y,这也是回归问题的实质。在实际问题中更为常见的假设是 p(y)=N(f(x)),N 为正态分布。假设 y 是观测值并且存在异常值,求出 x 和 y 之间的依赖关系,再根据 x 来更新 y 的值,这样就能去除其中的异常值,这也是回归消除异常值的原理。

7) 多重插补

多重插补的处理要先删除 y 变量的缺失值,然后再进行插补,需要注意被解释变量有缺失值时不能插补,只能删除;另外只对放入模型的解释变量进行插补。

8) 不处理

根据异常值的性质特点,使用更加稳健的模型来修饰,然后直接在数据集上进行数据挖掘。

5.2.3　格式内容清洗

在一般情况下,数据是由用户/访客产生的,也就有很大的可能存在格式和内容上不一致的情况,所以在进行模型构建之前需要先进行数据的格式内容清洗操作。格式内容清洗主要有以下几类:

(1) 时间、日期、数值、半角/全角字符等显示格式不一致。直接将数据转换为一类格式即可,该问题一般出现在多个数据源整合的情况下。

(2) 内容中有不该存在的字符。最典型的就是在头部、中间、尾部有空格等问题,在这种情况下,需要以半自动校验加半人工方式来寻找问题,并去除不需要的字符。

(3) 内容与属性应有的内容不符。比如将姓名写成了性别、身份证号写成了手机号等问题。

5.2.4　逻辑错误清洗

一般通过简单的逻辑推理发现数据中的问题数据,防止分析结果走偏,主要包含以下几个方面的内容:

(1) 数据去重。这里的去重不是简单地去除完全相同的数据,例如某系统中有"许文秀"和"许文　秀"等,系统认为是两个不同的字符串。

(2) 去除/替换不合理的数据。例如某人填表时将年龄误填了 200 岁、年收入误填了100000 万等。

(3) 删除/重构不可靠的属性值(修改矛盾的内容)。例如某人的身份证号是1101031980XXXXXXXX,而填表时将年龄填了 23 岁。在这种时候需要根据字段的数据来源判定哪个字段提供的信息更为可靠,删除或重构不可靠的字段。

5.2.5　非需求数据清洗

在一般情况下,人们会尽可能多地收集数据,那么是不是把所有的属性数据都可以应用到模型构建过程中呢? 其实将所有的属性都放到构建模型中,最终模型的效果并不一定好。一般情况下,属性越多,模型的构建就会越复杂、越慢,所以有时候可以考虑将不相关的属性甚至是关联关系很弱的属性进行删除。

简而言之,这一步就是删除非需求的字段,但实际操作起来有很多问题,例如:

(1) 把看上去不需要但实际上对业务很重要的字段删除了。

(2) 觉得某个字段有用,但又没想好怎么用,不知道是否该删除。

(3) 一时看走眼了,删错了字段。

对前两种情况的建议是,如果数据量没有大到不删除字段就没办法处理的程度,那么能不删除的字段尽量不删除,第三种情况需要经常备份原始数据。

5.2.6　关联性验证

如果数据有多个来源,那么有必要进行关联性验证,这经常应用到多数据源合并的过程中。通过验证数据之间的关联性来选择比较正确的特征属性,例如汽车的线下购买信息和电话客服问卷信息,两者之间可以通过姓名和手机号进行关联操作,匹配两者之间的车辆信息是否为同一辆,如果不是,那么就需要进行数据调整。

5.3　数据集成

数据集成是把多个不同来源、格式、特点及性质的数据在逻辑上或物理上有机地集中在一起,存放在一个一致的数据存储中,为用户提供全面的数据共享。

5.3.1　数据集成过程中的关键问题

数据集成解决方案越来越多地被企业采用,以支持日渐纷杂的业务项目和技术实施。数据集成过程中的关键问题是实体识别、数据冗余与相关性分析、数据值冲突的检测与处理等。

1. 实体识别

实体识别问题是数据集成中的首要问题,因为来自多个信息源的现实世界的等价实体才能匹配,同时还需要把两个本来不是同一个的实体区别开,主要涉及以下几个方面:

(1) 同名异义。例如"苹果"既可以指苹果手机也可以指苹果水果,又如"病毒"既可以指生物病毒又可以指计算机病毒,因此需要指明数据集成中涉及的到底是哪种实体。

(2) 异名同义。例如"电脑"和"计算机"指的是同一实体,又如诗人"李白"和"李太白"指的是同一个人,这就需要将这些称谓统一起来。

(3) 单位统一。用于描述同一个实体的属性有时候可能会出现单位不统一的情况,例如140cm和1.2m。大家要知道计算机在进行事务处理的时候没有量纲,要么统一量纲,要么将量纲标准化。

(4) ID-Mapping。这是一个互联网领域的术语,它是对每一条行为日志数据的唯一标识,目的是将不同数据库或者账号系统中的实体对应起来。例如刘世元同学办了一张中国移动的手机卡,移动公司存储了他的信息,而他在浏览今日头条时也会留下痕迹,如果现在中国移动要和今日头条合作,那么就需要对两边的数据进行集成,也就需要对在中国移动办卡的刘世元和浏览今日头条的刘世元进行匹配,这个过程可以根据设备的 IMSI(International Mobile Subscriber Identity,国际移动用户识别码)号码通过比照进行。简而言之,ID-Mapping 需要采用唯一识别号(例如学号、身份证号、学校-年级-班级-姓名、设备号等)进行账号的用户匹配,这在解决数据孤岛问题上有着重要的意义。

2. 数据冗余与相关性分析

如果一个属性能由另一个或另一组属性值推导出来,则这个属性可能是冗余的。冗余是数据集成的一个重要问题,有些冗余可以通过相关性分析检测出来。对于数值属性,可以使用协方差来评估一个属性值如何随另一个属性值变化。

1) 标称数据的 χ^2 相关检验

对于标称数据,两个属性 A 和 B 之间的相关关系可以通过 χ^2(卡方)检验发现。假设 A 有 c 个不同值 a_1、a_2、……、a_c,B 有 r 个不同值 b_1、b_2、……、b_r。用 A 和 B 描述的数据记录可以用一个相依表显示,其中 A 的 c 个值构成列,B 的 r 个值构成行。假设 (A_i, B_j) 表示属性 A 取值 a_i 且属性 B 取值 b_j 的联合事件,即($A=a_i$,$B=b_j$)。每个可能的 (A_i, B_j) 联合事件都在表中有自己的单元。χ^2 值（又称 Pearsonχ^2 统计量）可以用下式计算：

$$\chi^2 = \sum_{i=1}^{c} \sum_{j=1}^{r} \frac{(o_{ij} - e_{ij})^2}{e_{ij}} \tag{5-1}$$

o_{ij} 是联合事件（A_i, B_j）的观测频度（即实际计数），而 e_{ij} 是（A_i, B_j）的期望频度，可以用下式计算：

$$e_{ij} = \frac{count(A = a_i) \times count(B = b_j)}{n} \tag{5-2}$$

n 是数据记录的个数，$count(A = a_i)$ 是 A 上具有值 a_i 的记录个数，而 $count(B = b_j)$ 是 B 上具有值 b_j 的记录个数。式（5-1）中的和在所有 $r \times c$ 个单元上计算。这里应注意，对 χ^2 值贡献最大的单元是其实际计数与期望计数很不相同的单元。

χ^2 统计检验假设 A 和 B 是独立的，检验基于显著水平，具有自由度 $(r-1) \times (c-1)$。

例 5.8 使用 χ^2 的标称属性的相关分析。假设调查了 1500 个人，每个人对他们喜爱阅读的材料类型是否为小说进行投票，有两个属性"性别"和"喜爱阅读"。每种可能的联合事件观测值（获计数）汇总成如表 5.1 所示的相依表。

表 5.1 属性"性别"和"喜爱阅读"的相依表

阅读材料	男	女	合 计
小说	250	200	450
非小说	50	1000	1050
合计	300	1200	1500

解： 先计算（A_i, B_j）的期望频度 e_{ij}：

$$e_{11} = \frac{count('男') \times count('小说')}{n} = \frac{300 \times 450}{1500} = 90$$

$$e_{12} = \frac{count('女') \times count('小说')}{n} = \frac{1200 \times 450}{1500} = 360$$

$$e_{21} = \frac{count('男') \times count('非小说')}{n} = \frac{300 \times 1050}{1500} = 210$$

$$e_{22} = \frac{count('女') \times count('非小说')}{n} = \frac{1200 \times 1050}{1500} = 840$$

带入式（5-1）有：

$$\chi^2 = \frac{(250 - 90)^2}{90} + \frac{(200 - 360)^2}{360} + \frac{(50 - 210)^2}{210} + \frac{(1000 - 840)^2}{840}$$

$$= 284.44 + 71.11 + 121.90 + 30.48 = 507.93$$

对于表 5.1，自由度为 $(2-1)(2-1) = 1$。对于自由度 1，在 0.001 的置信水平下，拒绝假设的值是 10.828（取自 χ^2 分布的百分点表，通常可以在任意统计学教科书中找到）。由于要计算的值大于该值，所以可以拒绝"性别"和"喜爱阅读"独立的假设，并断言对于给定的人群，这两个属性是（强）相关的。

2）相关系数

对于数值数据，可以通过计算属性 A 和 B 的相关系数（又称皮尔逊积矩相关系数）来分析其相关性。相关系数 $r_{A,B}$ 定义为：

$$r_{A,B} = \frac{\sum_{i=1}^{n}(a_i - \overline{A})(b_i - \overline{B})}{n\sigma_A \sigma_B} = \frac{\sum_{i=1}^{n}(a_i b_i) - n\overline{A}\overline{B}}{n\sigma_A \sigma_B} \tag{5-3}$$

其中,n 是记录的个数,a_i 和 b_i 分别是记录 i 在 A 和 B 上的值,$\overline{A}$ 和 $\overline{B}$ 分别是 A 和 B 的均值,σ_A 和 σ_B 分别是 A 和 B 的标准差,$-1 \leqslant r_{A,B} \leqslant 1$。如果相关系数 $r_{A,B}$ 的取值为 0,则 A 和 B 是独立的,即它们之间不存在相关性;如果相关系数 $r_{A,B}$ 的取值小于 0,则 A 和 B 是负相关性的,一个值随另一个值减少而增加;如果相关系数 $r_{A,B}$ 的取值大于 0,则 A 和 B 是正相关的,意味着 A 值随着 B 值的增加而增加,值越大,相关性越强,如图 5.6 所示。

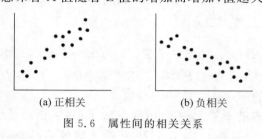

(a) 正相关　　　　　(b) 负相关

图 5.6　属性间的相关关系

这里需要说明的是,相关性并不蕴含着因果关系,也就是说如果 A 和 B 是相关的,这并不意味着 A 导致 B 或 B 导致 A。例如,在分析人口统计数据库时发现一个地区学校的数量与该地区所拥有的汽车数量是正相关的,但这并不意味着"学校数量的多少"会导致"汽车数量的多少"。实际上,二者必然地会关联到第三个属性——人口。

用 Python 求相关系数的方法有以下 3 种:

(1) 用 NumPy 模块中的 corrcoef() 函数计算相关系数矩阵。

(2) 用 Pandas 模块中 DataFrame 对象自带的相关性计算方法 corr() 可以求出所有列之间的相关系数。

(3) 自己编写 Python 程序计算相关系数。

例 5.9　求相关系数示例。

程序代码如下:

```
import seaborn as sna
import pandas as pd
data = sna.load_dataset('iris')          #加载鸢尾花数据集
df = pd.DataFrame(data,columns = ['sepal_length','sepal_width','petal_length','petal_width'])
result = df.corr()
print(result)
```

程序运行结果如图 5.7 所示。

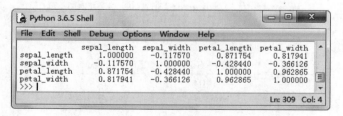

图 5.7　例 5.9 的运行结果

3) 协方差

在概率论和统计学中,协方差(Covariance)用于衡量两个变量的总体误差。方差是协方差的一种特殊情况,即两个变量相同时的协方差。它们都是用来评估两个属性如何一起变化的。考虑两个数值属性 A、B 和 n 次观测值集合 $\{(a_1,b_1),(a_2,b_2),\cdots,(a_n,b_n)\}$。A 和 B 的均值分别称为 A 和 B 的期望值,即

$$E(A) = \overline{A} = \frac{\sum_{i=1}^{n} a_i}{n}, \quad E(B) = \overline{B} = \frac{\sum_{i=1}^{n} b_i}{n}$$

A 和 B 的协方差定义为：

$$Cov(A,B) = E((A-\overline{A})(B-\overline{B})) = \frac{\sum_{i=1}^{n}(a_i-\overline{A})(b_i-\overline{B})}{n} \tag{5-4}$$

如果把式(5-3)与式(5-4)相比较，则有：

$$r_{A,B} = \frac{Cov(A,B)}{\sigma_A \sigma_B} = \frac{E((A-\overline{A})(B-\overline{B}))}{\sigma_A \sigma_B} \tag{5-5}$$

σ_A 和 σ_B 分别是 A 和 B 的标准差。另外还可以证明：

$$Cov(A,B) = E(A \cdot B) - \overline{A}\,\overline{B} \tag{5-6}$$

对于两个趋向于一起改变的属性 A 和 B，如果 A 大于 $\overline{A}$(A 的期望值)，则 B 很可能大于 $\overline{B}$(B 的期望值)，此时 A 和 B 的协方差为正；另一方面，如果一个属性值小于期望值，另一个属性趋向于大于它的期望值，则 A 和 B 的协方差为负。

如果 A 和 B 是独立的(不具有相关性)，则 $E(A \cdot B) = E(A) \cdot E(B)$。因此协方差为 $Cov(A,B) = E(A \cdot B) - \overline{A}\,\overline{B} = E(A) \cdot E(B) - \overline{A}\,\overline{B} = 0$。其逆不成立。

例 5.10 表 5.2 给出了某电商和某高科技公司在 5 个时间点观测到的股票价格简表，请通过协方差分析股票的走势。

表 5.2 某电商和某高科技公司的股票价格简表

时 间 点	某电商的股票价格/元	某高科技公司的股票价格/元
t1	6	20
t2	5	10
t3	4	14
t4	3	5
t5	2	5

解：

$$E(某电商的股票价格) = \frac{6+5+4+3+2}{5} = \frac{20}{5} = 4$$

$$E(某高科技公司的股票价格) = \frac{20+10+14+5+5}{5} = \frac{54}{5} = 10.8$$

根据式(5-4)：

$$Cov(某电商的股票价格,某高科技公司的股票价格)$$
$$= \frac{6 \times 20 + 5 \times 10 + 4 \times 14 + 3 \times 5 + 2 \times 5}{5} - 4 \times 10.8$$
$$= 50.2 - 43.2 = 7$$

由于协方差为正，因此可以说两个公司的股票同时上涨。

Python 可以利用 NumPy 模块中的 Cov()函数计算协方差。

例 5.11 Python 求协方差示例。

程序代码如下：

```
import numpy as np
from sklearn import datasets
iris = datasets.load_iris()          #加载鸢尾花数据集
A = iris.data[:,0]
```

```
B = iris.data[:,1]
result = np.cov(A,B)
print(result)
```

3. 检测重复记录

除了检查属性的冗余之外,还要检测重复的记录。所谓重复记录,是指给定唯一的数据实体,存在两个或多个相同的记录。

使用 Python 的 NumPy 模块中的 unique()函数可以去掉一维数组或者列表中的重复元素;对于多维数组,如果指定 axis=0,可以把冗余的行去掉,如果指定 axis=1,可以把冗余的列去掉。

例 5.12 去掉多维数组的重复行。

程序代码如下:

```
import numpy as np
A = [['S1','许文秀','女',20],['S4','于金凤','女',20],['S1','许文秀','女',20], ['S2','刘德峰',
'男',22]]
result = np.unique(A,axis = 0)
print(result)
```

4. 数据值冲突的检测与处理

数据集成还涉及数据值冲突的检测与处理。

对于现实世界中的同一实体,来自不同数据源的属性值可能不同。例如,重量属性可能在一个系统中使用公制单位,而在另一个系统中使用英制单位;位于不同城市的连锁酒店,标间价格可能不同,服务也可能不同(如提供免费早餐等)。

如果要了解全国各个省份中每个高校的学生的成绩信息,需要同时访问每个学校的数据库,但是在数据库中存储学生成绩的方式是不一样的,而且成绩一般有两种类型,一种是基本课程成绩,通常为百分制,另一种是德育评估成绩,通常为等级制(包括 A、B、C、D 4 种,分别表示优秀、良好、合格、不合格)。例如,某大学的学生成绩数据表中每一行是成绩类型和相应的成绩,而另一所大学的学生成绩数据表中每一行是基本课程成绩和德育评估成绩,第三所大学的学生成绩数据库用两个表来存储学生的成绩,第一个表专门存储学生的基本课程成绩,第二个表专门存储学生的德育评估成绩。很明显,该问题是典型的模式层次上的数据冲突问题。再复杂一点,如果想全面地给学生一个综合成绩,那么需要在百分制成绩和等级制成绩之间进行转化,这里又涉及了语义层次上的数据冲突问题。

处理数据值冲突的方法是按照一定的规则建立起底层关系数据库模式的语义模型,然后利用建好的语义冲突本体来扩展关系数据库模式的语义,最后再给出基于本体和数据库语义模型解决冲突的具体方法。

5.3.2 Python 数据集成

在 Python 数据分析中所用到的数据集有可能来自于不同的数据源,因此经常需要对数据子集进行集成处理。使用 Pandas 模块中的 merge()、concat()方法可以完成数据的集成。

1. merge()方法

merge()方法主要是基于两个 DataFrame 对象的共同列进行连接。Python 中的 merge()方法与 SQL 中 join 的用法非常类似,merge()方法的常用形式如下:

```
merge(left,right,how = 'inner',on = None,left_on = None,right_on = None, sort = True)
```

参数说明：

（1）left 为连接的左侧 DataFrame 对象。

（2）right 为连接的右侧 DataFrame 对象。

（3）how 设置连接方式，取值{'inner' | 'outer' | 'left' | 'right'}，默认为 inner。inner 是取交集，outer 是取并集，没有的属性取 NaN。left 是左边的取全部，右边的属性取 NaN；right 是右边的取全部，左边的属性取 NaN。这类似于 SQL 中 join 的内连接、外连接、左外连接、右外连接。

（4）on 设置用于连接的列名。

（5）left_on 设置左侧 DataFrame 对象中用于连接键的列。

（6）right_on 设置右侧 DataFrame 对象中用于连接键的列。

（7）sort 设置合并后是否会对数据进行排序，默认为 True，即排序。

例 5.13　merge()方法的数据集成示例。

程序代码如下：

```
import pandas as pd
S_info = pd.DataFrame({'学号':['S1','S2','S3','S4','S5'],
          '姓名':['许文秀','刘德峰','刘世元','于金凤','周新娥']})
course = pd.DataFrame({'学号':['S1','S2','S1','S4','S1'],
          '课程':['C2','C1','C3','C2','C4']})
df = pd.merge(S_info,course)
print(df)
```

程序运行结果如图 5.8 所示。

例 5.14　左、右数据子集中关键字不同的 merge()方法数据集成示例。

程序代码如下：

```
import pandas as pd
S_info = pd.DataFrame({'学号':['S1','S2','S4','S5'],
      '姓名':['许文秀','刘德峰','刘世元','于金凤']})
course = pd.DataFrame({'编号':['S1','S2','S1','S4','S1'],
      '课程':['C2','C1','C3','C2','C4']})
df = pd.merge(S_info,course,left_on = '学号',right_on = '编号')
print(df)
```

程序运行结果如图 5.9 所示。

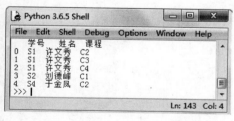

图 5.8　例 5.13 的运行结果

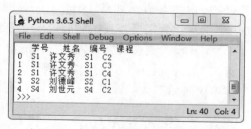

图 5.9　例 5.14 的运行结果

例 5.15　当 how = 'outer'时 merge()方法的数据集成示例。

程序代码如下：

```
import pandas as pd
grade1 = pd.DataFrame({'学号':['S1','S2','S3','S4','S5'],
     '姓名':['许文秀','刘德峰','刘世元','于金凤','周新娥'],
     '高数':[67,92,67,58,78],
     '英语':[82,88,96,90,87]})
```

```
grade2 = pd.DataFrame({'学号':['S1','S2','S4','S5','S6'],
        '数据库技术':[89,34,74,90,83]})
df = pd.merge(grade1,grade2,how = 'outer')
print(df)
```

程序运行结果如图 5.10 所示。

例 5.16 merge()方法通过多个键进行数据集成的示例。

程序代码如下:

```
import pandas as pd
info_s = pd.DataFrame({'学号':['S1','S2','S3','S4','S5'],'姓名':['许文秀','刘德峰','刘世元','于金凤','周新娥'],'性别':['女','男','男','女','女']})
course = pd.DataFrame({'学号':['S1','S2','S1','S3','S5','S2','S1'],'姓名':['许文秀','刘德峰','许文秀','刘世元','周新娥','刘德峰','许文秀'],'课程':['C1','C1','C3','C2','C2','C3','C4'],'成绩':[78,82,67,92,89,77,68]})
df = pd.merge(info_s,course,on = ['学号','姓名'])
print(df)
```

程序运行结果如图 5.11 所示。

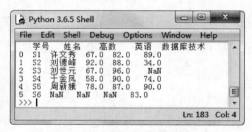

图 5.10　例 5.15 的运行结果

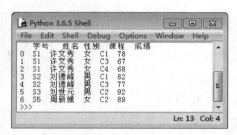

图 5.11　例 5.16 的运行结果

2. concat()方法

concat()方法用于对 Series 对象或 DataFrame 对象的数据集进行连接,可以指定按某个轴进行(行或列)连接,也可以指定连接方式 outer 或 inner。与 SQL 不同的是,concat()不会去重,要达到去重的效果,可以使用 drop_duplicates()方法。其常用形式如下:

```
concat(objs,axis = 0,join = 'outer')
```

参数说明:

(1) objs 为 Series 对象、DataFrame 对象或 list 对象。

(2) axis 设置需要连接的轴,axis=0 表示行连接,axis=1 表示列连接。

(3) join 设置连接的方式,取值为 inner 或 outer。

例 5.17 concat()方法连接示例。

程序代码如下:

```
import pandas as pd
data1 = [['S1','许文秀','女'],['S2','刘德峰','男'],
                ['S3','刘世元','男'],['S4','于金凤','女'],
                ['S5','周新娥','女']]
df1 = pd.DataFrame(data1,columns = ['学号','姓名','性别'])
data2 = [[78,89,80,61],[77,83,78,66],[90,54,68,78],[76,66,80,82]]
df2 = pd.DataFrame(data2,columns = ['高数','英语','数据库技术','数据挖掘'])
df = pd.concat([df1,df2],axis = 1,join = 'outer')
pd.set_option('display.unicode.east_asian_width', True)    #显示的中文列标题与数据对齐
print(df)
```

程序运行结果如图 5.12 所示。

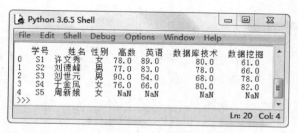

图 5.12　例 5.17 的运行结果

5.4　数据标准化

在进行数据分析之前,通常需要先将数据标准化(Standardization),利用标准化后的数据进行数据分析,能够避免因属性之间不同度量和取值范围差异造成数据对分析结果的影响。

5.4.1　z-score 方法

z-score 方法是基于原始数据的均值和标准差来进行数据标准化的,处理后的数据均值为 0,方差为 1,符合标准正态分布,且无量纲。其主要目的是将不同量级的数据统一转换为同一个量级,用计算出的 z-score 值衡量,保证了数据之间具有可比性。其常用形式如下:

$$x_{normalization} = \frac{x - \mu}{\sigma}$$
(5-7)

其中,x 表示原始数据,μ 表示原始数据的平均值,σ 表示原始数据的标准差,$x_{normalization}$ 表示标准化后的数据。数据标准化的方法有自定义和 StandardScaler() 等方法。

1. 自定义方法

用自定义方法进行数据标准化就是利用式(5-7)编程实现。

例 5.18　自定义数据标准化示例。

程序代码如下:

```
def my_scale(data):
    mean = sum(data)/len(data)                            # 求均值
    variance = (sum([(i - mean) ** 2 for i in data]))/len(data)   # 求方差
    normal = [(i - mean)/(variance) ** 0.5 for i in data]  # 按照公式标准化
    return normal
import numpy as np
X = np.array([[1., -1., 2.], [2., 0., 0.], [0., 1., -1.]])
scale = my_scale(X)
print(scale)
```

程序运行结果如图 5.13 所示。

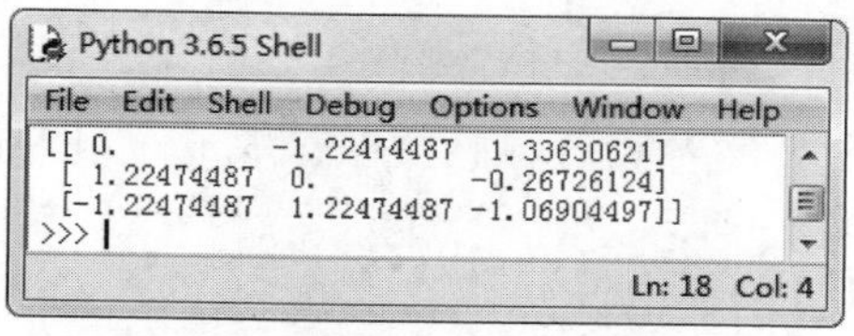

2. StandardScaler()

用户可以使用 sklearn 模块中的 StandardScaler() 方法来实现数据标准化,但每次使用时需要调用 sklearn 包。

图 5.13　例 5.18 的运行结果

例 5.19　StandardScaler()方法数据标准化示例。

程序代码如下:

```
import numpy as np
from sklearn import preprocessing
X = np.array([[1., -1., 2.], [2., 0., 0.], [0., 1., -1.]])
scaler = preprocessing.StandardScaler().fit(X)
print(scaler.transform(X))   # 在 fit 的基础上进行标准化、降维、归一化等操作
```

5.4.2 极差标准化方法

极差标准化也称为区间缩放法或 0-1 标准化,它是对原始数据所进行的一种线性变换,将原始数据映射到[0,1]区间。其常用形式如下:

$$y_{ij} = \frac{x_{ij} - \min\{x_{ij}\}}{\max\{x_{ij}\} - \min\{x_{ij}\}} \tag{5-8}$$

其中,$\min\{x_{ij}\}$ 和 $\max\{x_{ij}\}$ 指的分别是和 x_{ij} 同一数据集的最小值和最大值。极差标准化的方法有自定义和 MinMaxScaler() 等方法。

1. 自定义方法

用自定义方法进行数据标准化就是利用式(5-8)编程实现。

例 5.20 极差标准化自定义方法示例。

程序代码如下:

```
def my_scale(data):
    data = (data - data.min())/(data.max() - data.min())
    return data
import numpy as np
X = np.array([[1., -1., 2.],[2., 0., 0.],[0., 1., -1.]])
scale = my_scale(X)
print(scale)
```

程序运行结果如图 5.14 所示。

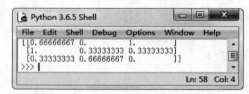

图 5.14 例 5.20 的运行结果

2. MinMaxScaler()

用户可以使用 sklearn 中的 MinMaxScaler() 方法来实现数据标准化。MinMaxScaler() 有一个重要参数——feature_range,控制着数据压缩到的范围,默认是[0,1]。

例 5.21 MinMaxScaler() 方法数据标准化示例。

程序代码如下:

```
import numpy as np
from sklearn import preprocessing
X = np.array([[1., -1., 2.],[2., 0., 0.],[0., 1., -1.]])
scaler = preprocessing.MinMaxScaler()
scaler.fit(X)
print(scaler.transform(X))
```

5.4.3 最大绝对值标准化方法

最大绝对值标准化方法是 x_{ij} 除以其最大的绝对值,也就是将原始数据映射到[-1,1]区间内。其常用形式为:

$$y_{ij} = \frac{x_{ij}}{\max\{|x_{ij}|\}} \tag{5-9}$$

这种情况适合均值在 0 附近的数据集,或者稀疏矩阵。

用户可以使用 sklearn 中的 MaxAbsScaler() 方法来实现最大绝对值标准化。

例 5.22 MaxAbsScaler() 方法数据标准化示例。

程序代码如下：

```
import numpy as np
from sklearn import preprocessing
X = np.array([[1., -1., 2.], [2., 0., 0.], [0., 1., -1.]])
scaler = preprocessing.MaxAbsScaler()
scaler.fit(X)
print(scaler.transform(X))
```

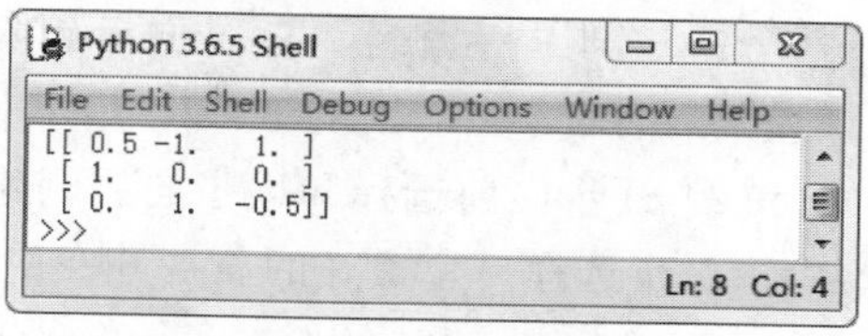

图 5.15 例 5.22 的运行结果

程序运行结果如图 5.15 所示。

5.5 数据归约

在进行数据分析时，所得到的数据集可能很大，在海量数据集上进行数据挖掘会需要很长的时间，因此要对数据进行归约。所谓数据归约（Data Reduction），是指在对挖掘任务和数据本身内容理解的基础上寻找数据的有用特征，以缩减数据规模，从而在尽可能保持数据原貌的前提下最大限度地精简数据量。简而言之，在归约后的数据集上进行数据挖掘会更有效，而且仍会产生相同或相似的分析结果。数据归约包括维归约、数量归约和数据压缩。

5.5.1 维归约

维归约（Dimensionality Reduction）的思路是减少所考虑的随机变量或属性的个数，所用方法有属性子集选择、小波变换和主成分分析。其目的就是把原始数据变换或投影到较小的数据空间上。

1. 属性子集选择

属性子集选择是一种维归约方法，对不相关、弱相关或冗余的属性或维进行检测和删除。其目标是找出最小属性集，使得数据集的概率分布尽可能地接近使用所有属性得到的原分布。它减少了数据模式上的属性数目，使得模式更易于理解。

对于 n 个属性，有 2^n 个可能的子集。对于属性子集选择，通常使用搜索子空间的启发式算法。这些方法是典型的贪心（启发式）算法，它们的策略是进行局部最优选择，期望由此得到全局最优解。在实践中，这种贪心方法是有效的，并可以逼近最优解。"最好的"（和"最差的"）属性通常使用统计显著性检验来确定。当然也可以使用一些其他属性评估度量，例如建立决策树使用的信息增益度量。基本启发式方法包括的主要技术如表 5.3 所示。

表 5.3 属性子集选择贪心（启发式）方法示意表

向前选择	向后删除	决策树归约
初始属性集： $\{A_1, A_2, A_3, A_4, A_5, A_6\}$ 初始化归约集： $\{\}$ $=>\{A_1, A_4\}$ $=>$归约后的属性集： $\{A_1, A_4, A_6\}$	初始属性集： $\{A_1, A_2, A_3, A_4, A_5, A_6\}$ $=>\{A_1, A_4, A_5, A_6\}$ $=>$归约后的属性集： $\{A_1, A_4, A_6\}$	初始属性集：$\{A_1, A_2, A_3, A_4, A_5, A_6\}$ 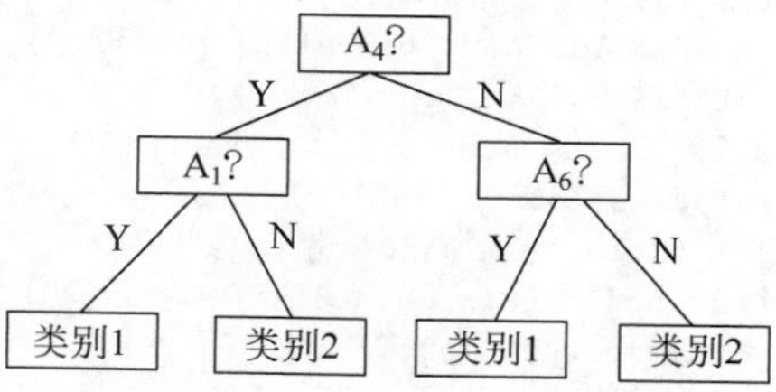 （决策树图：A_4? — Y→A_1? — N→A_6?；A_1? Y→类别1, N→类别2；A_6? Y→类别1, N→类别2） 归约后的属性集：$\{A_1, A_4, A_6\}$

（1）逐步向前选择。逐步向前选择过程由空属性集作为归约集的起始，确定原属性集中最好的属性并添加到归约集中，迭代剩下的原属性集，并将最好的属性添加到该集合中。

（2）逐步向后删除。逐步向后删除过程由整个属性集开始，在每次迭代中删除属性集中最差的属性。

（3）逐步向前选择和逐步向后删除的组合。该方法将逐步向前选择和逐步向后删除相结合，每一步选择一个最好的属性并在属性集中删除一个最差的属性。

（4）决策树归约。构造一个类似于流程图的决策树结构，每个内部结点表示一个属性上的测试，每个分支对应于测试的一个结果。在每个结点上选择"最好"的属性，将数据划分成类。在利用决策树进行子集选择时，由给定的数据构造决策树，不出现在树中的所有属性假定是不相关的，出现在树中的属性形成归约后的属性子集。

这些方法的结束条件可以不同，也可以使用一个度量阈值决定何时终止属性选择过程。

2. 小波变换

小波变换（Wavelet Transform，WT）是一种新的变换分析方法，它提供一个随频率改变的"时间-频率"窗口，是进行信号时频分析和处理的理想工具。小波变换的主要特点是通过变换能够充分突出问题某些方面的特征，能对时间（空间）频率进行局部化分析，通过伸缩平移运算对信号（函数）逐步进行多尺度细化，最终达到在高频处时间细分、低频处频率细分、小波变换能自动适应时频信号分析的要求，从而可聚焦到信号的任意细节。

小波变换有以下特点：

（1）对于小频率值，频域分辨率高，时域分辨率低。

（2）对于大频率值，频域分辨率低，时域分辨率高。

小波变换在频域分辨率和时域分辨率两者之间进行权衡：在与时间相关的特征上具有高分辨率，而在与频率相关的特征上也具有高分辨率。

例 5.23　小波变换示例。

程序代码如下：

```
import pywt
import cv2 as cv
import numpy as np
import matplotlib.pyplot as plt
plt.rcParams['font.family'] = 'STSong'                          #图形中显示汉字
plt.rcParams['font.size'] = 12
img = cv.imread('D:/Data_Mining/tx5 - 23.jpg',0)               #读取图像
#对 img 进行 haar 小波变换，分量分别是低频、水平高频、垂直高频、对角线高频
cA,(cH,cV,cD) = pywt.dwt2(img, 'haar')
#小波变换之后，低频分量对应的图像
p1 = plt.figure(figsize = (12,6),dpi = 80)                      #第一幅子图，并确定画布大小
ax1 = p1.add_subplot(2,2,1)                   #创建一个 2 行 2 列的子图，并开始绘制第一幅图
plt.axis('off')                                              #不显示坐标轴
plt.title('低频分量图像')
AA1 = np.uint8(np.uint8(cA/np.max(cA) * 255))
plt.imshow(AA1,'gray')
ax1 = p1.add_subplot(2,2,2)
plt.axis('off')
plt.title('水平高频分量图像')
AA2 = np.uint8(np.uint8(cA/np.max(cH) * 255))
plt.imshow(AA2,'gray')
ax3 = p1.add_subplot(2,2,3)
plt.title('垂直高频分量图像')
plt.axis('off')
```

```
AA3 = np.uint8(np.uint8(cV/np.max(cH) * 255))
plt.imshow(AA3,'gray')
ax4 = p1.add_subplot(2,2,4)
plt.title('对角线高频分量图像')
plt.axis('off')
AA4 = np.uint8(np.uint8(cD/np.max(cH) * 255))
plt.imshow(AA4,'gray')
plt.show()
```

程序运行结果如图 5.16 所示。

低频分量图像　　　　　水平高频分量图像　　　　　垂直高频分量图像　　　　　对角线高频分量图像

图 5.16　例 5.23 的运行结果

3. 主成分分析

主成分分析(Principal Component Analysis,PCA)是一种用于连续属性的数据降维方法。它需要找到一个合理的方法,在减少需要分析属性的同时尽量减少原指标包含信息的损失,以达到对所收集数据进行全面分析的目的。

1) PCA 算法

一般各属性间存在一定的相关关系,因此有可能用较少的综合属性来近似地表达整体综合信息。

例如,某班学生的语文(满分为 100 分)、数学(满分为 150 分)、物理(满分为 100 分)、化学(满分为 100 分)成绩如表 5.4 所示。

表 5.4　某班学生的成绩表

学　　号	语　　文	数　　学	物　　理	化　　学
S1	90	140	99	100
S2	90	97	88	92
S3	90	110	79	83
…	…	…	…	…

首先假设这些科目成绩不相关,也就是说某一科目考多少分与其他科目没有关系。如果通过学生成绩进行一个简单排序,因为语文成绩相同,所以数学、物理、化学这 3 门课的成绩构成了这组数据的主成分(数学可以作为第一主成分,因为数学成绩最分散)。

主成分分析(PCA)又称 K-L(Karhunen-Loeve)方法,它是一种最常用的降维方法。PCA通常用于高维数据集的探索与可视化,还可以用作数据压缩和预处理等,在数据压缩消除冗余和噪音消除等领域也有广泛的应用。

PCA 的主要目的是找出数据中最主要的特征代替原始数据。具体地,假如数据集是 n 维的,共有 m 个数据($x(1),x(2),\cdots,x(m)$)。希望将这 m 个数据的维度从 n 维降到 n' 维,这 m个 n' 维的数据集尽可能地代表原始数据集。

PCA 算法描述如下:

输入:n 维数据样本集 $D=\{x(1),x(2),\cdots,x(m)\}$,降维到的维数 n'。

输出:降维后的 n' 维数据样本集 D'。

处理流程：

step1 对所有的样本进行中心化处理：$x(i)' = x(i) - \dfrac{1}{m}\sum\limits_{j=1}^{m} x(j)$；

step2 计算样本的协方差矩阵 XX^T；

step3 对矩阵 XX^T 进行特征值分解；

step4 取出最大的 n' 个特征值对应的特征向量 $(w_1, w_2, \cdots, w_{n'})$，将所有的特征向量标准化后组成特征向量矩阵 W；

step5 对样本集中的每一个样本 $x(i)$，转化为新的样本 $z(i) = W^T x(i)$；

step6 得到输出样本集 $D' = (z(1), z(2), \cdots, z(m))$。

例 5.24 PCA 算法示例。

原始数据 $X(i) = (x(i), y(i))$，$x(i)' = x(i) - \bar{x}$，$y(i)' = y(i) - \bar{y}$，如表 5.5 所示。

表 5.5 原始数据 $x(i)$、$y(i)$ 与中心化数据 $x(i)'$、$y(i)'$

X(i)	x(i)	y(i)	x(i)'	y(i)'
X(1)	2.5	2.4	0.69	0.49
X(2)	0.5	0.7	−1.31	−1.21
X(3)	2.2	2.9	0.39	0.99
X(4)	1.9	2.2	0.09	0.29
X(5)	3.1	3.0	1.29	1.09
X(6)	2.3	2.7	0.49	0.79
X(7)	2	1.6	0.19	−0.31
X(8)	1	1.1	−0.81	−0.81
X(9)	1.5	1.6	−0.31	−0.31
X(10)	1.1	0.9	−0.71	−1.01
平均值	$\bar{x}=1.81$	$\bar{y}=1.91$		

(1) 对所有的样本进行中心化处理：$x(i)'$、$y(i)'$ 如表 5.5 所示。

(2) 求特征协方差矩阵：

$$cov = \begin{pmatrix} 0.616\,555\,556 & 0.615\,444\,444 \\ 0.615\,444\,444 & 0.716\,555\,556 \end{pmatrix}$$

(3) 求协方差矩阵的特征值和特征向量：

由 $|cov - \lambda I_2| = 0$，求得特征值：$\lambda_1 = 0.490\,833\,989$，$\lambda_2 = 1.284\,027\,71$。

由 $covV = \lambda V$，求出特征向量矩阵并单位化：$U = \begin{pmatrix} -0.735\,178\,656 & -0.677\,873\,399 \\ 0.677\,873\,399 & -0.735\,178\,656 \end{pmatrix}$。

(4) 将特征值按照从大到小的顺序排序，这里选择其中最大的，$\lambda_2 = 1.284\,027\,71$，对应的特征向量为 $V' = (0.677\,873\,399, -0.735\,178\,656)^T$。

(5) 在表 5.5 中，利用公式 $z(i) = (x(i)', y(i)')V'(i = 1, 2, \cdots, 10)$ 将原始样例的二维特征变成了一维，这就是原始特征在一维上的投影。

2) 主成分分析函数 PCA()

Python 的主成分分析利用 PCA() 函数，其常用形式如下：

```
PCA(n_components = None, copy = True, whiten = False)
```

参数说明：

(1) n_components 用于设置想要的特征维度数目，可以是 int 型的数字，也可以是阈值百分比,例如 95%。

（2）copy 为 bool 类型,取值为 True 或者 False,表示是否将原始数据复制一份,这样运行后原始数据值不会改变,默认为 True。

（3）whiten 为 bool 类型,设置是否对降维后的数据进行标准化,使方差为 1,默认为 False。

3）PCA 对象的常用属性和方法

PCA 对象的常用属性如下:

（1）explained_variance 表示降维后各主成分的方差值,方差值越大,表明越重要。

（2）explained_variance_ratio_表示各主成分的贡献率。

（3）components_表示特征空间中主特征方向的基向量,即公式推导中的特征向量组成的特征矩阵,这个矩阵的每一行都是一个特征向量。它是按照特征值由大到小的顺序进行排列的。

（4）mean_表示通过训练数据估计的每个特征上的均值。

PCA 对象的常用方法如下:

（1）fit(X)表示用数据 X 来训练 PCA 模型。

（2）fit_transform(X)表示用训练数据集 X 来训练 PCA 模型,同时返回降维后的数据。

（3）inverse_transform()表示将降维后的数据转换成原始数据。

（4）transform(X)表示将数据 X 转换成降维后的数据。

例 5.25　PCA()函数应用示例。

程序代码如下:

```
import numpy as np
from sklearn. decomposition import PCA
X = np. array([[ -1,2,66, -1],[ -2,6,58, -1],[ -3,8,45, -2],[1,9,36,1],[2,10,62,1],[3,5,83,
2]])
pca = PCA(n_components = 2)        # 降到二维
pca. fit(X)                        # 训练
newX = pca. fit_transform(X)       # 降维后的数据
print(pca. explained_variance_ratio_)  # 输出贡献率
print(newX)                        # 输出降维后的数据
```

程序运行结果如图 5.17 所示。

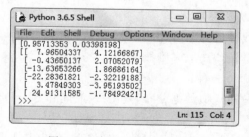

图 5.17　例 5.25 的运行结果

第一行为各主成分的贡献率,可以看出第一个特征占了很大比重,后面几行是降维后的数据。

5.5.2　数量归约

数量归约(Numerosity Reduction)是用替代的、较小的数据表示形式替换原始数据。

1. 特征归约

特征归约是从原有的特征中删除不重要或不相关的特征，或者通过对特征进行重组来减少特征的个数。其原则是在保留甚至提高原有判别能力的同时减少特征向量的维度。特征归约算法的输入是一组特征，输出是它的一个子集。在领域知识缺乏的情况下进行特征归约时一般包括3个步骤：

step1 搜索过程。在特征空间中搜索特征子集，由选中的特征构成的每个子集称为一个状态。

step2 评估过程。输入一个状态，通过评估函数对应预先设定的阈值输出一个评估值。

step3 分类过程。使用最终的特征集完成最后的算法。

特征归约处理的优点如下：

（1）用最少的数据，提高挖掘效率。

（2）具有更高的数据挖掘处理精度。

（3）可以得到简单的数据挖掘处理结果。

（4）使用更少的特征。

2. 样本归约

样本归约就是从数据集中选出一个具有代表性的样本子集，子集大小的确定要考虑计算成本、存储要求、估计量的精度以及其他一些与算法和数据特性有关的因素。数据挖掘处理的初始数据集描述了一个极大的总体，其中最大和最关键的就是样本的数目，也就是数据表中的记录数。一般对数据的分析只基于初始样本集的一个子集。在获得数据的子集后，用它来提供整个数据集的一些信息，这个子集通常叫作估计量，它的质量依赖于所选子集中的样本。事实上，取样过程总会造成取样误差，取样误差对所有的方法和策略来讲都是固有的、不可避免的，当子集的规模变大时，取样误差一般会降低。与针对整个数据集的数据挖掘相比，样本归约具有减少成本、速度更快、范围更广等优点，有时甚至能获得更高的精度。

3. 特征值归约

特征值归约是特征值离散化技术，它将连续型特征的值离散化，使之成为少量的区间，每个区间映射到一个离散符号。这种技术的优点在于简化了数据描述，并易于人们理解数据和最终的挖掘结果。特征值归约可以是有参的，也可以是无参的。有参方法使用一个模型来评估数据，只需存放参数，而不需要存放实际数据。

有参的特征值归约有以下两种：

（1）回归。回归包括线性回归和多元回归。

（2）对数线性模型。其近似离散多维概率分布。

无参的特征值归约有以下3种：

（1）直方图。其采用分箱近似数据分布，其中V-最优和MaxDiff直方图是最精确和最实用的。

（2）聚类。这种归约将数据样本视为对象，将对象划分为群或聚类，使得在一个簇中的对象"相似"而与其他簇中的对象"不相似"，在数据归约时用数据的簇代替实际数据。

（3）选样。这种归约用较少的随机样本表示大数据集，例如简单选择n个样本（类似样本归约）、聚类选样和分层选样等。

5.5.3 数据压缩

数据压缩（Data Compression）就是使用变换得到原始数据的归约或"压缩"表示。如果对压缩后的数据进行重构时不损失信息,则该数据归约被称为无损的,否则称为有损的。现在比较流行和有效的有损数据压缩方法有小波变换和主成分分析,小波变换对于稀疏或倾斜数据以及具有有序属性的数据有很好的压缩效果。

例 5.26 数据压缩示例。

在电商评论文本中,最常见的就是数据质量参差不齐,通过简单的去重处理,可以删除一部分相同的评论,但是不能删除单条评论文本中重复出现的文字,而进行词语压缩的目的就是将单条文本中的重复文字删除。在本例中评论文本为"质量很好很好很好很好很好质量很好质量很好""差差差差差差差差差差差差""一般一般一般一般一般一般"等。

程序代码如下:

```python
import numpy as np
dictB = ['质量', '质量很好','差', '一般']
maxDictB = max([len(word) for word in dictB])
sen1 = '质量很好很好很好很好很好质量很好质量很好'
sen2 = '差差差差差差差差差差差'
sen3 = '一般一般一般一般一般一般'
def cutB(sentence):                    #基于字典的逆向最大匹配中文分词
    result = []
    sentenceLen = len(sentence)
    while sentenceLen > 0:
        word = ''
        for i in range(maxDictB,0, - 1):
            piece = sentence[sentenceLen - i:sentenceLen]
            if piece in dictB:
                word = piece
                result.append(word)
                sentenceLen -= i
                break
        if word is '':
            sentenceLen -= 1
            result.append(sentence[sentenceLen])
    print(np.unique(result[::-1]))      #去掉重复词
cutB(sen1)
cutB(sen2)
cutB(sen3)
```

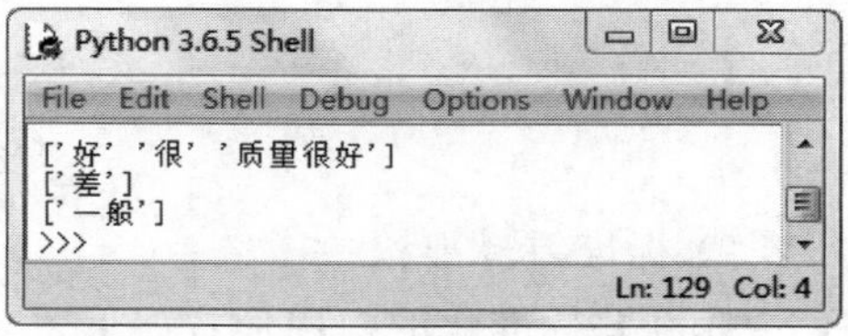

程序运行结果如图 5.18 所示。

图 5.18　例 5.26 的运行结果

5.6　数据变换与数据离散化

在数据预处理的过程中,不同的数据适合用不同的数据挖掘算法。数据变换是一种将原始数据变换成较好格式的方法。数据离散化是一种数据变换形式,它能减少算法的时间和空间开销,提高系统对数据样本的分类、聚类能力和抗噪声能力。

5.6.1　数据变换

数据变换常用于对数据进行规范化处理,以便将不同渠道的数据统一到一个目标数据集中。常见的数据变换包括特征二值化、特征标准化、连续特征变化、独热编码(One-Hot-coding)等。

1. 特征二值化

特征二值化(Binary Quantization)的核心在于设定一个阈值,将特征值与该阈值比较后转换为 0 或 1(有时只考虑某个特征出现与否,不考虑出现次数、程度),它的目的是将连续数值细粒度的度量转化为粗粒度的度量。

sklearn. preprocessing. Binarizer()是一种属于预处理模块的方法,它在离散连续特征值中起关键作用。其常用形式如下:

```
Binarizer(threshold = 0.0)
```

其中,参数 threshold 是给定的阈值(float),可选项,小于或等于 threshold 的值映射为0,否则映射为1。在默认情况下,阈值为0.0。

例 5.27　特征二值化示例。

程序代码如下:

```
from sklearn. preprocessing import Binarizer
data = [[1,2,4],[1,2,6],[3,2,2],[4,3,8]]
binar = Binarizer(threshold = 3)       # 将数值型数据转化为布尔型的二值数据
print(binar.fit_transform(data))       # 对数据先进行拟合,然后标准化
```

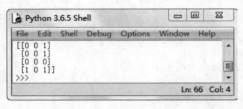

图 5.19　例 5.27 的运行结果

程序运行结果如图 5.19 所示。

2. 特征标准化

特征标准化(Characteristic Standardization)也称为数据无量纲化,主要包括总和标准化、标准差标准化、极差标准化(见 5.4.2 节)、最大绝对值标准化(见 5.4.3 节)。基于参数的模型或基于距离的模型都需要进行特征标准化。

1) 总和标准化

总和标准化处理后的数据在(0,1)区间内,并且它们的和为1。总和标准化的步骤和公式非常简单,即分别求出各特征数据总和,用各特征的数据分别除以数据总和。其常用形式如下:

$$x'_{ij} = \frac{x_{ij}}{\sum\limits_{i=1}^{m} x_{ij}}, \qquad \sum\limits_{i=1}^{m} \sum\limits_{j=1}^{n} x_{ij} = 1 \tag{5-10}$$

2) 标准差标准化

标准差标准化的常用形式如下:

$$x'_{ij} = \frac{x_{ij} - \overline{x}_j}{s_j}, \quad i = 1,2,\cdots,m; j = 1,2,\cdots,n \tag{5-11}$$

其中,$\overline{x}_j = \dfrac{1}{m}\sum\limits_{i=1}^{m} x_{ij}$,$s_j = \sqrt{\dfrac{1}{m}\sum\limits_{i=1}^{m}(x_{ij} - \overline{x}_j)^2}$。

标准差标准化处理后所得到的新数据具有各特征(指标)的平均值为 0、标准差为 1 的特点,即:

$$\overline{x}'_j = \frac{1}{m}\sum\limits_{i=1}^{m} x'_{ij} = 0, \qquad s'_j = \sqrt{\frac{1}{m}\sum\limits_{i=1}^{m}(x'_{ij} - \overline{x}_j)^2} = 1$$

3. 连续特征变换

连续特征变换(Continuous Feature Transformation)的常用方法有 3 种,即基于多项式的特征变换、基于指数函数的特征变换、基于对数函数的特征变换。连续特征变换能够增加数据的非线性特征并获取特征之间关系的可能性,有效地提高了模型的复杂度。

1) 多项式变换

一般来说,多项式变换(Polynomial Transformation)都是按照下面的方式进行的,一次函

数(degree＝1)：f＝kx＋b；二次函数(degree＝2)：f＝ax²＋bx＋w；三次函数(degree＝3)：f＝ax³＋bx²＋cx＋w。多项式变换可以适当地提升模型的拟合能力,在线性回归模型上具有较广泛的应用。

如果对两个特征 u、v 进行多项式变换操作,那么就相当于多出来 3 个特征,即 u²、u×v、v²。一般在使用支持向量机的时候,由于数据在低维度上是不可分的,需要对数据做一个高维度的映射,使得数据能够在高维度上是可分的。

例如

$$matrix = \begin{pmatrix} 0 & 1 & 2 \\ 3 & 4 & 5 \\ 6 & 7 & 8 \end{pmatrix}$$

这里以第 2 行[3 4 5]为例进行多项式变换：

当 degree＝2 时,变换后为[1　3　4　5　3×3　3×4　3×5　4×4　4×5　5×5]。

当 degree＝3 时,变换后为[1　3　4　5　3×3　3×4　3×5　4×4　4×5　5×5　3×3×3　3×3×4　3×3×5　4×4×3　4×3×5　5×5×3　4×4×4　4×4×5　4×5×5　5×5×5]。

在 Python 中将数据变换为多项式特征的函数为 PolynomialFeatures(),其常用形式如下：

PolynomialFeatures(degree = 2)

degree＝2 表示多项式的变化维度为 2。

例 5.28　多项式变换示例。

程序代码如下：

```
import numpy as np
from sklearn.preprocessing import PolynomialFeatures
from sklearn.preprocessing import FunctionTransformer
X = np.arange(9).reshape(3,3)              #生成多项式
print(X)
ploy = PolynomialFeatures(degree = 2)
print(ploy.fit_transform(X))
ploy = PolynomialFeatures(degree = 3)
print(ploy.fit_transform(X))
```

程序运行结果如图 5.20 所示。

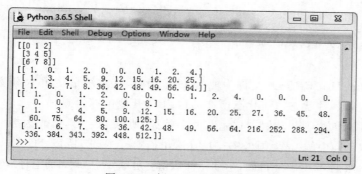

图 5.20　例 5.28 的运行结果

2) 指数变换

进行指数变换(Exponential Transformation)可以改变原先的数据分布,达到处理数据的目的。

在 NumPy 库中有以 e 为底的指数函数 exp()。

例 5.29 指数变换示例。

程序代码如下：

```
import numpy as np
from sklearn.preprocessing import FunctionTransformer
from sklearn.datasets import load_iris
iris = load_iris()
print('原数据:\n',iris.data[0])            #鸢尾花数据集的第[0]行数据
df = FunctionTransformer(np.exp)
df1 = df.fit_transform(iris.data[0])
print('指数变换后的数据:\n',df1)
```

程序运行结果如图 5.21 所示。

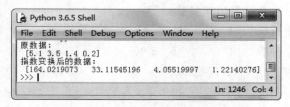

图 5.21　例 5.29 的运行结果

3) 对数变换

进行对数变换(Logarithmic Transformation)可以改变原先的数据分布,其目的主要如下：

(1) 可以缩小数据的绝对数值,方便计算。

(2) 可以把乘法计算转换为加法计算。

(3) 分布的改变可以带来意想不到的效果。

NumPy 库中就有几类对数(log 表示以 e 为底的对数、log10 表示以 10 为底的对数、log2 表示以 2 为底的对数等)变换的方法,可以通过 from numpy import < log_name >导入使用。

例 5.30 对数变换示例。

程序代码如下：

```
from numpy import log
from sklearn.preprocessing import FunctionTransformer
from sklearn.datasets import load_iris
iris = load_iris()
print('原数据:\n',iris.data)
df = FunctionTransformer(log).fit_transform(iris.data)
print('对数变换后的数据:\n',df)
```

4. 独热编码

独热编码(One-Hot-Coding)又称为 One-Hot 编码,其方法是使用 N 位数值对 N 个状态进行编码,一位代表一种状态。该状态所在的位为 1,其他位都为 0。

例如,性别特征取值['男','女'](这里有两个特征,所以 N=2),编码为男 => 10,女 => 01。又如,国家特征取值['中国','美国','法国'](这里有 3 个特征,所以 N=3),编码为中国 => 100,美国 => 010,法国 => 001。再如,运动特征取值['足球','篮球','羽毛球','乒乓球'](这里有 4 个特征,所以 N=4),编码为足球 => 1000,篮球 => 0100,羽毛球 => 0010,乒乓球 => 0001。

所以,当一个样本为['男','中国','乒乓球'] 的时候,完整的独热编码结果为[1,0,1,0,0,0,0,0,1]。

sklearn 中有封装好的独热编码函数 OneHotEncoder()。其常用形式如下：

OneHotEncoder(categories = 'auto',sparse = 'True',dtype = 'float')

参数说明:

(1) categories 默认为'auto',用于根据训练数据自动确认类别,默认是数组的列表,categories[i]保存第 i 列中预期的类别。

(2) sparse 默认为 True。如果设置为 True,将返回稀疏矩阵,否则返回一个数组。

(3) dtype 默认为 float,用于设置所需的输出数据类型。

常用方法:

(1) fit(X)用于使 X 拟合 OneHotEncoder。

(2) fit_transform(X)用于使 X 拟合 OneHotEncoder,并且转换 X。

例 5.31 独热编码示例。

程序代码如下:

```
from sklearn.preprocessing import OneHotEncoder
data = [[0,0,3],[1,1,0],[0,2,1],[1,0,2]]
enc = OneHotEncoder(sparse = False)
enc.fit(data)
ans = enc.transform([[0,1,3]])    #如果不指定 sparse = False,输出的是稀疏的存储格式,即索引加
                                  #值的形式
print(ans)
```

程序运行结果如图 5.22 所示。

对于程序中给定的数组,把每一行当作一个样本,每一列当作一个特征。

先来看第一个特征,即第 1 列[0,1,0,1],也就是说它有两个取值 0 和 1,那么 One-Hot 就会使用两位表示这个特征,[1,0]表示 0,[0,1]表示

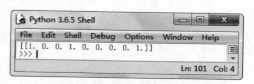

图 5.22 例 5.31 的运行结果

1,在本例输出结果中的前两位[1,0,…]也就是表示该特征为 0;再看第二个特征,对应于第 2 列[0,1,2,0],它有 3 种值,那么 One-Hot 就会使用 3 位来表示这个特征,[1,0,0]表示 0,[0,1,0]表示 1,[0,0,1]表示 2,在本例输出结果中的第 3 位到第 6 位[…,0,1,0,…]也就是表示该特征为 1;最后看第 3 个特征,对应于第 3 列[3,0,1,2],它有 4 种值,那么 One-Hot 就会使用 4 位来表示这个特征,[1,0,0,0]表示 0,[0,1,0,0]表示 1,[0,0,1,0]表示 2,[0,0,0,1]表示 3,在本例输出结果中的最后 4 位[…,0,0,0,1]也就是表示该特征为 3。

5.6.2 数据离散化

数据离散化(Data Discretization)是指将连续的数据进行分段,使其变为一段段离散化的区间。因为在数据分析和统计的预处理阶段经常会碰到年龄、消费等连续型数值,而很多模型算法尤其是分类算法都要求数据是离散的,因此需要将数值进行离散化分段统计,提高数据区分度。例如年龄(1~150)是连续型特征,对于老、中、青的差异还需要通过数值层面才能理解,只有将年龄转换为离散型数据(例如老年人、中年人、青年人)才可以直观地表达出人们心中所想象的人群分类。连续数据的离散化方法如下:

1. 等宽法

等宽法(Equal-width Method)是将属性值分为具有相同宽度的区间,区间个数由数据本身的特点决定或由用户指定。比如属性值的区间为[0,60],最小值为 0,最大值为 60,如果要将其分为 3 等份,则区间被划分为[0,20]、[21,40]、[41,60],每个属性值对应属于它的那个区间。

使用 Pandas 的 cut()函数能够实现等宽法的离散化操作。其常用形式如下：

pd. cut(X, bins, right = True, labels = None, include_lowest = False, precision = 0)

参数说明：

（1）X 为一维数组，表示原始数据集。

（2）bins 为 int 类型，如果填入整数 n，则表示将 X 中的数据分成等宽的 n 份。

（3）right 为 boolean 类型，默认为 True，表示是否包含最右侧的数据。

（4）labels 接收 list、array，默认为 None，表示离散化后各个类别的名称。

（5）include_lowest 为 boolean 类型，默认为 False，表示不包含区间最左侧的数据。该参数表示是否包含最左侧的数据。

（6）precision 为 int 类型，表示精度，即表示区间值的小数位数，0 和 1 结果相同，默认值为 3。

例 5.32 利用等宽法进行数据离散化示例。

随机产生 200 人的年龄数据，然后通过等宽法离散化，并进行可视化。

程序代码如下：

```python
import numpy as np
import pandas as pd
import matplotlib.pyplot as plt
def cluster_plot(d, k):
    plt. rcParams['font. sans - serif'] = ['SimHei']
    plt. rcParams['axes. unicode_minus'] = False
    plt. figure(figsize = (12, 4))
    for j in range(0, k):
        plt. plot(data[d == j], [j for i in d[d == j]], 'o')
    plt. ylim( - 0.5, k - 0.5)
    return plt
data = np. random. randint(1, 100, 200)
k = 5                                    # 分为 5 个等宽区间
d1 = pd. cut(data, k, labels = range(k))     # 等宽离散
cluster_plot(d1, k). show()
```

程序运行结果如图 5.23 所示。

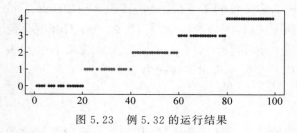

图 5.23　例 5.32 的运行结果

2. 等频法

等频法（Equal-frequency Method）是将相同数量的记录放在每个区间，保证每个区间的数量基本一致。它是将属性值分为具有相同宽度的区间，区间的个数 k 根据实际情况来决定。比如有 60 个样本，将其分为 3 部分，则每部分的长度为 20 个样本。这种方法的优点是数据变为均匀分布，缺点是会更改原有的数据结构。

用户也可以利用 Pandas 的 cut()函数进行等频离散化操作。

例 5.33 利用等频法进行数据离散化示例。

程序代码如下：

```python
def cluster_plot(d, k):
    import matplotlib.pyplot as plt
    plt. figure(figsize = (12, 4))
    for j in range(0, k):
        plt. plot(data[d == j], [j for i in d[d == j]], 'o')
    plt. ylim( - 0.5, k - 0.5)
    return plt
```

```
import numpy as np
import pandas as pd
import matplotlib.pyplot as plt
data = np.random.randint(1,100,200)
data = pd.Series(data)
k = 6
w = [1.0 * i/k for i in range(k + 1)]
w = data.describe(percentiles = w)[4:4 + k + 1]    # 使用 describe()函数启动计算分位数
w[0] = w[0] * (1 - 1e - 10)
d4 = pd.cut(data,w,labels = range(k))              # 等频离散化
cluster_plot(d4,k).show()
```

程序运行结果如图 5.24 所示。

3. 聚类法

利用聚类法离散化包括两个过程:选取聚类算法(例如 k-means 算法)将连续属性值进行聚类;处理聚类之后得到的 k 个簇及每个簇对应的分类值(类似这个簇的标识),将在同一个簇内的属性值作为统一标识。聚类分析的离散化需要用户指定簇的个数来确定产生的区间数。

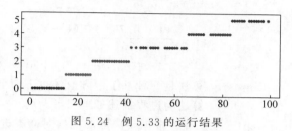

图 5.24 例 5.33 的运行结果

4. 分位数法

固定宽度分箱非常容易计算,但如果计数值中有比较大的缺口,可能会产生很多没有任何数据的空箱子。根据数据的分布特点进行自适应的箱体定位,就可以解决这个问题。这种方法可以使用数据分布的分位数来实现数据的离散化(参见 4.3.2 节)。

5. ChiMerge 算法

ChiMerge 算法是利用卡方分箱的统计量对连续型变量进行离散化,该算法由 Kerber 提出。卡方分箱是典型的基于合并机制的自底向上离散化方法。它基于如下假设:如果两个相邻的区间具有非常类似的分布,则这两个区间可以合并,否则它们应当保持分开。此处衡量分布相似性的指标就是卡方值,卡方值越低,类分布的相似度越高。

卡方检验的主要思想是把所有的连续数据排序并分成多个区间,每次计算相邻两个区间的卡方值(Chi),然后取卡方值最小的两个区间进行合并。

卡方值的计算公式:

$$chi = \sum_{i=1}^{2} \sum_{j=1}^{k} \frac{(A_{ij} - E_{ij})^2}{E_{ij}} \tag{5-12}$$

其中,$E_{ij} = R_i \times \dfrac{C_j}{N}$,$R_i = \sum\limits_{j=1}^{k} A_{ij}$(在 i 区间的 j 类别数),$C_j = \sum\limits_{i=1}^{2} A_{ij}$(j 类别样本个数),$N = \sum\limits_{i=1}^{2} R_i$(样本总数)。

下面通过一个简单的例子说明卡方值的计算。表 5.6 为特征 A_{ij} 观察值列表。

表 5.6 特征 A_{ij} 观察值列表

区　　间	类别 1	类别 2	类别 3	i 行的总数
[4.3,4.5]	1	0	0	1
[4.6,4.9]	0	1	2	3
j 列的总数	1	1	2	4

表 5.7 是根据表 5.6 计算出的期望值列表,计算方式为 i 行的数量乘以 j 列的数量除以总的数量。

表 5.7 期望值列表

区　　间	类别 1	类别 2	类别 3
[4.3,4.5]	$1\times1/4=0.25$	$1\times1/4=0.25$	$1\times2/4=0.5$
[4.6,4.9]	$3\times1/4=0.75$	$3\times1/4=0.75$	$3\times2/4=1.5$

根据以上两个表计算这两个区间的卡方值:

$$chi=\frac{(1-0.25)^2}{0.25}+\frac{(0-0.25)^2}{0.25}+\frac{(0-0.5)^2}{0.5}+\frac{(1-0.75)^2}{0.75}+$$

$$\frac{(1-0.75)^2}{0.75}+\frac{(1-1.5)^2}{1.5}$$

$$=2.25+0.25+0.5+0.08+0.08+0.17=3.33$$

ChiMerge 算法是一种基于卡方值的自下而上的离散化方法。

ChiMerge 算法的过程描述如下:

step1 初始化。根据要离散的属性对样本进行排序,每个样本属于一个区间。

step2 合并区间。合并区间又包括两个步骤:

step2-1 计算每一对相邻区间的卡方值。

step2-2 将卡方值最小的一对区间合并。

卡方值的阈值的确定:先选择显著性水平,再由公式得到对应的卡方值。得到卡方值需要指定自由度,自由度比类别数量小 1。例如有 3 类,自由度为 2,则 90% 置信度(10% 显著性水平)下卡方的值为 4.6(阈值)。阈值的意义在于,当类别和属性独立时有 90% 的可能性计算得到的卡方值会小于 4.6,这样大于阈值的卡方值就说明属性和类不是相互独立的,不能合并。如果阈值选得较大,区间合并就会进行很多次,离散后的区间数量少、区间大。在一般情况下可以不考虑阈值,此时可以考虑最小区间数和最大区间数两个参数,只需指定区间数量的上限和下限,即最多几个区间、最少几个区间。

ChiMerge 算法推荐使用的置信度为 0.90、0.95、0.99,最大区间数取 10~15。

扫一扫

自测题

习题 5

5-1 选择题:

(1) 将原始数据进行集成、变换、维度归约、数值归约是在以下(　　)步骤的任务。

  A. 频繁模式挖掘   B. 分类和预测

  C. 数据预处理   D. 数据流挖掘

(2) 下面不属于数据预处理方法的是(　　)。

  A. 变量代换   B. 离散化   C. 聚集   D. 估计遗漏值

(3) 数据采集阶段最棘手的问题是增量同步,在无法掌控数据源的情况下通常有 3 种选择,不包括(　　)。

  A. 放弃同步,采用直连形式

  B. 放弃增量同步,选用全量同步

  C. 具体业务需要进行增量同步

  D. 扫描数据源以获得 delta 数据,然后针对 delta 数据进行增量同步

(4)(　　)反映数据的精细化程度,越细化的数据价值越高。

  A. 规模   B. 活性   C. 关联度   D. 颗粒度

（5）数据清洗的方法不包括（　　）。

    A. 缺失值处理　　　　B. 噪声数据清除　　　C. 一致性检查　　　D. 重复数据处理

（6）在大数据时代使用数据的关键是（　　）。

    A. 数据收集　　　　　B. 数据存储　　　　　C. 数据分析　　　　D. 数据再利用

（7）假设有 12 个销售价格的记录组已经排序为 5，10，11，13，15，35，50，55，72，92，204，215，在使用等频（等深）划分方法将它们划分成 4 个箱子时，15 在第（　　）个箱子内。

    A. 1　　　　　　　　　B. 2　　　　　　　　　C. 3　　　　　　　　D. 4

（8）在上题中，等宽划分时（宽度为 50）15 在第（　　）个箱子内。

    A. 1　　　　　　　　　B. 2　　　　　　　　　C. 3　　　　　　　　D. 4

（9）采样分析的精确度随着采样随机性的增加而（　　），但与采样数量的增加关系不大。

    A. 降低　　　　　　　B. 不变　　　　　　　C. 提高　　　　　　　D. 无关

（10）属性子集选择是一种维归约方法，它不需要检测和删除下列（　　）属性。

    A. 不相关　　　　　　B. 相关　　　　　　　C. 弱相关　　　　　　D. 冗余

5-2　填空题：

（1）为了更高效地完成数据采集，通常需要将整个流程切分成多个阶段，在细分的阶段中可以采用（　　　　）执行的方式。

（2）平均值修正法是指当数据的样本量很小时，可用前后两个观测值的（　　　　）来修正该异常值。

（3）维归约的思路是减少所考虑的随机变量或属性的个数，使用的方法有属性子集选择、小波变换和（　　　　）等。

（4）特征归约是从原有的特征中（　　　　）不重要或不相关的特征，或者通过对特征进行重组来减少特征的个数。

（5）样本归约就是从数据集中选出一个有代表性的（　　　　）子集。

（6）数据变换的目的是对数据进行（　　　　）处理，以便于后续的信息挖掘。

5-3　为什么要进行数据预处理？

5-4　为什么要对连续数据进行离散化处理？

5-5　假设两个数据集如表 5.8 和表 5.9 所示。

表 5.8　数据集 A

order	key	data1
0	b	0.3
1	b	1.5
2	a	1.2
3	c	2.3
4	a	0.4

表 5.9　数据集 B

order	key	data2
0	a	3.0
1	b	1.3
2	d	2.5

编程实现：

（1）将两个数据集进行 inner（内）连接。

（2）将两个数据集进行 left（左）连接。

（3）将两个数据集进行 outer（外）连接。

5-6　利用随机函数 randint() 生成 1～30 中整数的 10 个样本，5 个特征的数据集，利用 sklearn 模块中的 PCA() 函数进行降维（降至二维）。

5-7　Python 编程实现在 3×2 数组[[0,1],[2,3],[4,5]]上进行多项式数据变换。

第3篇

数据挖掘算法描述和应用篇

第6章

分 类 模 型

分类（Classification）是数据挖掘中有监督机器学习的重要技术，所谓有监督学习，就是给定一个数据集，每个对象都有一个类别，这些类别是事先确定的，通过学习得到一个分类器，这个分类器能够对新出现的对象给出正确的分类。这样的机器学习就被称为有监督机器学习。

6.1 概述

分类是一种重要的数据分析形式。分类包括学习阶段（构建分类模型）和分类阶段（使用模型预测给定数据的类标号）两个阶段。分类方法主要有 K 最近邻分类、决策树归纳、贝叶斯分类、支持向量机等。

6.1.1 基本概念

分类是通过有指导的学习训练建立分类模型，使用模型对未知分类的对象进行分类。分类分析在数据挖掘中是一项比较重要的任务，目前在商业上应用最多。分类的目的是通过学习得到一个分类函数或分类模型（也常称作分类器），该模型能够把数据集中的对象映射到给定类别中的某一个类上。

分类的过程类似于数学上的函数映射，分类形式化定义为：

假设待分类数据集合 $D=\{x_1, x_2, \cdots, x_N\}$，N 为待分类的对象总数，预定义的类别用集合 C 表示，$C=\{C_1, C_2, \cdots, C_M\}$，M 表示类别的总数。通过常见的机器学习算法可以得到一个分类函数 f，能够把数据集 D 中的每一个对象都映射到类别集合 C 中的一个或者多个类别。

$$f: D \rightarrow C$$

需要注意的是，预定义类别的函数 f 不仅可以是一对一的，还可以是一对多的。例如介绍利用计算机分析经济发展趋势的文章，既可以归纳为经济类别的文章，又可以归纳为计算机类别的文章。

6.1.2 训练集和测试集

机器学习经常需要处理的一个问题是划分训练集和测试集。训练集是用来训练模型的，给模型输入和对应的输出，让模型学习它们之间的关系。测试集用来估计模型的训练水平，比如分类器的分类精确度、预测的误差等，可以根据测试集的表现来选择最好的模型。机器学习就是利用训练集训练出分类模型后,再用测试集来评估其误差,作为对泛化误差的估计。

给定一个只包含样本对象的数据集,如何从中产生训练集和测试集?下面介绍 3 种常见的做法。

1. 留出法

留出法(Hold-out)是直接将数据集划分成两个互斥的集合,其中一个集合作为训练集,留下的集合作为测试集。常见的做法是将 2/3～4/5 的样本作为训练集,剩下的作为测试集。以二分类任务为例,假设数据集包含 1000 个样本,采取 7∶3 分样,将训练集划分为包含 700 个样本,测试集包含 300 个样本。

Python 通过调用 train_test_split() 函数按比例划分训练集和测试集,该函数在 sklearn 中属于 model_selection 模块,其常用形式如下:

```
X_train, X_test, Y_train, Y_test = sklearn. model_selection. train_test_split(train_data, train_target, test_size = 0.4, random_state = 0, stratify = y_train)
```

参数说明:

(1) train_data 为所要划分的样本数据集。

(2) train_target 为所要划分样本标注的类别集。

(3) test_size 为测试集样本量的占比,如果是整数,则表示样本的数量。

(4) random_state 是随机数的种子,即该组随机数的编号,在需要重复试验的时候,能够保证得到一组一样的随机数。比如每次都取 1,在其他参数相同的情况下所得到的随机数组是一样的;但如果取 0 或不取值,每次都会不一样。

(5) stratify 是为了保持 split 前的类分布。比如有 100 个数据,80 个属于 A 类,20 个属于 B 类。如果 train_test_split(…, test_size=0.25, stratify=y_all),那么 split 之后数据如下:

training 75 个数据,其中 60 个属于 A 类,15 个属于 B 类。

testing 25 个数据,其中 20 个属于 A 类,5 个属于 B 类。

用了 stratify 参数,training 集和 testing 集的类的比例是 A∶B= 4∶1,等同于 split 前的比例(80∶20)。在这种类分布不平衡的情况下通常会用到 stratify,stratify=X 表示按照 X 中的比例分配,stratify=Y 表示按照 Y 中的比例分配。

例 6.1 用留出法生成训练集和测试集示例。

程序代码如下:

```
import numpy as np
from sklearn. model_selection import train_test_split
X, Y = np. arange(10). reshape(5, 2), range(5)
print('X = \n', X)
print('Y = \n', Y)
X_train, X_test, Y_train, Y_test = train_test_split(X, Y, test_size = 0.30, random_state = 42)
print('X_train = \n', X_train)
print('X_test = \n', X_test)
print('Y_train = \n', Y_train)
print('Y_test = \n', Y_test)
```

2. 交叉验证法

交叉验证法(Cross Validation)将源数据集划分为大小相似的若干互斥子集,每个子集都尽可能地保持数据分布的一致性,然后用每组子集数据分别作为一次测试集,其余的 K−1 组子集数据作为训练集,这样会得到 K 个模型,用这 K 个模型分类准确率的平均数作为此次交叉验证法的性能指标。

交叉验证法评估结果的稳定性和保真性在很大程度上取决于 K 的取值,最常用的取值是 10,有时也取 5 或 20 等。

通过调用 KFold()函数按交叉验证法划分训练集和测试集,KFold()在 sklearn 中属于 model_selection 模块,其常用形式如下:

```
KFold(n_splits = n, shuffle = False, random_state = None)
```

参数说明:

(1) n_splits 表示划分为几个子集(至少是 2),int。

(2) shuffle 表示是否打乱划分,默认为 False,即不打乱。

(3) random_state 表示是否固定随机起点。

常用方法:

(1) get_n_splits([X, y, groups])用于返回划分的子集数。

(2) split(X[, Y, groups])用于返回分类后数据集的 index。

例 6.2 用交叉验证法生成训练集和测试集示例。

程序代码如下:

```
import numpy as np
from sklearn.model_selection import KFold
X = np.arange(60).reshape(30, 2)
print('X = \n', X)
kf = KFold(n_splits = 10)
for train_index, test_index in kf.split(X):
    print('X_train:\n % s' % X[train_index])
    print('X_test:\n % s' % X[test_index])
```

3. 自助法

自助法(Self-help)适用于样本量较少,并且难以划分训练集和测试集时。自助法产生的样本改变了数据的分布,会引入估计偏差。换而言之,当样本量足够多时用自助法不如用留出法和交叉验证法的效果好,因其无法满足数据分布的一致性。

自助法的原理如下:

给定包含 n 个样本的数据集 D,对它进行采样产生数据集 D′:每次随机从 D 中挑选一个样本,将其复制到 D′中,然后将其样本放回原始数据集 D 中,使得该样本在下次采样的时候也可能被采集到;这个过程重复执行 m 次,就得到了包含 m 个样本的数据集 D′。简而言之,就是从数据集 D 中随机采样 m 次(采样后将数据放回),组成一个新样本集 D′。用采样所得的 D′作为训练集,D-D′作为样本的测试集。

从自助法的原理可以看出,有一部分样本没有出现在 D′中,会有一部分样本重复出现。一个样本在 m 次采样过程中始终没有被采集到的概率是 $\left(1-\dfrac{1}{m}\right)^m$。当样本量 m=10 时,没有被采集到的概率 p=0.3487;当样本量趋于无穷时,$\lim\limits_{n\to\infty}\left(1-\dfrac{1}{m}\right)^m=\dfrac{1}{e}\approx0.368$。所以,在采用自助法采样时大约有 35% 的数据没有出现在 D′中。

例 6.3 用自助法生成训练集和测试集示例。

程序代码如下:

```
import numpy as np
X = [1,4,3,23,4,6,7,8,9,45,67,89,34,54,76,98,43,52]    # 设置一个数据集
bootstrapping = []                                      # 通过产生的随机数获得采集样本的序号
```

```
for i in range(len(X)):
    bootstrapping.append(np.floor(np.random.random() * len(X)))
D_1 = []
for i in range(len(X)):
    D_1.append(X[int(bootstrapping[i])])
print('生成的训练集: \n',D_1)
D = [item for item in X if item not in set(D_1)]
print('生成的测试集: \n',D)
```

在前两种方法中都保留了部分样本用于测试,因此实际评估模型使用的训练集总是比期望评估模型使用的训练集小,这样会引入一些因训练样本规模不同而导致的估计偏差。

6.1.3　分类的一般流程

分类预测主要有学习和分类两个阶段。利用数据进行模型参数调节的过程称为训练或学习,训练的结果是产生一个分类器或分类模型,进而根据构建的模型对测试数据进行预测,得到相应的类标签。类标签的数据种类可以有二分类或多分类。分类预测的一般流程如图 6.1 所示。

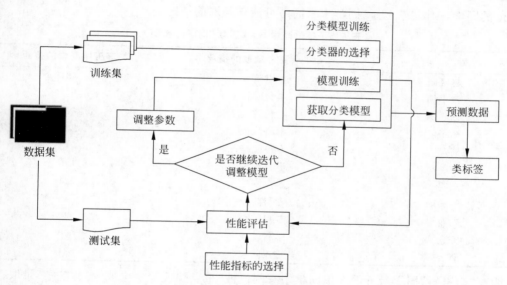

图 6.1　分类预测的一般流程

6.2　KNN 分类模型

KNN(K-Nearest Neighbor algorithm,K 最近邻方法)是 Cover 和 Hart 于 1968 年提出的一种基于数据样本的分类器,又被称为"懒惰学习系统",它是最容易实现机器学习的算法之一,在理论上的发展已十分完善,并在实践中得到了广泛的应用。

6.2.1　KNN 算法概述

KNN 是一种基于类比学习的分类算法,其原理是在训练集中找出 K 个与预测样本距离最近且最相似的样本,这些样本大部分属于哪个类别,则该预测样本也属于哪个类别。

例 6.4　表 6.1 中有 11 个同学的小学毕业成绩和 6 年后高考录取的情况,现在已知"李玉娇"同学的小学毕业成绩了,可以根据 KNN 算法来预测未来高考录取的情况。

表 6.1　小学毕业主要科目成绩

姓　名	语　文	数　学	英　语	6 年后高考录取的情况
赵晓晴	100	100	100	重点院校
钱小伟	90	98	97	本科院校
孙晓丽	90	90	85	专科院校
李子航	100	90	93	本科院校
周武	80	90	70	专科院校
吴胜军	100	80	100	本科院校
郑明	95	95	95	重点院校
王欣丽	95	90	80	专科院校
冯丽君	90	75	90	专科院校
陈仓	95	95	90	本科院校
储云峰	100	100	95	重点院校
李玉娇	97	96	92	？

解：逐一计算各位同学与"李玉娇"同学的差距，如表 6.2 所示。然后选择 3 位（即 K＝3）最邻近的同学，预测"李玉娇"同学未来高考可能被录取的情况。

表 6.2　各位同学与"李玉娇"同学的差距

姓　名	6 年后高考录取的情况	与李玉娇同学的差距
赵晓晴	重点院校	9.434
钱小伟	本科院校	8.832
孙晓丽	专科院校	11.576
李子航	本科院校	12.207
周武	专科院校	28.443
吴胜军	本科院校	18.138
郑明	重点院校	3.724
王欣丽	专科院校	13.565
冯丽君	专科院校	22.226
陈仓	本科院校	3.000
储云峰	重点院校	5.831

距离"李玉娇"同学最近的 3 位同学中有两位被"重点院校"、一位被"本科院校"录取，所以预测"李玉娇"同学 6 年后高考最有可能被"重点院校"录取。

6.2.2　KNN 算法描述

KNN 算法描述如下：

step1　计算预测数据样本与各个训练数据样本之间的距离；

step2　按照距离的递增关系进行排序；

step3　选取距离最小的 K 个数据样本；

step4　确定前 K 个数据样本所在类别出现的频率；

step5　将前 K 个数据样本中出现频率最高的类别作为预测数据样本的类别。

KNN 算法是目前较为常用且成熟的分类算法，但是 KNN 算法也有一定的不足。

主要优点：

（1）简单好用，容易理解，精度高，理论成熟，既可以用于分类，也可以用于回归。

（2）可用于数值型数据和离散型数据。

（3）训练时间复杂度为 O(n)，无数据输入假定。

（4）对异常值不敏感。

主要缺点：

（1）计算复杂性高、空间复杂性高。

（2）当样本不平衡（有些类别的样本数量很大，而其他样本的数量又很少）时容易产生误分。

（3）一般样本数量很大的时候不用 KNN，因为计算量很大。但是数据的样本量又不能太少，否则容易产生误分。

（4）无法给出数据的内在含义。

6.2.3 使用 Python 实现 KNN 分类算法

分类可以根据 KNN 算法编程实现或直接调用 KNeighborsClassifier() 函数实现。

1. 根据 KNN 算法编程实现

例 6.5 使用 Python 编程实现 KNN 分类算法示例。训练数据集如例 6.4 中的表 6.1 所示。

程序代码如下：

```
# trainData - 训练集、testData - 测试集、labels - 分类
def knn(trainData,testData,labels,k):
    rowSize = trainData.shape[0]                          # 计算训练样本的行数
    diff = np.tile(testData,(rowSize,1)) - trainData      # 计算训练样本和测试样本的差值
    sqrDiff = diff ** 2                                   # 计算差值的平方和
    sqrDiffSum = sqrDiff.sum(axis = 1)
    distances = sqrDiffSum ** 0.5                         # 计算距离
    sortDistance = distances.argsort()                   # 对所得的距离从低到高进行排序
    count = {}
    for i in range(k):
        vote = labels[sortDistance[i]]
        count[vote] = count.get(vote,0) + 1
    sortCount = sorted(count.items(),reverse = True)     # 对类别出现的频数从高到低进行排序
    return sortCount[0][0]                                # 返回出现频数最高的类别
import numpy as np
trainData = np.array([[100,100,100],[90,98,97],[90,90,85],
[100,90,93],[80,90,70],[100,80,100],[95,95,95],[95,90,80],
[90,75,90],[95,95,90],[100,100,95]])
labels = ['重点院校','本科院校','专科院校','本科院校','专科院校','本科院校','重点院校','专科院校','专科院校','本科院校','重点院校']
testData = [97,96,92]
X = knn(trainData,testData,labels,3)
print(X)
```

2. 调用 KNeighborsClassifier() 函数实现

在 Scikit-learn 中，与 KNN 相关的类库都在 sklearn.neighbors 包中。在使用 KNeighborsClassifier() 函数进行分类时需要导入相关的类库，语句为 from sklearn import neighbors。其常用形式如下：

```
KNeighborsClassifier(n_neighbors = 5,weights = 'uniform')
```

参数说明：

（1）n_neighbors 用于设置 KNN 中的 K 值，默认为 5。

（2）weights 用于标识最近邻样本的权重，取值为 'uniform' 和 'distance'。其默认取值 'uniform'，表示所有最近邻样本的权重都一样；当取值为 'distance' 时，表示自定义权重。如果

样本的分布是比较均匀的,取值'uniform'的效果比较好;如果样本的分布比较乱,规律不好寻找,取值'distance'的效果比较好。

例 6.6 用 KNN 对鸢尾花数据集进行分类。

程序代码如下:

```
import matplotlib.pyplot as plt
import numpy as np
from matplotlib.colors import ListedColormap
from sklearn import neighbors,datasets
n_neighbors = 11                    # 取 K 为 11
iris = datasets.load_iris()         # 导入鸢尾花数据集
x = iris.data[:,:2]                 # 取前两个 feature,以方便在二维平面上画图
y = iris.target
h = .02                             # 网格中的步长
cmap_light = ListedColormap(['#FFAAAA','#AAFFAA','#AAAAFF'])   # 创建彩色的图
cmap_bold = ListedColormap(['#FF0000','#00FF00','#0000FF'])
for weights in ['uniform','distance']:   # 绘制两种 weights 参数的 KNN 效果图
    clf = neighbors.KNeighborsClassifier(n_neighbors,weights = weights)   # 创建一个 KNN 分类器
                                                                          # 的实例,并拟合数据

    clf.fit(x,y)
    # 绘制决策边界,将为每个数据对分配一个颜色来绘制网格中的点[x_min,x_max]、[y_min,y_max]
    x_min,x_max = x[:,0].min() - 1,x[:,0].max() + 1
    y_min,y_max = x[:,1].min() - 1,x[:,1].max() + 1
    xx,yy = np.meshgrid(np.arange(x_min,x_max,h),
                    np.arange(y_min,y_max,h))
    Z = clf.predict(np.c_[xx.ravel(),yy.ravel()])
    # 将结果放入一个彩色图中
    Z = Z.reshape(xx.shape)
    plt.figure()
    plt.pcolormesh(xx,yy,Z,cmap = cmap_light)
    # 绘制训练点
    plt.scatter(x[:,0],x[:,1],c = y,cmap = cmap_bold)
    plt.xlim(xx.min(),xx.max())
    plt.ylim(yy.min(),yy.max())
    plt.title("3 - Class classification (k = % i,weights = '% s')"
            % (n_neighbors,weights))
plt.show()
```

程序运行结果之一如图 6.2 所示。

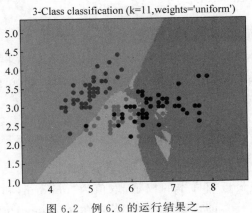

图 6.2　例 6.6 的运行结果之一

6.2.4　K 值的确定

在 KNN 算法中只有一个超参数 K，K 值的确定对 KNN 算法的预测结果有着至关重要的影响，如图 6.3 所示。

在图 6.3 中，小圆要被决定赋予哪个类，是小三角形还是小正方形？如果 K＝3，由于小三角形所占的比例为 2/3，小圆将被赋予小三角形类别标签；如果 K＝7，由于小正方形所占的比例为 4/7，小圆将被赋予小正方形类别标签。

接下来讨论 K 值大小对算法结果的影响以及一般情况下如何选择 K 值。

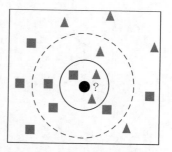

图 6.3　K 值对分类的影响的示意图

如果 K 值比较小，相当于在较小的领域内训练样本并对实例（预测样本）进行预测。这时算法的近似误差会比较小，因为只有与实例相近的训练样本才会对预测结果起作用。但是它也有明显的缺点：算法的估计误差比较大，预测结果会对邻近点十分敏感，也就是说，如果邻近点是噪声点，预测就会出错。因此，K 值过小容易导致 KNN 算法过拟合。同理，如果 K 值选择得较大，距离较远的训练样本也能够对实例的预测结果产生影响。这时候模型相对比较鲁棒，不会因为个别噪声对最终预测结果产生影响。但是其缺点也十分明显：算法的邻近误差会偏大，距离较远的点（与预测实例不相似）也会对预测结果产生影响，使得预测结果产生较大的偏差，此时模型容易发生欠拟合。

在实际工程实践中，一般采用交叉验证法选取 K 值。通过以上分析可知，一般尽量在较小范围内选取 K 值，同时把测试集上准确率最高的 K 值确定为最终算法的参数 K。

例 6.7　使用交叉验证法确定 K 值示例。

程序代码如下：

```
from sklearn.datasets import load_iris
from sklearn.model_selection import cross_val_score
import matplotlib.pyplot as plt
from sklearn.neighbors import KNeighborsClassifier
iris = load_iris()                                      #读取鸢尾花数据集
x = iris.data
y = iris.target
k_range = range(1,31)
k_error = []
for k in k_range:                                       #循环,取1~31,查看误差效果
    knn = KNeighborsClassifier(n_neighbors = k)
    scores = cross_val_score(knn,x,y,cv = 6,scoring = 'accuracy')   #cv参数决定数据集的划分比例
    k_error.append(1 - scores.mean())
plt.plot(k_range,k_error)                               #画图,X轴为K值,Y轴为误差值
plt.xlabel('Value of K for KNN')
plt.ylabel('Error')
plt.show()
```

程序运行结果如图 6.4 所示。

由图 6.4 能够明显地看出 K 值取 12 的时候误差最小。当然，在实际问题中如果数据集比较大，为了减少训练时间，K 的取值范围可以缩小，例如 K 的取值范围为[10,15]。

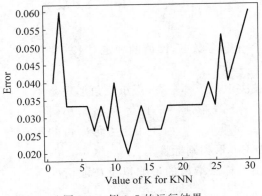

图 6.4　例 6.7 的运行结果

6.3　Rocchio 分类模型

Rocchio 算法由 Rocchio 于 1971 年在 SMART 文档检索系统中首次提出,该算法主要利用用户的反馈意见提炼用户查询项。1994 年,Hull 对 Rocchio 公式进行了改进,并将修改后的 Rocchio 公式应用到了文本分类中。

6.3.1　Rocchio 算法概述

Rocchio 算法是一个简单、高效的线性分类器,被广泛地应用到信息检索、文本分类、查询扩展等领域。

1. 应用于信息检索

Rocchio 算法是信息检索中处理相关反馈的一个著名算法。例如在搜索引擎中搜"苹果",最开始搜这个词的时候,搜索引擎不知道是能吃的水果还是苹果公司的电子产品,所以它会尽量呈现各种结果。当人们看到这些结果后,会单击一些与搜索意愿相关的结果(这就是所谓的相关反馈了)。这样人们再次看到搜索结果时,搜索引擎会通过刚才给的相关反馈修改查询向量的取值,重新计算网页得分,把与刚才单击结果相似的结果排在前面。例如最开始搜索"苹果"时,对应的查询向量是{"苹果":1}。而当单击了一些与 Mac、iPhone 相关的结果后,搜索引擎会把查询向量修改为{"苹果":1,"Mac":0.8,"iPhone":0.7},通过这个新的查询向量,搜索引擎就能比较明确地知道要搜索的是苹果公司的电子产品了。Rocchio 算法就是用来修改查询向量的,即{"苹果":1} → {"苹果":1,"Mac":0.8,"iPhone":0.7}。

2. 应用于文本分类

Rocchio 算法的基本思路是把一个类别中文档的各特征词取平均值(例如把所有"体育"类文档中词汇"篮球"出现的次数取平均值,再把词汇"裁判"出现的次数取平均值,依次进行下去),可以得到一个新的向量,形象地称之为"质心",质心就成了这个类别中最具有代表性的向量表示。如果有新文档需要判断,只需要计算新文档和质心的相似度(或计算它们之间的距离)就可以确定新文档是否属于这个类。改进的 Rocchio 算法不仅考虑属于这个类别的文档(称为正样本),还考虑不属于这个类别的文档(称为负样本)。计算出来的质心在靠近正样本的同时尽量远离负样本。

3. Rocchio 算法的优点和缺点

Rocchio 算法的优点和缺点如下。

优点:该算法很容易理解,也容易实现;训练和分类计算特别简单;常用来实现衡量分类系统性能的基准系统。

缺点：该算法源于两个假设，一是假设同类别的文档仅聚集在一个质心的周围，但对于线性不可分的文档集失效；二是假设训练数据是绝对正确的，但对于含有噪声的数据，该算法的效果较差。

6.3.2 Rocchio算法的原理及分类器的构建

Rocchio算法是信息检索中通过查询的初始匹配文档对原始查询进行修改以优化查询的方法。它是相关反馈实现中的一个经典算法，提供了一种将相关反馈信息融合到向量空间模型的方法。基本理论：假定要找一个最优查询向量q，它与相关文档之间的相似度最大且同时又与不相关文档之间的相似度最小。假定有一个用户查询，并知道部分相关文档与不相关文档的信息，则可以通过以下公式得到修改后的查询向量 $\vec{q}_m$：

$$\vec{q}_m = \alpha \vec{q}_0 + \beta \frac{1}{|D_r|} \sum_{d_j \in D_r} \vec{d}_j - \gamma \frac{1}{|D_{nr}|} \sum_{\vec{d}_j \in D_{nr}} \vec{d}_j \tag{6-1}$$

其中，$\vec{q}_0$ 是原始的查询向量，D_r 和 D_{nr} 是已知的相关和不相关文档集合。α、β 及 γ 是上述三者的权重。这些权重能够控制判定结果和原始查询向量之间的平衡：如果存在大量已判断的文档，那么会给 β 及 γ 赋予较高的权重。修改后的新查询从 $\vec{q}_0$ 开始，向着相关文档的质心向量靠近了一段距离，而同时又与不相关文档的质心向量远离了一段距离。新查询可以采用常规的向量空间模型进行检索。通过减去不相关文档的向量，很容易保留向量空间的正值分量。在 Rocchio 算法中，如果文档向量中的权重分量为负值，那么该分量将会被忽略，也就是说此时会将该分量的权重设为 0。图 6.5 给出了应用相关反馈技术的效果示意图。

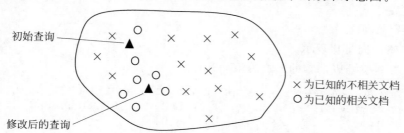

图 6.5 应用相关反馈技术的效果示意图

相关反馈可以同时提高召回率和正确率。这其中的部分原因在于它对查询进行了扩展，另一个原因是应用的场景所带来的结果：在期望高召回率的情况下，可以预计用户可能会花费更多时间来浏览结果并进行反复搜索。正反馈往往比负反馈更有价值，因此在很多信息检索系统中会将参数设置成 $\gamma < \beta$。一个合理的取值是 $\alpha = 1$、$\beta = 0.75$ 及 $\gamma = 0.15$。实际上，有很多系统都只允许进行正反馈，即相当于设置 $\gamma = 0$。还有一种做法是，只取检索系统返回结果中排名最高的标识为不相关的文档进行负反馈，此时公式中的 $|D_{nr}| = 1$。尽管上述相关反馈方法存在各种变形，并且很多比较实验也没有取得一致性的结论，但是一些研究却认为一种称为 Ide dec-hi 的公式最有效或至少在性能上表现最稳定。Ide dec-hi 的公式如下：

$$\vec{q}_m = \vec{q}_0 + \sum_{\vec{d}_j \in D_r} \vec{d}_j - \operatorname*{argmax}_{\vec{d} \in D_{nr}} \operatorname{sim}(\vec{d}, \vec{q}_0) \tag{6-2}$$

6.3.3 使用 Python 实现 Rocchio 文本分类

例 6.8 Rocchio 文本分类示例。

解：假设文档集合 TxtSet＝{Doc1,Doc2,Doc3,Doc4,Doc5,Doc6,Doc7,Doc8,Doc9}，文档-特征词词频统计矩阵如表 6.3 所示。

表 6.3 文档-特征词词频统计

Doc	W_1	W_2	W_3	W_4	W_5	W_6	W_7	W_8
Doc1	2	0	4	3	0	1	0	2
Doc2	0	2	4	0	2	3	0	0
Doc3	4	0	1	3	0	1	0	1
Doc4	0	1	0	2	0	0	1	0
Doc5	0	0	2	0	0	4	0	0
Doc6	1	1	0	2	0	1	1	3
Doc7	2	1	3	4	0	2	0	2
Doc8	3	1	0	4	1	0	2	1
Doc9	0	0	3	0	1	5	0	1

利用训练集（Doc1～Doc7）中的 Rocchio 文本分类模型对测试集（Doc8 和 Doc9）进行文本分类测试，其中文本特征词的权值由 tf-idf 公式给出。

假设训练集文档分为两个类别，并由人工进行了标注：

Cat1 = {Doc1,Doc2,Doc5}，Cat2 = {Doc3,Doc4,Doc6,Doc7}

step1 导入 math 和 NumPy 库。

```
import math
import numpy as np
```

step2 文本的向量化表示。

按照表 6.3 将文档以词频的形式表示如下：

```
data = [[2,0,4,3,0,1,0,2],[0,2,4,0,2,3,0,0],[4,0,1,3,0,1,0,1], [0,1,0,2,0,0,1,0],[0,0,2,0,
0,4,0,0],[1,1,0,2,0,1,1,3],[2,1,3,4,0,2,0,2], [3,1,0,4,1,0,2,1],[0,0,3,0,1,5,0,1]]
train_set = data[0:7]                        # 训练集
test_set = data[7:9]                         # 测试集
Cat1 = [data[0],data[1],data[4]]
Cat2 = [data[2],data[3],data[5],data[6]]
```

step3 计算训练集的文档频率（df）。

```
def word_fr(train_set1):
    df1 = []                                 # 文档频率
    for j in range(8):
        sum = 0
        for i in range(len(train_set1)):
            if train_set1[i][j]!= 0:
                sum += 1
        df1.append(sum)
    return df1
df = word_fr(train_set)
```

结果为[4,4,5,5,1,6,2,4]。

step4 利用文档频率（df）得出特征词的 idf。

$idf = \log(N/df)$，其中 N 为文档数。

```
def get_idf(df1):
    N = len(Cat1 + Cat2)
    M = []
    for i in range(8):
        M.append(math.log10(N/df[i]))
    return M
```

计算 idf：

```
df = word_fr(train_set)
idf = []
for i in range(8):
    idf.append(get_idf(data[i]))
```

step5 文档的词频向量根据公式 tf＝(1＋log(tf)) 给出。

```
def get_tf(tf1):
    M = []
    for i in range(8):
        if tf1[i] == 0:
            M.append(0)
        else:
            M.append(1 + math.log10(tf1[i]))
    return M
```

step6 利用 tf[:,j]×idf[j] 计算每个 train_set 特征词的 idf_tf 值。

```
df = word_fr(train_set)
idf = get_idf(df)
tf = []
for i in range(7):
    tf.append(get_tf(train_set[i]))
idf_tf = []
tf = np.array(tf)
for j in range(8):
    t = np.array(tf[:,j])
    tt = idf[j] * t
    idf_tf.append(list(tt))
idf_tf = np.array(idf_tf).T        # 上面得到的 idf_tf 矩阵需要转置
idf_tf = list(idf_tf)              # 再转换成列表
```

step7 由类别 Cat1 和 Cat2 求出各类别的质心。

```
Cat1 = np.array([idf_tf[0],idf_tf[1],idf_tf[4]])
Cat2 = np.array([idf_tf[2],idf_tf[3],idf_tf[5],idf_tf[6]])
C1 = np.mean(Cat1,axis = 0)
C2 = np.mean(Cat2,axis = 0)
```

step8 计算测试集 test_set 上每个特征词的 idf_tf 值。

在测试集 test_set 上重复 step6，可得 Doc8 和 Doc9 的 idf_tf 值。

step9 判断文档 Doc8 与 Doc9 的类别。

分别计算 Doc8、Doc9 与质心 C1、C2 的余弦相似度，可以判断出其所属的类别。

```
def v_cos(arr1,arr2):
    sim = np.dot(arr1,arr2)/(np.sqrt(np.dot(arr1,arr1)) * np.dot(arr1,arr2))
    return sim
```

6.4 决策树分类模型

决策树(Decision Tree，DT)起源于概念学习系统(Concept Learning System，CLS)。CLS 最早由 E. B. Hunt 等于 1966 年提出，并首次用决策树进行概念学习，后来的许多决策树学习算法都可以看作 CLS 算法的改进与更新。

6.4.1　决策树分类概述

　　决策树分类是一种十分常用的分类方法。决策树分类器是一种描述对数据样本进行分类的树状结构。决策树由结点(Node)和有向边(Directed Edge)组成。结点有两种类型,即内部结点(Internal Node)和叶结点(Leaf Node)。内部结点表示一个特征或属性,叶结点表示一个类别。在决策树中数据样本的类别是从树根开始根据数据样本满足的条件依次向下移动,直到树的叶结点为止,数据样本的类别就是相应叶结点的类别。

　　决策树可以看作一棵树状的预测模型,树的根结点是整个数据集合空间,每个分枝结点是一个分裂问题,它是对一个单一属性的测试,该测试将数据集合空间分割成两个或更多个子集,每个叶结点是带有分类的数据分割。从决策树的根结点到叶结点的一条路径就形成了对相应数据样本的类别预测。

　　图 6.6 就是一个决策树示意图,它描述了一个顾客购买计算机的分类模型,利用它可以对一个顾客是否会在某商场购买计算机进行分类预测。决策树的内部结点通常用矩形表示,叶结点通常用椭圆表示。

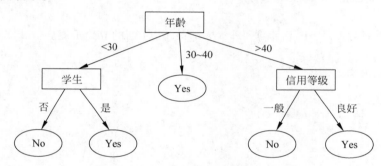

图 6.6　决策树示意图

　　图 6.6 中沿着根结点到叶结点的路径有 5 条,形成了 5 条分类规则。

　　规则 1：if 年龄<30 and 是学生 then 会购买计算机

　　规则 2：if 年龄<30 and 不是学生 then 不会购买计算机

　　规则 3：if 年龄在 30~40 then 会购买计算机

　　规则 4：if 年龄>40 and 信用等级良好 then 会购买计算机

　　规则 5：if 年龄>40 and 信用等级一般 then 不会购买计算机

6.4.2　决策树的生成原理

　　决策树的生成是指由训练样本集生成决策树的过程。一般情况下,训练样本集是根据需要由实际的历史数据产生的、具有一定综合程度的、用于数据分析处理的数据集。

　　在训练样本集上生成决策树的基本步骤如下：

　　step1　根据实际需求以及所处理样本的特性选择合适的属性集作为决策树的候选属性集。

　　step2　在候选属性集中选择最有分类能力的属性作为当前决策结点的分裂依据(第一个决策结点称为根结点),结点上被选中的候选属性也称为测试属性。

　　step3　根据当前决策结点测试属性取值的不同,将训练属性集划分为若干个子集。

　　针对划分的每一个子集,重复进行上述的 step2、step3 两个步骤,直到最后的子集符合下面 3 个条件之一。

条件一：子集中的所有样本都属于同一类。

条件二：子集是遍历了所有候选属性得到的。

条件三：子集中所有剩余属性的取值完全相同，已经不能再根据这些属性进行子集划分了。

step4 确定叶结点的类别。

对"条件一"所产生的叶结点，直接根据其中的样本所属类别进行类别标识；对"条件二"或"条件三"所产生的叶结点，选取子集所含样本的代表性类别属性进行类别标识，一般是对样本个数最多的类别进行类别标识。

通过上述步骤对样本集建立了可进行分类的决策树。

在决策树中，每一个从根结点到叶结点的分枝都可以得到一条用于判断样本类别归属的初步规则，但在得到的初步规则中，有一些规则准确率较低，因此需要对上述得到的决策树进行"剪枝"。

决策树算法的核心问题是分裂属性的选取和决策树的剪枝。

6.4.3 ID3/ID4.5/CART 算法

决策树学习通常包括 3 个步骤，即特征选择、决策树的生成和决策树的修剪。决策树学习的思想主要来源于由 Quinlan 在 1986 年提出的 ID3 算法和在 1993 年提出的 C4.5 算法，以及由 Breiman 等在 1984 年提出的 CART 算法。

本部分有如下约定：$X=\{(x_i,y_i)|i=1,2,\cdots,n\}$ 是给定的样本数据集，$D=\{(x_i,y_i)|i=1,2,\cdots,N\}$ 是样本训练集，$\{Y_i|i=1,2,\cdots,S\}$ 是对应分类的类别，$\{A_j|j=1,2,\cdots,K\}$ 是所有样本属性 A 取值的集合，$D_{i.}$ 是所有类别为 Y_i 的训练子集，$D_{.j}$ 是所有属性 A 值为 A_j 的训练样本子集，D_{ij} 是所有类别为 Y_i 且属性 A 值为 A_j 的训练样本子集，$|D|$ 是样本训练集 D 中包含的样本个数。

1. ID3 算法

ID3(Iterative Dichotomiser 3)算法的核心思想就是以信息增益来度量属性的选择，选择信息增益最大的属性进行分裂。该算法采用自顶向下的贪婪搜索遍历决策空间。

1) 信息熵与信息增益

在信息增益中，重要与否的衡量标准就是看样本属性能够为分类系统带来多少信息，带来的信息越多，该属性越重要。大家在认识信息增益之前先来看信息熵的定义。

在 1948 年，香农引入了信息熵，将其定义为离散随机事件出现的概率，一个系统越有序，信息熵就越低；反之，一个系统越混乱，它的信息熵就越高。所以信息熵可以被认为是系统有序化程度的一个度量。

已知训练样本集 D，则 D 的信息熵定义为：

$$H(D)=-\sum_{i=1}^{S}\frac{|D_{i.}|}{|D|}\log_2\frac{|D_{i.}|}{|D|} \tag{6-3}$$

式(6-3)说明一个变量的变化情况越多，那么它携带的信息量就越大，$H(D)$ 的值越小，说明训练样本集 D 的纯度就越高。

特征 A 对于数据样本集 D 的条件熵定义为：

$$H(D\mid A)=\sum_{j=1}^{K}\frac{|D_{.j}|}{|D|}H(|D_{.j}|)=-\sum_{j=1}^{K}\frac{|D_{.j}|}{|D|}\sum_{i=1}^{S}\frac{|D_{ij}|}{|D_{.j}|}\log_2\frac{|D_{ij}|}{|D_{.j}|} \tag{6-4}$$

特征 A 的信息增益等于数据集 D 的熵减去特征 A 对于数据集 D 的条件熵。

$$\text{Gain}(D,A) = H(D) - H(D \mid A) \tag{6-5}$$

信息增益是相对于特征而言的,信息增益越大,特征对最终的分类结果的影响也就越大,因此应该选择对最终分类结果影响最大的特征作为分类特征。

例 6.9 信息增益计算示例。训练集 D 为贷款申请样本数据,如表 6.4 所示。

表 6.4　贷款申请样本数据表

序号	年龄	工作	房子	信贷	类别	序号	年龄	工作	房子	信贷	类别
1	青年	否	否	一般	否	9	中年	否	是	非常好	是
2	青年	否	否	好	否	10	中年	否	是	非常好	是
3	青年	是	否	好	是	11	老年	否	是	非常好	是
4	青年	是	是	一般	是	12	老年	否	是	好	是
5	青年	否	否	一般	否	13	老年	是	否	好	是
6	中年	否	否	一般	否	14	老年	是	否	非常好	是
7	中年	否	否	好	否	15	老年	否	否	一般	否
8	中年	是	是	好	是						

解:根据式(6-3)计算信息熵 H(D),以分析贷款申请样本数据表中的数据。最终分类结果只有两类,即放贷(类别为"是")和不放贷(类别为"否")。根据表 6.4 中的数据统计可知,在 15 个数据中,9 个数据的结果为放贷,6 个数据的结果为不放贷。所以训练数据集 D 的信息熵 H(D) 为:

$$H(D) = -\frac{9}{15}\log_2\frac{9}{15} - \frac{6}{15}\log_2\frac{6}{15} = 0.971$$

设 A_1 = "年龄",一共有 3 个类别,分别是青年、中年和老年。年龄是青年的数据一共有 5 个,所以年龄是青年的数据在训练数据集中出现的概率是 5/15,也就是 1/3。同理,年龄是中年和老年的数据在训练数据集中出现的概率也都是 1/3。现在只看年龄是青年的数据,最终得到贷款的概率为 2/5,因为在 5 个数据中只有两个数据显示拿到了最终的贷款。同理,年龄是中年和老年的数据最终得到贷款的概率分别为 3/5、4/5。所以计算年龄的信息增益,过程如下:

$$\begin{aligned}
\text{Gain}(D,A_1) &= H(D) - H(D \mid A) \\
&= H(D) - \left[\frac{5}{15}H(D_1) + \frac{5}{15}H(D_2) + \frac{5}{15}H(D_3)\right] \\
&= 0.971 - \left[\frac{5}{15}\left(-\frac{2}{5}\log_2\frac{2}{5} - \frac{3}{5}\log_2\frac{3}{5}\right) + \frac{5}{15}\left(-\frac{3}{5}\log_2\frac{3}{5} - \frac{2}{5}\log_2\frac{2}{5}\right) + \right. \\
&\quad \left. \frac{5}{15}\left(-\frac{4}{5}\log_2\frac{4}{5} - \frac{1}{5}\log_2\frac{1}{5}\right)\right] \\
&= 0.971 - 0.888 = 0.083
\end{aligned}$$

这里 D_1、D_2 和 D_3 分别是 D 中 A_1(年龄)取值为青年、中年和老年的样本子集,类似地可以计算出 A_2 = "工作"、A_3 = "房子"、A_4 = "信贷"的信息增益。

$$\begin{aligned}
\text{Gain}(D,A_2) &= H(D) - \left[\frac{5}{15}H(D_1) + \frac{10}{15}H(D_2)\right] \\
&= 0.971 - \left[\frac{5}{15}\times 0 + \frac{10}{15}\left(-\frac{4}{10}\log_2\frac{4}{10} - \frac{6}{10}\log_2\frac{6}{10}\right)\right] \\
&= 0.971 - 0.647 = 0.324
\end{aligned}$$

$$\text{Gain}(D, A_3) = H(D) - \left[\frac{6}{15}H(D_1) + \frac{9}{15}H(D_2)\right]$$

$$= 0.971 - \left[\frac{6}{15} \times 0 + \frac{9}{15}\left(-\frac{3}{9}\log_2\frac{3}{9} - \frac{6}{9}\log_2\frac{6}{9}\right)\right]$$

$$= 0.971 - 0.551 = 0.420$$

$$\text{Gain}(D, A_4) = 0.097$$

可以看出，A_3＝"房子"的信息增益最大，因此应该把 A_3 属性作为最优特征。

2）ID3 算法

构建一棵决策树需要知道使用哪一个属性作为分类依据，这可以利用信息熵与信息增益确定取哪个属性，然后每次都贪心地选择最优属性作为下一次分类的结点。算法描述如下。

输入：训练样本集 D，属性集 A，阈值 ε。

输出：决策树 T。

处理流程：

step1 若 D 中所有样本属于同一类 C_k，则 T 为单结点树，并将类 C_k 作为该结点的类标识，返回 T；

step2 若 A＝φ，则 T 为单结点树，并将 D 中样本数最大的类 C_k 作为该结点的类标识，返回 T；

step3 否则，按式（6-5）计算 A 中各特征对 D 的信息增益，选择信息增益最大的特征 A_g；

step4 如果 A_g 的信息增益小于阈值 ε，则置 T 为单结点树，并将 D 中样本数最大的类 C_k 作为该结点的类标识，返回 T；

step5 否则，对 A_g 的每一可能值 a_i，依 $A_g＝a_i$ 将 D 分割为若干非空子集 D_i，将 D_i 中样本数最大的类作为类标识，构建子结点，由结点及其子结点构成树 T，返回 T；

step6 对第 i 个子结点，以 D_i 为训练集，以 $A-\{A_g\}$ 为属性集，递归地调用 step1～step5，得到子树 T_i，返回 T_i。

例 6.10 对于表 6.4 中的训练数据集，利用 ID3 算法建立决策树。

解： 利用例 6.9 的结果，由于特征 A_3（房子）的信息增益值最大，所以选择属性 A_3 作为根结点的特征。它将训练数据集 D 划为两个子集 D_1（A_3 取值为"是"）和 D_2（A_3 取值为"否"）。由于 D_1 只有同一类的样本点，所以它称为一个叶结点，结点的类别标识为"是"。

对 D_2 则需从特征 A_1（年龄）、A_2（工作）和 A_4（信贷）中选择新的特征。计算各个特征的信息增益：

$$\text{Gain}(D_2, A_1) = H(D_2) - H(D_2 \mid A_1) = 0.918 - 0.667 = 0.251$$

$$\text{Gain}(D_2, A_2) = H(D_2) - H(D_2 \mid A_2) = 0.918$$

$$\text{Gain}(D_2, A_4) = H(D_2) - H(D_2 \mid A_4) = 0.474$$

选择信息增益最大的特征 A_2（工作）作为结点的特征。由于 A_2 有两个可能的取值，从这一结点引出两个子结点：一个是对应"是"（有工作）的子结点，包含 3 个样本，它们属于同一类，所以这是一个叶结点，类标识为"是"；另一个是对应"否"（无工作）的子结点，包含 6 个样本，它们也属于同一类，所以这也是一个叶结点，类标识为"否"。生成的决策树如图 6.7所示。

3）ID3 的优点和缺点

从算法过程来看，ID3 算法有其完善的计算体系和理论依据，但也存在一些不可避免的缺陷。

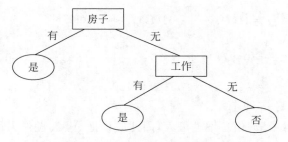

图 6.7　例 6.10 生成的决策树

（1）优点。

① 该算法使用全部的训练数据，而非针对单个训练样本，这样就可以充分利用全部训练样本的统计性质进行决策，从而抵抗噪声。

② 算法采用自顶向下的策略，搜索全部空间的一部分，保证所做的测试次数最少，分类速度快，其计算时间是样本个数、属性个数和结点个数之积的线性函数。

③ 算法思路清晰，且用信息论作为基础。

（2）缺点。

① 采用互信息的计算方法会有多值偏向问题，即偏向于属性取值较多的测试属性，但取值较多的属性并不一定代表是最优属性。

② ID3 算法是一种自顶向下的贪心算法，如果是非增量的学习任务，此算法常常是建立决策树的最佳选择。对于增量学习任务，每次样本增加必须舍弃原来的决策树，重新构建决策树，这样必然造成很大的开销。

③ ID3 算法对噪声特别敏感。

④ ID3 算法构建树的时候，每个结点只含一个测试属性，其实是一种单变量算法，这里假设属性之间不存在相关性。虽然把多个属性用一棵树连在一起，但这种关系是很松散的，同时因为它是单变量算法，在表达复杂概念时是非常困难的。

⑤ ID3 算法无法处理某个属性取值缺失的问题，这样构造出来的决策树往往是不够完整的。

总的来说，由于 ID3 算法的理论清晰，学习能力相对比较强，且方法简单，适合于处理大规模的学习问题，是数据挖掘和机器学习领域中一个非常好的范例，更是一种知识获取的有用工具。针对算法存在的问题，C4.5 算法弥补了 ID3 算法的诸多不足，为决策树分类算法的发展注入了新的发展生机。

2. C4.5 算法

C4.5 算法是 ID3 算法的一种延伸和优化，它克服了 ID3 算法的多值偏向问题，对树的剪枝也有了较成熟的方法。

1）C4.5 算法的原理

在 ID3 算法中，树结点的选择是通过计算属性的信息增益，继而比较信息增益，最大的则被选为分裂结点。C4.5 算法中引进信息增益率来解决这个问题，这里信息增益率等于信息增益与分割信息量的比值。

特征 A 对训练数据集 D 的信息增益率 $G\_R(D, A)$ 定义为其信息增益 $Gain(D, A)$ 与训练数据集 D 关于特征 A 值的熵 $H_A(D)$ 之比：

$$G\_R(D, A) = Gain(D, A) / H_A(D) \tag{6-6}$$

其中，$H_A(D) = -\sum\limits_{i=1}^{k} \dfrac{|D_i|}{|D|} \log_2 \dfrac{|D_i|}{|D|}$，k 是特征 A 取值的个数。

在结点分裂属性的时候，根据这个信息增益率来判断，选取属性信息增益率最大的属性作为分裂属性，这就可以解决算法偏向于属性取多值的问题。

2）C4.5 算法的实现

假设 D 为训练数据样本集，D 的候选属性集用 A 表示，则 C4.5 算法 C4.5formtree(D, D. A) 描述如下。

输入：训练样本集 D，候选属性的集合 A。

输出：一棵决策树。

处理流程：

step1 创建根结点 N；

step2 if D 中样本都属于同一类 C_i，则返回 N 为叶结点，标识为类 C_i；

step3 if A 为空或 D 中所剩余样本数少于某个给定阈值，则返回 N 为叶结点，标识 N 为 D 中出现最多的类；

step4 for A 中的每一个属性 A_i，计算信息增益率 G_R(H, A_i)；

step5 N 的测试属性 test. A=<属性列表>具有最高信息增益率的属性；

step6 if 测试属性为连续型，则找到该属性的分割阈值；

step7 for 每一个由结点 N 生成的新叶结点

if 该叶结点对应的样本子集 D' 为空，则分裂此叶结点生成新叶结点，将其标识为 D 中出现最多的类；

else

在该叶结点上执行 C4.5formtree(D', D'.<属性列表>)，继续对它分裂；

step8 计算每个结点的分类错误，进行剪枝。

3）C4.5 算法的剪枝

在决策树的构建过程中，因为数据中噪声和孤立点的影响，部分分枝反映出训练集中的异常，因此必须通过剪枝的方法处理这种数据的问题。通常这种方法使用统计度量，把最不可能的分枝剪去，这样不仅可以实现较快的分类，还可以提高决策树独立于测试数据和正确分类的能力。

（1）预剪枝法。此方法通过提前停止树的构造而实现对树枝的修剪。一旦停止，结点成为树叶。叶结点取子集中频率最大的类作为子集的标识，或者仅存储这些数据样本的概率分布函数。在构造决策树的过程中，可用统计意义下的 χ^2、信息增益等信息实现对分裂优良性的评估。假如对一个结点划分样本将引起低于定义阈值的分裂，那么给定子集的下一步划分就停止。其实选择一个恰当的阈值也是比较困难的，如果阈值较高会导致树被过分简化，但较低的阈值又起不到简化树的作用。

（2）后剪枝法。一般来说，这种方法采用的比较多，被公认比较合理。它是在树构建之后才进行剪枝。通过对分枝结点删除，剪去树结点，比较常用的是代价复杂性剪枝算法。在该算法中，最底层的没有被剪枝的结点作为树叶，并把它标识为先前分枝中最频繁的类。针对树中所有的非叶结点，计算每个结点上的子树被剪枝后可能出现的期望错误率，然后利用每个分枝的错误率，结合对每个分枝观察的权重评估，计算不对此结点剪枝的期望错误率。假如剪去此结点会导致较高的期望错误率，那么就保留该子树；否则就剪去该子树。在产生一组逐渐被剪枝的树后，使用一个独特的测试集评估每棵树的准确率，即可得到具有最小期望错误率的决策树。

在大部分情况下,这两种剪枝方法是交叉使用的,形成组合式方法,但后剪枝所需要的计算量比预剪枝大,可产生的树通常更可靠。C4.5算法使用悲观剪枝方法,它类似于代价复杂度方法,同样使用错误率评估,对子树剪枝作出决定。然而,悲观剪枝不需要使用剪枝集,而是使用训练集评估错误率。基于训练集评估准确率或者错误率是过于乐观的,所以具有较大的偏倚。

用户也可以根据树编码所需的二进位位数而不是根据估计的错误率对树进行剪枝。"最佳"剪枝树是最小化编码二进位位数的树。这种方法采用最小长度原则,其基本思想是首选最简单的解。

4)C4.5算法的主要优点和缺点

C4.5算法产生的分类规则易于理解,准确率较高,并在以下几个方面对ID3算法进行了改进:

(1)用信息增益率来选择分裂属性,克服了用信息增益选择属性时偏向选择多属性的不足。

(2)在树构造过程中进行剪枝。

(3)能够完成对连续属性的离散化处理。

(4)能够对不完整数据进行处理。

其主要缺点是在构造树的过程中需要对数据集进行多次顺序扫描和排序,因而导致算法低效。

3. CART算法

CART是一棵二叉树,采用二元切分法,即每次把数据切成两份,分别进入左子树、右子树。如表6.4中的年龄属性有多类(青年、中年、老年),也可以进行二分叉(比如青年一个叉,中年、老年一个叉),再继续分下去。而且每个非叶结点都有两个孩子,所以CART的叶结点比非叶结点多1。相比ID3和C4.5,CART的应用要多一些,既可以用于分类,也可以用于回归。

1)CART分类的原理

CART分类时,使用基尼系数(Gini)来选择最好的数据分割特征,Gini描述的是纯度,与信息熵的含义相似。CART中每一次迭代都会降低Gini系数。CART生成分类树是采用基尼系数来选择划分属性及划分点。对于给定的样本集D,其基尼系数为:

$$\text{Gini}(D) = 1 - \sum_{k=1}^{K} \left(\frac{|C_k|}{|D|} \right)^2 \tag{6-7}$$

其中,C_k是数据样本集D分类的第k类,K是类别总数。

如果样本集D根据特征A是否取某一可能值A_i被分割成D_1和D_2两部分,则在特征A的条件下,集合D的基尼系数定义为:

$$\text{Gini}(D, A) = \frac{|D_1|}{|D|} \text{Gini}(D_1) + \frac{|D_2|}{|D|} \text{Gini}(D_2) \tag{6-8}$$

2)CART分类的算法

CART生成决策树的算法描述如下。

输入:训练数据集D,阈值(停止条件)。

输出:CART决策树。

根据训练数据集,从根结点开始递归地对每个结点进行以下操作,构建二叉决策树:

step1　设结点的训练数据集为D,计算现有特征对该数据集的基尼系数。此时,对于每一个特征 A,对其可能取的每个值 A_i,根据样本点对 $A=A_i$ 的测试为"是"或"否"将 D 分割成 D_1 和 D_2 两部分,利用式(6-8)计算 $A=A_i$ 时的基尼系数。

step2 在所有可能的特征 A 以及它们所有可能的切分点 A_i 中,选择基尼系数最小的特征及其对应的切分点作为最优特征与最优切分点。依据最优特征与最优切分点,从当前结点生成两个子结点,将训练数据集依据特征分配到两个子结点中。

step3 对两个子结点递归地调用 step1、step2,直到满足停止条件。

step4 生成 CART 决策树。

算法停止计算的条件是结点中的样本个数小于预定阈值,或样本集的基尼系数小于预定阈值(样本基本属于同一类),或者没有更多特征。

例 6.11 对于表 6.4 中的训练数据集,应用 CART 算法生成决策树。

解: 首先计算各特征的基尼系数,选择最优特征及最优切分点。仍然采用例 6.9 的记号,分别以 A_1、A_2、A_3 和 A_4 表示年龄、工作、房子和信贷 4 个特征,并以 0、1、2 表示年龄取值为青年、中年、老年,以 0 和 1 表示有工作和有房子的值为是或否,以 0、1、2 表示信贷情况的值为一般、好、非常好。

求特征 A_1 的基尼系数:

$$\text{Gini}(D, A_1 = 0) = \frac{5}{15}\left(2 \times \frac{2}{5} \times \left(1 - \frac{2}{5}\right)\right) + \frac{10}{15}\left(2 \times \frac{7}{10} \times \left(1 - \frac{7}{10}\right)\right) = 0.44$$

同样可得:

$$\text{Gini}(D, A_1 = 1) = 0.48, \quad \text{Gini}(D, A_1 = 2) = 0.44$$

$\text{Gini}(D, A_1 = 0)$ 分为是青年或不是青年;$\text{Gini}(D, A_1 = 1)$ 分为是中年或不是中年;$\text{Gini}(D, A_1 = 2)$ 分为是老年或不是老年。

由于 $\text{Gini}(D, A_1 = 0)$ 和 $\text{Gini}(D, A_1 = 2)$ 相等,且最小,所以 $A_1 = 0$ 和 $A_1 = 2$ 都可以选作 A_1 的最优切分点。

求特征 A_2 和 A_3 的基尼系数:

$$\text{Gini}(D, A_2 = 0) = 0.32, \quad \text{Gini}(D, A_3 = 0) = 0.27$$

由于 A_2 和 A_3 只有一个切分点,所以它们就是最优切分点。

求特征 A_4 的基尼系数:

$$\text{Gini}(D, A_4 = 2) = 0.36, \quad \text{Gini}(D, A_4 = 1) = 0.47, \quad \text{Gini}(D, A_4 = 0) = 0.32$$

因为 $\text{Gini}(D, A_4 = 0) = 0.32$ 为最小,所以 $A_4 = 0$ 可以选作 A_4 的最优切分点。

在 A_1、A_2、A_3、A_4 几个特征中,$\text{Gini}(D, A_3 = 0) = 0.27$ 为最小,所以选择特征 A_3 为最优特征,$A_3 = 0$ 为其最优切分点。于是根结点生成两个子结点,一个是叶结点,对于另一个结点,继续使用以上方法在 A_1、A_2、A_4 中选择最优特征及其最优切分点,结果是 $A_2 = 0$。依此计算得知,所得的结点都是叶结点。

3) CART 算法的优点和缺点

CART 算法的优点:

(1) 生成可以理解的规则。

(2) 计算量相对来说较小。

(3) 可以处理值为连续型和离散型的字段。

(4) 决策树可以清晰地显示哪些字段比较重要。

CART 算法的缺点:

(1) 对连续型的字段比较难预测。

（2）对于有时间顺序的数据,预处理工作比较复杂。

（3）当类别太多时,错误可能会增加得比较快。

4．ID3、C4.5、CART 的比较

CART、ID3 和 C4.5 算法的过程都包含特征选择、树的生成、剪枝等步骤。

1）最优特征的选择

CART 分类树通过基尼系数选择最优特征,同时决定该特征的最优二值切分点,而 ID3 和 C4.5 直接选择最优特征,不用划分。ID3 用属性 A 对数据样本集 D 的信息增益大的属性进行划分,C4.5 选择增益率最高的属性作为划分样本的依据,而 CART 在候选属性中选择基尼系数最小的属性作为最优划分属性。

2）样本数据

ID3 只能对离散变量进行处理,C4.5 和 CART 可以处理连续和离散两种变量。ID3 对缺失值敏感,而 C4.5 和 CART 对缺失值可以进行多种方式的处理。如果只从样本量考虑,小样本建议使用 C4.5,大样本建议使用 CART。C4.5 处理过程中需对数据集进行多次排序,处理成本耗时较高,而 CART 本身是一种大样本的统计方法,小样本处理下泛化误差较大。

3）决策树产生的过程

C4.5 是通过剪枝来修正树的准确性,而 CART 是直接利用全部数据与所有树的结构进行对比。

4）应用

ID3 和 C4.5 只能进行分类,CART 不仅可以进行分类还可以进行回归。ID3 和 C4.5 结点上可以产出多叉(低、中、高),而 CART 结点上永远是二叉(低、非低)。

6.4.4　决策树的应用

例 6.12　利用 Python,对例 6.9 中的数据集用 ID3 算法建立决策树,并进行预测。

解：先对表 6.4 中的数据集进行属性标注。年龄：0 代表青年,1 代表中年,2 代表老年;有工作：0 代表否,1 代表是;有自己的房子：0 代表否,1 代表是;信贷情况：0 代表一般,1 代表好,2 代表非常好;类别(是否给予贷款)：no 代表否,yes 代表是。

程序代码如下：

```
from math import log
import operator
def createDataSet():                             # 创建数据集
    dataSet = [[0,0,0,0,'no'],[0,0,0,1,'no'],[0,1,0,1,'yes'],
               [0,1,1,0,'yes'],[0,0,0,0,'no'],[1,0,0,0,'no'],
               [1,0,0,1,'no'],[1,1,1,1,'yes'],[1,0,1,2,'yes'],
               [1,0,1,2,'yes'],[2,0,1,2,'yes'],[2,0,1,1,'yes'],
               [2,1,0,1,'yes'],[2,1,0,2,'yes'],[2,0,0,0,'no']]
    labels = ['年龄','工作','房子','信贷']       # 分类属性
    return dataSet,labels                        # 返回数据集和分类属性
def calcShannonEnt(dataSet):                     # 计算给定数据集的熵(香农熵)
    numEntires = len(dataSet)                    # 返回数据集的行数
    labelCounts = {}                             # 保存每个标签(Label)出现次数的字典
    for featVec in dataSet:                      # 对每组特征向量进行统计
        currentLabel = featVec[-1]               # 提取标签(Label)信息
        if currentLabel not in labelCounts.keys():
            # 如果标签(Label)没有放入统计次数的字典,添加进去
            labelCounts[currentLabel] = 0
```

```
            labelCounts[currentLabel] += 1                    # Label 计数
        shannonEnt = 0.0                                      # 经验熵(香农熵)
        for key in labelCounts:                               # 计算香农熵
            prob = float(labelCounts[key]) / numEntires
            shannonEnt -= prob * log(prob,2)                  # 利用公式计算概率
        return shannonEnt                                     # 返回熵(香农熵)
    def splitDataSet(dataSet,axis,value):                     # 按照给定特征划分数据集
        retDataSet = []                                       # 创建返回的数据集列表
        for featVec in dataSet:                               # 遍历数据集
            if featVec[axis] == value:
                reducedFeatVec = featVec[:axis]               # 去掉 axis 特征
                reducedFeatVec.extend(featVec[axis + 1:])
                #将符合条件的添加到返回的数据集
                retDataSet.append(reducedFeatVec)
        return retDataSet                                     # 返回划分后的数据集
    def chooseBestFeatureToSplit(dataSet):                    # 选择最优特征
        numFeatures = len(dataSet[0]) - 1                     # 特征数量
        baseEntropy = calcShannonEnt(dataSet)                 # 计算数据集的香农熵
        bestInfoGain = 0.0                                    # 信息增益
        bestFeature = -1                                      # 最优特征的索引值
        for i in range(numFeatures):                          # 遍历所有特征
            # 获取 dataSet 的第 i 个样本的所有特征
            featList = [example[i] for example in dataSet]
            uniqueVals = set(featList)                        # 创建 set 集合,元素不可重复
            newEntropy = 0.0                                  # 经验条件熵
            for value in uniqueVals:                          # 计算信息增益
                subDataSet = splitDataSet(dataSet,i,value)
                #subDataSet 划分后的子集
                prob = len(subDataSet)/float(len(dataSet))    #计算子集的概率
                newEntropy += prob * calcShannonEnt(subDataSet)
            #根据公式计算经验条件熵
            infoGain = baseEntropy - newEntropy               # 信息增益
            print("第 %d 个特征的增益为 %.3f" % (i,infoGain))
            #打印每个特征的信息增益
            if (infoGain > bestInfoGain):                     # 计算信息增益
                bestInfoGain = infoGain                       # 更新信息增益,找到最大的信息增益
                bestFeature = i                               # 记录信息增益最大特征的索引值
        return bestFeature                                    # 返回信息增益最大特征的索引值
def majorityCnt(classList):                                   # 统计 classList 中出现最多的元素(类标签)
    classCount = {}
    for vote in classList:                                    # 统计 classList 中每个元素出现的次数
        if vote not in classCount.keys():
            classCount[vote] = 0
        classCount[vote] += 1
    sortedClassCount = sorted(classCount.items(),key = operator.itemgetter(1),reverse = True)
                                                              # 根据字典的值降序排序
    return sortedClassCount[0][0]                             # 返回 classList 中出现次数最多的元素
def createTree(dataSet,labels,featLabels):                   # 递归构建决策树
    classList = [example[-1] for example in dataSet]
    #取分类标签(是否放贷:yes 或 no)
    if classList.count(classList[0]) == len(classList):
        #如果类别完全相同则停止继续划分
        return classList[0]
    if len(dataSet[0]) == 1:                                  # 遍历完所有特征时返回出现次数最多的类标签
        return majorityCnt(classList)
    bestFeat = chooseBestFeatureToSplit(dataSet)             # 选择最优特征
```

```
        bestFeatLabel = labels[bestFeat]                    #最优特征的标签
        featLabels.append(bestFeatLabel)
        myTree = {bestFeatLabel:{}}                         #根据最优特征的标签生成树
        del(labels[bestFeat])                               #删除已经使用的特征标签
        featValues = [example[bestFeat] for example in dataSet]
        #得到训练集中所有最优特征的属性值
        uniqueVals = set(featValues)                        #去掉重复的属性值
        for value in uniqueVals:
            subLabels = labels[:]
            #递归调用函数 createTree(),遍历特征,创建决策树
            myTree[bestFeatLabel][value] = createTree(splitDataSet(dataSet, bestFeat, value),
subLabels,featLabels)
        return myTree
def classify(inputTree,featLabels,testVec):                 #使用决策树执行分类
    firstStr = next(iter(inputTree))                        #获取决策树结点
    secondDict = inputTree[firstStr]                        #下一个字典
    featIndex = featLabels.index(firstStr)
    for key in secondDict.keys():
        if testVec[featIndex] == key:
            if type(secondDict[key]).__name__ == 'dict':
                classLabel = classify(secondDict[key],featLabels,testVec)
            else:
                classLabel = secondDict[key]
    return classLabel
if __name__ == '__main__':
    dataSet,labels = createDataSet()
    featLabels = []
    myTree = createTree(dataSet,labels,featLabels)
    print('生成的决策树为: \n',myTree)
    print('如果一个中年人,没有工作,但有自己的房子,信贷信誉好,预测是否可以放贷: ')
    testVec = [1,0,1,1]                                     #测试数据
    result = classify(myTree,featLabels,testVec)
    if result == 'yes':
        print('这种情况可以放贷')
    if result == 'no':
        print('这种情况不可以放贷')
```

程序运行结果如图 6.8 所示。

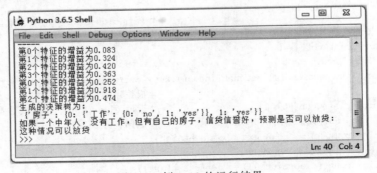

图 6.8　例 6.12 的运行结果

例 6.13　用 C4.5 建立决策树示例。

训练集与测试集分别如表 6.5 和表 6.6 所示,利用 Python 编程给出决策树的图形表示。

表 6.5 训练集数据表

outlook	temperature	humidity	windy	result
sunny	hot	high	false	N
sunny	hot	high	true	N
overcast	hot	high	false	Y
rain	mild	high	false	Y
rain	cool	normal	false	Y
rain	cool	normal	true	N
overcast	cool	normal	true	Y

表 6.6 测试集数据表

outlook	temperature	humidity	windy
sunny	mild	high	false
sunny	cool	normal	false
rain	mild	normal	false
sunny	mild	normal	true
overcast	mild	high	true
overcast	hot	normal	false
rain	mild	high	true

程序代码如下：

```
from math import log
import operator
import treePlotter
def calcShannonEnt(dataSet):          #计算给定数据集的香农熵
    numEntries = len(dataSet)
    labelCounts = {}
    for featVec in dataSet:
        currentLabel = featVec[ - 1]
        if currentLabel not in labelCounts.keys():
            labelCounts[currentLabel] = 0
        labelCounts[currentLabel += 1
    shannonEnt = 0.0
    for key in labelCounts:
        prob = float(labelCounts[key])/numEntries
        shannonEnt -= prob * log(prob,2)
    return shannonEnt
def splitDataSet(dataSet,axis,value):          #按照给定特征划分数据集
    retDataSet = []
    for featVec in dataSet:
        if featVec[axis] == value:
            reduceFeatVec = featVec[:axis]
            reduceFeatVec.extend(featVec[axis + 1:])
            retDataSet.append(reduceFeatVec)
    return retDataSet
def chooseBestFeatureToSplit(dataSet):          #选择最好的数据集划分维度
    numFeatures = len(dataSet[0]) - 1
    baseEntropy = calcShannonEnt(dataSet)
    bestInfoGainRatio = 0.0
    bestFeature = - 1
    for i in range(numFeatures):
        featList = [example[i] for example in dataSet]
        uniqueVals = set(featList)
        newEntropy = 0.0
        splitInfo = 0.0
        for value in uniqueVals:
```

```
            subDataSet = splitDataSet(dataSet, i, value)
            prob = len(subDataSet)/float(len(dataSet))
            newEntropy += prob * calcShannonEnt(subDataSet)
            splitInfo += - prob * log(prob, 2)
        infoGain = baseEntropy - newEntropy
        if (splitInfo == 0):
            continue
        infoGainRatio = infoGain / splitInfo
        if (infoGainRatio > bestInfoGainRatio):
            bestInfoGainRatio = infoGainRatio
            bestFeature = i
    return bestFeature
def majorityCnt(classList):                    #采用多数判决的方法决定该子结点的分类
    classCount = {}
    for vote in classList:
        if vote not in classCount.keys():
            classCount[vote] = 0
        classCount[vote] += 1
    sortedClassCount = sorted(classCount.iteritems(), key = operator.itemgetter(1), reversed = True)
    return sortedClassCount[0][0]
def createTree(dataSet, labels):               #递归构建决策树
    classList = [example[-1] for example in dataSet]
    if classList.count(classList[0]) == len(classList):
        #类别完全相同,停止划分
        return classList[0]
    if len(dataSet[0]) == 1:
        #遍历完所有特征时返回出现次数最多的特征
        return majorityCnt(classList)
    bestFeat = chooseBestFeatureToSplit(dataSet)
    bestFeatLabel = labels[bestFeat]
    myTree = {bestFeatLabel:{}}
    del(labels[bestFeat])
    #得到列表,它包括结点的所有属性值
    featValues = [example[bestFeat] for example in dataSet]
    uniqueVals = set(featValues)
    for value in uniqueVals:
        subLabels = labels[:]
        myTree[bestFeatLabel][value] = createTree(splitDataSet(dataSet, bestFeat, value), subLabels)
    return myTree
def classify(inputTree, featLabels, testVec):      #输出结果
    firstStr = list(inputTree.keys())[0]
    secondDict = inputTree[firstStr]
    featIndex = featLabels.index(firstStr)
    for key in secondDict.keys():
        if testVec[featIndex] == key:
            if type(secondDict[key]).__name__ == 'dict':
                classLabel = classify(secondDict[key], featLabels, testVec)
            else:
                classLabel = secondDict[key]
    return classLabel
def classifyAll(inputTree, featLabels, testDataSet):#输出结果
    classLabelAll = []
    for testVec in testDataSet:
        classLabelAll.append(classify(inputTree, featLabels, testVec))
    return classLabelAll
def storeTree(inputTree, filename):                #保存决策树到文件
    import pickle
    fw = open(filename, 'wb')
    pickle.dump(inputTree, fw)
```

```
        fw.close()
def grabTree(filename):                              #从文件读取决策树
    import pickle
    fr = open(filename, 'rb')
    return pickle.load(fr)
def createDataSet():                                 #创建数据集
    dataSet = [[0,0,0,0,'N'],[0,0,0,1,'N'],
               [1,0,0,0,'Y'],[2,1,0,0,'Y'],
               [2,2,1,0,'Y'],[2,2,1,1,'N'],
               [1,2,1,1,'Y']]
    labels = ['outlook','temperature','humidity','windy']
    return dataSet,labels
def createTestSet():                                 #创建测试集
    testSet = [[0,1,0,0],[0,2,1,0],[2,1,1,0],[0,1,1,1],
               [1,1,0,1],[1,0,1,0],[2,1,0,1]]
    return testSet
def main():
    dataSet,labels = createDataSet()
    labels_tmp = labels[:]                           #复制,createTree 会改变 labels
    decisionTree = createTree(dataSet,labels_tmp)
    print('decisionTree:\n',decisionTree)
    treePlotter.createPlot(decisionTree)
    testSet = createTestSet()
    print('classifyResult:\n',classifyAll(decisionTree,labels,testSet))
if __name__ == '__main__':
    main()
```

程序运行结果如图 6.9 所示。

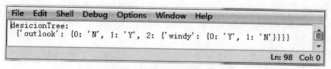

(a) 建立决策树的列表表示

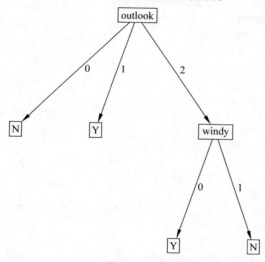

(b) 建立决策树的图形表示

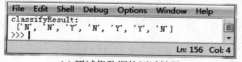

(c) 测试集数据的测试结果

图 6.9　例 6.13 的运行结果

附加文件 treePlotter.py(该文件与主文件存储在同一个文件夹下):

```python
import matplotlib.pyplot as plt
decisionNode = dict(boxstyle = "sawtooth", fc = "0.8")
leafNode = dict(boxstyle = "round4", fc = "0.8")
arrow_args = dict(arrowstyle = "<-")
def plotNode(nodeTxt, centerPt, parentPt, nodeType):
    createPlot.ax1.annotate(nodeTxt, xy = parentPt, xycoords = 'axes fraction', xytext = centerPt,
textcoords = 'axes fraction', va = "center", ha = "center", bbox = nodeType, arrowprops = arrow_args)
def getNumLeafs(myTree):
    numLeafs = 0
    firstStr = list(myTree.keys())[0]
    secondDict = myTree[firstStr]
    for key in secondDict.keys():
        if type(secondDict[key]).__name__ == 'dict':
            numLeafs += getNumLeafs(secondDict[key])
        else:
            numLeafs += 1
    return numLeafs
def getTreeDepth(myTree):
    maxDepth = 0
    firstStr = list(myTree.keys())[0]
    secondDict = myTree[firstStr]
    for key in secondDict.keys():
        if type(secondDict[key]).__name__ == 'dict':
            thisDepth = getTreeDepth(secondDict[key]) + 1
        else:
            thisDepth = 1
        if thisDepth > maxDepth:
            maxDepth = thisDepth
    return maxDepth
def plotMidText(cntrPt, parentPt, txtString):
    xMid = (parentPt[0] - cntrPt[0])/2.0 + cntrPt[0]
    yMid = (parentPt[1] - cntrPt[1])/2.0 + cntrPt[1]
    createPlot.ax1.text(xMid, yMid, txtString)
def plotTree(myTree, parentPt, nodeTxt):
    numLeafs = getNumLeafs(myTree)
    depth = getTreeDepth(myTree)
    firstStr = list(myTree.keys())[0]
    cntrPt = (plotTree.xOff + (1.0 + float(numLeafs))/2.0/plotTree.totalw, plotTree.yOff)
    plotMidText(cntrPt, parentPt, nodeTxt)
    plotNode(firstStr, cntrPt, parentPt, decisionNode)
    secondDict = myTree[firstStr]
    plotTree.yOff = plotTree.yOff - 1.0/plotTree.totalD
    for key in secondDict.keys():
        if type(secondDict[key]).__name__ == 'dict':
            plotTree(secondDict[key], cntrPt, str(key))
        else:
            plotTree.xOff = plotTree.xOff + 1.0/plotTree.totalw
            plotNode(secondDict[key], (plotTree.xOff, plotTree.yOff), cntrPt, leafNode)
            plotMidText((plotTree.xOff, plotTree.yOff), cntrPt, str(key))
    plotTree.yOff = plotTree.yOff + 1.0/plotTree.totalD
def createPlot(inTree):
    fig = plt.figure(1, facecolor = 'white')
    fig.clf()
```

```
axprops = dict(xticks = [ ],yticks = [ ])
createPlot. ax1 = plt. subplot(111,frameon = False, ** axprops)
plotTree. totalw = float(getNumLeafs(inTree))
plotTree. totalD = float(getTreeDepth(inTree))
plotTree. xOff = - 0.5/plotTree. totalw
plotTree. yOff = 1.0
plotTree(inTree,(0.5,1.0), ")
plt. show()
```

6.5　贝叶斯分类模型

贝叶斯(Bayes)分类是一类基于贝叶斯分类算法的总称。这类算法均以贝叶斯定理为基础,故统称为贝叶斯分类。它是以英国著名数学大师托马斯·贝叶斯于 1763 年在其著作《论有关机遇问题的求解》中提出的一种基于概率分析的可能性推理理论为基础的。

6.5.1　贝叶斯分类概述

贝叶斯分类方法是一种最常用的有指导学习的方法,是以贝叶斯定理为理论基础的一种在已知先验概率与条件概率情况下得到后验概率的模式识别方法。贝叶斯分类器分为朴素贝叶斯分类器和贝叶斯网络分类器两种。

1. 朴素贝叶斯分类器

朴素贝叶斯分类器的原理是对于给出的待分类样本,求解在此样本出现的条件下各个类别出现的概率,哪个最大,就认为此待分类样本属于哪个类别。它在求解过程中假设各分类样本的特征是相互独立的。例如,短信文本一般都不超过 70 个汉字,如"首付至少 10 万,最多住 30 年,翡翠公馆,长江路 CBD 精装小户,准现房发售,投资、自住皆宜,会员优惠中!电话 5037 ****",通过提取特征词可以判定为售楼类广告。尽管这些特征词相互依赖或者有些特征词由其他特征词确定,然而朴素贝叶斯分类器认为这些特征词在判定该短信为售楼类广告的概率分布上是独立的。

2. 贝叶斯网络分类器

贝叶斯网络分类器是由图论和概率论结合而成的描述多元统计关系的模型,它借助有向无环图来刻画属性之间的依赖关系,并使用条件概率表来描述属性的联合概率分布。

贝叶斯网络分类器为多个变量之间复杂依赖关系的表示提供了统一的框架,具有紧凑有效、简洁直观的特点。利用贝叶斯网络分类器需要考虑样本属性之间的依赖程度,其计算复杂度要比朴素贝叶斯高得多,更能反映真实样本的情况。贝叶斯网络分类器的实现十分复杂。

本部分只介绍朴素贝叶斯分类器,对于贝叶斯网络分类器,大家可以参考相关文献。

6.5.2　朴素贝叶斯分类器

使用朴素贝叶斯分类器需要一个前提:样本的属性之间必须是相互独立的。通过使用朴素贝叶斯分类器,可以来预测属性与类别存在关系的可能性,求得样本属于某一类别的概率,根据概率的大小将样本分类到概率最大的类别中。

朴素贝叶斯分类器的一个很经典的应用就是用来进行垃圾邮件过滤。每一封邮件都包含了一系列特征词,这些特征词构成特征向量。大家只需要计算在该特征向量出现的前提下此邮件为垃圾邮件的概率就可以进行判别了。

1. 朴素贝叶斯分类原理

朴素贝叶斯分类的算法原理依赖于概率论中的贝叶斯定理。

1) 贝叶斯定理

假设 A 和 B 为两个不相互独立的事件,在事件 B 发生的条件下事件 A 发生的概率(也称为后验概率)为:

$$P(A \mid B) = \frac{P(AB)}{P(B)} = \frac{P(B \mid A)P(A)}{P(B)} \tag{6-9}$$

称为贝叶斯定理。其中,$P(A)$表示事件 A 发生的概率(也称为先验概率),$P(B)$表示事件 B 发生的概率,$P(AB)$表示事件 A、B 同时发生的概率,$P(B \mid A)$表示在事件 A 发生的条件下出现随机事件 B 的概率。

假设 B 有多个需要考虑的因素,即 $B = (b_1, b_2, \cdots, b_n)$,"朴素"的意义就在于假设这些因素是相互独立的,即有:

$$P(B \mid A) = P((b_1, b_2, \cdots, b_n) \mid A) = \prod_{i=1}^{n} P(b_i \mid A) \tag{6-10}$$

2) 离散值的概率

原始的朴素贝叶斯分类只能处理离散数据。在估计条件概率 $P(x_i \mid c)$ 时,如果 x_i 为离散值,则只需要计算每个值占所有样本的数量比例就可以了。

$$P(x_i \mid c) = \frac{\mid D_{c,x_i} \mid}{\mid D_c \mid} \tag{6-11}$$

其中,$\mid D_c \mid$ 表示训练集 D 中第 c 类样本组成集合的样本数量,$\mid D_{c,x_i} \mid$ 表示 D_c 中在第 i 个值上取值为 x_i 的样本组成集合的样本数量。

3) 朴素贝叶斯分类算法

输入:样本 $X = \{x_1, x_2, \cdots, x_n\}$,$x_i (i = 1, 2, \cdots, n)$ 是 X 的属性,类别集合 $C = \{c_1, c_2, \cdots, c_s\}$。

输出:X 属于的类别 c_k。

step1 计算 X 为各个类别的概率:$P(c_1 \mid X), P(c_2 \mid X), \cdots, P(c_s \mid X)$。

step2 如果 $P(c_k \mid X) = \max\{ P(c_1 \mid X), P(c_2 \mid X), \cdots, P(c_s \mid X)\}$,则 X 的类别为 c_k。

2. 高斯朴素贝叶斯分类

在估计条件概率 $P(x_i \mid c)$ 时,如果 x_i 为连续值,可以使用高斯朴素贝叶斯(Gaussian Naive Bayes)分类模型,它基于一种经典的假设:与每个类相关的连续变量的分布是属于高斯分布的。假设 $P(s_i \mid c) \sim N(\mu_{c,i}, \sigma_{c,i}^2)$,其中 $\mu_{c,i}$ 和 $\sigma_{c,i}^2$ 分别是第 c 类样本在第 i 个值上的均值和方差,则有:

$$P(x_i \mid c) = \frac{1}{\sqrt{2\pi}\sigma_{c,i}} \exp\left(-\frac{(x_i - \mu_{c,i})^2}{2\sigma_{c,i}^2}\right) \tag{6-12}$$

3. 多项式朴素贝叶斯分类

多项式朴素贝叶斯(Multinomial Naive Bayes)经常被用于离散特征的多分类问题,比原始的朴素贝叶斯分类效果有了较大的提升。其公式如下:

$$P(x_i \mid c) = \frac{\mid D_{c,x_i} \mid + a}{\mid D_c \mid + an} \tag{6-13}$$

其中,$a > 0$ 表示平滑系数,其意义是防止零概率的出现。当 $a = 1$ 时称为拉普拉斯平滑,当 $a < 0$ 时称为 Lidstone 平滑。

例 6.14 根据一个西瓜的特征来判断它是否为一个好瓜。数据集如表 6.7 所示。

表 6.7 西瓜数据集

编号	色泽	瓜蒂	敲声	纹理	脐部	触感	密度	含糖率	好瓜
1	青绿	蜷缩	浊响	清晰	凹陷	硬滑	0.697	0.460	是
2	乌黑	蜷缩	沉闷	清晰	凹陷	硬滑	0.774	0.376	是
3	乌黑	蜷缩	浊响	清晰	凹陷	硬滑	0.634	0.264	是
4	青绿	蜷缩	沉闷	清晰	凹陷	硬滑	0.608	0.318	是
5	浅白	蜷缩	浊响	清晰	凹陷	硬滑	0.556	0.215	是
6	青绿	稍蜷	浊响	清晰	稍凹	软黏	0.403	0.237	是
7	乌黑	稍蜷	浊响	稍糊	稍凹	软黏	0.481	0.149	是
8	乌黑	稍蜷	浊响	清晰	稍凹	硬滑	0.437	0.211	是
9	乌黑	稍蜷	沉闷	稍糊	稍凹	硬滑	0.666	0.091	否
10	青绿	硬挺	清脆	清晰	平坦	软黏	0.243	0.267	否
11	浅白	硬挺	清脆	模糊	平坦	硬滑	0.245	0.057	否
12	浅白	蜷缩	浊响	模糊	平坦	软黏	0.343	0.099	否
13	青绿	稍蜷	浊响	稍糊	凹陷	硬滑	0.639	0.161	否
14	浅白	稍蜷	沉闷	稍糊	凹陷	硬滑	0.657	0.198	否
15	乌黑	稍蜷	浊响	清晰	稍凹	软黏	0.360	0.370	否
16	浅白	蜷缩	浊响	模糊	平坦	硬滑	0.593	0.042	否
17	青绿	蜷缩	沉闷	稍糊	稍凹	硬滑	0.719	0.103	否

解：利用朴素贝叶斯算法训练出一个{"好瓜"、"坏瓜"}的分类器，测试样例西瓜 x_{test} = {色泽="青绿", 瓜蒂="蜷缩", 敲声="浊响", 纹理="清晰", 脐部="凹陷", 触感="硬滑", 密度=0.697, 含糖率=0.460}是否为好瓜。

首先，估计先验概率：

$$P(好瓜="是")=\frac{8}{17}\approx 0.471, \quad P(好瓜="否")=\frac{9}{17}\approx 0.529$$

其次，计算每个属性值的条件概率 $P(x_i|c)$，对于离散属性色泽、瓜蒂、敲声、纹理、脐部、触感：

$$P_{青绿|是}=P(色泽="青绿"|好瓜="是")=\frac{3}{8}\approx 0.375$$

$$P_{青绿|否}=P(色泽="青绿"|好瓜="否")=\frac{3}{9}\approx 0.333$$

$$P_{蜷缩|是}=P(根蒂="蜷缩"|好瓜="是")=\frac{5}{8}\approx 0.625$$

$$P_{蜷缩|否}=P(根蒂="蜷缩"|好瓜="否")=\frac{3}{9}\approx 0.333$$

$$P_{浊响|是}=P(敲声="浊响"|好瓜="是")=\frac{6}{8}\approx 0.750$$

$$P_{浊响|否}=P(敲声="浊响"|好瓜="否")=\frac{4}{9}\approx 0.444$$

$$P_{清晰|是}=P(纹理="清晰"|好瓜="是")=\frac{7}{8}\approx 0.875$$

$$P_{清晰|否}=P(纹理="清晰"|好瓜="否")=\frac{2}{9}\approx 0.222$$

$$P_{凹陷|是}＝P(脐部="凹陷"|好瓜="是")＝\frac{6}{8}＝0.750$$

$$P_{凹陷|否}＝P(脐部="凹陷"|好瓜="否")＝\frac{2}{9}≈0.222$$

$$P_{硬滑|是}＝P(触感="硬滑"|好瓜="是")＝\frac{6}{8}＝0.750$$

$$P_{硬滑|否}＝P(触感="硬滑"|好瓜="否")＝\frac{6}{9}≈0.667$$

对于连续值属性密度、含糖率：

$$P_{密度：0.697|是}＝P(密度=0.697|好瓜="是")$$

$$＝\frac{1}{\sqrt{2\pi}\times0.129}\exp\left(-\frac{(0.697-0.574)^2}{2\times0.129^2}\right)≈1.959$$

$$P_{密度：0.697|否}＝P(密度=0.697|好瓜="否")$$

$$＝\frac{1}{\sqrt{2\pi}\times0.195}\exp\left(-\frac{(0.697-0.496)^2}{2\times0.195^2}\right)≈1.203$$

$$P_{含糖率：0.460|是}＝P(含糖率=0.460|好瓜="是")$$

$$＝\frac{1}{\sqrt{2\pi}\times0.101}\exp\left(-\frac{(0.460-0.279)^2}{2\times0.101^2}\right)≈0.788$$

$$P_{含糖率：0.460|否}＝P(含糖率=0.460|好瓜="否")$$

$$＝\frac{1}{\sqrt{2\pi}\times0.108}\exp\left(-\frac{(0.460-0.154)^2}{2\times0.108^2}\right)≈0.066$$

计算测试西瓜 x_{test}＝{色泽="青绿"，瓜蒂="蜷缩"，敲声="浊响"，纹理="清晰"，脐部="凹陷"，触感="硬滑"，密度=0.697，含糖率=0.460}分别属于好瓜和坏瓜的概率。

$$P(好瓜="是")\times P_{青绿|是}\times P_{蜷缩|是}\times P_{浊响|是}\times P_{清晰|是}\times P_{凹陷|是}\times P_{硬滑|是}\times$$

$$P_{密度：0.697|是}\times P_{含糖率：0.460|是}≈0.0028$$

$$P(好瓜="否")\times P_{青绿|否}\times P_{蜷缩|否}\times P_{浊响|否}\times P_{清晰|否}\times P_{凹陷|否}\times P_{硬滑|否}\times$$

$$P_{密度：0.697|否}\times P_{含糖率：0.460|否}≈6.80\times10^{-5}$$

很明显，测试样例西瓜 x_{test} 是好瓜的概率 0.028 远大于 x_{test} 是坏瓜的概率 6.80×10^{-5}，于是分类器判断 x_{test} 为好瓜。

6.5.3　朴素贝叶斯模型的优缺点

朴素贝叶斯模型的主要优点如下：

（1）朴素贝叶斯模型发源于古典数学理论，有稳定的分类效率。

（2）对小规模的数据集表现很好，可以处理多分类任务。其适合增量式训练，尤其是数据量超出内存时，可以一批批地去增量训练。

（3）对缺失数据不太敏感，算法也比较简单，常用于文本分类。

朴素贝叶斯模型的主要缺点如下：

（1）理论上，朴素贝叶斯模型与其他分类方法相比具有最小的误差率。但实际上并非总是如此，这是因为朴素贝叶斯模型假设属性之间相互独立，这个假设在实际应用中往往是不成立的，在属性个数比较多或者属性之间相关性较大时分类效果不好，而在属性相关性较小时朴素贝叶斯的性能最为良好。对于这一点,出现了半朴素贝叶斯之类的算法,它们是通过考虑部分关联性适度改进的。

（2）需要知道先验概率,且先验概率很多时候取决于假设,假设的模型可以有很多种,因此在某些时候会由于假设的先验模型原因导致预测效果不佳。

（3）由于是通过先验概率来决定后验概率从而决定分类,所以分类决策存在一定的错误率。

（4）对输入数据的表达形式很敏感。

6.5.4　朴素贝叶斯模型的 Python 实现

例 6.15　将表 6.7 中的数据建成 D:/Data_Mining/例 6.15 下的数据文件 xiguadata.csv,对该数据集训练朴素贝叶斯模型,并对例 6.14 中给定的西瓜数据 x_{test} 进行预测。

程序代码如下:

```python
import os
import json
import pandas as pd
import numpy as np
class NaiveBayes:
    def __init__(self):
        self.model = {}
    def calEntropy(self, y):                              #计算熵
        valRate = y.value_counts().apply(lambda x:x/y.size)    #频次汇总得到各个特征对应的概率
        valEntropy = np.inner(valRate, np.log2(valRate)) * -1
        return valEntropy
    def fit(self, xTrain, yTrain = pd.Series()):
        if not yTrain.empty:                             #如果不传,自动选择最后一列作为分类标签
            xTrain = pd.concat([xTrain, yTrain], axis = 1)
        self.model = self.buildNaiveBayes(xTrain)
        return self.model
    def buildNaiveBayes(self, xTrain):
        yTrain = xTrain.iloc[:, -1]
        yTrainCounts = yTrain.value_counts()             #频次汇总得到各个特征对应的概率
        yTrainCounts = yTrainCounts.apply(lambda x:(x + 1)/(yTrain.size + yTrainCounts.size))
                                                         #使用了拉普拉斯平滑
        retModel = {}
        for nameClass, val in yTrainCounts.items():
            retModel[nameClass] = {'PClass': val, 'PFeature':{}}    #PFeature:{}对应于各个特征的概率
        propNamesAll = xTrain.columns[:-1]
        allPropByFeature = {}
        for nameFeature in propNamesAll:
            allPropByFeature[nameFeature] = list(xTrain[nameFeature].value_counts().index)
        for nameClass, group in xTrain.groupby(xTrain.columns[-1]):
            for nameFeature in propNamesAll:
                eachClassPFeature = {}
                propDatas = group[nameFeature]
                propClassSummary = propDatas.value_counts()    #频次汇总得到各个特征对应的概率
                for propName in allPropByFeature[nameFeature]:
                    if not propClassSummary.get(propName):
                        propClassSummary[propName] = 0    #如果有属性值缺失,那么自动补 0
                Ni = len(allPropByFeature[nameFeature])
                propClassSummary = propClassSummary.apply(lambda x:(x + 1)/(propDatas.size + Ni))
                                                         #使用了拉普拉斯平滑
                for nameFeatureProp, valP in propClassSummary.items():
                    eachClassPFeature[nameFeatureProp] = valP
                retModel[nameClass]['PFeature'][nameFeature] = eachClassPFeature
        return retModel
```

```python
    def predictBySeries(self,data):
        curMaxRate = None
        curClassSelect = None
        for nameClass,infoModel in self.model.items():
            rate = 0
            rate += np.log(infoModel['PClass'])
            PFeature = infoModel['PFeature']
            for nameFeature,val in data.items():
                propsRate = PFeature.get(nameFeature)
                if not propsRate:
                    continue
                rate += np.log(propsRate.get(val,0))   #使用log加法避免很小的小数连续乘,接近0
            if curMaxRate == None or rate > curMaxRate:
                curMaxRate = rate
                curClassSelect = nameClass
        return curClassSelect
    def predict(self,data):
        if isinstance(data,pd.Series):
            return self.predictBySeries(data)
        return data.apply(lambda d: self.predictBySeries(d),axis = 1)
os.chdir('D:\\Data_Mining\例6.15')                  #设置当前路径
dataTrain = pd.read_csv("xiguadata.csv",encoding = "gbk")
naiveBayes = NaiveBayes()
treeData = naiveBayes.fit(dataTrain)
print(json.dumps(treeData,ensure_ascii = False))
pd = pd.DataFrame({'预测值':naiveBayes.predict(dataTrain),'正确值':dataTrain.iloc[:,-1]})
print(pd)
print('正确率:%f%%' % (pd[pd['预测值'] == pd['正确值']].shape[0] * 100.0 / pd.shape[0]))
```

例 6.16 利用 Scikit-learn 中朴素贝叶斯的分类算法。

（1）高斯分布朴素贝叶斯 GaussianNB() 分类示例。

```python
from sklearn.datasets import load_iris
from sklearn.naive_bayes import GaussianNB
iris = load_iris()
clf = GaussianNB()                    #设置高斯贝叶斯分类器
clf.fit(iris.data,iris.target)    #训练分类器
y_pred = clf.predict(iris.data)   #预测
print("Number of mislabeled points out of %d points:%d" % (iris.data.shape[0],(iris.target!=
y_pred).sum()))
```

（2）先验为多项式分布的朴素贝叶斯分类 MultinomialNB() 示例。

```python
from sklearn.datasets import load_iris
from sklearn.naive_bayes import MultinomialNB
iris = load_iris()
gnb = MultinomialNB()                    #设置多项式贝叶斯分类器
gnb.fit(iris.data,iris.target)
y_pred = gnb.predict(iris.data)
print('Number of mislabeled points out of a total %d points: %d' % (iris.data.shape[0],(iris.
target!= y_pred).sum()))
```

6.6 支持向量机

1995 年，Vipnik 提出了基于统计理论的支持向量机（Support Vector Machine，SVM）算法，该算法的重点是寻找最佳的高维分类超平面。因为 SVM 是基于成熟的小样本统计理论，所以它在机器学习研究领域获得了广泛的关注。

6.6.1 SVM 的基本原理

SVM 是基于超平面的一个二分类模型，通过最大化间隔边界到超平面的距离实现数据的

分类。二分类模型在二维空间中就是线性分类器,如图 6.10 所示。

在图 6.10 中用一条直线把两个类别分开。如果存在某一线性函数能把数据样本集分成两个类别,则称之为线性可分。如果是在三维空间,这条直线就变成一个平面,即超平面。支持向量机方法试图在向量空间中寻找一个最优分类平面,该平面切分两类数据并且使其分开的间隔最大。

在进行样本分类时,样本由一个标识(标识样本的类别)和一个向量(即样本形式化向量)组成。其形式如下:

$$D_i = (x_i, y_i) \tag{6-14}$$

在二元线性分类中,向量用 x_i 表示,类别标识用 y_i 表示。其中 y_i 只有 $+1$ 和 -1(表示是否属于该类别)两个值,这样就可以定义某个样本距离最优分类平面的间隔。

$$\delta_i = y_i(t^T x_i + b) \tag{6-15}$$

在该式中,t 是分类权重向量,b 是分类阈值。

样本集距离最优分类平面最近点的距离就是样本集到最优分类平面的距离,如图 6.11 所示。

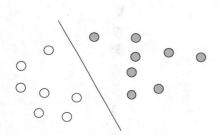

图 6.10 支持向量机分类示意图

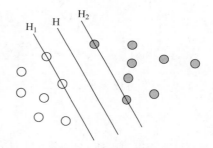

图 6.11 最优分类平面示意图

空心点和实心点分别表示不同的类别,H 为分割超平面,H_1 和 H_2 分别表示各类中离分割超平面最近且平行的平面。H_1 和 H_2 上的点被称为支持向量,H_1 和 H_2 之间的间距被称为分类间隔。最优分割超平面就是要求在正确分开不同类别的前提下分类间隔最大。

6.6.2 SVM 分类的基本方法

SVM 分类模型可概括为线性可分支持向量机、线性不可分支持向量机和非线性支持向量机,其中线性可分支持向量机模型分类的直观表示如图 6.11 所示,其他两种模型分类的直观表示分别如图 6.12 和图 6.13 所示。

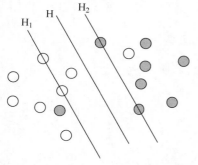

图 6.12 线性不可分支持向量机

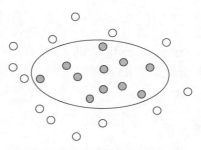

图 6.13 非线性支持向量机

1. 线性可分支持向量机

根据以上讨论,构建最优分类超平面进行分类的问题可以转化为二次规划问题,但是直接求解比较烦琐,常用的方法是将其转化为对偶问题优化求解。所用优化方法是拉格朗日乘子法,而且与 KKT 条件(Karush Kuhn Tucker Conditions)有关,本部分不列出公式推导过程。直接应用其拉格朗日目标函数,如式(6-16)所示。

$$L(t,b,\alpha) = \frac{1}{2}t^T t - \sum_{i=1}^{n} \alpha_i [y_i(t^T x_i + b) - 1] \tag{6-16}$$

α_i 是 Lagrange 系数。下面求 Lagrange 函数最小值,根据多元微积分求极值的方法先分别求 b、t 和 α_i 的偏微分,之后再令偏微分等于 0,有:

$$\frac{\partial L}{\partial t} = 0 \Rightarrow t = \sum_{i=1}^{n} \alpha_i y_i x_i ; \qquad \frac{\partial L}{\partial b} = 0 \Rightarrow \sum_{i=1}^{n} \alpha_i y_i = 0 ;$$

$$\frac{\partial L}{\partial \alpha_i} = 0 \Rightarrow \alpha_i [y_i(t^T x_i + b) - 1] = 0 \tag{6-17}$$

结合上述公式,即求出原问题的对偶问题,如式(6-18)所示。

$$\begin{cases} \max\left(\sum_{i=1}^{n} \alpha_i - \frac{1}{2}\sum_{i=1}^{n}\sum_{j=1}^{n} \alpha_i \alpha_j y_i y_j (x_i^T x_j)\right) \\ \text{其中 } \alpha_i \geqslant 0, \sum_{i=1}^{n} \alpha_i y_i = 0, \quad i \in [1, n] \end{cases} \tag{6-18}$$

设最优解为 α_i^*,可以得到如下公式:

$$t^* = \sum_{i=1}^{n} \alpha_i^* y_i x_i \tag{6-19}$$

当 α_i^* 值不等于 0 时,所对应的向量即为所求的支持向量,支持向量线性组合就构成了最优分类超平面的权系数。

$$b^* = y_i - \sum_{i=1}^{n} \alpha_i y_i x_i^T x_j \tag{6-20}$$

可得出如下公式所示的决策函数。

$$f(x) = \text{sign}\left(\sum_{i=1}^{n} \alpha_i^* y_i (xx_i) + b^*\right) \tag{6-21}$$

在该式中,参数 b^* 是分类的阈值,sign()函数为符号函数,其值的正负代表了待分类数据样本属于正类或负类。对于待分类的数据样本,要得到 x 的类别只需计算 $f(x)$ 即可。

例 6.17 求 SVM 分类超平面示例。

解:假设有 3 个数据点向量,即正例 $x_1(3,3)$ 和 $x_2(4,3)$、负例 $x_3(1,1)$。根据式(6-18):

$\min\limits_{\alpha}\left(\frac{1}{2}\sum_{i=1}^{n}\sum_{j=1}^{n} \alpha_i \alpha_j y_i y_j (x_i^T x_j) - \sum_{i=1}^{n} \alpha_i\right)$,其中约束条件为 $\sum_{i=1}^{n} \alpha_i y_i = 0 (\alpha_i \geqslant 0)$。

由于 x_1 和 x_2 是正例,所以 $y_1 = y_2 = 1$,x_3 是负例,所以 $y_3 = -1$。

代入上面的式子有:

$$\frac{1}{2}(18\alpha_1^2 + 25\alpha_2^2 + 2\alpha_3^2 + 42\alpha_1\alpha_2 - 12\alpha_1\alpha_3 - 14\alpha_2\alpha_3) - \alpha_1 - \alpha_2 - \alpha_3$$

约束条件有:

$$\alpha_1 + \alpha_2 - \alpha_3 = 0 \quad \text{且} \quad \alpha_i \geqslant 0(i=1,2,3)$$

将约束条件代入上式化简后并令其为 $G(\alpha_1, \alpha_2)$:

$$G(\alpha_1,\alpha_2)=4\alpha_1^2+\frac{13}{2}\alpha_2^2+10\alpha_1\alpha_2-2\alpha_1-2\alpha_2$$

为了求 $G(\alpha_1,\alpha_2)$ 的最小值,求出 α_1 和 α_2 的偏导数并令其等于 0,有:

$$\begin{cases}\dfrac{\partial G}{\partial \alpha_1}=8\alpha_1+10\alpha_2-2=0 \\[2mm] \dfrac{\partial G}{\partial \alpha_2}=13\alpha_2+10\alpha_1-2=0\end{cases}$$

解之得:

$$\begin{cases}\alpha_1=1.5 \\ \alpha_2=-1\end{cases}$$

α_2 并不满足约束条件($\alpha_i\geqslant 0$),所以解应在边界上($\alpha_1=0$ 或 $\alpha_2=0$)。

令 $\alpha_1=0$ 可得 $G(\alpha_2)=\frac{13}{2}\alpha_2-2\alpha_2$,利用一元函数的极值点求得 $\alpha_2=\frac{2}{13}$,此时 $G\left(\frac{2}{13}\right)=-0.154$,同理令 $\alpha_2=0$ 可得 $\alpha_1=0.25$,此时 $G(0.25)=-0.25$,由此可以得出最小值点应为 $\alpha_1^*=0.25$,$\alpha_2^*=0$,$\alpha_3^*=0.25$。

将向量 $X_1(3,3)$、$X_2(4,3)$、$X_3(1,1)$、$y_1=y_2=1$、$y_3=-1$ 和 $\alpha_1^*=0.25$、$\alpha_2^*=0$、$\alpha_3^*=0.25$ 代入式(6-19)得:

$$t^*=0.25\times1\times(3,3)+0.25\times(-1)\times(1,1)=(0.5,0.5)$$

由式(6-20)可得:

$$b^*=1-(0.25\times1\times18+0.25\times(-1)\times6)=-2$$

可得超平面方程 $0.5x_1+0.5x_2-2=0$。超平面和向量如图 6.14 所示。

2. 线性不可分支持向量机

对于线性不可分问题,引入松弛变量 $\xi_i\geqslant0$,将约束条件放松为:

$$y_i((t\cdot x_i)+b)\geqslant1-\xi_i,\quad i=1,2,\cdots,n \tag{6-22}$$

当分割出现错误时,ξ_i 大于 0,所以引入惩罚项如下:

$$\varphi(t,\xi)=\frac{1}{2}\parallel t\parallel^2+C\left(\sum_{i=1}^{n}\xi_i\right) \tag{6-23}$$

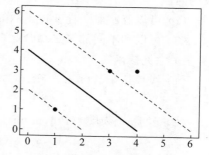

图 6.14　例 6.16 的超平面与
向量图示

其中,惩罚因子为 C,C 越大表明对错误分类的惩罚越大。上述公式同时适用于线性可分问题和线性不可分问题。

根据 wolf 对偶理论,得到原始问题的 wolf 对偶问题为:

$$\max_{\alpha}(\alpha)=\sum_{i=1}^{l}\alpha_i-\frac{1}{2}\sum_{i,j=1}^{l}\alpha_i\alpha_jy_iy_jx_ix_j$$

$$\text{s.t.}\quad \sum_{i=1}^{l}\alpha_iy_i=0 \quad 0\leqslant\alpha_i\leqslant C,i=1,2,\cdots,l \tag{6-24}$$

其与线性可分支持向量机的对偶问题的重要区别是对 α_i 增加了上限限制。求解上述对偶问题得最优解 α^*,如果 $\alpha^*>0$,称 x_i 为支持向量,得到决策函数如下:

$$f(x)=\text{sign}\left(\sum_{i=1}^{l}y_i\alpha_i^*x_ix+b^*\right) \tag{6-25}$$

3. 非线性支持向量机

解决非线性问题才是支持向量机分类方法的真正价值。为了使支持向量机的方法能解决非线性问题,提出了核函数(Kernel Function)的概念。其主要方法是把输入空间线性不可分问题转化到高维特征空间进行,即把某一非线性映射函数映射到高维特征空间,在高维空间中构建最优分类平面。采用核函数使得在线性不可分问题的内积运算$< x_i^T x_j >$映射为高维特征空间的内积运算$< \varphi(x_i)^T, \varphi(x_j) >$,这样就可以把原始输入中不能将样本数据用线性平面划分开的空间映射到能找到线性平面将类别数据进行划分的高维特征空间中。其示意图如图 6.15 所示。

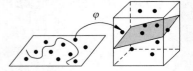

图 6.15　特征空间映射示意图

在输入空间实现映射函数 φ 如下所示:

$$x \rightarrow \Phi(x) = (\varphi_1(x), \varphi_2(x), \cdots, \varphi_i(x), \cdots)^T \tag{6-26}$$

根据相关泛函理论,这些内积运算可以通过满足 Mercer 定理的核函数 $K(x_i, x_j) = \varphi(x_i)^T \varphi(x_j)$ 的运算来实现,用核函数代替最优分类超平面公式变换得到:

$$f(x) = sign((w^*)^T \varphi(x) + b^*) = sign\left(\sum_{i=1}^{N} \alpha_i^* y_i K(x_i, x) + b^* \right) \tag{6-27}$$

其中,变量 x_i 表示的是支持向量。

4. 核函数简介及选择

非线性支持向量机分类的主要方法是样本集输入空间经过非线性变换,所谓非线性变换,是指选择适当的内积函数(核函数),在一个高维的特征空间中实现线性可分。

1)核函数的功能

核函数的功能如下:

(1)因为核函数的计算量与特征空间的维数无关,所以能够有效解决高维空间的运算量大的问题。

(2)可以忽略非线性变换函数的形式及其参数。

(3)可以和不同的算法结合起来,且核函数和其他算法可以独立运行。

2)常见核函数

(1)线性核函数(Liner Kernel):

$$K(x_i, x_j) = x_i^T x_j \tag{6-28}$$

(2)多项式核函数(Polynomial Kernel):

$$K(x_i, x_j) = [(x_i^T x_j) + 1]^d \tag{6-29}$$

(3)径向基核函数(RBF Kernel):

$$K(x_i, x_j) = \exp(-\gamma \| x_i - x_j \|^2) \tag{6-30}$$

(4)两层感知器核函数(Sigmoid Kernel):

$$K(x_i, x_j) = \tanh(v(x_i^T x_j) + r) \tag{6-31}$$

在上述公式中,d、γ 和 r 均为核函数的参数。

6.6.3　使用 Python 实现 SVM 分类的案例

Python 中的 sklearn 库也集成了 SVM 算法,在使用前需要预先导入支持向量机包,语句为 from sklearn import svm。其常用形式如下:

```
SVC(C = 1.0, kernel = 'rbf', gamma = 10, decision_function_shape = 'ovr')
```

参数说明:

(1)C 为目标函数的惩罚系数,默认 C=1.0。

(2)gamma 为核函数的系数('Poly'、'RBF'、'Sigmoid'),默认 gamma=1/n_features。

（3）kernel 为核函数，当取值'linear'时为线性核，C 越大分类效果越好，但有可能会过拟合（默认 C=1.0）；当取值'rbf'时（默认值）为高斯核，gamma 值越小分类界面越连续，gamma 值越大分类界面越"散"，分类效果越好，但有可能会过拟合。

（4）decision_function_shape 取值'ovr'时为一对多，取值'ovo'时为一对一。

例 6.18 使用鸢尾花数据集，对其中的两种鸢尾花数据进行 SVM 分类。

程序代码如下：

```
import matplotlib.pyplot as plt
import numpy as np
from sklearn import svm              #导入支持向量机
import pandas as pd
from sklearn.datasets import load_iris
iris = load_iris()
tem_X = iris.data[:,1:3]
tem_Y = iris.target
new_data = pd.DataFrame(np.column_stack([tem_X,tem_Y]))
#过滤掉其中一种类型的鸢尾花
new_data = new_data[new_data[2] != 1.0]
X = new_data[[0,1]].values        #生成 X
Y = new_data[[2]].values          #生成 Y
clf = svm.SVC(kernel = 'linear')  #拟合一个 SVM 模型
clf.fit(X, Y)
w = clf.coef_[0]                  #获取分割超平面
a = - w[0]/w[1]
#从 -5 到 5,顺序间隔采样 50 个样本
xx = np.linspace( -2,10)
#二维的直线方程
yy = a * xx - (clf.intercept_[0])/w[1]
print("yy = ",yy)
#通过支持向量绘制分割超平面
print("support_vectors_ = ",clf.support_vectors_)
b = clf.support_vectors_[0]
yy_down = a * xx + (b[1] - a * b[0])
b = clf.support_vectors_[ -1]
yy_up = a * xx + (b[1] - a * b[0])
#画线、点和向量
plt.plot(xx,yy,'k - ')
plt.plot(xx,yy_down,'k -- ')
plt.plot(xx,yy_up,'k -- ')
plt.scatter(clf.support_vectors_[:,0],clf.support_vectors_[:,1],s = 80,facecolors = 'none')
plt.scatter(X[:,0].flat,X[:,1].flat,c = '#86c6ec', cmap = plt.cm.Paired)
plt.axis('tight')
plt.show()
```

程序运行结果如图 6.16 所示。

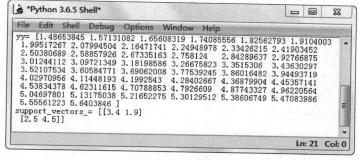

(a) 数据采集与支持向量

图 6.16 例 6.18 的运行结果

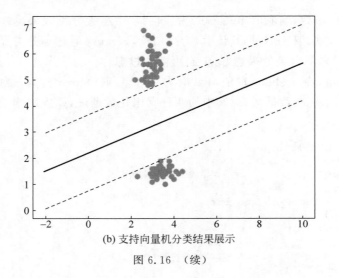

(b) 支持向量机分类结果展示

图 6.16 （续）

6.7 分类模型的评估与选择

在数据挖掘建模中最后一个步骤就是对模型进行优劣评估，验证模型的性能。分类模型的性能评估是样本分类过程中的一个重要步骤，是分类模型能否最终投入实际应用的一个重要环节。

6.7.1 分类模型的性能评估

分类模型的性能评估主要有准确率、敏感性、特效性、精确率、F-测量和 F_β 度量等。

1. 混淆矩阵

数据样本的真实性和分类模型预测的类别组合可以通过构建二维混淆矩阵（Confusion Matric，CM）反映出来。所谓混淆矩阵，就是分别统计分类模型归错类、归对类的观测值个数，然后把结果放在一个表中展示出来，如表 6.8 所示。

表 6.8　二维混淆矩阵表

实　　际	分类为正例实例	分类为负例实例
实际为正例实例	TP	FN
实际为负例实例	FP	TN

在这里，属于该类的样本数据称为"正例样本"，不属于该类的样本数据称为"负例样本"。为便于说明，假设测试样本总数为 n，正例样本个数为 m，则负例样本个数为 n−m。

TP（Truly Positive）是指分类器判别为正例的正例样本个数（$0 \leqslant TP \leqslant m$）。

FP（Falsely Positive）是指分类器判别为正例的负例样本个数（取伪个数）（$0 \leqslant FP \leqslant n-m$）。

FN（Falsely Negative）是指分类器判别为负例的正例样本个数（弃真个数）（$0 \leqslant FN \leqslant m$）。

TN（Truly Negative）是指分类器判别为负例的负例样本个数（$0 \leqslant TN \leqslant n-m$）。

显然有 TP+FN=m，FP+TN=n−m 和 TP+FP+FN+TN=n。

2. 分类器常用的评估指标

为了对分类模型进行评估，需要给定一个测试集，用模型对测试集中的每个样本进行预测，并根据预测结果计算评价分数。

1）准确率和错误率

分类器在检验集上的准确率（Accuracy）定义为该分类器正确分类所占的百分比，它反映分类器对各类实例的正确识别情况。即

$$accuracy = \frac{TP + TN}{P + N} \tag{6-32}$$

错误率（Error-rate）又称误分类，为被该分类器错误分类所占的百分比。即

$$error\_rate = \frac{FP + FN}{P + N} \tag{6-33}$$

2）敏感性和特效性

敏感性又称真正例率（True Positive Rate，TPR），它表示了分类器所识别出的正例占所有正例的比例。特效性是真负例率，即正确识别的负例占所有负例的百分比。即

$$sensitivity = \frac{TP}{P} \tag{6-34}$$

$$specificity = \frac{TN}{N} \tag{6-35}$$

3）精确率和召回率

精确率（Precision）表示被标识为正例的样本中实际为正例的百分比，可以看作精确性的度量，也被称为查准率。召回率（Recall）表示预测为正例的样本中实际为正例的百分比，是完全性的度量，也被称为查全率。精确率和召回率的计算公式如下：

$$precision = \frac{TP}{TP + FP} \tag{6-36}$$

$$recall = \frac{TP}{TP + FN} \tag{6-37}$$

就同一个分类器而言，召回率和精确率有着相互制约的关系，有时可以通过牺牲精确率来提高召回率，同样也可以通过降低召回率来改善精确率。一般来说，随着阈值的不断增大，召回率单调下降，而精确率振荡上升。

4）F-测量与 F_β 度量

召回率和精确率是两个相互矛盾的性能指标，所以在很多情况下将两者综合在一起考虑，以平衡二者的作用。最常用的方法是引入 F-测量（F-measure）指标和 F_β 度量，分别定义为：

$$F\text{-}测量 = \frac{2 \times precision \times recall}{precision + recall} \tag{6-38}$$

$$F_\beta = \frac{(1 + \beta^2) \times precision \times recall}{\beta^2 \times precision + recall} \tag{6-39}$$

其中，β 是非负实数。F-测量是精确率和召回率的调和均值，它赋予精确率和召回率相等的权重。F_β 度量是精确率和召回率的加权度量。通常取 β 为 2 或 0.5。

分类器的评估方法较多，一般来说，当数据类别分布比较均衡时，准确率效果最好。其他度量方法，例如敏感性、特效性、精确率、召回率、F-测量和 F_β 度量方法，主要评估类别不均衡的问题。

3. P-R 曲线

评价一个模型的好坏，最好的方法是构建多组精确率和召回率，绘制出模型的 P-R 曲线。一条 P-R 曲线对应一个阈值（统计学的概率），通过选择合适的阈值（比如 K%）对样本进行合理的划分，概率大于 K% 的样本为正例，小于 K% 的样本为负例，样本分类完成后计算相应的

精确率和召回率,最后得到对应关系,如图 6.17 所示。

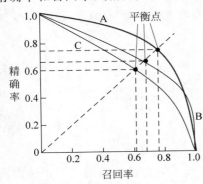

图 6.17　P-R 曲线示意图

如果一个分类器的 P-R 曲线 A 完全包含另一个学习器 B 的 P-R 曲线,则可断言 A 的性能优于 B。如果 A 和 B 发生交叉,那么性能该如何判断呢?可以根据曲线下方的面积大小来进行比较。更常用的是平衡点(Equilibrium Point),平衡点是 P-R 曲线与 y＝x 直线的交点。F-测量值越大,可以认为该分类器的性能越好。

P-R 曲线的生成方法:根据学习器的预测结果对样本进行排序,排在前面的学习器认为最有可能是正例的样本,排在最后的认为最不可能是正例的样本,按此顺序逐个将样本作为正例预测,则每次可以计算出当前的召回率、精确率。以召回率为横轴、精确率为纵轴作图,得到的精确率-召回率曲线即为 P-R 曲线。

用户可以使用 sklearn. metrics. precision_recall_curve()函数绘制 P-R 曲线。其常用形式如下:

```
precision_recall_curve(y_true, y_scores, pos_label = None, sample_weight = None)
```

参数说明:

(1) y_true 为 array 类型,表示真实样本的标签。

(2) y_scores 表示获得样本的预测概率。

(3) pos_label 为 int 或 str 类型,默认值为 None,表示正例样本的标签。

(4) sample_weight 表示样本的权重,可选。

返回值:

(1) precision 为 array 类型,表示精确率。

(2) recall 为 array 类型,表示召回率。

(3) thresholds 为 array 类型,用于计算精确率和召回率的决策函数的阈值。

例 6.19　P-R 曲线生成示例。

程序代码如下:

```
import numpy as np
import matplotlib.pyplot as plt
from sklearn.metrics import precision_recall_curve
plt.figure("P-R Curve")
plt.title('Precision/Recall Curve')
plt.xlabel('Recall')
plt.ylabel('Precision')
#y_true 为样本实际的类别,y_scores 为样本为正例的概率
y_true = np.array([1, 1, 1, 1, 1, 0, 1, 1, 0, 1, 1, 1, 0, 0, 0, 0, 1, 0, 0, 0])
y_scores = np.array([0.9, 0.75, 0.86, 0.47, 0.55, 0.56, 0.74, 0.62, 0.5, 0.86, 0.8, 0.47, 0.44,
0.67, 0.43, 0.4, 0.52, 0.4, 0.35, 0.1])
precision, recall, thresholds = precision_recall_curve(y_true, y_scores)
plt.plot(recall, precision)
plt.show()
```

程序运行结果如图 6.18 所示。

4. ROC 曲线

ROC 曲线(Receiver Operating Characteristic Curve)是一种反映分类模型敏感性和特效性连续变量的综合指标,显示了给定模型的真正例率(TPR)和假正例率(FPR)之间的权衡。

如果两条 ROC 曲线没有相交,则靠近左上角的曲线代表的分类器性能最好。如果两条 ROC 曲线发生了交叉,则以 TPR 为纵坐标、FPR 为横坐标绘制曲线,ROC 曲线下面积(Area Under Curve,AUC)越大,则对应的分类器精确性就越高。

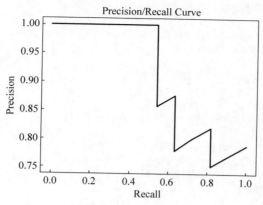

图 6.18 例 6.19 的运行结果

假定 ROC 曲线是由坐标为 $\{(x_1,y_1),(x_2,y_2),\cdots,(x_m,y_m)\}$ 的点按序连接形成的,则 AUC 可估算为:

$$AUC = \frac{1}{2}\sum_{i=1}^{m-1}(x_{i+1}-x_i)\cdot(y_i+y_{i+1}) \tag{6-40}$$

AUC 是衡量二分类模型优劣的一种评价指标,表示预测的正例排在负例前面的概率。

用户可以利用 sklearn 中的 roc_curve() 函数绘制 ROC 曲线,此时需要语句 from sklearn.metrics import roc_curve。其常用形式如下:

```
roc_curve(y_true, y_score, pos_label = None, drop_intermediate = True)
```

参数说明:

(1) y_true 表示真实的样本标签,默认值为 $\{0,1\}$ 或者 $\{-1,1\}$。

(2) y_score 表示对每个样本的预测结果。

(3) pos_label 表示正样本的标签。

(4) drop_intermediate 为 boolean 类型,默认值为 True,表示每组的阈值并不是将所有的值取满的,它删除了一些次优的阈值。

例 6.20 利用 roc_curve() 函数绘制 ROC 曲线示例。

程序代码如下:

```
import numpy as np
import matplotlib.pyplot as plt
from sklearn import svm, datasets
from sklearn.metrics import roc_curve, auc
from sklearn.model_selection import train_test_split
from sklearn.preprocessing import label_binarize
from sklearn.multiclass import OneVsRestClassifier
iris = datasets.load_iris()
X = iris.data
y = iris.target
y = label_binarize(y, classes = [0, 1, 2])
n_classes = y.shape[1]
#添加噪声特征增加问题难度
random_state = np.random.RandomState(0)
n_samples, n_features = X.shape
```

```
X = np.c_[X, random_state.randn(n_samples, 200 * n_features)]
#分割训练集和测试集
X_train, X_test, y_train, y_test = train_test_split(X, y, test_size = .5, random_state = 0)
#学习和预测每一类与其他类的差异
classifier = OneVsRestClassifier(svm.SVC(kernel = 'linear', probability = True, random_state =
random_state))
y_score = classifier.fit(X_train, y_train).decision_function(X_test)
#计算每个类的 ROC 曲线和 AUC 面积
fpr = dict()
tpr = dict()
roc_auc = dict()
for i in range(n_classes):
    fpr[i], tpr[i], _ = roc_curve(y_test[:, i], y_score[:, i])
    roc_auc[i] = auc(fpr[i], tpr[i])
#计算微平均 ROC 曲线和 AUC 面积
fpr["micro"], tpr["micro"], _ = roc_curve(y_test.ravel(), y_score.ravel())
roc_auc["micro"] = auc(fpr["micro"], tpr["micro"])
#绘制特定类的 ROC 曲线图
plt.figure()
lw = 2
plt.plot(fpr[2], tpr[2], color = 'darkorange', lw = lw, label = 'ROC curve (area = % 0.2f)' % roc_auc
[2])
plt.plot([0, 1], [0, 1], color = 'navy', lw = lw, linestyle = '--')
plt.xlim([0.0, 1.0])
plt.ylim([0.0, 1.05])
plt.xlabel('False Positive Rate')
plt.ylabel('True Positive Rate')
plt.title('Receiver operating characteristic example')
plt.legend(loc = "lower right")
plt.show()
```

程序运行结果如图 6.19 所示。

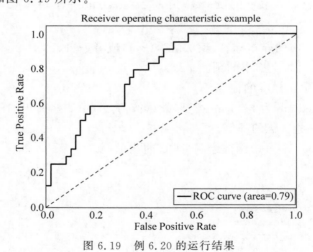

图 6.19　例 6.20 的运行结果

6.7.2　分类模型的选择方法

当空间中含有不同的复杂度模型时会面临模型选择(Model Selection)问题,大家通常希望所选择的模型与真实模型的参数个数相同,所选择的模型的参数向量与真实模型的参数向量相近。

1. 保持方法

保持方法的主要思想是把收集整理的数据样本随机划分成训练集和测试集,并且这两个子集要保持相对独立。在训练过程中,按照特定的规则利用训练集数据进行计算,并归纳为创建分类模型;在测试过程中,利用测试集数据根据分类模型进行样本类别的判定,并且对分类模型的准确率进行评价。保持方法的缺点在于要想保证分类算法的准确率通常需要较大规模的样本训练集。因此,在数据自动分类过程中,使用保持方法的训练集最少要包含 2/3 的样本数据,而剩下的数据当作测试集使用。由于该方法只使用部分样本数据来分类,所以保持方法是一种保守的评估方法。保持方法的原理如图 6.20 所示。

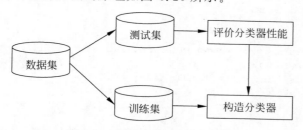

图 6.20 保持方法的原理示意图

2. 正则化方法

正则化(Regularization)方法是结构风险最小化策略的实现,它是在经验风险上加一个正则化项或惩罚项。正则化项一般是模型复杂度的单调递增函数,模型越复杂,正则化值就越大。

正则化方法一般具有以下形式:

$$\min_{f\in F} \frac{1}{N}\sum_{i=1}^{N}L(y_i,f(x_i))+\lambda J(f) \tag{6-41}$$

其中,第 1 项是经验风险,第 2 项是正则化项,$\lambda\geqslant 0$ 为调整两者之间关系的系数。正则化项可以取不同的形式。例如在回归问题中,损失函数是平方误差,正则化项可以是参数向量的 L_2 范数。

$$L(v)=\frac{1}{N}\sum_{i=1}^{N}(f(x_i;v)-y_i)^2+\frac{\lambda}{2}\parallel v\parallel^2 \tag{6-42}$$

其中 $\parallel v\parallel$ 表示参数 v 的 L_2 范数。

正则化项也可以是参数向量的 L_1 范数:

$$L(v)=\frac{1}{N}\sum_{i=1}^{N}(f(x_i;v)-y_i)^2+\frac{\lambda}{2}\parallel v\parallel_1 \tag{6-43}$$

其中 $\parallel v\parallel$ 表示参数 v 的 L_1 范数。

第 1 项的经验风险较小,但模型可能较复杂(有多个非零参数),这时第 2 项的模型复杂度会较大。正则化的作用是选择经验风险与模型复杂度同时较小的模型。正则化符合奥卡姆剃刀(Occam's razor)原理。奥卡姆剃刀原理应用于模型选择时认为,在所有可能选择的模型中,能够很好地解释已知数据并且尽可能简单的才是最好的模型,这就是应该选择的模型。从贝叶斯估计的角度来看,正则化项对应于模型的先验概率。可以假设复杂的模型有较大的先验概率,简单的模型有较小的先验概率。

3. 交叉验证

交叉验证(Cross Validation)的基本想法是重复地使用数据,把给定的数据切分为训练集和测试集,在此基础上进行反复训练、测试和模型选择。

1) 简单交叉验证

简单交叉验证方法是随机将样本数据分为两部分(比如 70% 的训练集和 30% 的测试集),

然后用训练集来训练模型,在测试集上验证模型及参数。接着把样本打乱,重新选择训练集和测试集,继续训练数据和检验模型。最后选择损失函数评估最优的模型和参数。

例 6.21 简单交叉验证的 Python 实现。

程序代码如下:

```python
import numpy as np
from sklearn import model_selection
from sklearn import datasets
from sklearn import svm
iris = datasets.load_iris()
x_train,x_test,y_train,y_test = model_selection.train_test_split(iris.data, iris.target, test_size = 0.4, random_state = 0)
clf = svm.SVC(kernel = 'linear', C = 1).fit(x_train, y_train)
print(clf.score(x_test, y_test))
```

2)K 折交叉验证

K 折交叉验证(K-fold Cross Validation)方法是将原始的样本集合拆分为 K 个彼此独立、数量相同的子集 $S_1, S_2, \cdots, S_K$。接着依次利用其中的一个子集作为测试集,其余 K−1 个子集全部作为训练集,进行一轮训练和测试,总共进行 K 轮。分类模型的精确度就是通过在 K 次测试中被正确分类的样本数量除以数据集中样本的总数得到的。K 折交叉验证方法的原理如图 6.21 所示。

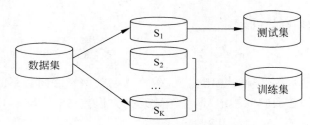

图 6.21　K 折交叉验证方法的原理图

例 6.22 K 折交叉验证方法的 Python 实现。

程序代码如下:

```python
import numpy as np
from sklearn import datasets
from sklearn import neighbors
from sklearn.model_selection import KFold        # 主要用于 K 折交叉验证
iris = datasets.load_iris()
x = iris.data
y = iris.target
ks = [1,3,5,7,9,11,15,19]             # 定义想要搜索的 K 值,这里定义 8 个不同的值
# 进行 5 折交叉验证,KFold()返回的是每一折中训练数据和验证数据的 index
# 返回的 kf 格式为前面是训练数据,后面是验证集
kf = KFold(n_splits = 5, random_state = 2001, shuffle = True)
# 保存当前最好的 K 值和对应的准确率
best_k = ks[0]
best_score = 0
for k in ks:                         # 循环每一个 K 值
    curr_score = 0
    for train_index,valid_index in kf.split(x):
        # 每一折的训练以及计算准确率
        clf = neighbors.KNeighborsClassifier(n_neighbors = k)
        clf.fit(x[train_index],y[train_index])
curr_score = curr_score + clf.score(x[valid_index],y[valid_index])
```

```
    avg_score = curr_score/5        #求一下5折的平均准确率
    if avg_score > best_score:
        best_k = k
        best_score = avg_score
    print('Current best score is: % .2f' % best_score, 'best k: % d' % best_k)
print('After cross validation, the final best k is: % d' % best_k)
```

程序运行结果如图 6.22 所示。

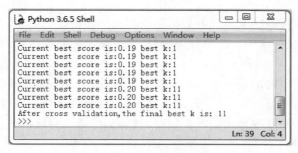

图 6.22 例 6.22 的运行结果

3）留一交叉验证

留一交叉验证（Leave One Out Cross Validation，LOOCV），就是使 K 等于数据集中数据的个数，每次只使用一个样本作为测试集，剩下的全部作为训练集，这个步骤一直持续到每个样本都被当作一次验证数据。一般地，如果只对数据做初步的模型建立，不需要做深入分析，使用简单交叉验证就可以了，否则使用 K 折交叉验证，当样本量小于 50 时使用留一交叉验证。

扫一扫

自测题

习题 6

6-1　选择题：

（1）以下两种描述分别对应（　　）分类算法的评估标准。

（a）警察抓小偷，描述警察抓的人中有多少个是小偷的标准。

（b）描述有多少比例的小偷被警察抓了的标准。

 A. Precision、Recall   B. Recall、Precision

 C. Precision、ROC   D. Recall、ROC

（2）熵是为消除不确定性所需要获得的信息量，投掷均匀正六面体骰子的熵是（　　）。

 A. 1   B. 2.6   C. 3.2   D. 3.8

（3）以下（　　）算法是分类算法。

 A. DBSCAN   B. C4.5   C. k-means   D. EM

（4）以下（　　）分类方法可以较好地避免样本的不平衡问题。

 A. KNN   B. SVM   C. Bayes   D. 神经网络

（5）决策树中不包含（　　）。

 A. 根结点（Root Node）   B. 内部结点（Internal Node）

 C. 外部结点（External Node）   D. 叶结点（Leaf Node）

（6）以下关于决策树的说法错误的是（　　）。

 A. 冗余属性不会对决策树的准确率造成不利的影响

 B. 子树可能在决策树中重复多次

 C. 决策树算法对于噪声的干扰非常敏感

 D. 寻找最佳决策树是 NP 完全问题

6-2 填空题：

(1) 分类是通过（　　　）的学习训练建立分类模型,使用模型对未知分类的实例进行分类。

(2) Rocchio 算法是相关反馈实现中的一个经典算法,它提供了一种将相关反馈信息融到（　　　）空间模型的方法。

(3) Rocchio 算法是信息检索中通过查询的初始匹配文档对（　　　）进行修改以优化查询的方法。

(4) 决策树算法的核心问题是选取测试属性和决策树的（　　　）。

(5) SVM 是基于超平面的一个二分类模型,通过最大化间隔边界到（　　　）的间隔实现数据的分类。

(6) 数据挖掘建模中的最后一步就是对模型进行（　　　）,验证模型的性能。

(7) 分类器的评估度量较多,一般来说,当数据类别分布比较均衡时,（　　　）效果最好。

(8) 交叉验证方法的基本思想是重复地使用数据,把给定的数据切分为训练集和测试集,在此基础上进行反复训练、（　　　）和模型选择。

6-3 简述通过数据分类进行预测的步骤。

6-4 简述支持向量机分类算法。

6-5 有 30 张动物图片,其中包括 13 只猫、17 只狗,一个二元分类器在 13 只猫中识别出了 10 只猫 3 只狗,在 17 只狗中识别出了 15 只狗两只猫。

(1) 简述什么是混淆矩阵,并给出该问题的混淆矩阵。

(2) 计算准确率、精确率和 F-测量值。

(3) 简述混淆矩阵的缺点。

6-6 通过身高、体重、脚长数据判定一个人是男性还是女性,身体特征的统计数据如表 6.9 所示。

表 6.9 身体特征的统计数据

性别	身高/cm	体重/kg	脚长/cm
男	183	81.6	30.5
男	180	86.2	27.9
男	170	77.1	30.5
男	180	74.8	25.4
女	152	45.4	15.2
女	168	68.0	20.3
女	165	59.0	17.8
女	175	68.0	22.9

已知某人身高 183cm、体重 59.0kg、脚长 20.3cm,判断此人是男性还是女性?

6-7 假设数据集 $X=\{0,1,2,3,4,5,6,7,8\}$,共分为 3 类,类别标签 $y=\{0,0,0,1,1,1,2,2,2\}$,利用 Scikit-learn 中的 KNeighborsClassifier() 函数进行分类模型训练,并分别预测数据 1.1、1.6、5.2、5.8、6.2 的类别。

6-8 假设有数据集 $\{[-1,-1],[-2,-1],[-3,-2],[1,1],[2,1],[3,2]\}$,类别标签为 $\{1,1,1,2,2,2\}$,利用 GaussianNB() 函数进行分类模型训练,并预测数据 $[-0.8,-1]$ 的信息。

6-9 假设有数据集 $\{[2,0,1],[1,1,2],[2,3,3]\}$,类别标签为 $\{0,0,1\}$,利用 SVC() 函数(取线性核函数)进行分类模型训练,并预测数据 $[2,0,3]$ 的类别。

6-10 假设真实类别序列为 $\{0,0,1,1,1,0\}$,测试的相应权值序列为 $\{0.1,0.4,0.35,0.8,0.4,0.6\}$,利用 precision_recall_curve() 函数求出精确率、召回率和相应阈值序列。

第 **7** 章

聚 类 分 析

聚类分析(Cluster Analysis)作为数据挖掘、机器学习领域中的重要分析方法,近几十年来得到了许多专家、学者的深入研究。如今,随着互联网的发展,各种数据源大量涌现,聚类分析方法也因此得到了较快的发展,并取得了许多成果。

7.1 概述

聚类分析是一组将研究样本分为相对同质群组的统计分析技术,具有一定的灵活性和自动化处理能力,已经在许多研究领域得到了广泛的应用。

7.1.1 聚类分析的概念

聚类分析是根据"物以类聚"的道理,对样品或指标进行分类的一种多元统计分析方法,它讨论的对象是大量的样本,要求能合理地按各自的特性来进行分类,没有任何模式可供参考或依循,它是数据挖掘中无监督机器学习的重要技术。

聚类分析被应用于很多方面。在商业上,通过购买模式刻画不同客户群体的特征,以满足不同群体的客户需求;在生物上,聚类分析被用来对动/植物进行分类和对基因进行分类,获取对种群固有结构的认识;在保险行业上,聚类分析通过平均消费来鉴定汽车保险单持有者的分组;在房地产产业上,聚类分析根据住宅类型、价值、地理位置来鉴定一个城市的房产分组;在因特网应用上,聚类分析被用来在网上进行样本归类以便修复信息;在电子商务应用上,通过聚类可以得到具有相似浏览行为的客户,分析客户的共同特征,向客户提供更加切合实际的服务。

7.1.2 聚类分析的特征

聚类分析是根据事物本身特征研究个体的一种方法,目的在于将相似的事物归类。它的原则是同一个簇中的样本有很大的相似性,而不同簇间的样本有很大的相异性。这种方法主要体现在以下几点:

(1) 适用于没有先验知识的分类。如果没有这些事先的经验或一些国际标准、国内标准和行业标准,分类便会显得随意和主观。这时只要设定比较完善的分类变量,就可以通过聚类分析方法得到较为科学、合理的类别。

（2）可以处理多个变量决定的分类。例如，根据消费者购买量的大小进行分类比较容易，但如果在进行数据挖掘时要根据消费者的购买量、家庭收入、家庭支出、年龄等多个指标进行分类，通常比较复杂，而聚类分析方法可以解决这类问题。

（3）聚类分析主要应用于探索性的研究，能够分析事物的内在特点和规律，并根据相似性原则对事物进行分组，其分析的结果可以提供多个可能的解，选择最终的解需要研究者的主观判断和后续的分析。

（4）聚类分析的解完全依赖于研究者所选择的聚类变量，增加或删除一些变量对最终的解都可能产生实质性的影响。

（5）异常值和特殊的变量对聚类有较大的影响，当分类变量的测量尺度不一致时需要事先进行标准化处理。

7.1.3　聚类分析的基本步骤

聚类分析的基本步骤如下：

1. 数据预处理

数据预处理包括选择数量以及类型和特征的标度，它依靠特征选择和特征抽取。特征选择是选择重要的特征；特征抽取是把输入的特征转化为一个新的显著特征，它们经常被用来获取一个合适的特征集，目的是在进行聚类时避免"维数灾"。数据预处理还包括将孤立点移出数据集，孤立点是不依附于一般数据行为或模型的数据，因此孤立点经常会导致有偏差的聚类结果，为了得到正确的聚类，必须将它去除。

2. 相似性度量

相似性是定义一个类的基础，不同样本在同一个特征空间中的相似性度量对于聚类过程是很重要的，由于特征类型和特征标度的多样性，相似性度量必须谨慎，它经常依赖于应用。例如，通常利用定义在特征空间的距离度量作为不同样本的相似性。在一些不同的领域应用着多种距离度量，例如欧氏距离就是一个简单的距离度量，经常被用来反映不同数据样本间的相似性度量；又如在图像聚类上，子图图像的误差更正可以被用来衡量两个图形的相似性。

3. 聚类分析方法

聚类分析方法是利用样本或者变量之间存在的不同相似性，找出一些能够度量它们之间相似程度的统计量作为分类依据，然后将这些样本或者变量分配到不同的类别中。例如探寻商品购物网站内有哪些客户行为群体，可以综合用户属性、购物行为等找出用户之间的相似统计量以对用户进行聚类，根据聚类结果将每个类别定义为一类客户群体，再基于这些类别训练后续的分类模型，给客户打标签后进行个性化推荐、运营。

4. 评估聚类结果

评估聚类结果的质量是另一个重要的阶段，因为没有标签，所以一般通过评估类的分离情况来决定聚类质量。类内越紧密，类间距离越大，则聚类质量就越高。聚类的评价方式在大方向上被分成两种：一种是分析外部信息；另一种是分析内部信息。外部信息就是人们能看得见的直观信息，这里指的是聚类结束后的类别数目。对于簇的内部信息可以用紧凑度和分离度两种指标来评价，紧凑度是衡量一个簇内不同样本之间是否足够紧凑，比如到簇中心的平均距离、方差等；分离度是衡量某簇内数据样本与其他簇的距离是否足够远。

7.2　基于划分的聚类方法

划分方法（Partitioning Method）是基于距离判断样本的相似度，通过不断迭代将含有多个样本的数据集划分成若干簇，使每个样本都属于且只属于一个簇，同时聚类簇的总数小于样本总数目。在划分方法中,最经典的就是 k-means(k-平均)算法和 k-medoids(k-中心)算法,很多算法都是由这两个算法改进而来的。

7.2.1 k-means 聚类方法

由 MacQueen 在 1967 年提出的 k-means 算法是最经典的聚类算法之一。该算法需要事先给定聚类数以及初始簇中心,通过迭代的方式使样本与各自所属类别的簇中心的距离平方和最小。传统的 k-means 算法是一种启发式的贪心算法,得到的经常是一个局部最优解,聚类效果在很大程度上取决于初始簇中心的选择。

1. k-means 算法

k-means 算法接受输入量 k,然后将 n 个数据样本的样本集 D 划分为 k 个簇,以便使所获得的聚类满足同一簇中的数据样本相似度较高,而不同簇中的数据样本相似度较低。聚类相似度是利用各簇中数据样本的均值获得一个"簇中心"(引力中心)来进行计算的。

k-means 算法的工作原理:首先从 D 中任意选择 k 个数据样本作为初始簇中心,对于剩下的其他数据样本,则根据它们与这些簇中心的相似度(距离)将它们分配给与其最相似的簇中心所代表的簇;然后计算每个新簇的簇中心(该簇中所有数据样本的平均值);不断重复这一过程,直到标准测度函数开始收敛为止。一般标准测度函数都采用均方差。聚类后的 k 个簇的特点是,各簇本身尽可能地紧凑,而各簇之间尽可能地分开。数据样本聚类和簇中心的调整是迭代交替进行的两个过程。

k-means 算法的描述如下。

输入:聚类个数 k 以及数据样本集 D。

输出:满足方差最小标准的 k 个聚类。

处理流程:

step1 从 D 中任意选择 k 个数据样本作为初始簇中心;

step2 根据簇中数据样本的平均值将每个数据样本重新赋给最类似的簇;

step3 更新簇中心,即计算每个簇中数据样本的平均值;

step4 重复 step2 和 step3,直到每个聚类不再发生变化为止。

迭代的结束条件也可以用下列准则函数。假设待聚类的数据样本集为 D,将其划分为 k 个簇,簇 C_i 的中心为 Z_i,定义准则函数 E:

$$E = \sum_{i=1}^{k} \sum_{D_{is} \in C_i} Dis^2(Z_i, D_{is}) \tag{7-1}$$

其中 $Dis(Z_i, D_{is})$ 为 Z_i 与样本 D_{is} 的距离。

例 7.1 设数据样本集 D={1,5,10,9,26,32,16,21,14},将 D 聚为 3 类,即 k=3。

解:随机选择前 3 个样本{1}、{5}、{10}作为初始簇中心 Z_1、Z_2 和 Z_3,采用欧氏距离计算两个样本之间的距离,迭代如表 7.1 所示。

第一次迭代:按照 3 个聚类中心分为 3 个簇{1}、{5}和{10,9,26,32,16,21,14}。对于产生的簇分别计算平均值,得到平均样本为 1、5 和 18.3,作为新的簇中心 Z_1、Z_2 和 Z_3 进入第二次迭代。

第二次迭代:通过平均值调整数据样本所在的簇,重新聚类,即对所有数据样本分别计算出与 Z_1、Z_2 和 Z_3 的距离,按最近的原则重新分配,得到 3 个新的簇{1}、{5,10,9}和{26,32,16,21,14}。重新计算每个簇的平均值作为新的簇中心。

表 7.1 k-means 聚类过程

迭代过程	Z_1	Z_2	Z_3	C_1	C_2	C_3	E
1	1	5	10	{1}	{5}	{10,9,26,32,16,21,14}	433.43
2	1	5	18.3	{1}	{5,10,9}	{26,32,16,21,14}	230.8
3	1	5	21.8	{1}	{5,10,9,14}	{26,32,16,21}	181.76
4	1	9.5	23.8	{1,5}	{10,9,14,16}	{26,32,21}	101.43
5	3	12.3	26.8	{1,5}	{10,9,14,16}	{26,32,21}	101.43

以此类推，第五次迭代时，得到的 3 个簇与第四次迭代的结果相同(如表 7.1 所示)，而且准则函数 E 收敛，迭代结束。

2. k-means 算法的 Python 实现

在 sklearn 中包括两个 k-means 算法，一个是传统的 k-means 算法，对应的类是 KMeans；另一个是基于采样的 Mini Batch k-means 算法，对应的类是 MiniBatchKMeans。一般来说，使用 k-means 的算法调参是比较简单的。本部分只介绍传统的 k-means 算法，需要注意的仅仅是 k 值的选择。

KMeans()函数的常用格式如下：

```
KMeans(n_clusters = 8, max_iter = 300, min_iter = 10, init = 'k-means++')
```

参数说明：

(1) n_clusters 为要进行分类的个数，即 k 的值，默认是 8。

(2) max_iter 为最大迭代次数，默认为 300。

(3) min_iter 为最小迭代次数，默认为 10。

(4) init 有 3 个可选项。其中，'k-means++'表示使用 k-means++ 算法，为默认选项；'random'表示从初始质心数据中随机选择 k 个观察值；第 3 个是形如(n_clusters, n_features)并给出初始质心的数组形式的参数。

例 7.2 利用 k-means 聚类算法实现鸢尾花数据(第 3 个和第 4 个维度)的聚类。

程序代码如下：

```python
import matplotlib.pyplot as plt
import numpy as np
from sklearn.cluster import KMeans
from sklearn.datasets import load_iris
iris = load_iris()
X = iris.data[:,2:]                    # 只取后两个维度
# 绘制数据分布图
plt.scatter(X[:,0], X[:,1], c = "red", marker = 'o', label = 'see')
plt.xlabel('petal length')
plt.ylabel('petal width')
plt.legend(loc = 2)
plt.show()
estimator = KMeans(n_clusters = 3)    # 构造聚类器
estimator.fit(X)                       # 聚类
label_pred = estimator.labels_         # 获取聚类标签
# 绘制 k - means 结果
x0 = X[label_pred == 0]
x1 = X[label_pred == 1]
x2 = X[label_pred == 2]
```

```
plt.scatter(x0[:,0],x0[:,1],c = "red",marker = 'o',label = 'label0')
plt.scatter(x1[:,0],x1[:,1],c = "green",marker = '*',label = 'label1')
plt.scatter(x2[:,0],x2[:,1],c = "blue",marker = '+',label = 'label2')
plt.xlabel('petal length')
plt.ylabel('petal width')
plt.legend(loc = 2)
plt.show()
```

程序运行结果如图 7.1 所示。

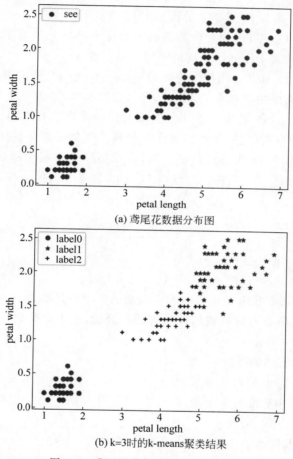

(a) 鸢尾花数据分布图

(b) k=3时的k-means聚类结果

图 7.1 鸢尾花数据的 k-means 聚类

7.2.2 k-medoids 聚类方法

由 Kaufman 等在 1990 年提出了 k-medoids 算法,该算法不再用每个簇中数据样本的均值作为簇中心,而是选用簇中数据样本的中心样本来代替簇中心,这种改进在一定程度上能够减少噪声对模型造成的影响。

1. k-medoids 算法

k-medoids 算法选用簇中位置最中心的样本作为中心数据样本,试图对 n 个数据样本给出 k 个划分。中心数据样本也被称为中心样本,其他数据样本则被称为非中心数据样本或非中心样本。最初随机选择 k 个数据样本作为中心样本,然后反复地用非中心样本来代替中心样本,试图找出更好的中心样本,以改进聚类的质量。在每次迭代中,所有可能的数据样本对被分析,每个对中的一个数据样本是中心样本,而另一个是非中心样本。对可能的各种组合估算聚类结果的质量。

为了判定一个非中心样本 O_h 是否为当前一个中心样本 O_i 的好的代替,需要对每一个非中心样本 O_j 考虑下面 4 种情况。

第一种情况:假设 O_i 被 O_h 代替作为新的中心样本,O_j 当前隶属于 O_i。如果 O_j 离某个中心样本 O_m 最近,$i \neq m$,那么 O_j 被重新分配给 O_m。

第二种情况:假设 O_i 被 O_h 代替作为新的中心样本,O_j 当前隶属于 O_i。如果 O_j 离这个新的中心样本 O_h 最近,那么 O_j 被重新分配给 O_h。

第三种情况:假设 O_i 被 O_h 代替作为新的中心样本,但 O_j 当前隶属于另一个中心样本 O_m,$i \neq m$,如果 O_j 仍然离 O_i 最近,当前的隶属关系不变。

第四种情况:假设 O_i 被 O_h 代替作为新的中心样本,但 O_j 当前隶属于另一个中心样本 O_m,$i \neq m$,如果 O_j 离新的中心样本 O_h 最近,那么数据样本 O_j 被重新分配给 O_h。

当重新分配发生时,式(7-1)中 E 产生的差别对代价函数会有影响。因此,如果一个当前的中心样本被非中心样本所代替,代价函数计算 E 所产生的差别。替换的总代价是所有非中心样本所产生的代价之和。如果总代价是负的,那么实际的 E 将会减少,此时 O_i 可以被 O_h 替代。如果总代价是正的,则当前的中心样本 O_i 被认为是可以接受的,在本次迭代中没有变化。总代价定义如下:

$$TC_{ih} = \sum_{j=1}^{n} C_{jih} \tag{7-2}$$

式中 C_{jih} 表示 O_i 被 O_h 替代后产生的代价。

在 k-medoids 算法中,可以把过程分为以下两个阶段。

(1) 建立阶段:随机找出 k 个中心样本作为初始的中心样本。

(2) 交换阶段:对所有可能的数据样本对进行分析,找出交换后可以使平方误差值 E 减少的数据样本,代替原中心样本。

k-medoids 算法的描述如下。

输入:聚类个数 k 以及数据样本集 D。

输出:满足方差最小标准的 k 个聚类。

处理流程:

step1　从 n 个数据样本中任意选择 k 个数据样本作为初始簇中心样本;

step2　指派每个剩余的数据样本分配给离它最近的中心样本所代表的簇;

step3　选择一个未被选择的中心样本 O_i;

step4　选择一个未被选择过的非中心样本 O_h;

step5　计算用 O_h 替代 O_i 的总代价并记录在集合 S 中;

step6　重复 step4 和 step5,直到所有的非中心样本都被选择过;

step7　重复 step3~step6,直到所有的中心样本都被选择过;

step8　如果在 S 中的所有非中心样本代替所有中心样本后计算出的总代价有小于 0 的,则找出 S 的中心样本,形成一个新的 k 个中心样本的集合;

step9　重复 step3~step8,直到没有再发生簇的重新分配为止,即 S 中所有的数据元素都大于 0。

例 7.3　假如空间中有 5 个点{A,B,C,D,E},各点之间的距离关系如表 7.2 所示,根据所给的数据,利用 k-medoids 算法进行聚类划分(设 k=2)。

表 7.2 数据样本间的距离关系

样本	A	B	C	D	E	样本	A	B	C	D	E
A	0	1	2	2	3	D	2	4	1	0	3
B	1	0	2	4	3	E	3	3	5	3	0
C	2	2	0	1	5						

算法的执行步骤如下:

第一步 建立阶段:设从 5 个数据点中随机抽取的两个中心点为 $\{A,B\}$,则样本被划分为 $\{A,C,D\}$ 和 $\{B,E\}$(点 C 到点 A 与点 B 的距离相同,均为 2,故随机将其划入 A 中,同理,将点 E 划入 B 中)。

第二步 交换阶段:假定中心点 A、B 分别被非中心点 $\{C,D,E\}$ 替换,根据 k-medoids 算法需要计算代价 TC_{AC}、TC_{AD}、TC_{AE}、TC_{BC}、TC_{BD}、TC_{BE}。其中 TC_{AC} 表示中心点 A 被非中心点 C 代替后的总代价。下面以 TC_{AC} 为例说明计算过程。

当 A 被 C 替换以后,看各数据点的变化情况。

(1) A:A 不再是一个中心点,C 称为新的中心点,因为 A 离 B 比离 C 近,A 被分配到 B 中心点所在的簇,属于上述第一种情况。$C_{AAC}=d(A,B)-d(A,A)=1-0=1$。

(2) B:B 不受影响,属于上面的第三种情况。$C_{BAC}=0$。

(3) C:C 原先属于 A 中心点所在的簇,当 A 被 C 替换以后,C 是新的中心点,属于上面的第二种情况。$C_{CAC}=d(C,C)-d(A,C)=0-2=-2$。

(4) D:D 原先属于 A 中心点所在的簇,当 A 被 C 替换以后,离 D 最近的中心点是 C,属于上面的第二种情况。$C_{DAC}=d(D,C)-(D,A)=1-2=-1$。

(5) E:E 原先属于 B 中心点所在的簇,当 A 被 C 替换以后,离 E 最近的中心点仍然是 B,属于上面的第三种情况。$C_{EAC}=0$。

因此,$TC_{AC}=C_{AAC}+C_{BAC}+C_{CAC}+C_{DAC}+C_{EAC}=1+0-2-1+0=-2$。同理,可以计算出 $TC_{AD}=-2$,$TC_{AE}=-1$,$TC_{BC}=-2$,$TC_{BD}=-2$,$TC_{BE}=-2$。在上述代价计算完毕后,需要选取一个最小的代价,显然有多种替换可以选择,这里选择第一个最小代价的替换(也就是用 C 替换 A),则样本被重新划分为 $\{A,B,E\}$ 和 $\{C,D\}$ 两个簇。通过上述计算已经完成了 k-medoids 算法的第一次迭代。在下一次迭代中,将用其他的非中心点 $\{A,D,E\}$ 替换中心样本 $\{B,C\}$,找出具有最小代价的替换。一直重复上述过程,直到代价不再减少为止。

2. k-medoids 算法的 Python 实现

1)利用 k-medoids 算法实现

例 7.4 k-medoids 算法的 Python 实现示例。

程序代码如下:

```python
from sklearn.metrics.pairwise import pairwise_distances
import numpy as np
import kmedoids
data = np.array([[98,90],[87,95],[45,54],[67,77],[23,12], [34,45],[78,77],[90,89],[67,69],
[34,56]])
D = pairwise_distances(data, metric = 'euclidean')      #距离矩阵
M, C = kmedoids.kMedoids(D, 3)                            #分成两组
print('')
print('medoids:')
for point_idx in M:
    print( data[point_idx] )
print('clustering result:')
```

```
for label in C:
    for point_idx in C[label]:
        print('label {0}:{1}'.format(label, data[point_idx]))
```

程序运行结果如图 7.2 所示。

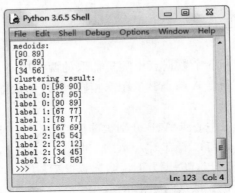

图 7.2　例 7.4 的运行结果

这里需要在同一文件夹下定义函数 kMedoids( )。

```
import numpy as np
import random
def kMedoids(D, k, tmax = 100):
    m, n = D.shape                                      #确定矩阵 D 的维数
    if k > n:
        raise Exception('too many medoids')
    M = np.arange(n)                                    #随机初始化 k - medoids 的一组指标
    np.random.shuffle(M)
    M = np.sort(M[:k])                                  #创建指标副本
    Mnew = np.copy(M)                                   #初始化
    C = {}
    for t in range(tmax):                              #确定簇
        J = np.argmin(D[:,M],axis = 1)
        for kappa in range(k):
            C[kappa] = np.where(J == kappa)[0]
        for kappa in range(k):                         #修改聚类
            J = np.mean(D[np.ix_(C[kappa],C[kappa])],axis = 1)
            j = np.argmin(J)
            Mnew[kappa] = C[kappa][j]
            np.sort(Mnew)
            if np.array_equal(M,Mnew):                 #检查类别
                break
                M = np.copy(Mnew)
        else:
            J = np.argmin(D[:,M],axis = 1)             #对聚类成员进行更新
            for kappa in range(k):
                C[kappa] = np.where(J == kappa)[0]
    return M, C                                        #返回结果
```

2) 利用外部模块

sklearn 模块中没有自带 k-medoids 算法,但 Pycluster 包和 scikit-learn-extra 模块中有相应的算法。

(1) Pycluster 包。Pycluster 包中封装了基于划分算法的两个最经典的算法 k-means 和 k-medoids。Pycluster 包是东京大学医学研究所人类基因研究中心的米歇尔德勋(Michiel de Hoon)、星矢井本(Seiya Imoto)等编写的开源算法工具包,提供了 C/C++、Python 和 Perl 3 个

版本。kmedoids()函数的常用形式如下：

```
clusterid, error, nfound = kmedoids(distance, n_clusters = 3, npass = 10, initialid = None)
```

参数说明：

① distance 表示根据所选取距离类型构成的距离矩阵。例如，取值 'e' 为欧氏距离，取值 'b' 为曼哈顿距离等。

② n_clusters 表示聚类簇数。

③ npass 表示迭代次数。

④ initialid 表示开始的初始聚类。如果 initialid 为 None，则执行 EM 算法并迭代 npass 次。

返回值：

① clustered 表示簇数。

② error 表示误差值。

③ nfound 表示迭代次数。

例 7.5 Pycluster 包的 k-medoids 算法应用示例。

程序代码如下：

```
from nltk.metrics import distance as distance
import Pycluster as PC                                    # 导入 Pycluster 包
data = [[98,90],[87,95],[45,54],[67,77],[23,12],[34,45],[78,77],[90,89],[67,69],[34,56]]
dist = [distance.edit_distance(data[i],data[j])
    for i in range(1,len(data))
    for j in range(0,i)]
clusterid, error, nfound = PC.kmedoids(distance, n_clusters = 3)
cluster = dict()
uniqid = list(set(clusterid))
new_ids = [ uniqid.index(val) for val in clusterid]
for datas, label in zip(data,clusterid):
    cluster.setdefault(label,[]).append(datas)
for label, grp in cluster.items():
    print(grp)
```

（2）scikit-learn-extra 模块。sklearn 的拓展聚类模块 scikit-learn-extra 中也包含 KMedoids() 函数，其常用形式如下：

```
KMedoids(n_clusters = n).fit_predict(data)
```

其中 n_clusters 为聚类的簇数，data 为将要预测的样本集。

例 7.6 scikit-learn-extra 模块的 KMedoids 算法示例。

程序代码如下：

```
import numpy as np
from sklearn_extra.cluster import KMedoids
import matplotlib.pyplot as plt
X = [[98,90],[87,95],[45,54],[67,77],[23,12],[34,45],[78,77],[90,89],[67,69],[34,56]]
clf = KMedoids(n_clusters = 3)
pre = clf.fit_predict(X)
plt.rcParams['font.family'] = 'STSong'
plt.rcParams['font.size'] = 12
plt.title("KMedoids 聚类示例")
plt.xlabel("第一个分量")
plt.ylabel("第二个分量")
m = [k[0] for k in X]                                    # 遍历第一个分量
n = [k[1] for k in X]                                    # 遍历第二个分量
plt.scatter(m,n,c = pre,s = 100,marker = 'X')
plt.show()
```

程序运行结果如图 7.3 所示。

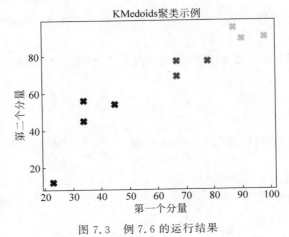

图 7.3　例 7.6 的运行结果

7.2.3　k-means 与 k-medoids 的区别

k-means 算法只有在平均值被定义的情况下才能使用,因此该算法容易受到孤立样本的影响,k-medoids 算法采用簇中最中心的位置作为代表样本而不是采用样本的平均值。因此,与 k-means 算法相比,当存在噪声和孤立样本数据时,k-medoids 算法比 k-means 算法更健壮,而且没有 k-means 算法那样容易受到极端数据的影响。在时间复杂度上,k-means 算法的时间复杂度为 O(nkt),而 k-medoids 算法的时间复杂度大约为 $O(n^2)$,后者的执行代价要高得多。此外,这两种方法都要求用户指定聚类数目 k。

基于划分的聚类方法的缺点是它需要预先设定类别数目 k,并且初始中心的选择和噪声会对聚类结果产生很大的影响。

7.3　基于层次的聚类方法

当数据集不知道应该分为多少类时,使用层次聚类(Hierarchical Clustering)比较适合,它类似于一个树状结构,对数据集采用某种方法逐层地进行分解或者汇聚,直到分出的最后一层的所有类别数据满足要求为止。

7.3.1　簇间距离度量方法

无论是凝聚方法还是分裂方法,一个核心问题是度量两个簇之间的距离,其中每个簇是一个数据样本集合。簇间距离的度量主要采用以下方法:

1. 最小距离

簇 C_1 和 C_2 的距离取决于两个簇中距离最近的数据样本。

$$\text{dist}_{\min}(C_1, C_2) = \min_{P_i \in C_1, P_j \in C_2} \text{dist}(P_i, P_j) \tag{7-3}$$

只要两个簇类的间隔不是很小,最小距离算法都可以很好地分离非椭圆形状的样本分布,但该算法不能很好地分离簇类间含有噪声的数据集。

2. 最大距离

簇类 C_1 和 C_2 的距离取决于两个簇距离最远的数据样本。

$$\text{dist}_{\max}(C_1, C_2) = \max_{P_i \in C_1, P_j \in C_2} \text{dist}(P_i, P_j) \tag{7-4}$$

最大距离算法可以很好地分离簇类间含有噪声的数据集,但该算法对球形数据的分离会产生偏差。

3. 平均距离

簇类 C_1 和 C_2 的距离等于两个簇类中所有数据样本对的平均距离。

$$\text{dist}_{\text{average}}(C_1,C_2) = \frac{1}{|C_1| \cdot |C_2|} \sum_{P_i \in C_1, P_j \in C_2} \text{dist}(P_i,P_j) \tag{7-5}$$

4. 中心法

簇类 C_1 和 C_2 的距离等于两个簇中心点的距离。

$$\text{dist}_{\text{mean}}(C_1,C_2) = \text{dist}(M_1,M_2) \tag{7-6}$$

其中 M_1 和 M_2 分别为簇 C_1 和 C_2 的中心点。

5. 离差平方和

簇类 C_1 和 C_2 的距离等于两个簇类中所有样本对距离平方和的平均值。

$$\text{dist}(C_1,C_2) = \frac{1}{|C_1| \cdot |C_2|} \sum_{P_i \in C_1, P_j \in C_2} (\text{dist}(P_i,P_j))^2 \tag{7-7}$$

7.3.2 基于层次的聚类算法

按照分解或者汇聚的原理的不同,层次聚类可以分为凝聚(Agglomerative)和分裂(Divisive)两种方法。

凝聚聚类的方法也称为自底向上的方法,初始时每个数据样本都被看成单独的一个簇,然后通过相近的数据样本或簇形成越来越大的簇,直到所有的数据样本都在一个簇中,或者达到某个终止条件为止。层次凝聚聚类的代表是 AGNES(Agglomerative Nesting)算法。

分裂的方法也称为自顶向下的方法,它与凝聚层次聚类恰好相反,初始时将所有的数据样本置于一个簇中,然后逐渐细分为更小的簇,直到最终每个数据样本都在单独的一个簇中,或者达到某个终止条件为止。层次分裂的代表是 DIANA(Divisive Analysis)算法。

基于层次的聚类方法示意图如图 7.4 所示。

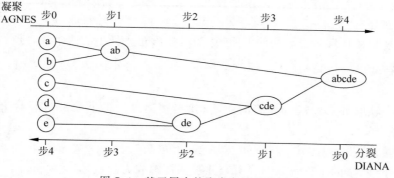

图 7.4　基于层次的聚类方法示意图

1. AGNES 算法

AGNES 算法是凝聚的层次聚类方法。它最初将每个数据样本作为一个簇,然后这些簇根据某些准则被一步步地合并。例如,如果簇 C_1 和簇 C_2 之间的距离最小,C_1 和 C_2 可能被合并。这是一种单链接方法,其每个簇可以被簇中所有数据样本代表,两个簇间的相似度由这两个不同簇的距离确定(相似度可以定义为距离的倒数)。聚类的合并过程反复进行,直到所有的数据样本最终合并形成一个簇。在聚类中常把得到的簇数目作为一个结束条件。

AGNES 算法的描述如下。

输入：数据样本集 D,终止条件簇数目 k。

输出：达到终止条件规定的 k 个簇。

处理流程：

step1 将每个数据样本当成一个初始簇；

step2 根据两个簇中距离最近的数据样本找到距离最近的两个簇；

step3 合并两个簇,生成新簇的集合；

step4 重复 step2～step3,直到达到终止条件簇数目。

例 7.7 数据样本集 D 如表 7.3 所示,对该样本集实施 AGNES 算法聚类。

表 7.3 数据样本集

序号	属性 1	属性 2	序号	属性 1	属性 2
1	1	1	5	3	4
2	1	2	6	3	5
3	2	1	7	4	4
4	2	2	8	4	5

在所给的数据样本集上运行 AGNES 算法,算法的执行过程如表 7.4 所示。设 n=8,用户输入的终止条件为两个簇。初始簇为{1},{2},{3},{4},{5},{6},{7},{8}(采用欧氏距离进行计算)。

表 7.4 AGNES 算法的执行过程

步骤	最近的簇距离	最近的两个簇	合并后的新簇
1	1	{1}、{2}	{1,2},{3},{4},{5},{6},{7},{8}
2	1	{3}、{4}	{1,2},{3,4},{5},{6},{7},{8}
3	1	{5}、{6}	{1,2},{3,4},{5,6},{7},{8}
4	1	{7}、{8}	{1,2},{3,4},{5,6},{7,8}
5	1	{1,2}、{3,4}	{1,2,3,4},{5,6},{7,8}
6	1	{5,6}、{7,8}	{1,2,3,4},{5,6,7,8} 结束

具体步骤如下：

(1) 根据初始簇计算每个簇之间的距离,随机找出距离最小的两个簇,进行合并。簇{1}、{2}间的欧氏距离 $d(1,2)=\sqrt{(1-1)^2+(2-1)^2}=1$ 为最小距离,故将簇{1}、{2}合并为一个簇。

(2) 对上一次合并后的簇计算簇间距离,找出距离最近的两个簇进行合并,合并后{3}、{4}成为一个簇{3,4}。

(3) 重复第(2)步的工作,簇{5}、{6}合并成为簇{5,6}。

(4) 重复第(2)步的工作,簇{7}、{8}合并数据样本成为簇{7,8}。

(5) 合并簇{1,2}、{3,4}成为一个包含 4 个数据样本的簇{1,2,3,4}。

(6) 合并簇{5,6}、{7,8}成为一个包含 4 个数据样本的簇{5,6,7,8},由于合并后簇的数目已经达到了终止条件,计算完毕。

2. DIANA 算法

DIANA 算法属于分裂的层次聚类。与凝聚的层次聚类相反,它采用一种自顶向下的策略,首先将所有数据样本置于一个簇中,然后逐渐细分为越来越小的簇,直到每个数据样本自成一簇,或者达到了某个终结条件。例如达到了某个希望的簇数目,或者两个最近簇之间的距离超过了某个阈值。

在 DIANA 算法的处理过程中,所有样本初始数据都放在一个簇中。根据一些原则(例如簇中最邻近数据样本的最大欧氏距离)将该簇分裂。簇的分裂过程反复进行,直到最终每个新簇只包含一个数据样本。

在聚类中,用户能定义希望得到的簇数目作为一个结束条件。同时,它使用下面两种测度方法。

(1)簇的直径:在一个簇中的任意两个数据样本都有一个距离(例如欧氏距离),这些距离中的最大值是簇的直径。

(2)平均相异度(平均距离):

$$d_{avg}(x_{is}, C_i) = \frac{1}{n_i - 1} \sum_{x_{it} \in C_i, s \neq t} d(x_{is}, x_{it}) \qquad (7\text{-}8)$$

其中,$d_{avg}(x_{is}, C_i)$ 表示数据样本 x_{is} 在簇 C_i 中的平均相异度,n_i 为簇 C_i 中数据样本的总数,$d(x_{is}, x_{it})$ 为数据样本 x_{is} 与数据样本 x_{it} 之间的距离(例如欧氏距离)。

DIANA 算法的描述如下。

输入:数据样本集 D,终止条件簇数目 k。

输出:达到终止条件规定的 k 个簇。

处理流程:

step1 将所有数据样本整体当成一个初始簇;

step2 在所有簇中挑出具有最大直径的簇;

step3 找出所挑簇中平均相异度最大的一个数据样本放入 splinter group,剩余的放入 old party 中;

step4 在 old party 中找出到 splinter group 中数据样本的最近距离不大于到 old party 中数据样本的最近距离的数据样本,并将该数据样本加入 splinter group;

step5 重复 step2~step4,直到没有新的 old party 数据样本分配给 splinter group;

step6 splinter group 和 old party 为被选中的簇分裂成的两个簇,与其他簇一起组成新的簇集合。

例 7.8 针对表 7.3 给出的数据样本集 D 实施 DIANA 算法。算法的执行过程如表 7.5 所示。设 n=8,终止条件为两个簇。初始簇为{1,2,3,4,5,6,7,8}。

表 7.5　DIANA 算法的执行过程

步骤	具有最大直径的簇	splinter group	old party
1	{1,2,3,4,5,6,7,8}	{1}	{2,3,4,5,6,7,8}
2	{1,2,3,4,5,6,7,8}	{1,2}	{3,4,5,6,7,8}
3	{1,2,3,4,5,6,7,8}	{1,2,3}	{4,5,6,7,8}
4	{1,2,3,4,5,6,7,8}	{1,2,3,4}	{5,6,7,8}
5	{1,2,3,4,5,6,7,8}	{1,2,3,4}	{5,6,7,8}　终止

具体步骤如下:

(1)找到具有最大直径的簇,对簇中的每个数据样本计算平均相异度(假定采用的是欧氏距离)。数据样本 1 的平均距离为(1+1+1.414+3.6+4.47+4.24+5)/7=2.96,数据样本 2 的平均距离为(1+1.414+1+2.828+3.6+3.6+4.24)/7=2.526,数据样本 3 的平均距离为(1+1.414+1+3.16+4.12+3.6+4.47)/7=2.68,数据样本 4 的平均距离为(1.414+1+1+2.24+3.16+2.828+3.6)/7=2.18,数据样本 5 的平均距离为 2.18,数据样本 6 的平均距离为2.68,数据样本7的平均距离为2.526,数据样本8的平均距离为2.96。这时挑出平均相异度最大的数据样本1放到splinter group中,剩余数据样本放到old party中。

（2）在old party中找出到splinter group中最近数据样本的距离不大于到old party中最近数据样本距离的样本,将该数据样本放入splinter group中,本例中该数据样本是数据样本2。

（3）重复第（2）步的工作,在splinter group中放入数据样本3。

（4）重复第（2）步的工作,在splinter group中放入数据样本4。

（5）没有新的old party中的数据样本分配给splinter group,此时分裂的簇数为2,达到了终止条件。如果没有达到终止条件,下一阶段还会从分裂好的簇中选一个直径最大的簇按刚才的分裂方法继续分裂。

7.3.3 基于层次聚类算法的Python实现

AgglomerativeClustering()是Scikit-learn提供的层次聚类算法模型,其常用形式如下:

AgglomerativeClustering(n_clusters = 2, affinity = 'euclidean', memory = None, compute_full_tree = 'auto', linkage = 'ward')

参数说明:

（1）n_clusters为int类型,用于指定聚类簇的数量。

（2）affinity为一个字符串或者可调用对象,用于计算距离。其值可以为'euclidean'、'manhattan'、'cosine'、'precomputed',如果linkage='ward',则affinity必须为'euclidean'。

（3）memory用于缓存输出的结果,默认为None(不缓存)。

（4）compute_full_tree='auto',通常当训练到n_clusters后训练过程就会停止。但是如果compute_full_tree=True,则会继续训练,从而生成一棵完整的树。

（5）linkage为一个字符串,用于指定连接算法。若取值'ward',为单连接single-linkage算法,采用$dist_{min}$;若取值'complete',为全连接complete-linkage算法,采用$dist_{max}$;若取值'average',为平均连接average-linkage算法,采用$dist_{average}$。

AgglomerativeClustering()是一种常用的层次聚类算法。其原理是最初将每个对象看成一个簇,然后将这些簇根据某种规则一步步合并,这样不断合并,直到达到预设的簇类个数。

例7.9 层次聚类算法示例。

程序代码如下:

```
from sklearn import datasets
from sklearn.cluster import AgglomerativeClustering
import matplotlib.pyplot as plt
from sklearn.metrics import confusion_matrix
import pandas as pd
iris = datasets.load_iris()
irisdata = iris.data
clustering = AgglomerativeClustering(linkage = 'ward', n_clusters = 3)
res = clustering.fit(irisdata)
print("各个簇的样本数目: ")
print(pd.Series(clustering.labels_).value_counts())
print("聚类结果: ")
print(confusion_matrix(iris.target, clustering.labels_))
plt.figure()
d0 = irisdata[clustering.labels_ == 0]
plt.plot(d0[:,0], d0[:,1], 'r.')
d1 = irisdata[clustering.labels_ == 1]
```

```
plt.plot(d1[:,0],d1[:,1],'go')
d2 = irisdata[clustering.labels_ == 2]
plt.plot(d2[:,0],d2[:,1],'b*')
plt.xlabel("Sepal.Length")
plt.ylabel("Sepal.Width")
plt.title("AGNES Clustering")
plt.show()
```

程序运行结果如图 7.5 所示。

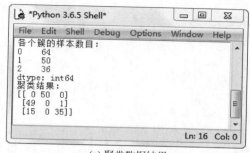

(a) 聚类数据结果

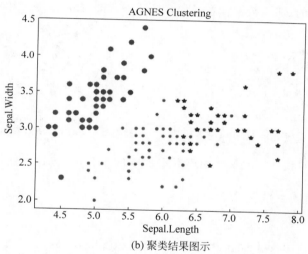

(b) 聚类结果图示

图 7.5 例 7.9 的运行结果

7.4 基于密度的聚类方法

基于密度的方法(Density-based Methods)与其他聚类算法的一个根本不同是：它不是基于距离的，而是基于密度的。由于这个特点，基于密度的方法可以克服基于距离的算法只能发现"类圆形"聚类的缺点。其主要思想是：只要在给定半径内邻近区域的密度超过某个阈值，就把它添加到与之相近的簇类中。也就是说，对给定簇类中的每个数据样本，在一个给定的区域内必须至少包含某个数目的数据样本。这样的方法可以用来过滤噪声数据，并且可以发现任意形状的聚类。

这种任意形状的聚类代表算法有 DBSCAN 算法、OPTICS 算法、DENCLUE 算法等。

7.4.1 与密度聚类相关的概念

密度聚类涉及的概念如下。

样本的 ε-邻域：给定数据样本在半径 ε 内的区域。

核心样本：如果一个数据样本的 ε-邻域至少包含 MinPts（预先给定的最少数阈值）个数据样本，则称该数据样本为核心样本。

直接密度可达：给定一个数据样本集 D，如果样本 p 在样本 q 的 ε-邻域内，而 q 是一个核心样本，则称样本 p 从样本 q 出发直接密度可达。

如图 7.6 所示，q 是一个核心样本，p 由 q 直接密度可达。

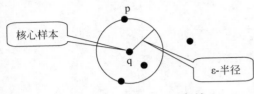

图 7.6　MinPts＝4 的 ε-邻域

密度可达：给定一个数据样本集 D，如果存在一个样本链 $p_1, p_2, \cdots, p_n, p_1 = q, p_n = p$，对 $p_i \in D, 1 \leqslant i \leqslant n$。$p_{i+1}$ 是从 p_i 关于 ε 和 MinPts 直接密度可达，则称样本 p 是从样本 q 关于 ε 和 MinPts 密度可达。如图 7.7 所示，已知半径 ε、MinPts＝4，q 是一个核心数据样本，p_1 是从 q 关于 ε 和 MinPts 直接密度可达，若 p 是从 p_1 关于 ε 和 MinPts 直接密度可达，则数据样本 p 是从 q 关于 ε 和 MinPts 密度可达，如图 7.7 所示。

密度相连：如果数据样本集 D 中存在一个核心样本 p_i，使得数据样本 p 和 q 都是 p_i 关于 ε 和 MinPts 密度可达的，那么数据样本 p 和 q 是关于 ε 和 MinPts 密度相连的，如图 7.8 所示。

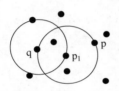

图 7.7　样本 p 由样本 q 关于 ε 和 MinPts 密度可达

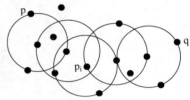

图 7.8　MinPts＝4 时样本 p 和 q 关于 ε 密度相连

噪声：密度聚类的簇是最大密度相连数据样本的集合，不包含在任何簇中的数据样本被称为"噪声"。

7.4.2　DBSCAN 算法

DBSCAN（Density-Based Spatial Clustering of Applications with Noise）算法可以将足够高密度的区域划分为簇，并可以在带有"噪声"的空间数据集中发现任意形状的聚类。DBSCAN 算法不进行任何的预处理，直接对整个数据样本集进行聚类操作。当数据量非常大时必须有大内存支持，I/O 消耗也非常大。如果采用空间索引，DBSCAN 的计算复杂度是 $O(n\log n)$，这里 n 是数据样本集中数据样本的总数，否则计算复杂度是 $O(n^2)$，聚类过程的大部分时间用在了区域查询操作上。

1. DBSCAN 算法的描述

DBSCAN 通过检查数据样本集中每个数据样本的 ε-邻域来寻找聚类。如果一个数据样本 p 的 ε-邻域中包含样本的个数不小于阈值 MinPts，则创建一个以 p 为核心样本的新簇。然后反复地寻找从这些核心样本密度可达的数据样本，当没有新的数据样本可以被添加到任何簇时，该过程结束。

DBSCAN 算法的描述如下。

输入：数据样本集 D，半径 ε，最少数阈值 MinPts。

输出：所有达到密度要求的簇。

处理流程：

step1 从 D 中抽取一个未处理的数据样本；

step2 IF 抽出的数据样本是核心样本 THEN

　　　　 找出所有从该数据样本密度可达的数据样本,形成一个簇；

step3 ELSE

　　　　 抽出的数据样本是边缘数据样本(非核心样本),跳出本次循环,寻找下一个数据样本；

step4 重复 step1～step3,直到所有数据样本都被处理。

例 7.10 数据样本集 D 如表 7.6 所示,对它实施 DBSCAN 算法。

表 7.6　数据样本集

样本序号	权值 1	权值 2	样本序号	权值 1	权值 2
1	1	0	7	4	1
2	4	0	8	5	1
3	0	1	9	0	2
4	1	1	10	1	2
5	2	1	11	4	2
6	3	1	12	1	3

对 D 中的数据执行 DBSCAN 算法。算法的执行过程如表 7.7 所示,设 $|D|=12$, $\varepsilon=1$, $MinPts=4$。

表 7.7　DBSCAN 算法的执行过程

步骤	选择样本	在 ε 中的样本个数	寻找新簇
1	1	2	无
2	2	2	无
3	3	3	无
4	4	5	簇 C_1: $\{1,3,4,5,9,10,12\}$
5	5	3	已在一个簇 C_1 中
6	6	3	无
7	7	5	簇 C_2: $\{2,6,7,8,11\}$
8	8	2	已在一个簇 C_2 中
9	9	3	已在一个簇 C_1 中
10	10	4	已在一个簇 C_1 中
11	11	2	已在一个簇 C_2 中
12	12	2	已在一个簇 C_1 中

聚类结果为 $\{1,3,4,5,9,10,12\}$,$\{2,6,7,8,11\}$。其具体步骤如下:

(1) 在 D 中选择数据样本 1,由于在以它为圆心、以 1 为半径的圆内包含两个样本(小于MinPts),所以它不是核心样本,选择下一个数据样本。

(2) 在 D 中选择数据样本 2,由于在以它为圆心、以 1 为半径的圆内包含两个数据样本,所以它不是核心样本,选择下一个数据样本。

(3) 在 D 中选择数据样本 3,由于在以它为圆心、以 1 为半径的圆内包含 3 个数据样本,所以它不是核心数据样本,选择下一个数据样本。

(4) 在 D 中选择数据样本 4,由于在以它为圆心、以 1 为半径的圆内包含 5 个数据样本(大于 MinPts),所以它是核心样本,寻找从它出发可达的数据样本(直接密度可达 4 个数据样本,密度可达两个数据样本),得出新类为 $\{1,3,4,5,9,10,12\}$,选择下一个数据样本。

（5）在 D 中选择数据样本 5，已经在簇 C_1 中，选择下一个数据样本。

（6）在 D 中选择数据样本 6，由于在以它为圆心、以 1 为半径的圆内包含 3 个数据样本，所以它不是核心数据样本，选择下一个数据样本。

（7）在 D 中选择数据样本 7，由于在以它为圆心、以 1 为半径的圆内包含 5 个数据样本，所以它是核心数据样本，寻找从它出发可达的数据样本，得出新类为 $\{2,6,7,8,11\}$，选择下一个数据样本。

（8）在 D 中选择数据样本 8，已经在簇 C_2 中，选择下一个数据样本。

（9）在 D 中选择数据样本 9，已经在簇 C_1 中，选择下一个数据样本。

（10）在 D 中选择数据样本 10，已经在簇 C_1 中，选择下一个数据样本。

（11）在 D 中选择数据样本 11，已经在簇 C_2 中，选择下一个数据样本。

（12）选择数据样本 12，已经在簇 C_1 中，由于这已经是最后一个数据样本（所有数据样本都已处理），处理完毕。结果如图 7.9 所示。

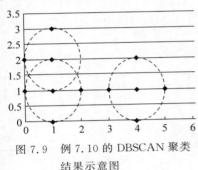

图 7.9　例 7.10 的 DBSCAN 聚类结果示意图

2. DBSCAN 算法的 Python 实现

在 Scikit-learn 中包含 sklearn. cluster. DBSCAN 的算法。DBSCAN() 的常用形式如下：

```
DBSCAN(eps = 0.5, min_samples = 5, metric = 'euclidean',
algorithm = 'auto')
```

参数说明：

（1）eps 设置半径，用于确定邻域的大小，默认值为 0.5。

（2）min_samples 为 int 类型，设置阈值 MinPts。

（3）metric 设置所采用的距离计算方式，默认是欧氏距离。

（4）algorithm 的值可以为 'auto'、'ball_tree'、'kd_tree'、'brute'，用于计算两点间距离并找出最近邻的点。若取值为 'auto'，自动取合适的算法；若取值为 'ball_tree'，用 ball 树来搜索；若取值为 'kd_tree'，用 kd 树搜索；若取值为 'brute'，则暴力搜索。对于稀疏数据，一般取值为 'brute'。

例 7.11　DBSCAN 算法示例。

（1）生成一组随机数据，为了体现 DBSCAN 在非凸数据上的聚类优点，生成三簇数据，两组是非凸的。其代码如下：

```
import numpy as np
import matplotlib.pyplot as plt
from sklearn import datasets
x1,y1 = datasets.make_circles(n_samples = 5000,factor = 0.6,noise = 0.05)
x2,y2 = datasets.make_blobs(n_samples = 1000,n_features = 2,centers = [[1.2,1.2]],cluster_std =
[[.1]],random_state = 9)
x = np.concatenate((x1,x2))
plt.scatter(x[:,0],x[:,1],marker = 'o')
plt.show()
```

程序运行结果如图 7.10 所示。

（2）直接使用 DBSCAN 默认参数，观看聚类效果。其代码如下：

```
import numpy as np
import matplotlib.pyplot as plt
from sklearn import datasets
from sklearn.cluster import DBSCAN
x1,y1 = datasets.make_circles(n_samples = 5000, factor = 0.6,noise = 0.05)
```

```
x2,y2 = datasets.make_blobs(n_samples = 1000, n_features = 2, centers = [[1.2,1.2]], cluster_std
 = [[.1]], random_state = 9)
x = np.concatenate((x1, x2))
y_pred = DBSCAN().fit_predict(x)
plt.scatter(x[:,0],x[:, 1], c = y_pred)
plt.show()
```

程序运行结果如图 7.11 所示。

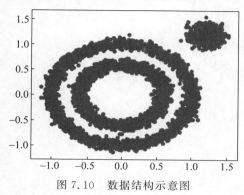

图 7.10 数据结构示意图

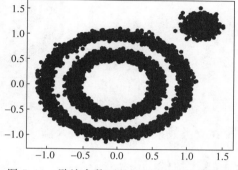

图 7.11 默认参数下的 DBSCAN 聚类结果

（3）对 DBSCAN 的两个关键参数 eps 和 min_samples 进行调参。从图 7.11 可以发现，类别数太少，所以需要增加类别数，那么就可以减少 ε-邻域的大小，默认是 0.5，下面减到 0.1 观看效果。其代码如下：

```
import numpy as np
import matplotlib.pyplot as plt
from sklearn import datasets
from sklearn.cluster import DBSCAN
x1,y1 = datasets.make_circles(n_samples = 5000, factor = 0.6, noise = 0.05)
x2,y2 = datasets.make_blobs(n_samples = 1000, n_features = 2, centers = [[1.2,1.2]], cluster_std =
[[.1]], random_state = 9)
x = np.concatenate((x1,x2))
y_pred = DBSCAN(eps = 0.1).fit_predict(x)
plt.scatter(x[:,0],x[:,1],c = y_pred)
plt.show()
```

程序运行结果如图 7.12 所示。

可以看到聚类效果有了改进，至少边上的簇已经被发现。此时需要继续调参增加类别，有两个方向是可以的，一个是继续减少 eps，另一个是增加 min_samples。

（4）将 min_samples 从默认的 5 增加到 10，代码如下：

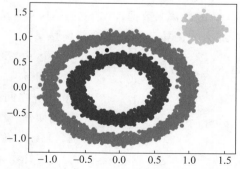

图 7.12 eps=0.1 时的 DBSCAN 聚类结果

```
import numpy as np
import matplotlib.pyplot as plt
from sklearn import datasets
from sklearn.cluster import DBSCAN
x1,y1 = datasets.make_circles(n_samples = 5000, factor = 0.6, noise = 0.05)
x2,y2 = datasets.make_blobs(n_samples = 1000, n_features = 2, centers = [[1.2,1.2]], cluster_std =
[[.1]], random_state = 9)
x = np.concatenate((x1,x2))
y_pred = DBSCAN(eps = 0.1, min_samples = 10).fit_predict(x)
plt.scatter(x[:,0],x[:,1],c = y_pred)
```

```
plt.show()
```

程序运行结果如图 7.13 所示。

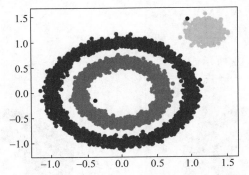

图 7.13　min_samples＝10 时的 DBSCAN 聚类结果

现在聚类效果基本上已经让人满意了。

7.4.3　OPTICS 算法

在前面介绍的 DBSCAN 算法中，有两个初始参数 ε（邻域半径）和 MinPts（ε 邻域最小样本数）需要用户手动输入，并且聚类的类簇结果对这两个参数的取值非常敏感，不同的取值将产生不同的聚类结果，其实这也是大多数需要初始化参数的聚类算法的弊端。为了克服 DBSCAN 算法的这一缺点，提出了 OPTICS 算法（Ordering Points to Identify the Clustering Structure）。OPTICS 并不显示结果的类簇，而是为聚类分析生成一个增广的簇排序（例如以可达距离为纵轴、样本点输出次序为横轴的坐标图），这个排序代表了各数据样本基于密度的聚类结构。它包含的信息等价于从一个广泛的参数设置所获得的基于密度的聚类，换句话说，从这个排序中可以得到基于任何参数 ε 和 MinPts 的 DBSCAN 算法的聚类结果。

1. 基本概念

核心距离：数据样本 p 的核心距离是指 p 成为核心样本的最小 ε′。如果 p 不是核心样本，那么 p 的核心距离没有任何意义。

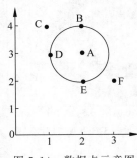

可达距离：数据样本 q 到数据样本 p 的可达距离是指 p 的核心距离和 p 与 q 之间欧几里得距离的较大值。如果 p 不是核心样本，p 和 q 之间的可达距离没有意义。

例如，假设邻域半径 ε＝2，MinPts＝3，数据样本集 D＝{A(2,3)，B(2,4)，C(1,4)，D(1,3)，E(2,2)，F(3,2)}，如图 7.14 所示。

由于样本 A 为核心样本，在 A 的周围有数据样本{A,B,C,D,E,F}，对于 MinPts＝3，A 的核心距离为 ε′＝1，这是因为在样本为 A 的 ε′邻域中有数据样本总数|{A,B,D,E}|＞3。数据样本 F 到核心样本 A 的可达距离为 $\sqrt{2}$，这是因为 A 到 F 的欧几里得距离为

图 7.14　数据点示意图

$\sqrt{2}$，它大于样本 A 的核心距离 1。

2. OPTICS 算法的描述

OPTICS 算法额外存储了数据样本的核心距离和可达距离，利用 OPTICS 产生的排序信息来提取类簇。

OPTICS 算法的描述如下。

输入：样本集 D，邻域半径 ε，给定数据样本在 ε 邻域内成为核心样本的最小邻域样本数

MinPts。

　　输出：具有可达距离信息的数据样本排序。

　　处理流程：

　　step1　创建两个队列，即有序队列和结果队列(有序队列用来存储核心样本及该核心样本的直接可达样本，并按可达距离升序排列；结果队列用来存储数据样本的输出次序)；

　　step2　如果样本集 D 中的所有样本都处理完毕，算法结束，否则从 D 中选择一个未处理(即不在结果队列中)且不为核心样本的数据样本，找到其所有直接密度可达样本，如果该样本不存在于结果队列中，则将其放入有序队列中，并按可达距离升序排序；

　　step3　如果有序队列为空，跳至 step2，否则从有序队列中取出第一个数据样本(即可达距离最小的数据样本)进行拓展；

　　step3-1　判断拓展的数据样本是否为核心样本，如果不是，回到 step3，否则将拓展样本存入结果队列(如果该数据样本不在结果队列中)；

　　step3-2　如果该数据样本是核心样本，找到其所有直接密度可达样本，并且将这些数据样本放入有序队列，将有序队列中的数据样本按照可达距离重新排序，如果该数据样本已经在有序队列中且新的可达距离较小，则更新该数据样本的可达距离；

　　step3-3　重复 step3，直到有序队列为空；

　　step4　算法结束，输出结果队列中的有序数据样本。

　　给定结果队列、半径 ε 和最少样本数 MinPts，输出所有聚类的算法的处理流程如下：

　　step1　从结果队列中按顺序取出数据样本，如果该样本的可达距离不大于给定半径 ε，则该样本属于当前类别，否则转至 step2；

　　step2　如果该样本的核心距离大于给定半径 ε，则该样本为噪声，可以忽略，否则该数据样本属于新的聚类，跳至 step1；

　　step3　结果队列遍历结束，算法结束。

3. OPTICS 算法的 Python 实现

　　sklearn 中含有 OPTICS 聚类算法，其常用形式如下：

```
OPTICS(min_samples = 5, max_eps = inf, metric = 'minkowski', P = 2, eps = None, min_cluster_size = 10)
```

参数说明：

　　(1) min_samples 可以取大于 1 的整数，默认值为 5，表示一个样本被视为核心样本的邻域样本数。

　　(2) max_eps 为 float 类型，默认值为 np.inf，表示两个样本之间的最大距离，其中一个被视为另一个样本的邻域。

　　(3) metric 为一个字符串或可调用对象，默认值为 'minkowski'(scipy. spatial. distance)，用于距离的度量，取值通常为['cityblock', 'cosine', 'euclidean', 'l1', 'l2', 'manhattan'](scikit-learn 距离)。

　　(4) 当 P=1 时，使用曼哈顿距离(l1)；当 P=2 时，使用欧几里得距离(l2)。

　　(5) eps 表示两个样本之间的最大距离，其中一个样本被视为在另一个样本的邻域内。在默认情况下，它假设的值与 max_eps 相同。

　　(6) min_cluster_size 表示 OPTICS 聚类中的最小样本数。

　　fit(self, x[, y])方法执行 OPTICS 聚类。

　　例 7.12　OPTICS 算法聚类示例。

　　程序代码如下：

```
from sklearn.cluster import OPTICS
import matplotlib.pyplot as plt
import numpy as np
x = np.array([[2,3],[2,4],[1,4],[1,3],[2,2],[3,2],[8,7],[8,6],[7,7],[7,6],[8,5],[8,2]])
clustering = OPTICS(min_samples = 2).fit(x)
print('\n 显示分类类别: \n',clustering.labels_)
```

程序运行结果如图 7.15 所示。

例 7.13   OPTICS 算法聚类示例。

程序代码如下:

```
import numpy as np
import matplotlib.pyplot as plt
from sklearn import datasets
from sklearn.cluster import OPTICS
from sklearn.datasets import load_iris
iris = load_iris()
x = iris.data[:,:2]
clustering = OPTICS(min_samples = 2).fit(x)
y_pred = clustering.labels_
plt.scatter(x[:,0],x[:,1],c = y_pred)
plt.show()
ax1.scatter(x1,y1,c = 'r',s = 100,linewidths = lvalue,marker = 'o')
```

程序运行结果如图 7.16 所示。

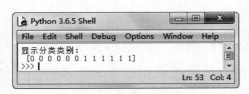

图 7.15   例 7.12 的运行结果

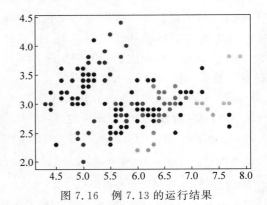

图 7.16   例 7.13 的运行结果

7.4.4   DENCLUE 算法

DENCLUE 聚类算法是研究(样品或指标)分类问题的一种统计分析方法,同时也是数据挖掘的一个重要算法。

1. DENCLUE 算法的原理

DENCLUE 聚类基于统计学和模式识别领域中的"核密度估计",这种技术的目标是用总密度函数来描述数据的分布,其中每个点对总密度函数的贡献用一个"核函数"来表示。例如高斯核函数:

$$f_{\text{Gaussian}}(x,y) = e^{-\frac{\text{dist}(x,y)^2}{2\sigma^2}} \tag{7-9}$$

DENCLUE 是基于一组密度分布函数的聚类算法。它的主要原理如下:

(1) 每个数据样本的影响可以用一个数学函数来形式化模拟,它描述了数据样本在邻域的影响,被称为影响函数。

（2）数据空间的整体密度（全局密度函数）可以被模拟为所有数据样本的影响函数总和。

（3）聚类可以通过密度吸引样本得到,这里的密度吸引样本是全局密度函数的局部最大值。

（4）使用一个步进式爬山过程,把待分析的数据样本分配到密度吸引样本 x^* 所代表的簇中。

爬山算法是深度优先搜索的改进算法。在这种算法中,使用某种贪心算法来决定在搜索空间中向哪个方向搜索。爬山算法是假设爬山者的初始位置为 C 点,目标是山的局部最高点（如图 7.17 中的 A 点）。为此爬山者有很多种走法,可以沿着任意方向爬山。爬山算法要求爬山者在每走一步之前,先计算分别在每个方向上走一步后到达的新位置与原位置的高度差,选择高度差最大的方向作为即将前进的方向。如果到达某点时,再向任意一个方向走,高度差计算的结果都导致高度下降,则认为该点就是山的最高点,搜索结束。由于爬山算法的每一步都是向梯度最陡的方向前进,所以可找到一条能很快到达局部最高点的路径。爬山算法的示意图如图 7.17 所示。

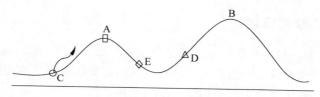

图 7.17　爬山算法示意图

2. DENCLUE 算法的描述

DENCLUE 算法的描述如下。

输入：数据样本集 D,邻域半径参数 η（阈值）。

输出：聚类结果。

处理流程：

step1　对数据样本占据的邻域空间推导密度函数；

step2　通过沿密度最大的方向（即梯度方向）移动,识别密度函数的局部最大数据样本（这是局部密度吸引样本）,将每个数据样本关联到一个密度吸引样本；

step3　定义与特定的密度吸引样本相关联的数据样本构成的簇；

step4　丢弃与非平凡密度吸引样本相关联的簇（密度吸引样本 x' 称为非平凡密度吸引样本,如果 $f^*(x') < \eta$）；

step5　若两个密度吸引样本之间存在密度大于或者等于 η 的路径,则合并它们所代表的簇。对所有的密度吸引样本重复此过程,直到不再改变时算法终止。

图 7.18 是一个一维数据集的 DENCLUE 聚类实例,可以从图中看出 A～E 是数据集总密度函数的尖峰,它们各自的影响区域根据局部密度低谷由虚线分离开,η 是图中所示的密度

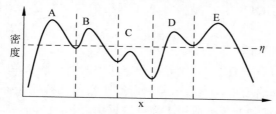

图 7.18　一维数据集的 DENCLUE 聚类图示

阈值。根据该算法可知,图中A和B所代表的局部密度影响区域各自形成一个簇,C所代表的影响区域由于处在 η 之下而被当作噪声来处理,D和E所代表的影响区域被合并为一个簇。

在 DBSCAN 和 OPTICS 算法中,密度通过统计被半径参数 δ 定义的邻域中的数据样本个数来计算,这种密度估计对半径 δ 非常敏感。为了解决这个问题,可以使用核密度估计,核密度估计的一般思想是简单的,用户可以把每个观测数据样本看作周围区域中高概率密度的一个指示器。对于核函数的选择,可以使用高斯核函数。

7.5　基于网格的聚类方法

聚类方法很多,其中一大类传统的聚类方法是基于距离的,这种基于距离的聚类方法只能发现球状簇,在处理大数据样本集以及高维数据样本集时不够有效。另一方面,发现的聚类个数往往依赖于用户参数的指定,这对用户来说是非常困难的。基于网格的聚类(Grid-based Clustering)方法是将空间量化为有限数目的单元格,形成一个网格结构,所有的聚类都在网格上进行。

7.5.1　基于网格的聚类概述

基于网格的聚类方法是将数据样本空间量化成有限数目的单元格,这些网格形成了网格结构,所有的聚类方法都在该结构上进行。这种方法的主要优点是处理速度快,其处理时间独立于数据样本数,仅依赖于量化空间中的每一维的单元格数。

基于网格聚类方法的基本思想就是将数据样本每个特征的可能取值分割成许多相邻的区间,创建网格单元集合,使得每个数据样本落入一个网格单元,网格单元对应的特征空间包含该数据样本的取值。基于网格的聚类方法有多种,其网格划分方法不同,网格数据结构的处理方法也可能不同,但它们的核心处理步骤是相同的:第一步,划分网格;第二步,使用网格单元内数据的统计信息对数据进行压缩表达;第三步,基于这些统计信息判断高密度网格单元;第四步,将相连的高密度网格单元识别为簇。

常见的基于网格的聚类方法有 CLIQUE、STING 和 Wave-Cluster 等算法。CLIQUE 是在高维数据空间中基于网格和密度的聚类方法,STING 利用存储在网格单元中的统计信息来进行聚类处理,Wave-Cluster 用一种小波变换的方法来进行聚类处理。

7.5.2　CLIQUE 算法

CLIQUE 聚类(Clustering in Quest)是在 1998 年由 Rakesh Agrawal、Johannes Gehrke 等提出的一种子空间聚类方式,并且应用了基于网格的聚类方法。

1. CLIQUE 算法的聚类过程

CLIQUE 算法把每个维划分成不重叠的区域,从而把数据样本的整个嵌入空间划分成单元,它使用一个密度阈值来识别稠密单元。一个单元是稠密的,是指映射到它的样本点数超过密度阈值。简而言之,CLIQUE 算法是一种基于网格的聚类算法,用于发现子空间中基于密度的簇。

利用 CLIQUE 算法进行聚类的过程分为 3 个步骤:

第一步,识别包含簇的子空间。如何寻找子空间中的稠密网格单元,最简单的方法是基于子空间中每个网格单元所含有的样本数来绘制所有子空间的样本分布直方图,然后根据这些直方图进行判断。显然,这种方法不适用于高维数据集,因为子空间的数量随维度的增加呈指数级增长。

第二步,识别稠密单元产生的簇。识别的方法是将邻接的稠密网格单元结合成为一个簇,具体来说基于"深度优先原则",先从 k 维稠密单元集合 C_k 中随机选出一个稠密的网格单元,并将它单独初始化为一个簇,之后遍历 C_k 将与该单元邻接的稠密单元划分到这个簇中。如果遍历完成后仍存在没有被划分的单元,那么在这些单元中再随机取出一个作为新的簇,然后重复上一步骤,直到所有的单元均隶属于相应的簇为止。

第三步,产生簇的"最小描述"。具体分为两步:一是使用"贪心增长算法"获得覆盖每个簇的最大区域,具体做法是将簇中的某个稠密单元作为初始区域,然后在某一个维度上基于其(左、右)邻接单元将该区域进行延伸。延伸完成后,再在另一个维度上基于该区域中的所有稠密单元的邻接单元对该区域做进一步延伸。重复上述步骤,直到遍历所有的维度,然后对该簇中没有被包含到对应区域的单元继续重复上述操作,直到没有孤立的网格单元为止,如图 7.19 所示(稠密单元 u 是选择的初始区域)。二是通过丢弃被重复覆盖的网格单元来得到"最小描述",具体来说就是首先找到最小的(包含的稠密单元数量最少)最大区域,如果存在某区域中的每个单元均在其他区域中重复出现过,那么就从该簇的最大区域集合中移除该区域,直到找不到下一个类似区域为止。

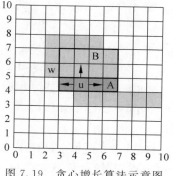

图 7.19 贪心增长算法示意图

CLIQUE 算法的描述如下:

step1 把数据空间划分为若干不重叠的矩形单元,并且计算每个网格的密度,根据给定的阈值识别稠密网格和非稠密网格,且置所有网格的初始状态为"未处理标识";

step2 遍历所有网格,判断当前网格是否有"未处理标识",若没有,则处理下一个网格,否则进行如下 step3～step7 处理,直到所有网格处理完成,转 step8;

step3 改变网格标识为"已处理",若是非稠密网格,转 step2;

step4 若是稠密网格,则将其赋予新的簇标识,创建一个队列,将该稠密网格置入队列;

step5 判断队列是否为空,若空,则处理下一个网格,转 step2,否则进行如下处理:

step5-1 取出队头的网格数据样本,检查其所有邻接的有"未处理标识"的网格;

step5-2 更改网格标识为"已处理";

step5-3 若邻接网格为稠密网格,则将其赋予当前簇标识,并将其加入队列;

step5-4 转 step5;

step6 密度连通区域检查结束,标识相同的稠密网格组成密度连通区域,即目标簇;

step7 修改簇标识,进行下一个簇的查找,转 step2;

step8 遍历整个数据集,将数据样本标识为所在网格的簇标识值。

2. CLIQUE 算法的优缺点

CLIQUE 算法的优点如下:

(1)给定每个属性的划分,经过单遍数据扫描就可以确定每个数据样本的网格单元和网格单元的计数。

(2)尽管潜在的网格单元数量可能很大,但是只需要为非空单元创建网格。

(3)将每个数据样本指派到一个网格单元并计算每个单元的密度的时间复杂度和空间复杂度为 O(m),整个聚类过程是非常高效的。

CLIQUE 算法的缺点如下:

(1)和大多数基于密度的聚类算法一样,基于网格的聚类非常依赖于密度阈值的选择。

（2）如果存在不同密度的簇和噪声，则也许不可能找到适合于数据空间所有部分的阈值。

（3）随着维度的增加，网格单元个数迅速增加（是指数级增长）。即对于高维数据，基于网格的聚类效果较差。

7.5.3　STING 算法

STING（Statistical Information Grid）算法是一种基于网格的多分辨率聚类技术，它将空间区域划分为若干矩形单元格。针对不同级别的分辨率，通常存在多个级别的矩形单元格，这些单元格形成了一个层次结构，高层的每个单元格被划分为多个低一层的单元格。高层单元格的统计参数可以很容易地从低层单元格的计算得到。这些参数包括与特征无关的参数 count，与特征相关的参数平均值、标准偏差、最小值、最大值等，以及该单元格中的特征值遵循的分布（Distribution）类型。

STING 算法的描述如下：

step1　针对不同的分辨率划分为多个级别的矩形单元格。

step2　这些单元格形成了一个层次结构，高层的每个单元格被划分成多个低一层的单元格。

step3　计算每个网格单元特征的统计信息（例如平均值、最大值、最小值等）并存储，以便于用户查询（统计信息大多是为了进行查询）。

STING 聚类的层次结构如图 7.20 所示。

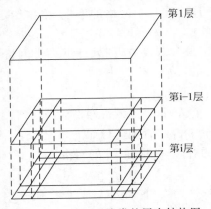

第1层

第i−1层

第i层

图 7.20　STING 聚类的层次结构图

由图 7.20 可以看出，第 1 层是最高层，仅有一个单元格，第 i−1 层的一个单元格对应于第 i 层的 4 个单元格。

依次展开 STING 聚类层次结构的第 i 层、第 i+1 层及第 i+2 层，如图 7.21 所示。

通过图 7.20 和图 7.21，大家可以清晰地了解 STING 层次结构中上、下层之间的关系。

STING 聚类算法的处理流程如下：

step1　从一个层次开始。

step2　对于这一层的每个单元计算与查询相关的特征值。

step3　在计算的特征值以及约束条件下将每一个单元标识成相关或者不相关（不相关的单元不再考虑，下一个较低层的处理就只检查剩余的相关单元）。

step4　如果这一层是底层，那么转 step6，否则转 step5。

step5　由层次结构转到下一层，依照 step2 进行。

step6　查询结果得到满足，转到 step8，否则执行 step7。

step7　恢复样本数据到相关的单元进一步处理，以得到满意的结果，转到 step8。

step8　停止。

总之，STING 算法的核心思想就是根据特征的相关统计信息划分网格，而且网格是分层次的，下一层是上一层的继续划分。一个网格内的数据样本即为一个簇。同时，STING 聚类算法有一个性质：如果粒度趋向于 0（即朝向非常底层的样本数据），则聚类结果趋向于 DBSCAN 聚类结果（即使用计数和大小信息，使用 STING 可以近似地识别稠密的簇）。

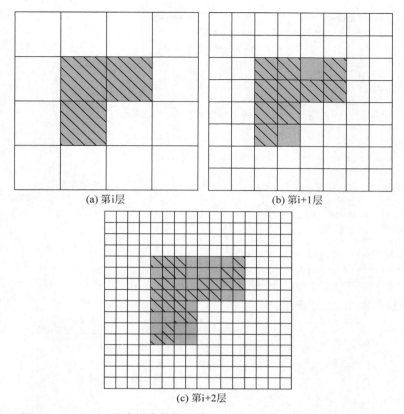

(a) 第i层   (b) 第i+1层

(c) 第i+2层

图 7.21　STING 聚类层次结构的第 i 层、第 i+1 层及第 i+2 层示意图

STING 算法的优点如下：

（1）基于网格的计算是独立于查询的，因为存储在每个单元的统计信息提供了单元中样本数据的汇总信息，不依赖于查询。

（2）网格结构有利于增量更新和并行处理。

（3）效率高。STING 扫描数据样本集 D 一次就可以计算单元格的统计信息，因此产生聚类的时间复杂度是 O(n)，其中 n 是数据样本的数目。在层次结构建立以后，查询处理时间是 O(g)，g 是最底层中单元格的数目，通常远远小于 n。

STING 算法的缺点如下：

（1）由于 STING 采用了一种多分辨率的方法来进行聚类分析，所以 STING 的聚类质量取决于网格结构的最底层的粒度。如果最底层的粒度很细，则处理的代价会显著增加；如果粒度太粗，聚类质量将难以得到保证。

（2）STING 在构建一个父单元格时没有考虑子单元格和其他相邻单元格之间的联系。所有的簇边界不是水平的就是竖直的，没有斜的分界线，降低了聚类质量。

7.5.4　基于网格聚类算法的 Python 实现

在 Python 的 pyclustering 模块中提供了基于网格的聚类算法 clique()，调用该算法需要安装 pyclustering 模块，语句为 pip install pyclustering。

例 7.14　clique()聚类算法示例。

程序代码如下：

```python
import numpy as np
from pyclustering.cluster.clique import clique
from pyclustering.cluster.clique import clique_visualizer        # CLIQUE 可视化
from sklearn.datasets import load_iris
iris = load_iris()
data = iris.data[:,:2]
data_M = np.array(data)
# 使用 CLIQUE 聚类方法进行聚类,定义每个维度中网格单元的数量
intervals = 10
threshold = 0                                                     # 密度阈值
clique_instance = clique(data_M, intervals, threshold)
clique_instance.process()                                         # 开始聚类过程并获得结果
clique_cluster = clique_instance.get_clusters()                   # 分配的群集
noise = clique_instance.get_noise()                               # 认为是异常值的样本(噪声)
cells = clique_instance.get_cells()                               # CLIQUE 形成的网格单元
print("Amount of clusters:",len(clique_cluster))
print(clique_cluster)
# 聚类结果可视化: 显示由算法形成的网格
clique_visualizer.show_grid(cells,data_M)
clique_visualizer.show_clusters(data_M,clique_cluster, noise)     # 显示聚类结果
```

程序运行结果如图 7.22 所示。

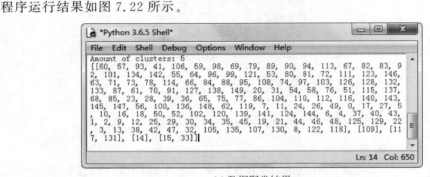

(a) 数据聚类结果

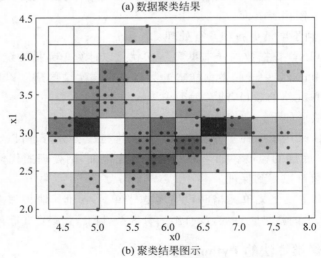

(b) 聚类结果图示

图 7.22　例 7.14 的运行结果

7.6　基于模型的聚类方法

基于模型的聚类(Model-based Clustering)方法是借助于一些统计模型来获得数据样本集的聚类分布信息。该方法的基本思想是为每个聚类假设一个模型,然后去发现符合模型的

数据样本,寻找给定数据样本与某个数学模型的最佳拟合,以进一步考虑噪声和孤立点的影响。

7.6.1 基于模型的聚类概述

假设数据集是由一系列的概率分布所决定的,给每一个聚簇假定一个模型,然后在数据集中寻找能够很好地满足这个模型的簇。这个模型可以是数据样本在空间中的密度分布函数,它由一系列的概率分布决定,也可以是通过基于标准的统计来自动求出聚类的数目。例如Dempster 等在 1976 年提出的 EM 算法即期望最大化算法(Expectation Maximization Algorithm),这是一种迭代法,用于求解含有隐变量的最大似然估计、最大后验概率估计问题;又如 Fisher 在 20 世纪 80 年代提出的 COBWEB 算法是一个常用的、简单的增量式概念聚类方法,它采用分类树的形式来表现层次聚类结果;Moore 提出的 Mrkd-tree(multiple resolution k-dimension tree)算法是一种基于模型的聚类方法,其中 k 是数据的维数,它通过构造一个树形结构来减少存取数据的次数,进而克服算法处理速度较慢的缺点。

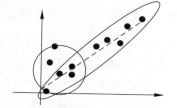

图 7.23 是人们经常会遇到的变量之间存在的相关性,按照欧氏距离标准可以推测,左下角的点将聚为一类,其余点构成一类。然而事实上,或许回归线附近的点更应该聚为一类,其余点则构成另一类。

对此现象的一种解释是,欧氏距离并没有考虑变量之间的相关性,如果变量之间表现出很强的相关性(信息重叠),意味着这些变量实际上大致是同一个特征。

图 7.23 二维数据可能的
结构类型图

7.6.2 EM 算法

最大期望算法是在概率模型中寻找参数最大似然估计或者最大后验估计的算法,其中概率模型依赖于无法观测的隐性变量。

1. EM 算法概述

在大多数情况下人们是根据已知条件来推算结果,而最大似然估计是已经知道了结果,然后寻求使该结果出现可能性最大的条件,以此作为估计值。例如,你的一个同学和一个猎人一起外出打猎,一只野兔从前方窜过,只听一声枪响,野兔应声倒下,如果要你推测,这一发命中的子弹是谁打的? 你肯定毫不犹豫地推断是猎人打的。这是因为猎人命中的概率一般大于你那个同学命中的概率,从而推断出这一枪应该是猎人打的。这个推断就体现了最大似然法的基本思想。

最大期望算法经过两个步骤交替进行计算:

第一步,计算期望(E),利用对隐藏变量的现有估计值计算其最大似然估计值;

第二步,最大化(M),最大化是在 E 步上求得的最大似然估计值来计算参数的值。M 步找到的参数估计值被用于下一个 E 步计算中,这个过程不断交替进行。

2. 对 EM 算法的理解

假设有 A、B、C 3 枚硬币,单次投掷出现正面的概率分别为 π、p、q。

1)EM 算法的引入

利用这 3 枚硬币进行以下试验:

(1)第一次先投掷 A,若出现正面则投掷 B,否则投掷 C;

（2）记录第二次投掷的硬币出现的结果，正面记作1，反面记作0。

独立重复（1）和（2）10次，产生观测结果1101001011。

假设只能观测到投掷硬币的最终结果，无法观测第一次投掷的是哪一枚硬币，求 π、p、q，即三硬币模型的参数。

记模型参数为 $\theta=(\pi, p, q)$，无法观测的第一次投掷的硬币为随机变量 z，可以观测的第二次投掷的硬币为随机变量 y，则观测数据的似然函数为：

$$P(y \mid \theta)=\sum_z P(z \mid \theta)P(y \mid z,\theta) \tag{7-10}$$

因此，对于两个事件，第一个事件选出那枚看不到的硬币，第二个事件利用这枚硬币进行一次投掷。利用硬币结果只可能是0或1这个特性，可以将这个式子展开为：

$$P(y \mid \theta)=\prod_{j=1}^n \left[\pi p^{y_j}(1-p)^{1-y_j}+(1-\pi)q^{y_j}(1-q)^{1-y_j}\right] \tag{7-11}$$

y 的观测序列给定了，怎么找出一个模型参数，使得这个序列的概率（似然函数的值）最大，也就是求模型参数的极大似然估计：

$$\hat{\theta}=\underset{\theta}{\operatorname{argmax}}\log P(y \mid \theta) \tag{7-12}$$

2）EM 算法的步骤

EM 算法是求解这个问题的一种迭代算法，它有3个步骤。

初始化：选取模型参数的初值，$\theta^{(0)}=(\pi^{(0)}, p^{(0)}, q^{(0)})$，循环以下两步迭代。

E 步：计算在当前迭代的模型参数下观测数据 y 来自硬币 B 的概率。

$$\mu^{(i+1)}=\frac{\pi^{(i)}(p^{(i)})^{y_j}(1-p^{(i)})^{1-y_j}}{\pi^{(i)}(p^{(i)})^{y_j}(1-p^{(i)})^{1-y_j}+(1-\pi^{(i)})(q^{(i)})^{y_j}(1-q^{(i)})^{1-y_j}}$$

显然，该式分子代表选定 B 并进行一次投掷试验，分母代表选定 B 或 C 并进行一次投掷试验，两个相除就得到试验结果来自 B 的概率。

M 步：估算下一个迭代的新模型估算值。

$$\pi^{(i+1)}=\frac{1}{n}\sum_{j=1}^n \mu_j^{(i+1)}, \quad p^{(i+1)}=\frac{\sum_{j=1}^n \mu_j^{(i+1)} y_j}{\sum_{j=1}^n \mu_j^{(i+1)}}, \quad q^{(i+1)}=\frac{\sum_{j=1}^n (1-\mu_j^{(i+1)})y_j}{\sum_{j=1}^n (1-\mu_j^{(i+1)})}$$

下面代入具体的数字计算一下。如果模型的初始参数取值为 $\pi^{(0)}=0.5, p^{(0)}=0.5, q^{(0)}=0.5$，那么代入上面的3个公式就可以计算出 $\pi^{(1)}=0.5, p^{(1)}=0.6, q^{(1)}=0.6$，继续迭代可以得到 $\pi^{(2)}=0.5, p^{(2)}=0.6, q^{(2)}=0.6$，于是得到原来参数 θ 的极大似然估计为 $\hat{\pi}=0.5, \hat{p}=0.6, \hat{q}=0.6$。

3. EM 算法的数学模型

EM 算法的每个簇都可以用参数概率分布（即高斯分布）进行数学描述，元素 x 属于第 i 个簇 C_i 的概率表示为：

$$p(x)=\frac{1}{\sqrt{2\pi}\sigma_i}e^{-\frac{(x-\mu_i)^2}{2\sigma_i^2}} \quad 记为 N(\mu_i, \sigma_i^2) \tag{7-13}$$

其中，μ_i、σ_i 分别为均值和方差。高斯分布概率示意图如图7.24所示。

一般地，k 个概率分布的混合高斯分布函数如下：

$$p(x) = \sum_{i=1}^{k} \pi_i N(x \mid \mu_i, \sigma_i^2) \qquad (7\text{-}14)$$

4. EM 算法的过程

EM 算法是 k-means 算法的一种扩展,与 k-means 算法将每个数据样本指派到一个簇中不同,在 EM 算法中,每个数据样本按照中心样本隶属概率的权重指派到每个簇中,新的均值基于加权的度量来计算。

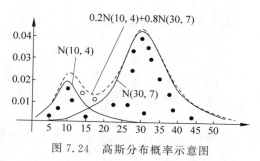

图 7.24　高斯分布概率示意图

采用期望最大化的 EM 过程如下:

(1) 用随机函数初始化 k 个高斯分布的参数,同时保证 $\sum_{i=1}^{k} \pi_i = 1$。

(2) E 步:一次取观测数据 x,比较 x 在 k 个高斯函数中概率的大小,把 x 归类到这 k 个高斯分布中概率最大的一个(例如第 i 个)类中。

(3) M 步:用最大似然估计使观测数据是 x 的概率最大,因为已经在(2)中分好类了,所以只需要执行以下各式。

$$\mu_i = \frac{1}{N_i} \sum_{x_j \in C_i} x_j, \qquad \sigma_i^2 = \frac{1}{N_i} \sum_{x_j \in C_i} (x_j - \mu_i)(x_j - \mu_i)^{\mathrm{T}}, \qquad \pi_i = \frac{N_i}{N}$$

其中 $N_i = |C_i|$,N 为数据样本集的样本个数。

(4) 返回(2),用(3)新得到的参数对观测数据 x 重新分类,直到 $\prod_{i=1}^{k} \pi_i N(x \mid \mu_i, \sigma_i^2)$ 概率(最大似然函数)达到最大。

在以上步骤中,E 步称为期望步,M 步称为最大化步,EM 算法就是期望最大化的算法。

EM 算法的描述如下。

输入:数据样本集 $D = \{o_1, o_2, \cdots, o_n\}$,簇数目 k。

输出:k 个簇的参数。

处理流程:

step1　对混合模型的参数做初始估计:从 D 中随机选取 k 个不同的数据样本作为 k 个簇 C_1、C_2、$\cdots\cdots$、C_k 的中心 μ_1、μ_2、$\cdots\cdots$、μ_k,估计 k 个簇的方差 σ_1、σ_2、$\cdots\cdots$、σ_k;

step2　循环执行以下两步:

step2-1　E 步:计算 $p(o_i \in C_j)$,根据 $j = \underset{j}{\operatorname{argmax}}\{p(o_i \in C_j)\}$ 将数据样本 o_i 指派到 C_j,其中 $p(o_i \in C_j) = p(C_j \mid o_i) = \dfrac{p(C_j)p(o_i \mid C_j)}{p(o_i)} = \dfrac{p(C_j)p(o_i \mid C_j)}{\sum_{i=1}^{k} p(C_i)p(o_i \mid C_i)}$,$p(C_j)$ 为先验概率,在无先验知识时通常取所有 $p(C_j)$ 相同,在这种情况下只需求 $j = \underset{j}{\operatorname{argmax}}\{p(o_i \mid C_j)\}$,而 $p(o_i \mid C_j) = \dfrac{1}{\sqrt{2\pi}\sigma_j} e^{-\frac{(o_i - \mu_j)^2}{2\sigma_j^2}}$;

step2-2　M 步:利用 E 步计算的概率重新估计 μ_j 和 σ_j;

step3　重复执行 step2,直到参数(例如 μ 和 σ)不再发生变化或变化小于指定的阈值时退出循环。

例 7.15　随机生成 20 个 1~100 的整数(数据样本),采用 EM 算法将其分为 3 个簇。

假设随机生成的 20 个整数为 $\{62,98,91,6,30,72,22,4,22,80,99,9,87,44,4,76,38,58,21,95\}$，编号分别为 $0 \sim 19$。假设迭代结束的条件是两次迭代之间的均值差小于 0.1。

（1）先取前 3 个整数放入 3 个簇 C_0、C_1 和 C_2。求出所有簇的均值和方差如下：

C_0 的均值＝62，方差＝2.0（此时每个簇中只有一个数据样本，方差应为 0，为了便于下一次迭代，将所有簇的方差随机地取 2.0）；C_1 的均值＝98，方差＝2.0；C_2 的均值＝91，方差＝2.0。

（2）第 1 次迭代，迭代完成后的分配结果如下：

C_0（数据样本个数＝15）：$\{62,62,6,30,72,22,4,22,9,44,4,76,38,58,21\}$。

C_1（数据样本个数＝4）：$\{98,98,99,95\}$。

C_2（数据样本个数＝4）：$\{91,91,80,87\}$。

重新计算均值和方差如下：

C_0 的均值＝35.3，方差＝24.662；C_1 的均值＝97.5，方差＝1.500；C_2 的均值＝87.3，方差＝4.493。

……

（6）第 5 次迭代，其过程与第 1 次迭代相似，迭代完毕后的分配结果如下：

C_0（数据样本个数＝12）：$\{62,6,30,22,4,22,9,44,4,38,58,21\}$。

C_1（数据样本个数＝3）：$\{98,99,95\}$。

C_2（数据样本个数＝5）：$\{91,72,80,87,76\}$。

重新计算均值和方差如下：

C_0 的均值＝26.7，方差＝19.392；C_1 的均值＝97.3，方差＝1.700；C_2 的均值＝81.2，方差＝6.969。

此时迭代条件满足，算法结束，共进行了 5 次迭代。

7.6.3 COBWEB 算法

COBWEB 算法用于在样本-属性数据集处理方面。它产生聚类树状图，这个树被命名为分类树，树的各个结点都是数据样本属性等信息的描述。该树用概率描述来刻画整个聚类，采用了一个启发式估算度量"分类效用"来指导树的构建。

在 COBWEB 算法中引入了衡量聚类分类效用（Category Utility，CU）的统计量，定义如下：

$$CU = \frac{\sum\limits_{k=1}^{n} p(C_k) \left[\sum\limits_{i} \sum\limits_{j} p(A_i = V_{ij} \mid C_k)^2 - p(A_i = V_{ij})^2 \right]}{n} \tag{7-15}$$

式中，A_i 表示第 i 个属性，V_{ij} 是属性 A_i 的第 j 个属性值，C_k 是第 k 个簇，n 代表簇数目。$p(C_k)$ 代表簇 C_k 中的数据所占的比例。该式的意义在于测量 $A_i = V_{ij}$ 时，在整个数据样本集中的概率为 $p(A_i = V_{ij})$，第二个概率是当数据样本被放置在簇 C_k 的情况下的条件概率 $p(A_i = V_{ij} | C_k)$，属性 A_i 等于 V_{ij} 为定义聚类的必要条件。这里还要介绍另外一个概率——$p(C_k | A_i = V_{ij})$，这是指在 A_i 等于 V_{ij} 的情况下存在簇 C_k 的概率。式中分子的第一项表示的是应用贝叶斯定理得到的聚类品质表达式，第二项表示在没有任何知识背景的条件下正确地得到属性值的概率。整个分子是对所有的簇进行求和，里层的和是对所有属性求和，生成簇的意义在于，便于对簇中的数据样本进行预测。也就是说，与 $p(A_i = V_{ij})$ 相比，对于簇中的属性值 $A_i = V_{ij}$ 的数据样本 $p(A_i = V_{ij} | C_k)$ 拥有更好的概率估计，这是由于其考虑了所在的簇。

以上是对算法中分类效用的简单介绍,虽然公式十分烦琐,但是意义却很鲜明。公式中的 $p(A_i=V_{ij}|C_k)$ 预测簇内的相似性,该值和共享该值与成员的比例相对应。为了用分类树来聚类,该函数部分匹配,且沿着一条"最佳"路径进行查找。在给定的划分中,分类效用能够正确预测到属性值数目。在聚类分析中基于模型的 COBWEB 算法描述如下:

输入:数据样本集 $D=\{A_1,A_2,\cdots,A_n\}$。

输出:分类树及形成的概念层次。

处理流程:

step1 初始化训练集,将数据样本集 D 动态装入算法系统中;

step2 更新根结点信息,创建分类树,初始化树模型;

step3 对于新数据样本 A_i,计算分类效用值(CU),自上而下搜寻分类树,确定数据样本的位置,找到该结点的簇,若不属于任一子簇,则该结点自成一簇;

step4 A_i 加入分类树后,判断是否需要进行簇内合并或分裂操作,若合并执行 step5,若分裂跳到 step6;

step5 合并操作,数据样本根据分类效用值选出最高得分的和次高得分的结点进行合并,尽量使得相似性高的结点被合并到一个簇中;

step6 分裂操作,数据样本根据分类效用值将最高得分的结点分裂,提升原有结点下子结点的位置;

step7 A_{i+1} 继续加入分类树,直到训练集中没有数据样本,算法收敛。

例 7.16 数据样本集如表 7.8 所示,对它实施 COBWEB 算法。

表 7.8 数据样本集

样本序号	属性 1	属性 2	样本序号	属性 1	属性 2
x_1	0	2	x_4	5	0
x_2	0	0	x_5	5	2
x_3	1.5	0			

假定样本的顺序为 x_1,x_2,x_3,x_4,x_5,分类效用的阈值为 $\delta=3$。

聚类过程如表 7.9 所示。

表 7.9 COBWEB 的执行过程

步骤	M_1	M_2	C_1	C_2
1	(0,2)		$\{(0,2)\}$	
2	(0,1)		$\{(0,2),(0,0)\}$	
3	(0.5,0.66)		$\{(0,2),(0,0),(1.5,0)\}$	
4	(0.5,0.66)	(5,0)	$\{(0,2),(0,0),(1.5,0)\}$	$\{(5,0)\}$
5	(0.5,0.66)	(5,1)	$\{(0,2),(0,0),(1.5,0)\}$	$\{(5,0),(5,2)\}$

具体步骤如下:

(1) 第 1 个数据样本 x_1 将变成第 1 个簇 $C_1=\{(0,2)\}$,x_1 的坐标就是中心坐标,$M_1=(0,2)$。

(2) 将第 2 个数据样本 x_2 与 M_1 比较,$d(x_2,M_1)=\sqrt{0^2+2^2}=2.0<3$,因此 x_2 属于簇 C_1,新的中心是 $M_1=(0,1)$。

(3) 将第 3 个数据样本 x_3 和中心 M_1 比较,$d(x_3,M_1)=\sqrt{1.5^2+1^2}=1.8<3$,$x_3\in C_1$,从而 $C_1=\{(0,2),(0,0),(1.5,0)\}$,有 $M_2=(0.5,0.66)$。

（4）将第 4 个数据样本 x_4 和中心 M_1 比较，$d(x_4,M_1)=\sqrt{4.5^2+0.66^2}=4.55>3$，因为样本到中心 M_1 的距离比阈值 δ 大，所以该样本将生成一个自己的簇$\{(5,0)\}$，其相应的中心为 $M_2=\{(5,0)\}$。

（5）将第 5 个数据样本和这两个簇的中心相比较，$d(x_5,M_1)=\sqrt{4.5^2+1.44^2}=4.72>3$，$d(x_5,M_2)=\sqrt{0^2+2^2}=2<3$，这个样本更靠近中心 M_2。因为它的距离比阈值 δ 小，所以数据样本 x_5 被添加到第 2 个簇 C_2 中。

分析完所有的样本，最终获得两个簇 $C_1=\{x_1,x_2,x_3\}$ 和 $C_2=\{x_4,x_5\}$。

在这种方法中，如果数据样本的排列顺序不同，增量聚类过程的结果也不同。通常这个算法不是迭代的，在一次迭代中分析完所有的数据样本生成的簇便是最终簇。

7.6.4　用 EM 算法求解高斯混合模型

例 7.17　用 EM 算法求解高斯混合模型示例。

程序代码如下：

```python
import numpy as np
def generateData(k,mu,sigma,dataNum):
    '''
    产生混合高斯模型的数据
    :param k: 比例系数
    :param mu: 均值
    :param sigma: 标准差
    :param dataNum: 数据个数
    :return: 生成的数据
    '''
    #初始化数据
    dataArray = np.zeros(dataNum,dtype = np.float32)
    #逐个依据概率产生数据
    #高斯分布个数
    n = len(k)
    for i in range(dataNum):
        #产生[0,1]的随机数
        rand = np.random.random()
        Sum = 0
        index = 0
        while(index < n):
            Sum += k[index]
            if(rand < Sum):
                dataArray[i] = np.random.normal(mu[index], sigma[index])
                break
            else:
                index += 1
    return dataArray
def normPdf(x,mu,sigma):
    '''
    计算均值为 mu、标准差为 sigma 的正态分布函数的密度函数值
    :param x: x 值
    :param mu: 均值
    :param sigma: 标准差
    :return: x 处的密度函数值
    '''
    return (1./np.sqrt(2 * np.pi)) * (np.exp( - (x - mu) ** 2/(2 * sigma ** 2)))
def em(dataArray,k,mu,sigma,step = 10):
    '''
```

```
EM 算法估计高斯混合模型
:param dataArray: 数组数据
:param k: 每个高斯分布的估计系数
:param mu: 每个高斯分布的估计均值
:param sigma: 每个高斯分布的估计标准差
:param step: 迭代次数
:return: EM 估计迭代结束的参数值[k,mu,sigma]
'''
# 高斯分布个数
n = len(k)
# 数据个数
dataNum = dataArray.size
# 初始化 gama 数组
gamaArray = np.zeros((n,dataNum))
for s in range(step):
    for i in range(n):
        for j in range(dataNum):
            Sum = sum([k[t] * normPdf(dataArray[j],mu[t], sigma[t]) for t in range(n)])
            gamaArray[i][j] = k[i] * normPdf(dataArray[j],mu[i], sigma[i])/float(Sum)
    # 更新 mu
    for i in range(n):
        mu[i] = np.sum(gamaArray[i] * dataArray)/ np.sum(gamaArray[i])
    # 更新 sigma
    for i in range(n):
        sigma[i] = np.sqrt(np.sum(gamaArray[i] * (dataArray - mu[i]) ** 2)/np.sum(gamaArray[i]))
    # 更新系数 k
    for i in range(n):
        k[i] = np.sum(gamaArray[i])/dataNum
return [k,mu,sigma]
if __name__ == '__main__':
    # 参数的准确值
    k = [0.3,0.4,0.3]
    mu = [2,4,3]
    sigma = [1,1,4]
    # 样本数
    dataNum = 5000
    # 产生数据
    dataArray = generateData(k,mu,sigma,dataNum)
    # 参数的初始值
    # 注意 EM 算法对于参数的初始值是十分敏感的
    k0 = [0.3,0.3,0.4]
    mu0 = [1,2,2]
    sigma0 = [1,1,1]
    step = 6
    # 使用 EM 算法估计参数
    k1,mu1,sigma1 = em(dataArray,k0,mu0,sigma0,step)
    # 输出参数的值
    print("参数实际值:")
    print("k:",k)
    print("mu:",mu)
    print("sigma:",sigma)
    print("参数估计值:")
    print("k1:",k1)
    print("mu1:",mu1)
    print("sigma1:",sigma1)
```

用 Python 实现 EM 算法求解高斯混合模型示例的运行结果如图 7.25 所示。

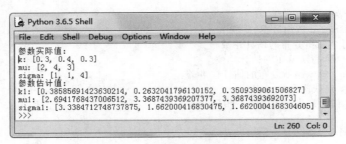

图 7.25 例 7.17 的运行结果

7.7 聚类评估

聚类评估是估计在数据样本集上进行聚类的可行性和由聚类产生结果的质量。聚类评估主要包括以下任务：

（1）估计聚类趋势。在这项任务中，对于给定的数据样本集，评估该数据样本是否存在非随机结果。盲目地在数据样本集上使用聚类方法将返回一些簇，然而所挖掘的簇可能是误导。另外，仅当数据样本中存在非随机结构时数据样本集上的聚类分析才是有意义的。

（2）确定数据样本集中的簇数。一些诸如 k-means 这样的算法需要数据样本集的簇数作为参数。此外，簇数可以看作数据样本集的一个重要的概括统计量。因此，在使用聚类算法导出详细的簇之前，估计簇数是可取的。

（3）测量聚类质量。在数据样本集上使用聚类方法之后，要评价聚类结果的质量，许多度量都可以使用。有些方法测定簇对数据样本的拟合程度，而其他方法测定簇与基准匹配的程度（如果这种基准存在），还有一些测定对聚类打分，因此可以比较相同数据样本集上的两组聚类结果。

7.7.1 估计聚类趋势

在对数据集应用任何聚类算法之前，一个重要的问题是即使数据集不包含任何聚集群，聚类方法也会返回一些聚类的簇。换句话说，如果盲目地在数据集（不具备聚类条件）上应用聚类算法，它也会将数据划分为聚类，因为这是它应该执行的。因此，评估数据集是否包含有意义的聚类（即非随机结构）有时会变得更有必要。此过程被定义为聚类趋势的评估或聚类可行性的分析。

1. 霍普金斯统计

霍普金斯统计（Hopkins Statistic）用于通过测量给定数据集由统一数据分布生成的概率来评估数据集的聚类趋势。直观地看，用户可以评估数据样本集均匀分布产生的概率，即计算霍普金斯统计量，该统计量可对空间分布变量的空间随机性进行检验。

对于任意的数据样本集 D，可以视为由随机变量 D_i 产生的数据集，为确定 D_i 与数据样本空间中的均匀分布的相异程度，需要先计算霍普金斯统计量。用户可按照以下步骤进行：

（1）从数据样本集 D 中抽取 m 个样本 $D_1, D_2, \cdots, D_m$，并保证数据样本集 D 中的每个样本被包含在样本集中的概率相等。对于每个样本 $D_i (1 \leqslant i \leqslant m)$，找出 D_i 在 D 中的最近邻，并设 d_i 为 D_i 与它在 D 中的最近邻之间的距离，即

$$d_i = \min_{V \in D - D_i} \{dist(D_i, V)\} \tag{7-16}$$

（2）均匀地从 D 中抽取 m 个点 $Q_1, Q_2, \cdots, Q_m$。对于每个点 $Q_i (1 \leqslant i \leqslant m)$，找出 Q_i 在

$D-\{Q_i\}$中的最近邻,并设y_i为Q_i与它在$D-\{Q_i\}$中的最近邻之间的距离,即

$$y_i = \min_{V \in D, V \neq Q_i} \{dist(Q_i, V)\} \tag{7-17}$$

(3) 计算霍普金斯统计量 H:

$$H = \frac{\sum\limits_{i=1}^{m} y_i}{\sum\limits_{i=1}^{m} d_i + \sum\limits_{i=1}^{m} y_i} \tag{7-18}$$

如果 D 是均匀分布的,则$\sum\limits_{i=1}^{m} y_i$和$\sum\limits_{i=1}^{m} d_i$将会很接近,因此 H 大约为 0.5。然而,如果 D 是离度(Deviation)倾斜的,则$\sum\limits_{i=1}^{m} y_i$将会显著地小于$\sum\limits_{i=1}^{m} d_i$,因此将趋近于 0。

原假设是同质假设(D 是均匀分布的),因此不包含有意义的簇。备选假设如下:D 不是均匀分布的,因此可把数据分为不同的簇。这个假设也被称为非均匀假设。对于可以迭代的进行霍普金斯统计量检验,使用 0.5 作为拒绝假设阈值,即如果 H>0.5,则 D 不大可能具有统计显著的簇。

霍普金斯统计量 H 的意义如下:

(1) 如果数据点在空间中均匀分布,H 大约是 0.5;

(2) 如果聚类情况存在于数据集中,H 会接近 1;

(3) 当 H 高于 0.75 时表示在 90% 的置信水平下,数据集中存在聚类趋势。

2. 霍普金斯统计量的 Python 实现

例 7.18 霍普金斯统计量对聚类趋势判断示例。

程序代码如下:

```python
from numpy.random import uniform,normal
from scipy.spatial.distance import cdist
#霍普金斯统计量计算,输入 DataFrame 类型的二维数据,输出 float 类型的霍普金斯统计量
#默认从数据集中抽样的比例为 0.3
def hopkins_statistic(data:pd.DataFrame,sampling_ratio:float = 0.3):
    #抽样比例超过 0.1～0.5 区间的任意一端则用端点值代替
    sampling_ratio = min(max(sampling_ratio,0.1),0.5)
    #抽样数量
    n_samples = int(data.shape[0] * sampling_ratio)
    #从原始数据中抽取的样本数据
    sample_data = data.sample(n_samples)
    #原始数据抽样后剩余的数据
    data = data.drop(index = sample_data.index)
    #从原始数据中抽取的样本与最近邻的距离之和
    data_dist = cdist(data,sample_data).min(axis = 0).sum()
    #人工生成的样本点,从平均分布中抽样
    ags_data = pd.DataFrame({col:uniform(data[col].min(),data[col].max(),n_samples) for col in data})
    #人工样本与最近邻的距离之和
    ags_dist = cdist(data,ags_data).min(axis = 0).sum()
    #计算霍普金斯统计量 H
    H_value = ags_dist/(data_dist + ags_dist)
    return H_value
#生成符合均匀分布的数据集
data = pd.DataFrame(uniform(0,10,(5000,10)))
print(hopkins_statistic(data))
#生成符合正态分布的数据集
data = pd.DataFrame(normal(size = (5000,10)))
```

```
print(hopkins_statistic(data))
#生成由两个不同的正态分布组成的数据集
data = pd. DataFrame(normal(loc = 6, size = (2500,10))). append(pd. DataFrame(normal(size = (2500,
10)))), ignore_index = True)
print(hopkins_statistic(data))
```

程序运行结果如图 7.26 所示。

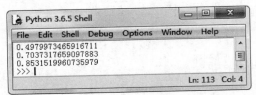

图 7.26　例 7.18 的运行结果

7.7.2　确定簇数

确定数据样本集中"正确的"簇数是重要的,不仅因为像 k-means 这样的聚类算法需要这种参数,而且合适的簇数可以控制适当的聚类分析粒度。这可以看作在聚类分析的可压缩性和准确性之间寻找平衡点。考虑两种极端情况:一方面,如果把整个数据样本集看作一个簇,这将最大化数据的压缩,但是这种聚类分析没有任何价值;另一方面,把数据样本集的每个数据样本看作一个簇将产生最细的聚类(即最准确的解),由于样本到其对应的簇中心的距离都为 0,而每一个数据样本并不提供任何数据概括,一般这样聚类也没有意义。

1. 估计聚类簇数的方法

确定簇数并非易事,因为"正确的"簇数常常是含糊不清的。通常找出正确的簇数依赖于数据样本集分布的形状和尺度,也依赖于用户要求的聚类分辨率。估计聚类簇数的方法有很多,下面简略介绍几种简单、有效的方法:

(1) 经验方法(Experience Method)。一种简单的经验方法是,对于含有 n 个数据样本的数据样本集 D,设置簇数 k 大约为 $\sqrt{\dfrac{n}{2}}$。在期望情况下,每个簇大约有 $\sqrt{2n}$ 个数据样本。

(2) 肘部方法(Elbow Method)。大家注意到,在簇数增加时会降低每个簇的簇内方差之和。原因是有更多的簇可以捕获更细的数据样本,簇中数据样本之间更为相似。然而,如果形成太多的簇,则簇内方差的边缘效应可能下降,因为把一个凝聚的簇分类成两个只会引起簇内方差和稍微降低。因此,一种选择正确簇数的启发式方法是使用簇内方差和关于簇数的曲线拐点。

严格地说,给定 k>0,可使用一种 k-means 这样的算法对数据集聚类,并计算簇内方差和 var(k)。然后绘制 var(k)关于 k 的曲线,可以取曲线的第一个(或显著的)拐点作为"正确的"簇数。

(3) 交叉验证法(Cross Validation Method)。数据集中"正确的"簇数还可以通过交叉验证确定。首先把给定的数据样本集 D 划分成 s 个部分,再使用 s-1 个部分建立一个聚类模型,并使用剩下的一部分检验聚类的质量。例如,对于检验集中的每个数据样本,可以找出最近的簇中心。因此,可应用检验集中的所有数据样本与它们的最近簇中心之间的距离的平方和来度量聚类模型拟合聚集的过程。对于任意整数(k>0),如果使用每一部分作为检验集,重复以上过程 s 次,导出 k 个聚类类别。取质量的平均值作为总体质量的度量,然后对不同的 k 值比较总体质量度量,并选择最佳拟合数据的簇数。

2. 估计聚类簇数的 Python 实现

如果问题中没有指定的聚类簇数,可以通过上面的方法确定。本部分利用肘部方法来估计聚类簇的数量。肘部方法会把不同值的成本函数值画出来,随着 k 值的增大,平均畸变程度会减小;每个类包含的样本数会减少,于是样本离其中心会更近。但是,随着 k 值继续增大,平均畸变程度的改善效果会不断降低。在 k 值增大的过程中,畸变程度的改善效果下降幅度最大的位置对应的 k 值就是肘部。

例 7.19 用肘部方法确定聚类簇数示例。

程序代码如下:

```
import numpy as np
from sklearn.cluster import KMeans
import matplotlib.pyplot as plt
from sklearn.datasets import load_iris
iris = load_iris()
X = iris.data[:,:2]
distance = []
k = []
for n_clusters in range(1,19):                      #簇的数量
    cls = KMeans(n_clusters).fit(X)
    #曼哈顿距离
    def manhattan_distance(x,y):
        return np.sum(abs(x - y))
    distance_sum = 0
    for i in range(n_clusters):
        group = cls.labels_ == i
        members = X[group,:]
        for v in members:
            distance_sum += manhattan_distance(np.array(v),cls.cluster_centers_[i])
    distance.append(distance_sum)
    k.append(n_clusters)
plt.scatter(k,distance)
plt.plot(k,distance)
plt.xlabel("k")
plt.ylabel("distance")
plt.show()
```

程序运行结果如图 7.27 所示。

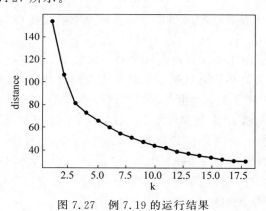

图 7.27 例 7.19 的运行结果

从图 7.27 中可以看出,肘部在 k=2.5 附近,即可取 k=3。

7.7.3　测定聚类质量

假设已评估了给定数据样本集的聚类趋势,并且也可能已经确定了数据集的簇数,就可以使用一种或多种聚类方法来得到数据样本集的聚类。测定聚类质量有多种方法可以选择。一般而言,根据是否有基准可用(这里基准是一种理想的聚类,通常由专家构建)可分为如下两种方法。

如果有可用的基准,则可以使用外在方法(Extrinsic Method),即可以用外在方法比较聚类结果和基准;如果没有基准可用,则可以使用内在方法(Intrinsic Method),即可以考虑簇的分离情况。外在方法是监督方法,内在方法是无监督方法。

1. 外在方法

当有基准可用时,可以将基准与聚类进行比较,以评估聚类。外在方法的核心任务是给定基准 Ω_g,对聚类 Ω 赋予一个评分 $Q(\Omega, \Omega_g)$。该方法是否有效在很大程度上依赖于其使用的聚类质量度量 Q。在通常情况下,如果满足以下 4 项基本准则,则聚类质量度量 Q 是有效的。

(1) 簇的同质性(Cluster Homogeneity)。聚类中的簇越纯,聚类越好。假设基准是数据集 D 中的数据样本可能属于类别 $C_1, C_2, \cdots, C_m$。考虑一个聚类 Ω_1,其中簇 $C' \in \Omega_1$,包含来自两个类别 C_i 和 $C_j (1 \leqslant i \leqslant j \leqslant m)$ 的数据样本。再考虑一个聚类 Ω_2,除了把 C' 划分成分别包含 C_i 和 C_j 中数据样本的两个簇之外,它等价于 Ω_1。关于簇的同质性,聚类质量度量 Q 应该赋予 Ω_2 比 Ω_1 更高的得分,即 $Q(\Omega_2, \Omega_g) > Q(\Omega_1, \Omega_g)$。

(2) 簇的完全性(Cluster Completeness)。这与簇的同质性相辅相成。对于聚类来说,依据基准,如果两个数据样本属于相同的类别,则它们应该被分配到相同的簇。簇的完全性要求把(依据基准)属于相同的数据样本分配到相同的簇。假设聚类 Ω_2 除聚类 Ω_1 和 Ω_2 在 Ω_2 中合并到一个簇之外,它等价于聚类 Ω_1。由于簇的完全性,聚类质量 Q 应该赋予 Ω_2 更高的得分,即 $Q(\Omega_2, \Omega_g) > Q(\Omega_1, \Omega_g)$。

(3) "碎布袋"(Rag Bag)。在许多实际情况下,经常有一种"碎布袋"类别。这种类别包含一些不能与其他数据样本合并的数据样本。这种类别通常被称为"杂项"或"其他"等。"碎布袋"准则是说把一个异种数据样本放入一个纯的簇中应该比放入一个"碎布袋"中受到更大的"处罚"。考虑聚类 Ω_1 和簇 $C' \in \Omega_1$,依据基准,除了一个数据样本(记为 D_s)之外,C' 中的所有数据样本都属于相同的类别。考虑聚类 Ω_2,它几乎等价于 Ω_1,唯一例外是在 Ω_2 中,D_s 被分配给 $C^* \neq C'$,使得 C' 包含来自不同类别的数据样本(根据基准),因而是噪声。换而言之,Ω_2 中 C^* 是一个"碎布袋"。于是,由于"碎布袋"准则,聚类质量度量 Q 应该赋予 Ω_2 更高的得分,即 $Q(\Omega_2, \Omega_g) > Q(\Omega_1, \Omega_g)$。

(4) 小簇保持性(Small Cluster Preservation)。如果小的类别在聚类中被划分成小片,则这些小片可能成为噪声,从而小的类别就不可能被该聚类发现。小簇保持性准则是说把小类别划分成小片比将大类别划分成小片更有害。考虑一个极端情况:设 D 是含有 $n+2$ 个数据样本的数据样本集,依据基准,n 个数据样本 $D_1, D_2, \cdots, D_n$ 属于同一个类别,而其他两个数据样本 D_{n+1} 和 D_{n+2} 属于另一个类别。假设聚类 Ω_1 有 3 个簇,$C_{11} = \{D_1, D_2, \cdots, D_n\}$,$C_{12} = \{D_{n+1}\}$,$C_{13} = \{D_{n+2}\}$。而聚类 Ω_2 也有 3 个簇,$C_{21} = \{D_1, D_2, \cdots, D_{n-1}\}$,$C_{22} = \{D_n\}$,$C_{23} = \{D_{n+1}, D_{n+2}\}$。换而言之,$\Omega_1$ 划分了小类别,而 Ω_2 划分了大类别。保持小簇的聚类质量度量 Q 应该赋予 Ω_2 更高的得分,即 $Q(\Omega_2, \Omega_g) > Q(\Omega_1, \Omega_g)$。

2. 内在方法

当没有数据样本集的基准可用时,必须使用内在方法评估聚类质量。一般而言,内在方法通过考察聚类的分类情况及其紧凑情况来评估聚类。

轮廓系数(Silhouette Coefficient)是计算数据样本集中数据样本之间相似性的一种度量,内在方法通常的做法就是计算数据样本之间的相似性。为了度量聚类簇的拟合性,可以计算簇中所有数据样本轮廓系数的平均。对于 n 个数据样本的数据样本集 D,假设 D 被划分成 k 个簇 $C_1, C_2, \cdots, C_k$。对于每个数据样本 $D' \in D$,计算 D' 与 D' 所属簇的其他数据样本之间的平均距离 $a(D')$,类似地,$b(D')$ 是 D' 到不属于 D' 所有簇的最小平均距离。假设 $D' \in C_i (1 \leqslant i \leqslant k)$,则:

$$a(D') = \frac{\sum\limits_{D', D^* \in C_i, D^* \neq D'} \text{dist}(D', D^*)}{|C_i| - 1} \qquad (7\text{-}19)$$

而

$$b(D') = \min_{C_j : 1 \leqslant j \leqslant k, i \neq j} \left\{ \frac{\sum\limits_{D' \in C_i, D^* \notin C_i} \text{dist}(D', D^*)}{|C_j|} \right\} \qquad (7\text{-}20)$$

数据样本 D' 的轮廓系数定义为:

$$s(D') = \frac{b(D') - a(D')}{\max\{a(D'), b(D')\}} \qquad (7\text{-}21)$$

轮廓系数的值在 -1 和 1 之间。$a(D')$ 的值反映 D' 所属簇的紧凑性。该值越小,簇越紧凑。$b(D')$ 的值捕获 D' 在多大程度上与其他簇相分离。D' 与其他簇分离的程度会随着 $b(D')$ 的增大而增大。因此,当 D' 的轮廓系数值接近 1 时,包含 D' 簇的特点是紧凑的,并且这时 D' 与其他簇的距离较远。然而,当轮廓系数的值小于 0 时(即 $b(D') < a(D')$),表明在平均状况下,D' 与自己在同一簇的数据样本的距离要小于 D' 与其他簇中数据样本的距离,在许多情况下,这样的分析结果是不可靠的,应该努力避免这种情况的出现。为了度量聚类中簇的拟合性,用户可以计算簇中所有数据样本轮廓系数的平均值。轮廓系数和其他内在度量也可用在肘部方法中,通过启发式地导出数据样本集的簇取代内方差之和。

3. 测定聚类质量的 Python 实现

例 7.20 轮廓系数测定聚类质量示例。

程序代码如下:

```python
import numpy as np
from sklearn.cluster import KMeans
import matplotlib.pyplot as plt
from sklearn.datasets import load_iris
iris = load_iris()
X = iris.data[:, :2]
# 把数据和对应的分类数放入聚类函数中进行聚类
cls = KMeans(n_clusters = 6).fit(X)
n_clusters = len(set(cls.labels_))          # 类簇的数量
def manhattan_distance(x, y):               # 曼哈顿距离
    return np.sum(abs(x - y))
# 计算所有向量轮廓系数的平均值
sv_sum = 0                                  # 轮廓系数的和
for i in range(n_clusters):                 # 遍历每一簇
    a_group = cls.labels_ == i
    a_members = X[a_group, :]
    for v in a_members:                     # 遍历每个向量
        # av:v 到同一簇其他点的距离的平均值
```

```
        distance_sum = 0
        for k in a_members:
            if np.array_equal(v, k):
                continue
            distance_sum += manhattan_distance(np.array(v), np.array(k))
          av = distance_sum / len(a_members)
        # bv:v 到其他所有簇的最小平均距离(从每个簇中挑选一个离 v 最近的向量)
        distance_sum = 0
        for j in range(n_clusters):
            distance_min = 100
            b_group = cls.labels_ == i
            b_members = X[b_group]
            for m in b_members:
                if np.array_equal(v,m):
                    continue
                distance = manhattan_distance(np.array(v), np.array(m))
                if distance_min > distance:
                    distance_min = distance
                distance_sum += distance_min
        bv = distance_sum/n_clusters
        sv = float(bv - av)/max(av,bv)
        sv_sum += sv
sv_mean = sv_sum/len(X)                          # 所有向量轮廓系数的均值
print("sv_mean: " + str(sv_mean))
markers = ['X','o','*','^','+','1','2','3','4']  # 画图
for i in range(n_clusters):
    members = cls.labels_ == i
    plt.scatter(
        X[members,0], X[members,1], s = 60, c = 'b', marker = markers[i], alpha = 0.5)
plt.title("K-Means")
plt.show()
```

程序运行结果如图 7.28 所示。

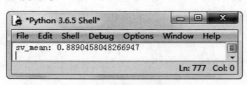

(a) 聚类质量计算结果

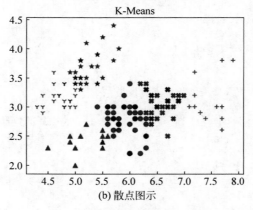

(b) 散点图示

图 7.28　例 7.20 的运行结果

习题 7

7-1　选择题：

（1）当不知道数据所带标签时，可以使用（　　）技术促使带同类标签的数据与带其他标签的数据相分离。

　　A. 分类　　　　　　　B. 聚类　　　　　　　C. 关联分析　　　　　　D. 隐马尔可夫链

（2）简单地将数据样本集划分成不重叠的子集，使得每个数据样本恰好在一个子集中，这种聚类类型称作（　　）。

　　A. 层次聚类　　　　　B. 划分聚类　　　　　C. 非互斥聚类　　　　　D. 模糊聚类

（3）在基本 k-means 算法中，当距离函数采用（　　）的时候，合适的质心是簇中各点的中位数。

　　A. 曼哈顿距离　　　　　　　　　　　　　　B. 平方欧几里得距离

　　C. 余弦距离　　　　　　　　　　　　　　　D. Bregman 散度

（4）CLIQUE 是一种（　　）。

　　A. 分类器　　　　　　B. 聚类算法　　　　　C. 关联分析算法　　　D. 特征选择算法

（5）关于 K 均值和 DBSCAN 的比较，以下说法中不正确的是（　　）。

　　A. K 均值丢弃被它识别为噪声的对象，而 DBSCAN 一般聚类所有对象

　　B. K 均值使用簇的基于原型的概念，而 DBSCAN 使用基于密度的概念

　　C. K 均值很难处理非球形的簇和不同大小的簇，DBSCAN 可以处理不同大小和不同形状的簇

　　D. K 均值可以发现不是明显分离的簇，即使簇有重叠也可以发现，但是 DBSCAN 会合并有重叠的簇

（6）以下聚类算法中不属于基于网格的聚类算法的是（　　）。

　　A. STING　　　　　B. WaveCluster　　C. MAFIA　　　　　　D. OPTICS

7-2　填空题：

（1）聚类的原则是同一个簇中的样本有很大的（　　　　），而不同簇间的样本有很大的相异性。

（2）k-medoids 算法选用簇中（　　）的数据样本作为中心样本，试图对 n 个数据样本给出 k 个划分。

（3）无论是凝聚方法还是分裂方法，一个核心问题是度量两个簇之间的（　　　　），其中每个簇是一个数据样本集合。

（4）COBWEB 算法产生聚类树状图，这个树被命名为分类树，树的（　　　）都是数据样本属性等信息的描述。

（5）基于密度的聚类方法是对给定簇中的每个数据样本，在一个给定的区域内必须至少包含（　　　　）的数据样本。

（6）聚类评估的目标是估计在数据样本集上进行聚类的可行性和由聚类产生结果的（　　　）。

7-3　简述数据聚类的定义以及它与数据分类的区别。

7-4　举例说明聚类分析的典型应用。

7-5　对于例 7.7 的数据集 D（如表 7.3 所示），利用 Python 编程画出散点图，以说明 AGNES 算法的正确性。

7-6 利用 k-means 聚类算法对如表 7.10 所示的数据进行聚类,且 k=2,初始中心为 {P1,P2}。

表 7.10 数据表

名称	X	Y
P1	2	2
P2	1	4
P3	7	6
P4	8	10

7-7 对于习题 7-6 中数据表所示的数据,利用 OPTICS( )函数进行聚类,输出每个数据点的类别,并将结果与习题 7-6 的结果比较。

7-8 假设数据集为例 7.10 中给出的数据样本集 D(如表 7.6 所示),按下列要求完成编程。

(1)编程画出 D 的散点图。

(2)利用 Scikit-learn 的 KMeans( )函数进行聚类,取 k=2。

(3)利用 Scikit-learn 的 DBSCAN( )函数进行聚类,取 eps=1,min_samples=4。

7-9 利用例 3.66 中的 make_blobs( )函数产生的数据集完成下列聚类,并分析其聚类结果。

(1)利用 Scikit-learn 的 KMeans( )函数进行聚类,取 k=3。

(2)利用 Pycluster 包中封装的 KMedoids( )函数进行聚类,取 k=3。

(3)利用 Scikit-learn 的 DBSCAN( )函数进行聚类,取 eps=1,min_samples=4。

第8章

关联规则分析

关联规则分析(Association-rules Analysis)是数据挖掘领域的重要挖掘任务之一,它是以某种方式分析数据源,从数据样本集中发现一些潜在的有用的信息和不同数据样本之间关系的过程。

8.1 概述

关联规则分析于 1993 年由美国 IBM Almaden Research Center 的 Rakesh Agrawal 等在进行市场购物篮分析时首先提出,用于发现超市销售数据库中的顾客购买模式,现在已经被广泛地应用于许多领域。

8.1.1 关联规则概述

关联规则具有形式简单、易于解释和理解,并可以有效捕捉数据间的重要关系等特点,比较典型的案例是"尿布与啤酒"的故事。在美国,一些年轻的父亲下班后经常要到超市去买婴儿尿布,超市也因此发现了一个规律,在购买婴儿尿布的年轻父亲们中,有 30%~40% 的人同时要买一些啤酒。超市随后调整了货架的摆放,把尿布和啤酒放在一起,明显增加了销售额。同样,还可以根据关联规则在商品销售方面做各种促销活动。关联规则分析通过量化的数字描述某物品的出现对其他物品的影响程度,因此从数据库中挖掘关联规则已经成为近年来数据挖掘领域的一个热点,引起了数据库、人工智能、统计学、信息检索等诸多领域的广大学者的重视,用于帮助人们进行市场运作、决策支持等。

8.1.2 关联规则的分类

关联规则从不同的角度可以分为以下几类:

(1)基于关联规则处理的变量,关联规则可以分为布尔型和数值型。布尔型关联规则处理的值都是离散的、种类化的,它显示了这些变量之间的关系;而数值型关联规则可以和多维关联规则或多层关联规则结合起来,对数值型字段进行处理,将其进行动态的分割,或者直接对原始的数据进行处理,当然数值型关联规则中也可以包含种类变量。例如,性别 = '女' => 职业 = '秘书',是布尔型关联规则;性别 = '女' => avg(收入) = 2300,涉及的收入是数值类型,所以是一个数值型关联规则。

（2）基于规则中数据的抽象层次，关联规则可以分为单层关联规则和多层关联规则。在单层关联规则中，所有变量都没有考虑现实数据是具有多个不同层次的；而在多层关联规则中，对数据的多层性已经进行了充分的考虑。例如，IBM台式机＝＞Sony打印机，是一个细节数据上的单层关联规则；台式机＝＞Sony打印机，在这里"台式机"是"IBM台式机"的一个较高层次的抽象，所以该关联规则是较高层次和细节层次之间的多层关联规则。

（3）基于规则中涉及的数据的维数，关联规则可以分为单维的和多维的。在单维的关联规则中，只涉及数据的一个维，而在多维的关联规则中，要处理的数据将会涉及多个维。换而言之，单维关联规则是处理单个属性中的一些关系；多维关联规则是处理多个属性之间的某些关系。例如，啤酒＝＞尿布，这条规则只涉及用户购买的商品，是单维上的关联规则；性别＝'女'＝＞职业＝'秘书'，这条规则就涉及两个字段的信息，是两个维上的一条关联规则。

8.2　关联规则的相关概念

为了更准确地描述关联规则分析所研究的问题，需要给出关联规则分析中涉及的相关概念和对应的数据信息。

8.2.1　基本概念

（1）事务集。每一个事务（Transaction）T对应数据库中的一条记录，因此事务集合对应于数据集 $D=\{T_1, T_2, \cdots, T_m\}$。

（2）事务。事务是项的集合，其中一个事务对应于一条记录 T_i，项对应于属性，即 $T_i = \{A_{i1}, A_{i2}, \cdots, A_{ip}\}$，$T_i \subseteq D$。对应每一个事务有唯一的标识，例如事务号，记为TID。

（3）项。项是事务中的元素，对应于记录中的字段。

（4）项集。项集是指若干项的集合。假设 $I=\{A_1, A_2, \cdots, A_n\}$ 是数据集D中所有项的集合，I中任何子集X都称为项集（itemset），若 $|X|=k$，则称X为k-项集。设 T_i 是一个事务，X是k-项集，如果 $X \subseteq T_i$，则称事务 T_i 包含项集X。

有了上面概念的定义，可以将关联规则的定义表述如下：

一个关联规则是形如 X＝＞Y 的蕴涵式，$X \subset I$，$Y \subset I$，并且 $X \cap Y = \phi$，X、Y分别称为关联规则 X＝＞Y 的前提和结论。

关联规则 X＝＞Y 表示这样一种关联，如果一个事务 T_i 包含项集X中的所有项，那么该事务 T_i 与项集Y的所有项有着关联关系。

8.2.2　支持度、置信度和提升度

一般使用支持度（support）和置信度（confidence）两个参数来描述关联规则的项。

1. 支持度

（1）项集支持数。数据集D中包含项集X的事务数称为项集X的支持数，记为：

$$S\_port\_count(X) = \{count(T_i) \mid X \subseteq T_i, T_i \subseteq D\} \mid \tag{8-1}$$

（2）项集支持度。项集X的支持度是指X在数据集D中出现的概率。

$$S\_port(X) = P(X) = \frac{S\_port\_count(X)}{|D|} \tag{8-2}$$

（3）规则支持度。关联规则 X＝＞Y 在数据集D中的支持度是D中同时包含X、Y的事务数与所有事务数之比，记为 S_port(X＝＞Y)。支持度描述了X、Y这两个事务在事务集D中同时出现（记为 $X \cup Y$）的概率。

$$S\_port(X => Y) = \frac{S\_port(X \cup Y)}{|D|} \qquad (8\text{-}3)$$

2. 置信度

关联规则 X => Y 的置信度是指同时包含 X、Y 的事务数与包含 X 的事务数之比,它用来衡量关联规则的可信程度,记为:

$$C\_dence(X => Y) = \frac{S\_port(X \cup Y)}{S\_port(X)} \qquad (8\text{-}4)$$

在一般情况下,只要关联规则的置信度大于或等于预设的阈值,就说明它们之间具有某种程度的相关性,这才是一条有价值的规则。如果关联规则置信度大于或等于用户给定的最小置信度阈值,则称关联规则是可信的。

同时满足最小支持度和最小置信度的关联规则称为强关联规则。

3. 提升度

提升度(Lift)是指当销售一个商品 A 时对另一个商品 B 的销售率的影响程度。其计算公式为:

$$Lift(A => B) = \frac{C\_dence(A => B)}{S\_port(A)}$$

假设关联规则'牛奶'=>'鸡蛋'的置信度为 C_dence('牛奶'=>'鸡蛋')=2/4,牛奶的支持度 S_port('牛奶')=3/5,则'牛奶'和'鸡蛋'的提升度 Lift('牛奶'=>'鸡蛋')=0.83。

当关联规则 A => B 的提升度大于 1 的时候,说明商品 A 卖得越多,B 也会卖得越多;当提升度等于 1 时意味着商品 A 和 B 之间没有关联;当提升度小于 1 时意味着购买商品 A 反而会减少 B 的销量。

8.2.3　频繁项集

关联规则分析就是在数据集中找出强关联规则,大家通常所说的关联规则指的就是强关联规则。

频繁项集:设 k 项集 X 的支持度为 S_port(X),若 S_port(X)不小于用户指定的最小支持度,则称 X 为 k 项频繁项集(frequent k-itemset)或频繁 k 项集,否则称 X 为 k 项非频繁项集或非频繁 k 项集。

频繁项集分析就是找出数据集中所有支持度大于或等于最小支持度阈值的项集。

最大频繁项集:如果 X 是一个频繁项集,并且 X 的任意一个超集都是非频繁的,则称 X 是最大频繁项集。

候选项集:给定某数据集和最小支持度阈值,如果挖掘算法需要判断 k 项集是频繁项集还是非频繁项集,那么 k 项集称为候选项集。

频繁项集具有以下两个非常重要的性质:

(1) 频繁项集的所有非空子集也是频繁的。

(2) 非频繁项集的所有超集是非频繁的。

设 X、Y 是 D 中的项集,由频繁项集的性质,若 X⊆Y,如果 X 是非频繁项集,则 Y 也是非频繁项集;若 X⊆Y,如果 Y 是频繁项集,则 X 也是频繁项集。

给定一个数据集 D,关联规则分析的任务就是要挖掘出 D 中所有的强关联规则 X => Y。强关联规则 X => Y 对应的项集 X∪Y 必定是频繁项集,频繁项集 X∪Y 导出的关联规则 X => Y 的置信度可由频繁项集 X 和 X∪Y 的支持度计算。

因此,可以把关联规则分析划分为两个子问题:一个是找出所有的频繁项集,即所有支持度不低于给定的最小支持度的项集;另一个是由频繁项集产生强关联规则,即从第一个子问题得到的频繁项集中找出置信度不小于用户给定的最小置信度的规则。其中,第一个子问题是关联规则分析算法的核心问题,是衡量关联规则分析算法的标准。

8.3 Apriori 算法

Rakesh Agrawal 等于 1993 年首先提出了挖掘顾客交易数据库中项集间的关联规则问题,其核心方法是基于频繁项集理论的递推方法。

8.3.1 Apriori 算法的思想

Apriori 算法一般分为以下两个阶段:

第一阶段找出所有超出最小支持度的项集,形成频繁项集。首先通过扫描数据集产生一个大的候选项集,并计算每个候选项集发生的次数,然后基于预先给定的最小支持度生成一维频繁项集 L_1。再基于 L_1 和数据集中的事务产生二维频繁项集 L_2;以此类推,直到生成 N 维频繁项集 L_N,并且已经不可能再生成满足最小支持度的 N+1 维项集。

第二阶段利用频繁项集产生所需的规则。对于给定的 L,如果 L 包含其非空子集 A,假设用户给定的最小支持度和最小置信度阈值分别为 minS_port 和 minC_dence,并满足 $minS\_port(L)/minS\_port(A) \geqslant minC\_dence$,则产生形式为 A=>L−A 的规则。

在这两个阶段中,第一阶段是算法的关键。一旦找到了频繁项集,关联规则的导出是自然的。事实上,人们一般只对强关联规则感兴趣。挖掘关联规则的问题就是产生强关联规则的过程。

例 8.1 包含 5 个事务的商品销售数据集 D 如表 8.1 所示。

表 8.1 销售数据集 D 的商品项

TID	商 品 项	TID	商 品 项
T_1	鸡蛋、面包、西红柿、葱、蒜、牛奶	T_4	鸡蛋、芹菜、牛奶
T_2	面包、牛奶	T_5	鸡蛋、西红柿、豆角
T_3	鸡蛋、豆角、牛奶		

假设用户的最小支持度 minS_port=0.4,最小置信度 minC_dence=0.6,用 Apriori 算法产生关联规则。

解:第一阶段,找出存在于 D 中的所有频繁特征项集,即支持度大于 minS_port 的项集。

(1) 利用 minS_port=0.4 创建频繁 1-项集,如表 8.2 所示。

表 8.2 创建频繁 1-项集

候选 1-项集 C_1		频繁 1-项集 L_1	
鸡蛋	4	鸡蛋	4
面包	2	面包	2
西红柿	2	西红柿	2
葱	1	牛奶	4
蒜	1	豆角	2
牛奶	4		
豆角	2		
芹菜	1		

根据 minS_port＝0.4,在候选 1-项集 C_1 中,项"葱""蒜"和"芹菜"不满足用户的最小支持度要求,所以将这些项删除,得到频繁 1-项集 L_1。

（2）利用 minS_port＝0.4 创建频繁 2-项集,如表 8.3 所示。

表 8.3 创建频繁 2-项集

候选 2-项集 C_2		频繁 2-项集 L_2	
鸡蛋、面包	1	鸡蛋、牛奶	3
鸡蛋、西红柿	2	鸡蛋、西红柿	2
鸡蛋、牛奶	3	鸡蛋、豆角	2
鸡蛋、豆角	2	面包、牛奶	2
面包、西红柿	1		
面包、牛奶	2		
面包、豆角	0		
西红柿、牛奶	1		
西红柿、豆角	1		
牛奶、豆角	1		

（3）通过表 8.3 形成候选 3-项集 C_3。仍然利用 minS_port＝0.4,可以看出 C_3 集合中的每个项集都有非频繁子集,所以创建频繁 3-项集 L_3 为空集,项集生成过程结束,如表 8.4 所示。

表 8.4 创建频繁 3-项集

候选 3-项集 C_3		频繁 3-项集 L_3
鸡蛋、牛奶、西红柿	1	空集
鸡蛋、牛奶、豆角	1	
鸡蛋、西红柿、豆角	1	
鸡蛋、牛奶、面包	1	

由此可知,最大频繁项集为 L_2。

第二阶段,在找出的频繁项集的基础上产生强关联规则,即产生支持度和置信度分别大于或等于用户给定的阈值的关联规则。

以生成的 L_2 为基础,生成可能的关联规则如下:

（1）C_dence(鸡蛋=>牛奶)＝3/4＝0.75　　（2）C_dence(牛奶=>鸡蛋)＝3/4＝0.75

（3）C_dence(鸡蛋=>西红柿)＝2/4＝0.5　　（4）C_dence(西红柿=>鸡蛋)＝2/2＝1.0

（5）C_dence(鸡蛋=>豆角)＝2/4＝0.5　　（6）C_dence(豆角=>鸡蛋)＝2/2＝1.0

（7）C_dence(牛奶=>面包)＝2/4＝0.5　　（8）C_dence(面包=>牛奶)＝2/2＝1.0

根据用户最小置信度 minC_dence＝0.6,关联规则为(1)、(2)、(4)、(6)、(8)。

8.3.2 Apriori 算法的描述

Apriori 算法是一种深度优先算法,它使用频繁项集性质的先验知识,利用逐层搜索的迭代方法完成频繁项集的挖掘工作,即 k-项集用于搜索产生(k+1)-项集。其具体做法是首先产生候选 1-项集 C_1,再根据 C_1 产生频繁 1-项集 L_1,然后利用 L_1 产生候选 2-项集 C_2,再从 C_2 中找出频繁 2-项集 L_2,而 L_2 可以进一步找出 L_3,这样不断地循环下去,直到不能找到频繁 k-项集为止。

由于从候选项集中产生频繁项集的过程需要遍历数据集,所以如何正确地产生数目最少的候选项集十分关键。候选项集产生的过程被分为两个部分,即联合与剪枝。采用这两种方式,使得所有的频繁项集既不会遗漏又不会重复。剪枝的目的是减少扫描数据集时需要比较的候选项集数量。剪枝的原则是:候选项集 c 的 k 个长度为 k−1 的子集都在 L_{k-1} 中,则保留 c,否则 c 被剪枝。

Apriori 算法用 apriori_gen() 函数来生成候选项集,该函数从频繁项集 L_{k-1} 中派生出候选项集 C_k。apriori_gen() 函数分为两步,第一步用 L_{k-1} 自连接生成 C_k,如下程序段,第二步剪掉无效的项集。

生成候选 k-项集函数 apriori_gen() 的算法描述如下:

(1) 生成候选 k-项集 C_k。

insert into C_k

select p. $Item_1$, p. $Item_2$, $\cdots$, p. $Item_{k-1}$, q. $Item_{k-1}$

from $L_{k-1} p$, $L_{k-1} q$

where p. $Item_1$ = q. $Item_1$, p. $Item_2$ = q. $Item_2$, $\cdots$, p. $Item_{k-2}$ = q. $Item_{k-2}$, p. $Item_{k-1}$ < q. $Item_{k-1}$

//这里是对两个具有 k−1 个共同项的频繁集 L_{k-1} 进行连接

(2) 剪枝。对于项集 $c \in C_k$,如果存在 c 的子集 s,$|s| = k-1$,且 $s \notin L_{k-1}$,则剪掉 c。

for all 项集 $c \in C_k$ do

  for all(k−1)-项集 c 的子集 s do

    if $s \notin L_{k-1}$ then $C_k = C_k - \{c\}$

Apriori 算法描述如下。

输入:数据集 D,最小支持度阈值 minS_port,最小置信度 minC_dence。

输出:产生关联规则。

处理流程:

step1 $L_1 = \{1\text{-项集}\}$

    //扫描所有项,计算每个项出现的次数,产生频繁 1-项集

step2 for(k=2; $L_{k-1} \neq \Phi$; k++)do begin

    //进行迭代循环,根据前一次的 L_{k-1} 得到频繁 k-项集 L_k

step3 C_k = apriori_gen(L_{k-1}) //产生 k 项候选集

step4 for all $D_i \in D$ do //扫描一遍数据集 D

step5   begin

step6 C_i = subset(C_k, D_i) //确定每个 D_i 所含候选 k-项集的 subset(C_k, D_i)

step7   for all $c \in C_i$ do c. count++ //对候选集的计数

step8 $L_k = \{ c \in C_i | c.\text{count} \geq minS\_port\}$

    //删除候选项集中小于最小支持度的,得到频繁 k-项集

step9   end

step10 end

step11 for all subset $s \subseteq L_k$ //对于每个频繁项集 L_k,产生 L_k 的所有非空子集 s

step12 if C_dence($s => L_k - s$) $\geq$ minC_dence //可信度大于或等于最小可信度

step13   则输出 $s => L_k - s$ //由频繁集产生关联规则

Apriori 算法有两个致命的性能瓶颈:一是对数据集的多次扫描,需要很大的 I/O 负载;二是可能产生庞大的候选集,增加计算的工作量。因此,包括 Rakesh Agrawal 在内的许多学

者提出了算法的改进方法。

8.3.3 Apriori 算法的 Python 实现

例 8.2 用 Python 实现 Apriori 算法示例。

程序代码如下:

```python
import numpy as np
data_set = np.array([['鸡蛋','面包','西红柿','葱','蒜','牛奶'],
['面包','牛奶'],['鸡蛋','牛奶','豆角'],['鸡蛋','牛奶','芹菜'],['鸡蛋','西红柿','豆角']])
def get_C1(data_set):
    C1 = set()
    for item in data_set:
        for l in item:
            C1.add(frozenset([l]))
    return C1
#data_set 为数据集; C 为候选集; min_support 为最小支持度
def getLByC(data_set,C,min_support):
    L = {}                                 #频繁项集和支持数
    for c in C:
        for data in data_set:
            if c.issubset(data):
                if c not in L:
                    L[c] = 1
                else:
                    L[c] += 1
    errorKeys = []
    for key in L:
        support = L[key] / float(len(data_set))
        if support < min_support:           #未达到最小支持数
            errorKeys.append(key)
        else:
            L[key] = support
    for key in errorKeys:
        L.pop(key)
    return L
'''
    根据频繁(k-1)项集自身连接产生候选 K 项集 Ck
    并剪去不符合条件的候选
    L- 频繁 k-1 项集
'''
def getCByL(L,k):
    len_L = len(L)                          #获取 L 的频繁项集数量
    L_keys = list(L.keys())                 #获取 L 的键值
    C = set()
    for i in range(len_L):
        for j in range(1,len_L):
            l1 = list(L_keys[i])
            l1.sort()
            l2 = list(L_keys[j])
            l2.sort()
            if(l1[0:k-2] == l2[0:k-2]):
                C_item = frozenset(l1).union(frozenset(l2))    #取并集
```

```
                    flag = True
                    #判断 C_item 的子集是否在 L_keys 中
                    for item in C_item:
                        subC = C_item - frozenset([item])    #获取 C_item 的子集
                        if subC not in L_keys:        #不在
                            flag = False
                    if flag == True:
                        C.add(C_item)
        return C
    def get_L(data_set, k, min_support):
        #C1 较为特殊, 先求
        C1 = get_C1(data_set)
        L1 = getLByC(data_set, C1, min_support)
        support_data = {}
        L = []
        L.append(L1)
        tempL = L1
        for i in range(2, k + 1):
            Ci = getCByL(tempL, i)
            tempL = getLByC(data_set, Ci, min_support)
            L.append(tempL)
        for l in L:
            for key in l:
                support_data[key] = l[key]
        return L, support_data
    #获取关联规则
    def get_rule(L, support_data, min_support, min_conf):
        big_rules = []
        sub_sets = []
        for i in range(0, len(L)):
            for fset in L[i]:
                for sub_set in sub_sets:
                    if sub_set.issubset(fset):
                        conf = support_data[fset] / support_data[fset - sub_set]
                        big_rule = (fset - sub_set, sub_set, conf)
                        if conf >= min_conf and big_rule not in big_rules:
                            big_rules.append(big_rule)
                sub_sets.append(fset)
        return big_rules
    if __name__ == "__main__":
        min_support = 0.4                          #最小支持度
        min_conf = 0.6                             #最小置信度
        L, support_data = get_L(data_set, 3, min_support)      #获取所有的频繁项集
        big_rule = get_rule(L, support_data, min_support, min_conf)   #获取强关联规则
        print('========== 所有的频繁项集如下 ========== ')
        for l in L:
            for l_item in l:
                print(l_item, end = ' ')
                print('支持度为: %f'% l[l_item])
        print('============================================= ')
        for rule in big_rule:
            print(rule[0], ' == >', rule[1], '\t\tconf = ', rule[2])
```

程序运行结果如图 8.1 所示。

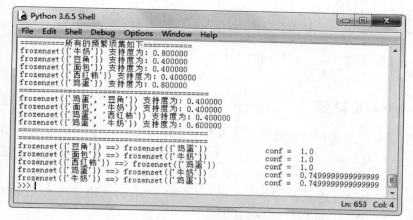

图 8.1 例 8.2 的运行结果

sklearn 库中没有 Apriori 算法。用户可以采用 Python 的第三方库实现 Apriori 算法发掘关联规则。相关的库有 mlxtend 机器学习包等，首先需要导入包含 Apriori 算法的 mlxtend 包，语句为 pip install mlxtend。apriori()函数的常用形式如下：

```
L, suppData = apriori(df, min_support = 0.5, use_colnames = False, max_len = None)
```

参数说明：

（1）df 表示给定的数据集。

（2）min_support 表示给定的最小支持度。

（3）use_colnames 默认为 False，表示返回的项集，用编号显示。如果值为 True，则直接显示项名称。

（4）max_len 默认为 None，表示最大项组合数，不做限制。如果只需要计算两个项集，可将这个值设置为 2。

返回值：

（1）L 为返回频繁项集。

（2）suppData 为返回频繁项集的相应支持度。

例 8.3 Apriori 算法的 Python 实现示例。

程序代码如下：

```python
from mlxtend.preprocessing import TransactionEncoder
from mlxtend.frequent_patterns import apriori
from mlxtend.frequent_patterns import association_rules
import pandas as pd
df_arr = [['鸡蛋','面包','西红柿','葱','蒜','牛奶'],
['面包','牛奶'],['鸡蛋','牛奶','豆角'],
['鸡蛋','牛奶','芹菜'],['鸡蛋','西红柿','豆角']]
# 转换为算法可接受模型(布尔值)
te = TransactionEncoder()
df_tf = te.fit_transform(df_arr)
df = pd.DataFrame(df_tf, columns = te.columns_)
# 设置支持度求频繁项集
frequent_itemsets = apriori(df, min_support = 0.4, use_colnames = True)
# 求关联规则,设置最小置信度为 0.15
rules = association_rules(frequent_itemsets, metric = 'confidence', min_threshold = 0.6)
# 设置最小提升度
rules = rules.drop(rules[rules.lift < 0.6].index)
```

```
#设置标题索引并打印结果
rules.rename(columns = {'antecedents':'from','consequents':'to', 'support':'sup','confidence':'conf'},
inplace = True)
rules = rules[['from','to','sup','conf','lift']]
print(rules)
```

8.4　FP-Growth 算法

Apriori 算法在产生频繁项集前需要对事务集进行多次扫描,同时产生大量的候选频繁项集,这就使 Apriori 算法的时间和空间复杂度较大,尤其在挖掘长频繁模式的时候性能往往低下,韩嘉炜等在 2000 年提出了一种称为频繁模式增长(Frequent-Pattern Growth,FP-Growth)的方法,将数据集存储在一个特定的称作 FP-Tree 的结构之后用以发现频繁项集或频繁项对,即常在一块出现的项的集合 FP-Tree。

FP-Growth 算法比 Apriori 算法的效率更高,在整个算法的执行过程中只需要遍历事务集两次,就能够完成频繁项集的发现。其发现频繁项集的基本过程如下:

(1) 构建 FP 树;

(2) 从 FP 树中挖掘频繁项集。

8.4.1　FP-Growth 算法采用的策略

FP-Growth 算法采取以下分治策略:将提供频繁项集的事务集压缩到一棵频繁模式树,但仍保留项集的关联信息;然后将这种压缩后的事务集分成一组组条件事务集,每个关联一个频繁项,并分别挖掘每个事务集。

在该算法中使用了一种称为频繁模式树(Frequent Pattern Tree,FP-Tree)的数据结构。FP-Tree 是一种特殊的前缀树,由频繁项头表和项前缀树构成。FP-Growth 算法基于以上的结构加快了整个挖掘过程。

FP-Tree 是将事务集中的各个项按照支持度排序后,把每个事务中的项按降序依次插入一棵以 null 为根结点的树中,同时在每个结点处记录该结点出现的支持度。

8.4.2　构建 FP-Tree

FP-Growth 算法通过构建 FP-Tree 来压缩事务集中的信息,从而更加有效地产生频繁项集。FP-Tree 其实是一棵前缀树,按支持度降序排列,支持度越高的频繁项离根结点越近,从而使更多的频繁项可以共享前缀。

下面通过例子说明 FP-Tree 的构建过程。事务集如表 8.5 所示。

表 8.5　事务集

编　号	项	频 繁 项 集
100	f,a,c,d,g,i,m,p	f,c,a,m,p
200	a,b,c,f,l,m,o	f,c,a,b,m
300	b,f,h,j,o	f,b
400	b,c,k,s,p	c,b,p
500	a,f,c,e,l,p,m,n	f,c,a,m,p

表 8.5 为用于购物篮分析的事务集。其中,a、b、……、p 分别表示事务集的项。首先对该事务集进行一次扫描,计算每一行记录中各个项的支持度,然后按照支持度降序排列,仅保留频繁项集,去除低于支持度阈值的项,这里支持度阈值取 3,从而得到<(f:4),(c:4),(a:3), (b:3),(m:3),(p:3)>(由于支持度计算公式中的分母|D|是不变的,所以仅需要比较公式中的分子)。表8.5中的第3列展示了排序后的结果。

FP-Tree的根结点为null,不表示任何项。接下来对事务集进行第二次扫描,从而开始构建FP-Tree:

第一条记录<f,c,a,m,p>对应于FP-Tree中的第一条分支<(f:1),(c:1),(a:1),(m:1),(p:1)>,如图8.2所示。

由于第二条记录<f,c,a,b,m>与第一条记录有相同的前缀<f,c,a>,所以<f,c,a>的支持度分别加1,同时在(a:2)结点下添加结点(b:1)、(m:1)。因此,FP-Tree中的第二条分支是<(f:2),(c:2),(a:2),(b:1),(m:1)>,如图8.3所示。

第三条记录<f,b>与前两条记录相比,只有一个共同前缀<f>,因此只需要在(f:3)下添加结点<b:1>,如图8.4所示。

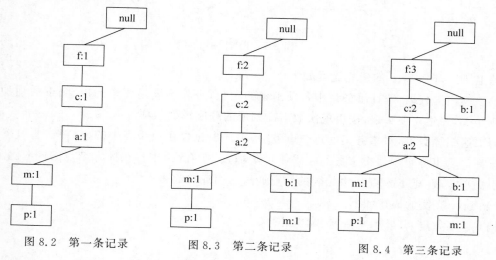

图8.2 第一条记录　　　　图8.3 第二条记录　　　　图8.4 第三条记录

第四条记录<c,b,p>与之前的所有记录都没有共同前缀,因此在根结点下添加结点(c:1)、(b:1)、(p:1),如图8.5所示。

类似地,将第五条记录<f,c,a,m,p>作为FP-Tree的一个分支,更新相关结点的支持度,如图8.6所示。

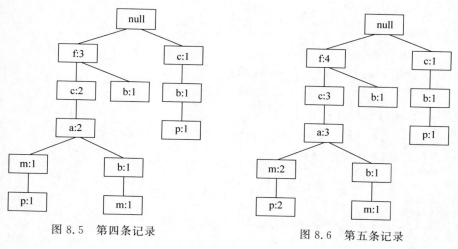

图8.5 第四条记录　　　　　　　　　图8.6 第五条记录

为便于对整棵树进行遍历,建立一张项的头表(An Item Header Table)。这张表的第一列是按照降序排列的频繁项,第二列是指向该频繁项在 FP-Tree 中结点位置的指针。FP-Tree 中的每一个结点还有一个指针,用于指向相同名称的结点,如图 8.7 所示。

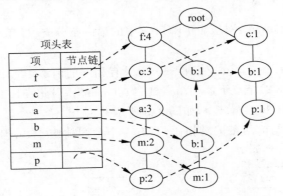

图 8.7　FP-Tree

综上所述,FP-Tree 的建立流程如下:

第一遍扫描数据,统计事务集中各项出现的次数,去除不满足要求的项,剩下的项加入频繁 1-项集 L,并建立项头表,按出现次数由高到低的顺序排列各项。

第二遍扫描数据,对事务集的每个事务,从中选出包含在项头表中的项,将这些项按 L 的顺序排列。将事务集中每个事务的频繁-1 项集插入 FP-Tree 中。在插入结点的同时,将各结点索引到项头表,把 FP-Tree 中相同的结点通过索引连接起来。

FP-Tree 算法的描述如下。

输入:事务集 D,最小支持度 SUPmin。

输出:FP-Tree。

处理流程:

step1　遍历 D,得到频繁项候选集 C 和 C 中每个项的支持度,并删除小于最小支持度的项,对 C 中的所有频繁项依照支持度的高低降序排列,得到最终的频繁-1 项集 L;

step2　创建一个 FP-Tree 的根结点 Tree,标识为"null";

step3　for each 事务 in D do

step4　　sort by order of L;

step5　　for 频繁项 A

step6　　调用 insert_tree(A,Tree)函数;

step7　end for

insert_tree()函数的定义如下:

```
insert_tree(A,root)
if root 有孩子结点 N 且属性与 A 相等 then
     N.count++;
 else
    创建新结点 N;
    设置各属性;
    N.node-link 索引项头表中对应的结点;
 end if
```

8.4.3 从 FP-Tree 中挖掘频繁模式

从头表的底部开始挖掘 FP-Tree 中的频繁模式。在 FP-Tree 中以 p 结尾的结点链共有两条,分别是<(f:4),(c:3),(a:3),(m:2),(p:2)>和<(c:1),(b:1),(p:1)>。其中,第一条结点链表示项清单< f,c,a,m,p >在事务集中共出现了两次。需要注意的是,尽管< f,c,a >在第一条结点链中出现了 3 次,单个项< f >出现了 4 次,但是它们与 p 一起出现只有两次,所以在条件 FP-Tree 中将<(f:4),(c:3),(a:3),(m:2),(p:2)>记为<(f:2),(c:2),(a:2),(m:2),(p:2)>。同理,第二条结点链表示项清单< c,b,p >在事务集中只出现了一次。将 p 的前缀结点链<(f:2),(c:2),(a:2),(m:2)>和<(c:1),(b:1)>称为 p 的条件模式基(conditional pattern base)。将 p 的条件模式基作为新的事务集,每一行存储 p 的一个前缀结点链,根据前面构建 FP-Tree 的过程,计算每一行记录中各项的支持度,然后按照支持度降序排列,仅保留频繁项集,去除低于支持度阈值的项,建立一棵新的 FP-Tree,这棵树被称为 p 的条件 FP-Tree,如图 8.8 所示。

从图 8.8 可以看到 p 的条件 FP-Tree 中满足支持度阈值的只剩下一个结点(c:3),所以以 p 结尾的频繁项集有(p:3)、(c:3)。由于 c 的条件模式基为空,所以不需要构建 c 的条件 FP-Tree。

在 FP-Tree 中以 m 结尾的结点链共有两条,分别是<(f:4),(c:3),(a:3),(m:2)>和<(f:4),(c:3),(a:3),(b:1),(m:1)>,所以 m 的条件模式基是<(f:2),(c:2),(a:2)>和<(f:1),(c:1),(a:1),(b:1)>。这里将 m 的条件模式基作为新的事务集,每一行存储 m 的一个前缀结点链,计算每一行记录中各项的支持度,然后按照支持度降序排列,仅保留频繁项集,去除低于支持度阈值的项,建立 m 的条件 FP-Tree,如图 8.9 所示。

与 p 不同,在 m 的条件 FP-Tree 中有 3 个结点,所以需要多次递归地挖掘频繁项集 mine(<(f:3),(c:3),(a:3)|(m:3)>)。按照<(a:3),(c:3),(f:3)>的顺序递归调用 mine(<(f:3),(c:3)|a,m>)、mine(<(f:3)|c,m>)和 mine(null|f,m)。由于(m:3)满足支持度阈值要求,所以以 m 结尾的频繁项集有{(m:3)}。

基于结点(a,m)的条件模式如图 8.10 所示。

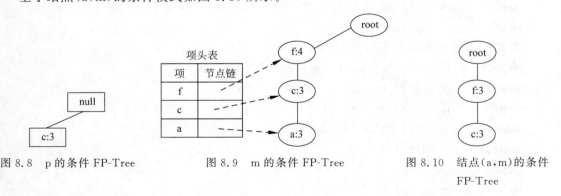

图 8.8 p 的条件 FP-Tree 图 8.9 m 的条件 FP-Tree 图 8.10 结点(a,m)的条件 FP-Tree

从图 8.10 可以看出,结点(a,m)的条件 FP-Tree 中有两个结点,需要进一步递归调用 mine(<(f:3)|c,a,m>)和 mine(< null|f,a,m>),进一步递归 mine(<(f:3)|c,a,m>)生成 mine(< null|f,c,a,m>)。因此,以(a,m)结尾的频繁项集有{(am:3),(fam:3),(cam:3),(fcam:3)}。

基于结点(c,m)的条件模式如图 8.11 所示。

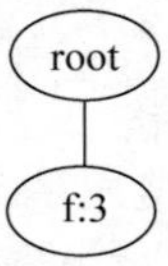

图 8.11　结点(c,m)的条件 FP-Tree

从图 8.11 可以看出,结点(c,m)的条件 FP-Tree 中只有一个结点,所以只需要递归调用 mine(< null|f,c,m >)。因此,以(c,m)结尾的频繁项集有{(cm:3),(fcm:3)}。同理,以(f,m)结尾的频繁项集有{(fm:3)}。

在 FP-Tree 中以 b 结尾的结点链共有 3 条,分别是<(f:4),(c:3),(a:3),(b:1)>、<(f:4),(b:1)>和<(c:1),(b:1)>。由于结点 b 的条件模式基<(f:1),(c:1),(a:1)>、<(f:1)>和<(c:1)>都不满足支持度阈值,所以不需要再递归。因此,以 b 结尾的频繁项集只有(b:3)。

同理可得,以 a 结尾的频繁项集{(fa:3),(ca:3),(fca:3),(a:3)},以 c 结尾的频繁项集{(fc:3),(c:4)},以 f 结尾的频繁项集{(f:4)}。

频繁项的挖掘采用自底向上的顺序,先由项头表的最后一个结点开始,寻找每一项的条件模式基。

根据项头表中的各项索引,找出所有含有这个项的前缀路径,对应的前缀路径即为这个项的条件模式基。

然后根据找出的条件模式基建立条件 FP-Tree,对于每一个新建立的条件 FP-Tree,重复上述步骤,直到建立的条件 FP-Tree 为空,或者只存在唯一路径。若新建立的条件 FP-Tree 是一个空树,它的前缀就是频繁项;若新建立的条件 FP-Tree 只存在唯一路径,通过列举所有可能的组合,然后将这些组合和该树的前缀连接就得到了所需要的频繁项。

FP-Tree 算法的描述如下。

输入:FP-Tree,项集 L(初值为空),最小支持度 SUPmin。

输出:L。

处理流程:

step1　　L=null;

step2　　if(FP-Tree 只包含单个路径 P)then

step3　　　for each X∈P do

step4　　　　Compute X∪L,support(X∪L)=support(X);

step5　　　　return L=L∪support>SUPmin 的项目集 X∪L

step6　　else　//包含多个路径

step7　　　for each 频繁项 Y in 项头表 do

step8　　　　Compute X=Y∪L,support(Y∪L)=support(X);

step9　　　　Resear PCB of X and create FP-Tree

step10　　　if TreeX≠Φ then

step11　　　　　递归调用 FP-Growth(TreeX,X)

step12　　　end if

step13　　end for

step14　end if

8.4.4　FP-Growth 算法的 Python 实现

sklearn 库中没有 FP-Growth 算法。

例 8.4　FP-Growth 算法的 Python 实现。

程序代码如下:

```
import re
import collections
import itertools
data = []
data = [['a','b','c','d','e','f','g','h'],['a','f','g'], ['b','d','e','f','j'],['a','b','d','i','k'],
['a','b','e','g'],['g','b']]
data = data
support = 3
CountItem = collections.defaultdict(int)
for line in data:                               #统计 item 的频率
    for item in line:
        CountItem[item] += 1
#将 dict 按照频率从大到小排序,并且删掉频率过小的项
a = sorted(CountItem.items(),key = lambda x:x[1],reverse = True)
for i in range(len(a)):
    if a[i][1] < support:
        a = a[:i]
        break
for i in range(len(data)):                        #更新 data 中每一笔交易的商品的顺序
    data[i] = [char for char in data[i] if CountItem[char] >= support]
    data[i] = sorted(data[i],key = lambda x:CountItem[x],reverse = True)
class node:                                       #定义结点
    def __init__(self,val,char):
        self.val = val                            #用于定义当前的计数
        self.char = char                          #用于定义当前的字符是多少
        self.children = {}                        #用于存储孩子
        self.next = None                          #用于链表,链接到另一个孩子处
        self.father = None                        #构建条件树时向上搜索
        self.visit = 0                            #用于链表的时候观察是否已经被访问过
        self.nodelink = collections.defaultdict()
        self.nodelink1 = collections.defaultdict()
class FPTree():
    def __init__(self):
        self.root = node(-1,'root')
        self.FrequentItem = collections.defaultdict(int)   #用来存储频繁项集
        self.res = []
    def BuildTree(self,data):  #建立 FP 树的函数,data 为 list[list[]]的形式,其中内部的 list
                               #包含了商品的名称,以字符串表示
        for line in data:                         #取出第一个 list,用 line 来表示
            root = self.root
            for item in line:                     #对于列表中的每一项
                if item not in root.children.keys():  #如果 item 不在 dict 中
                    root.children[item] = node(1,item)    #创建一个新的结点
                    root.children[item].father = root     #用于从下往上寻找
                else:
                    root.children[item].val += 1  #否则计数加 1
                root = root.children[item]        #往下走一步
                #根据这个 root 创建链表
                if item in self.root.nodelink.keys():  #如果这个 item 在 nodelink 中已经存在
                    if root.visit == 0:           #如果这个点没有被访问过
                        self.root.nodelink1[item].next = root
                        self.root.nodelink1[item] = self.root.nodelink1[item].next
                        root.visit = 1            #被访问了
                    else:                         #如果这个 item 在 nodelink 中不存在
                        self.root.nodelink[item] = root
                        self.root.nodelink1[item] = root
                        root.visit = 1
        print('树建立完成')
        return self.root
```

```
def IsSinglePath(self,root):
    if not root:
        return True
    if not root.children: return True
    a = list(root.children.values())
    if len(a) > 1: return False
    else:
        for value in root.children.values():
            if self.IsSinglePath(value) == False: return False
        return True
def FP_growth(self,Tree,a,HeadTable):    # Tree 表示树的根结点,a 是用列表表示的频繁项集,
                                         # HeadTable 用来表示头表
    # 首先需要判断这个树是不是单路径的,创建一个单路径函数 IsSinglePath(root)
    if self.IsSinglePath(Tree):          # 如果是单路径的
        # 对于路径中的每个组合,记作 b,support = b 中结点的最小支持度
        root, temp = Tree,[]             # 创建一个空列表来存储
        while root.children:
            for child in root.children.values():
                temp.append((child.char,child.val))
                root = child
        ans = []                         # 产生每个组合
        for i in range(1,len(temp) + 1):
            ans += list(itertools.combinations(temp,i))
        for item in ans:
            mychar = [char[0] for char in item] + a
            mycount = min([count[1] for count in item])
            if mycount >= support:
                self.res.append([mychar,mycount])
    else:                                        # 若存在多个路径
        root = Tree
        # 对于 root 头表中的每一项进行操作
        HeadTable.reverse()                      # 首先将头表逆序
        for (child,count) in HeadTable:          # child 表示字符,count 表示支持度
            b = [child] + a                      # 新的频繁模式
            # 构造 b 的条件模式基
            self.res.append([b,count])
            tmp = Tree.nodelink[child]           # 此时为第一个结点,从这个结点开始找
                                                 # 一直保持在链表当中
            data = []                            # 用来保存条件模式基
            while tmp:                           # 当 tmp 一直存在的时候
                tmpup = tmp                      # 准备向上走
                res = [[],tmpup.val]             # 用来保存条件模式
                while tmpup.father:
                    res[0].append(tmpup.char)
                    tmpup = tmpup.father
                res[0] = res[0][:: - 1]          # 逆序
                data.append(res)                 # 条件模式基保存完毕
                tmp = tmp.next
            # 条件模式基构造完毕,储存在 data 中,下一步是建立 b 的 FP - Tree
            CountItem = collections.defaultdict(int)    # 统计频率
            for [tmp,count] in data:
                for i in tmp[ : - 1]:
                    CountItem[i] += count
            for i in range(len(data)):
                data[i][0] = [char for char in data[i][0] if CountItem[char] >= support]
                                                 # 删除不符合的项
                data[i][0] = sorted(data[i][0],key = lambda x:CountItem[x],reverse = True)
                                                 # 排序
            # 此时数据已经准备好了,下面是构造条件树
```

```
            root = node( - 1,'root')              # 创建根结点,值为 - 1,字符为 root
            for [tmp,count] in data:              # item 是 [list[],count] 的形式
                tmproot = root                    # 定位到根结点
                for item in tmp:                  # 对于 tmp 中的每一个商品
                    if item in tmproot.children.keys():    # 如果这个商品已经在 tmproot 的
                                                           # 孩子中
                        tmproot.children[item].val += count    # 更新值
                    else:                         # 如果这个商品没有在 tmproot 的孩子中
                        tmproot.children[item] = node(count,item)  # 创建一个新的结点
                        tmproot.children[item].father = tmproot    # 方便从下往上找
                    tmproot = tmproot.children[item]   # 往下走一步
                    # 根据这个 root 创建链表
                    if item in root.nodelink.keys():   # 这个 item 在 nodelink 中存在
                        if tmproot.visit == 0:
                            root.nodelink1[item].next = tmproot
                            root.nodelink1[item] = root.nodelink1[item].next
                            tmproot.visit = 1
                    else:                              # 这个 item 在 nodelink 中不存在
                        root.nodelink[item] = tmproot
                        root.nodelink1[item] = tmproot
                        tmproot.visit = 1
            if root:                               # 如果新的条件树不为空
                NewHeadTable = sorted(CountItem.items(),key = lambda x:x[1],reverse = True)
                for i in range(len(NewHeadTable)):
                    if NewHeadTable[i][1] < support:
                        NewHeadTable = NewHeadTable[:i]
                        break
                self.FP_growth(root,b,NewHeadTable)    # 需要创建新的 HeadTable
            # 成功返回条件树
    def PrintTree(self,root):                      # 层次遍历打印树
        if not root: return
        res = []
        if root.children:
            for (name,child) in root.children.items():
                res += [name + ' ' + str(child.val),self.PrintTree(child)]
            return res
        else: return
obj = FPTree()
root = obj.BuildTree(data)
obj.FP_growth(root,[],a)
print(obj.res)
```

程序运行结果如图 8.12 所示。

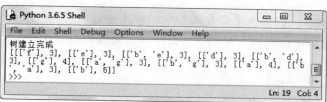

图 8.12 例 8.4 的运行结果

8.5 Eclat 算法

Eclat 算法是由 Zaki 博士在 2000 年提出的,它利用数据库和垂直数据格式,采用前缀等价关系划分搜索空间,该算法只需要扫描一次数据库,利用数据垂直表示形式的优势通过交叉计数来计算支持度,能够高效地挖掘出频繁集。

8.5.1　Eclat 算法概述

Apriori 算法和 FP-Growth 算法都是从项集格式{TID：itemset}的事务集中挖掘频繁模式，其中 TID 是事务标识符，itemset 是事务 TID 中购买的商品，这种数据格式称为水平数据格式。数据也可以用项-TID 集格式{item：TID_set}表示，其中 item 是项的名称，TID_set 是包含 item 的事务标识符的集合，这种数据格式称为垂直数据格式。Eclat 算法是一种深度优先算法，采用垂直数据表示形式。

例 8.5　假设事务集 S 如表 8.6 所示，用户的最小支持数为 2，用 Eclat 算法生成频繁项集。

表 8.6　事务集 S

TID	item	TID	item
T_1	A,E,B	T_6	C,B
T_2	D,B	T_7	A,C
T_3	C,B	T_8	A,E,C,B
T_4	A,D,B	T_9	A,C,B
T_5	A,C		

解：

（1）将水平格式转换成垂直格式，并可以通过转换后的倒排表加快频繁集的生成速度，如表 8.7 所示。

表 8.7　S 垂直格式倒排表

item	TID	item	TID
A	T_1,T_4,T_5,T_7,T_8,T_9	D	T_2,T_4
B	$T_1,T_2,T_3,T_4,T_6,T_8,T_9$	E	T_1,T_8
C	T_3,T_5,T_6,T_7,T_8,T_9		

（2）候选 1-项集如表 8.8 所示。

表 8.8　候选 1-项集

item	freq	item	freq
A	6	D	2
B	7	E	2
C	6		

由于最小支持数为 2，则候选 1-项集中都是频繁 1-项集。

（3）由频繁 1-项集生成候选 2-项集。通过取每对频繁项的 TID 集的交，可以在该数据集上进行挖掘。设最小支持数为 2。由于表 8.8 中的每一项都是频繁的，所以共进行 10 次交运算，导致 8 个非空 2 项集，如表 8.9 所示。

表 8.9　候选 2-项集

item	子事务集	freq	item	子事务集	freq
AB	$\{T_1,T_4,T_8,T_9\}$	4	BD	$\{T_2,T_4\}$	2
AC	$\{T_5,T_7,T_8,T_9\}$	4	BE	$\{T_1,T_8\}$	2
AD	$\{T_4\}$	1	CD	$\{\}$	0
AE	$\{T_1,T_8\}$	2	CE	$\{T_8\}$	1
BC	$\{T_3,T_6,T_8,T_9\}$	4	DE	$\{\}$	0

注意,项集{A,D}和{C,E}都只包含一个事务,因此它们都不属于频繁 2-项集的集合。

（4）由频繁 2-项集生成候选 3-项集。根据先验性质,一个给定的 3-项集是候选 3-项集,仅当它的每一个 2-项集的子集都是频繁的。这里候选产生 3 个候选 3-项集,即{A,B,C}、{A,B,D}和{A,B,E}。通过取这些候选 3-项集对应 2-项集的 TID 集的交,得到表 8.10,其中只有两个频繁 3-项集{A,B,C:2}和{A,B,E:2}。

表 8.10　候选 3-项集

item	子事务集	freq	item	子事务集	freq
ABC	$\{T_8, T_9\}$	2	ABE	$\{T_1, T_8\}$	2
ABD	$\{T_4\}$	1			

Eclat 算法产生候选项集的理论基础是:频繁 k-项集可以通过或运算生成候选的(k+1)-候选项集,频繁 k-项集中的项是按照字典顺序排列的,并且进行或运算的频繁 k-项集的前 k-1 项是完全相同的。

Eclat 算法的描述如下。

输入:数据集 S,最小支持度阈值 minS_port。

输出:频繁项集。

处理流程:

step1　通过扫描一次数据集 S,把水平格式的数据转换成垂直格式的 TID 集;

step2　项集的支持度计数简单地等于项集的 TID 集长度;

step3　从 k=1 开始,可以根据先验性质,使用频繁 k-项集来构造候选(k+1)-项集;

step4　通过取频繁 k-项集的 TID 集的交,计算对应的(k+1)-项集的 TID 集;

step5　重复该过程,每次 k 增加 1,直到不能再找到频繁项集或候选项集。

Eclat 算法除了在产生候选(k+1)-项集时利用先验性质外,另一个优点是不需要扫描数据库来确定(k+1)-项集的支持度(k≥1),这是因为每个 k 项集的 TID 集携带了计算支持度的完整信息。然而 TID 集可能很长,需要大量的内存空间,长集合的交运算还需要大量的计算时间。

8.5.2　Eclat 算法的 Python 实现

例 8.6　Eclat 算法的 Python 实现。

程序代码如下:

```python
import numpy as np
from itertools import combinations
def read_data():
    dataset = [['牛奶', '葱', '豆角', '土豆', '鸡蛋', '芹菜'],
               ['苹果', '葱', '豆角', '土豆', '鸡蛋', '芹菜'],
               ['牛奶', '苹果', '土豆', '鸡蛋'],
               ['牛奶', '杧果', '白菜', '土豆', '芹菜'],
               ['白菜', '葱', '芹菜', '土豆', '杧果', '鸡蛋']]
    return dataset
# Eclat 算法
def eclat(transactions, min_support = 0.35):
    combos_to_counts = {}
    for transaction in transactions:        # 变量交易记录
        goods = list(np.unique(transaction))  # 获取商品列表
        length = len(goods)
        for k in range(2, length + 1):
            k_combos = list(combinations(goods, k))
```

```
        for combo in k_combos:
            if set(combo).issubset(transaction):
                try:
                    combos_to_counts[combo] += 1
                except KeyError:
                    combos_to_counts[combo] = 1
    combo_support_vec = []
    for combo in combos_to_counts.keys():
        #计算支持度
        support = float(combos_to_counts[combo]) / len(transactions)
        combo_support_vec.append((combo, support))
    #按照支持度排序
    combo_support_vec.sort(key = lambda x: float(x[1]), reverse = True)
    #第一列货物的列表,第二列为支持度
    with open("./eclat_out.tsv", "w") as fo:
        for combo, support in combo_support_vec:
            if support < min_support:
                continue
            else:
                print(combo, support)
                fo.write(", ".join(combo) + "\t" + str(support) + "\n")
    fo.close()
def main():
    transactions = read_data()
    eclat(transactions, min_support = 0.6)
if __name__ == '__main__':
    main()
```

程序运行结果如图 8.13 所示。

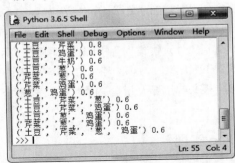

图 8.13　例 8.6 的运行结果

8.6　关联规则的典型应用场景

关联规则反映一个事物与其他事物之间的相互依存性和关联性,常用于零售、电商、金融、搜索引擎、智能推荐等领域,例如超市捆绑营销、银行客户交叉销售分析、搜索词推荐或者识别异常、基于兴趣的实时新闻推荐等。

1. 穿衣搭配推荐

穿衣搭配是服饰鞋包导购中非常重要的课题,它是基于搭配专家和达人搭配组合数据、百万级别商品的文本和图像数据以及用户的行为数据挖掘生成的穿衣搭配模型,为用户提供个性化、优质的、专业的穿衣搭配方案,预测给定商品的搭配商品集合等。

2. 互联网情绪指标和活牛价格的关联关系

活牛是畜牧业的一大产业,其价格波动产生的社会反响非常大。活牛价格的变动主要受市场供求关系的影响。然而专家和媒体对于活牛市场前景的判断、疫情的报道是否会对养殖户和消费者的情绪有所影响？情绪上的变化是否会对这些人群的行为产生一定的影响,从而影响活牛市场的供求关系？互联网作为网民发声的第一平台,在网民情绪的捕捉上具有天然的优势,可以基于提供的海量数据挖掘出互联网情绪指标与活牛价格之间的关联关系,从而形成基于互联网数据的活牛价格预测模型,挖掘互联网情绪指标与活牛价格之间的关联关系和预测。

3. 依据用户轨迹的商户精准营销

随着用户访问移动互联网的与日俱增和移动终端的大力发展,越来越多的用户选择使用移动终端访问网络,根据用户访问网络的偏好也形成了相当丰富的用户网络标签和画像等。如何根据用户的画像对用户进行精准营销成为很多互联网和非互联网企业的新发展方向。如何利用已有的用户画像对用户进行分类,并针对不同分类进行业务推荐,特别是在用户身处特定的时间、地点,根据用户画像进行商户和用户的匹配,并将相应的优惠和广告信息通过不同渠道进行推送。另外,也可以根据商户位置及分类数据、用户标签画像数据提取用户标签和商户分类的关联关系,然后根据用户在某一段时间内的位置数据,判断用户进入该商户位置300米范围内,对用户推送符合该用户画像的商户位置和其他优惠信息。

4. 旅游景点推荐系统

随着移动社交网路的兴起,用户的移动数据得到了大量的累积,使得这些移动数据能够基于地点推荐技术帮助人们熟悉周围环境,提升旅游地点的影响力等。另外,也可以利用用户的签到记录和地点的位置、类别等信息,为每个用户推荐若干个感兴趣的旅游景点。

5. 气象关联分析

在社会经济生活中,不少行业,例如农业、交通业、建筑业、旅游业、销售业、保险业等,无一例外都与天气的变化息息相关。随着各行各业对气象信息的需求越来越大,社会各方对气象数据服务的个性化和精细化要求也在不断提升,如何开发气象数据在不同领域的应用,更好地支持大众创业、万众创新,服务民计民生,是气象大数据面临的迫切需求。为了更深入地挖掘气象资源的价值,可以根据60年来的中国地面历史气象数据,推动气象数据与其他各行各业数据的有效结合,寻求气象要素之间以及气象与其他事物之间的关联关系,让气象数据发挥更多元化的价值。

6. 交通事故成因分析

随着时代的发展,便捷交通在对社会产生巨大贡献的同时,各类交通事故也严重地影响了人们的生命财产安全和社会经济发展。为了更深入地挖掘交通事故的潜在诱因,带动公众关注交通安全,有些地域的交通管理部门已经开放了交通事故数据及多维度参考数据,通过对事故类型、事故人员、事故车辆、事故天气、驾照信息、驾驶人员犯罪记录数据以及其他和交通事故有关的数据进行深度挖掘,形成交通事故成因分析方案。

7. 基于兴趣的实时新闻推荐

随着近年来互联网的飞速发展,个性化推荐已成为各大主流网站的一项必不可少的服务。提供各类新闻的门户网站是互联网上的传统服务,但是与当今蓬勃发展的电子商务网站相比,新闻的个性化推荐服务水平仍存在较大差距。一个互联网用户可能不会在线购物,但是绝大部分的互联网用户都会在线阅读新闻。因此资讯类网站的用户覆盖面更广,如果能够更好地挖掘用户的潜在兴趣并进行相应的新闻推荐,就能够产生更大的社会和经济价值。初步研究发现,同一个用户浏览不同新闻的内容之间会存在一定的相似性和关联关系,物理世界完全不相关的用户也有可能拥有类似的新闻浏览兴趣。此外,用户浏览新闻的兴趣也会随着时间变化而变化,这给推荐系统带来了新的机会和挑战。因此可以通过对带有时间标识的用户浏览行为和新闻文本内容进行分析,挖掘用户的新闻浏览模式和变化规律,设计及时、准确的推荐系统预测用户未来可能感兴趣的新闻。

8. 银行金融客户交叉销售分析

近年来,银行金融客户的需求日趋复杂化和多元化,从单一的存、贷、汇等简单需求向高端的集结算、投资、融资、理财等于一体的综合金融需求发展。商业银行可以通过对个人客户购买本银行金融产品的数据进行分析,从而发现交叉销售的机会。

9. 电子商务搭配购买推荐

电子购物网站使用关联规则中的规则进行挖掘,然后设置用户有意要一起购买的捆绑包。另外,还有一些购物网站使用它们设置相应的交叉销售,也就是购买某种商品的顾客会看到相关的另外一种商品的广告。

10. 银行营销方案推荐

关联规则挖掘技术已经被广泛地应用在金融行业中,它可以成功地预测银行客户需求。一旦获得了这些信息,银行就可以改善自身营销。例如各银行在自己的 ATM 机上捆绑了顾客可能感兴趣的产品信息,供使用本行 ATM 机的用户了解。如果数据库中显示某个高信用限额的客户更换了地址,则这个客户很有可能新近购买了一栋更大的住宅,因此有可能需要更高的信用限额、更高端的新信用卡,或者需要一个住房改善贷款,这些产品都可以通过信用卡账单邮寄给客户。当客户打电话咨询的时候,销售代表的计算机屏幕上可以显示出客户的特点,同时也可以显示出顾客会对什么产品感兴趣。

扫一扫

习题 8

自测题

8-1 选择题:

(1) 某超市研究销售记录数据后发现,买啤酒的人很大概率也会购买尿布,这种属于数据挖掘的( )问题。

  A. 关联规则   B. 聚类   C. 分类   D. 自然语言处理

(2) 如果项集 B 是项集 A 的子集,且 A 是频繁项集,则 B 必是( )。

  A. 非频繁项集   B. 频繁项集

  C. 既是频繁项集又是非频繁项集 D. 不确定

(3) 考虑频繁 3-项集的集合{1,2,3},{1,2,4},{1,2,5},{1,3,4},{1,3,5},{2,3,4},{2,3,5},{3,4,5},假定数据集中只有 5 项,采用合并策略,由候选产生过程得到的 4-项集不包含( )。

  A. 1,2,3,4   B. 1,2,3,5   C. 1,2,4,5   D. 1,3,4,5

(4) 设 X={1,2,3}是频繁项集,则可由 X 产生( )个关联规则。

  A. 4   B. 5   C. 6   D. 7

(5) 购物篮数据如表 8.11 所示,能够提取的频繁 3-项集的最大数量是( )。

表 8.11 购物篮数据

TID	购买的商品	TID	购买的商品
1	牛奶、啤酒、尿布	6	牛奶、尿布、面包、黄油
2	面包、黄油、牛奶	7	面包、黄油、尿布
3	牛奶、尿布、饼干	8	啤酒、尿布
4	面包、黄油、饼干	9	牛奶、尿布、面包、黄油
5	啤酒、饼干、尿布	10	啤酒、饼干

  A. 1   B. 2   C. 3   D. 4

8-2 填空题：

（1）关联规则分析是以某种方式分析（　　　　），从数据样本集合中发现一些潜在有用的信息以及不同数据样本之间关系的过程。

（2）基于关联规则处理的变量可以分为布尔型和（　　　　）。

（3）Apriori算法是一种深度优先算法，它使用频繁项集性质的先验知识，利用逐层搜索的迭代方法完成（　　　　）的挖掘工作。

（4）Apriori算法的基本思想是通过对数据的多次扫描来计算项集的（　　　　），发现所有的频繁项集，从而生成关联规则。

（5）Eclat算法是一种深度优先算法，它采用的是（　　　　）表示形式。

8-3 设某事务项集构成如表8.12所示，填空完成其中支持度和置信度的计算。

表8.12　某事务项集的构成

事务 ID	项集	L_2	支持度/%	规则	置信度/%
T_1	A,D	A,B	（　）	A→B	（　　）
T_2	D,E	A,C	（　）	C→A	（　　）
T_3	A,C,E	A,D	（　）	A→D	（　　）
T_4	A,B,D,E	B,D	（　）	B→D	（　　）
T_5	A,B,C	C,D	（　）	C→D	（　　）
T_6	A,B,D	D,E	（　）	D→E	（　　）
T_7	A,C,D				
T_8	C,D,E				
T_9	B,C,D				

8-4 已知有如表8.13所示的事务集，设最小支持度为60%，最小置信度为80%，完成以下操作。

表8.13　习题8-4的事务集

TID	购买的商品	TID	购买的商品
T_{100}	M、O、N、K、E、Y	T_{400}	M、U、C、K、Y
T_{200}	D、O、N、K、E、Y	T_{500}	C、O、K、I、E
T_{300}	M、A、K、E		

（1）采用Apriori算法找出所有频繁项集。

（2）列出所有满足如下规则匹配的强关联规则：item1 ∧ item2→item3，其中item1、item2、item3代表事务集中的某一个商品，且互不相同。

8-5 编程利用Python的第三方库实现用Apriori算法挖掘关联规则，数据集如表8.5所示。

8-6 生成频繁项集列表的完整程序如下，运行该程序，并解释各部分的功能。

```
from numpy import *
def loadDataSet():
    return [['苹果','橘子','菠萝'], ['香蕉','橘子','柚子'], ['苹果','香蕉','橘子','柚子'], ['香蕉','柚子']]
def createC1(dataSet):
    C1 = []
    for transaction in dataSet:
        for item in transaction:
            if not [item] in C1:
                C1.append([item])
```

```python
    #C1.sort()
    return list(map(frozenset,C1))
def scanD(D,Ck,minSupport):
    ssCnt = {}
    for tid in D:
        for can in Ck:
            if can.issubset(tid):
                if not can in ssCnt:
                    ssCnt[can] = 1
                else:
                    ssCnt[can] += 1
    numItems = float(len(D))
    retList = []
    supportData = {}
    for key in ssCnt:
        support = ssCnt[key]/numItems
        if support >= minSupport:
            retList.append(key)
        supportData[key] = support
    return retList,supportData
def aprioriGen(Lk,k):
    lenLk = len(Lk)
    temp_dict = {}
    for i in range(lenLk):
        for j in range(i+1,lenLk):
            L1 = Lk[i]|Lk[j]
            if len(L1) == k:
                if not L1 in temp_dict:
                    temp_dict[L1] = 1
    return list(temp_dict)
def apriori(dataSet,minSupport = 0.5):
    C1 = createC1(dataSet)
    D = list(map(set,dataSet))
    L1,supportData = scanD(D,C1,minSupport)
    L = [L1]
    k = 2
    while (len(L[k-2]) > 0):
        Ck = aprioriGen(L[k-2],k)
        Lk,supK = scanD(D,Ck,minSupport)
        supportData.update(supK)
        L.append(Lk)
        k += 1
    return L,supportData
if __name__ == "__main__":
    dataSet = loadDataSet()
    L,suppData = apriori(dataSet)
    print(L)
```

第 **9** 章

预 测 模 型

计算机技术的迅猛发展和日益广泛的应用,为数学建模计算提供了有力的工具,使得很多种预测模型得到了完善和发展,并且被广泛地应用于证券市场分析、国民经济分析预测和企业经济效益分析等多个领域。

9.1 预测模型概述

预测模型(Prediction Model)是指用于预测的、用数学语言或公式所描述的事物间数量关系。它在一定程度上揭示了事物间的内在规律性。任何一种具体的预测方法都是以其特定的数学模型为特征。预测方法的种类有很多,各有相应的预测模型。

9.1.1 预测方法的分类

由于预测的对象、目标、内容和期限不同,形成了多种多样的预测方法。据不完全统计,目前世界上共有近千种预测方法,其中较为成熟的有 150 多种,常用的有 30 多种,使用最为普遍的有 10 多种。常用的预测方法通常分为定性预测和定量预测两大类。

1. 定性预测

定性预测主要是根据事物的性质和特点以及过去和现在的有关数据,对事物做非数量化的分析,然后根据分析结果对事物的发展趋势做出判断和预测。定性预测常由具有丰富经验和综合分析能力的人员与专家运用个人的经验和分析判断来取得预测结果。定性预测主要有用户意见法(对象调查法)、员工意见法、个人判断法、专家会议法、Delphi 法、主观概率法、比例类推法、对比类推法、相关类推法、目标分解法等方法。

定性预测的优点是注重事物发展在性质方面的预测,具有较大的灵活性,易于充分发挥人的主观能动作用,且简单、易行,省时、省费用。其缺点是易受主观因素的影响,比较注重人的经验和主观判断力,从而易受人的知识、经验和能力的多少的束缚和限制,尤其是缺乏对事物发展作数量上的精确描述。

2. 定量预测

定量预测是根据已掌握的比较完备的历史统计数据运用一定的数学方法进行科学的加工整理,借以揭示有关变量之间的规律性联系,用于预测和推测未来发展变化情况的一类预测方法。定量预测方法也称统计预测法,其主要特点是利用统计资料和数学模型来进行预测。然而这并不意味着定量预测方法完全排除主观因素,实际上主观判断在定量预测方法中仍起着重要的作用,只不过与定性预测方法相比,各种主观因素所起的作用小一些罢了。

定量预测的优点是偏重于数量方面的分析,重视预测对象的变化程度,能作出变化程度在数量上的准确描述;它主要把历史统计数据和客观实际资料作为预测的依据,运用数学方法进行处理分析,受主观因素的影响较小;也可以利用现代化的计算方法来进行大量的计算工作和数据处理,求出适应工程进展的最佳数据曲线。其缺点是比较机械,不易灵活掌握,对信息资料的质量要求较高。

9.1.2　预测分析的一般步骤

预测分析一般可按以下步骤进行:

(1)确定预测目标和确定预测期限。确定预测目标和预测期限是进行预测工作的前提。

(2)进行调研,收集、整理资料。预测以一定的资料和信息为基础,以预测目标为中心收集充分、详尽、可靠的资料,同时要去伪存真,去掉不真实的、与预测对象关系不密切的资料。

(3)选择合适的预测方法。分别研究当前预测领域的各种预测模型和预测方法。预测方法的选择应取决于预测的目的以及数据和信息的条件。同时使用多种预测方法独立地进行预测,并对各种预测结果分别进行合理性分析与判断。

(4)考虑模型运行平台。依据预测理论和预测方法选择合适的数据库和编程语言构建预测模型系统。

(5)对预测的结果进行分析和评估。检查预测结果是否满足预测目标的要求,对各种预测模型进行相关检验,比较预测准确度。根据不同预测模型的拟合效果和精度选取精度较高和拟合效果较好的模型。

(6)模型的更新。根据最新的管理需求、经济动态和已更新的信息数据重新调整原来的预测模型,以提高预测的准确性。

9.2　回归分析预测模型

依据自变量和因变量的历史统计资料进行统计分析,并在此基础上建立回归分析方程,即回归分析预测模型。

9.2.1　一元线性回归预测模型

一元线性回归模型(One Variable Linear Regression Model)是处理两个变量 x(自变量)和 y(因变量)之间关系的最简单模型,它所研究的对象是这两个变量之间的线性相关关系。通过对这个模型的讨论,读者不仅可以掌握有关一元线性回归的理论知识,而且可以从中了解回归分析方法的数学模型、基本思想、方法及应用。

1. 一元线性回归模型

以影响预测的各因素作为自变量 x 和因变量 y 有如下关系:

$$y_i = a + bx_i + u_i \quad (i = 1, 2, \cdots, n) \tag{9-1}$$

上式称为一元线性回归模型,其中 u_i 是一个随机变量,称为随机项;a、b 是两个常数,称为回归系数;i 表示变量的第 i 个观察值,共有 n 组样本观察值。

2. 建立模型与相关检验

1)参数的最小二乘估计

相应于 y_i 的估计值 $\hat{y}_i = \hat{a} + \hat{b}x_i, \hat{y}_i$ 与 y_i 之差称为估计误差或残差,记为 $\varepsilon_i = y_i - \hat{y}_i (i = 1,$

$2,\cdots,n)$。显然,误差 ε_i 的大小是衡量估计量 $\hat{a}$、$\hat{b}$ 好坏的重要标志,通常以误差平方和最小作为衡量总误差最小的准则,并依据这一准则对式(9-1)中的参数 a、b 作出估计:

$$Q = \sum_{i=1}^{n}(y_i - \hat{y}_i)^2 = \sum_{i=1}^{n}\varepsilon_i^2 = \sum_{i=1}^{n}(y_i - a - \hat{b}x_i)^2 \tag{9-2}$$

使 Q 达到最小以估计出 a、b 的方法称为最小二乘法(Method of Least-Squares)。由多元微分学可知,使 Q 达到最小参数 a、b 的最小二乘估计量(Least-Squares Estimator)必须满足:

$$\begin{cases} \dfrac{\partial Q}{\partial \hat{a}} = -2\sum_{i=1}^{n}(y_i - a - \hat{b}x_i) = 0 \\[2mm] \dfrac{\partial Q}{\partial \hat{b}} = -2\sum_{i=1}^{n}(y_i - a - \hat{b}x_i) = 0 \end{cases} \qquad (i=1,2,\cdots,n) \tag{9-3}$$

解上述方程组可得:

$$\hat{b} = \frac{\displaystyle\sum_{i=1}^{n}x_iy_i - \overline{x}\sum_{i=1}^{n}y_i}{\displaystyle\sum_{i=1}^{n}x_i^2 - \overline{x}\sum_{i=1}^{n}x_i} = \frac{\displaystyle\sum_{i=1}^{n}x_iy_i - n\overline{x}\,\overline{y}}{\displaystyle\sum_{i=1}^{n}(x_i - \overline{x})^2}, \quad \hat{a} = \hat{y} - \hat{b}\overline{x} \tag{9-4}$$

其中,$\overline{x} = \dfrac{1}{n}\sum_{i=1}^{n}x_i$,$\overline{y} = \dfrac{1}{n}\sum_{i=1}^{n}y_i$。

若令 $l_{xx} = \sum_{i=1}^{n}(x_i - \overline{x})^2$,$l_{yy} = \sum_{i=1}^{n}(y_i - \overline{y})^2$,$l_{xy} = \sum_{i=1}^{n}(x_i - \overline{x})(y_i - \overline{y})$,则式(9-4)可以写成:

$$\begin{cases} \hat{a} = \overline{y} - \hat{b}\overline{x} \\[2mm] \hat{b} = \dfrac{l_{xy}}{l_{xx}} \end{cases}$$

2)相关性检验

一般情况下,在一元线性回归时用相关性检验较好,相关系数 R(Sample Correlation Coefficient)是描述变量 x 与 y 之间线性关系密切程度的一个数量指标。

$$R = \frac{\displaystyle\sum_{i=1}^{n}x_iy_i - n\overline{x}\,\overline{y}}{\sqrt{\displaystyle\sum_{i=1}^{n}x_i^2 - n\overline{x}^2}\sqrt{\displaystyle\sum_{i=1}^{n}y_i^2 - n\overline{y}^2}} = \frac{l_{xy}}{\sqrt{l_{xx}l_{yy}}} \quad (-1 \leqslant R \leqslant 1) \tag{9-5}$$

查相关系数临界值表,若 $R > R_0(n-2)$,则线性相关关系显著,通过检验,可以进行预测;反之,没有通过检验,该一元回归方程不可以作为预测模型。

3. 应用回归方程进行预测

1)预测值的点估计

当方程通过检验后,由已经求出的回归方程和给定的某一个自变量 x_0,可以求出此条件下的点预测值。例如输入 x_0 的值,则预测值为 $\hat{y}_0 = \hat{a} + \hat{b}x_0$。

2)区间估计

为估计预测风险和给出置信水平(Confidence Level),应继续做区间估计,也就是在一定的显著性水平下求出置信区间,即求出一个正实数 δ,使得实测值 y_0 以 α 的概率落在区间 $(\hat{y}_0 - \delta, \hat{y}_0 + \delta)$ 内,满足 $P(\hat{y}_0 - \delta, \hat{y}_0 + \delta) = \alpha$。由于预测值和实际值都服从正态分布,从而预

测误差 $y_0 - \hat{y}_0$ 也服从正态分布，$\delta = t_{\frac{\alpha}{2}}(n-2) \times \sigma \times \sqrt{1 + \dfrac{1}{n} + \dfrac{(x_0 - \bar{x})^2}{l_{xx}}}$，其中 $\sigma =$

$\sqrt{(l_{yy} - b \times l_{xy})/(n-2)}$，求出 δ 后将得出结论：在 α 的概率下，预测范围为 $(\hat{y}_0 - \delta, \hat{y}_0 + \delta)$。

例 9.1　一元线性回归模型示例。

解：表 9.1 给出的是 2012—2023 年某城市的水路货运量，下面将根据此表数据建立一元线性回归模型，并对 2023 年以后的水路货运量进行预测。

表 9.1　2012—2023 年某城市的水路货运量

序号 x_i	年份	水路货运量 y_i	序号 x_i	年份	水路货运量 y_i
1	2012	1659	7	2018	2364
2	2013	1989	8	2019	2354
3	2014	2195	9	2020	2418
4	2015	2255	10	2021	2534
5	2016	2329	11	2022	2568
6	2017	2375	12	2023	2835

具体过程如下，在计算过程中所用到的中间数据如表 9.2 所示。

(1) 计算 $\bar{x}$、$\bar{y}$。

$$\bar{x} = \frac{1}{n}\sum_{i=1}^{n} x_i = \frac{1}{12}(1+2+3+4+5+6+7+8+9+10+11+12) = 6.5$$

$$\bar{y} = \frac{1}{n}\sum_{i=1}^{n} y_i = \frac{1}{12}(1659+1989+2195+2255+2329+2375+2364+2354+$$

$$2418+2534+2568+2835) = 2323$$

表 9.2　2012—2023 年某城市的水路货运量的一元线性回归计算过程

序号 x_i	年份	$\bar{x}$	$x_i - \bar{x}$	$(x_1 - \bar{x})^2$	水路货运量 y_i	$\bar{y}$	$y_i - \bar{y}$	$(y_1 - \bar{y})^2$
1	2012	6.5	−5.5	30.25	1659	2323	−664	440 896
2	2013	6.5	−4.5	20.25	1989	2323	−334	111 556
3	2014	6.5	−3.5	12.25	2195	2323	−128	16 384
4	2015	6.5	−2.5	6.25	2255	2323	−68	4624
5	2016	6.5	−1.5	2.25	2329	2323	6	36
6	2017	6.5	−0.5	0.25	2375	2323	52	2704
7	2018	6.5	0.5	0.25	2364	2323	41	1681
8	2019	6.5	1.5	2.25	2354	2323	31	961
9	2020	6.5	2.5	6.25	2418	2323	95	9025
10	2021	6.5	3.5	12.25	2534	2323	211	44 521
11	2022	6.5	4.5	20.25	2568	2323	245	60 025
12	2023	6.5	5.5	30.25	2835	2323	512	262 144

(2) 分别计算 l_{xx}、l_{yy}、l_{xy}。

$$l_{xx} = \sum_{i=1}^{12}(x_i - \bar{x})^2 = 30.25 + 20.25 + 12.25 + 6.25 + 2.25 + 0.25 +$$

$$2.25 + 6.25 + 12.25 + 20.25 + 30.25 = 143$$

$$l_{yy} = \sum_{i=1}^{12}(y_i - \bar{y})^2 = 440\,896 + 111\,556 + 16\,384 + 4624 + 36 + 2704 + 1681 + 961 +$$

$$9025 + 44\,521 + 60\,025 + 262\,144 = 954\,557$$

$$l_{xy} = \sum_{i=1}^{12} (x_i - \overline{x})(y_i - \overline{y}) = (-5.5) \times (-664) + (-4.5) \times (-334) +$$

$$(-3.5) \times (-128) + (-2.5) \times (-68) + (-1.5) \times 6 + (-0.5) \times 52 +$$

$$0.5 \times 41 + 1.5 \times 31 + 2.5 \times 95 + 3.5 \times 211 + 4.5 \times 245 + 5.5 \times 512$$

$$= 3652 + 1503 + 448 + 170 - 9 - 26 + 20.5 + 46.5 + 237.5 + 738.5 + 1102.5 + 2816$$

$$= 10\ 699.5$$

（3）计算系数 $\hat{a}$、$\hat{b}$。

$$\hat{b} = \frac{l_{xy}}{l_{xx}} = \frac{10\ 699.5}{143} = 74.822, \qquad \hat{a} = \overline{y} - \hat{b}\overline{x} = 2323 - 74.822 \times 6.5 = 1836.657$$

所以此预测模型为：

$$\hat{y} = \hat{a} + \hat{b}x = 1836.657 + 74.822x$$

（4）一元线性回归方程的相关性检验。

相关系数

$$R = \frac{l_{xy}}{\sqrt{l_{xx}l_{yy}}} = \frac{10\ 699.5}{\sqrt{143 \times 954\ 557}} = 0.9158$$

因为相关系数 $R = 0.9158$，接近于 $+1$，属于正相关，所以可以认为 x 和 y 之间存在着显著的线性关系，方程式 $y = 1836.657 + 74.822x$ 可作为预测模型。

（5）预测分析。

根据以上所求的一元线性预测模型，如果要预测 2027 年货运量的点估计值和区间估计值，将 $x = 16$ 代入预测模型 $y = 1836.657 + 74.822x$，得：

$$Y_{2027} = 1836.657 + 74.822 \times 16 = 1836.657 + 1197.152 \approx 3033.8$$

Y_{2027} 的 95% 的估计区间：

$$\sigma = \sqrt{(l_{yy} - b \times l_{xy})/(n-2)} = \sqrt{(954\ 557 - 74.822 \times 10\ 699.5)/(12-2)}$$

$$= 124.0963$$

$$\delta = t_{\frac{\alpha}{2}}(n-2) \times \sigma \times \sqrt{1 + \frac{1}{n} + \frac{(x_0 - \overline{x})^2}{l_{xx}}}$$

$$= t_{0.025}(10) \times 124.0936 \times \sqrt{1 + \frac{1}{12} + \frac{(15 - 6.5)^2}{143}}$$

$$\approx 2.23 \times 124.1 \times 1.26 \approx 348.7$$

所以 Y_{2027} 的 95% 的估计区间为 $(\hat{y}_0 - \delta, \hat{y}_0 + \delta) = (3033.8 - 348.7, 3033.8 + 348.7) = (2685.1, 3382.5)$。

4. 一元线性回归预测模型的 Python 实现

sklearn 中线性回归函数 LinearRegression() 的常用形式如下：

```
LinearRegression(fit_intercept = True, normalize = True, copy_X = True, n_jobs = 1)
```

参数说明：

（1）fit_intercept 默认为 True，表示是否有截距，如果没有，则直线过原点。

（2）normalize 默认为 True，表示是否将数据归一化。

（3）copy_X 默认为 True，表示当为 True 时 X 会被 copied，否则 X 将会被覆写。

（4）n_jobs 为 int 类型，默认为 1，表示计算时使用的核数（计算性能）。

其常用方法有系数矩阵 coef_、截距 intercept_、预测 predict()。

例 9.2 用 Python 实现一元线性回归预测模型示例。

程序代码如下：

```
import pandas as pd
import numpy as np
import matplotlib.pyplot as plt
from sklearn.datasets import load_iris
from sklearn.linear_model import LinearRegression
x = np.array([[2012],[2013],[2014],[2015],[2016],[2017],[2018],[2019],[2020],[2021],
[2022],[2023]])
y = np.array([[1659],[1889],[2195],[2255],[2329],[2375],[2364],[2354],[2418],[2534],
[2568],[2835]])
x = x.reshape(len(x),1)
y = y.reshape(len(y),1)
clf = LinearRegression()
clf.fit(x,y)
pre = clf.predict(x)
y2027 = clf.predict([[2027]])
print('系数',clf.coef_)
print('截距',clf.intercept_)
print('误差量估计',np.mean(y - pre) ** 2)
print('预测 2027 的水路货运量:',y2027)
plt.scatter(x,y,s = 50)
plt.plot(x,pre,'r - ',linewidth = 2)
plt.xlabel('YEAR')
plt.ylabel('Waterway Freight')
for idx,m in enumerate(x):
    plt.plot([m,m],[y[idx],pre[idx]],'g - ')
plt.show()
```

程序运行结果如图 9.1 所示。

(a) 程序运行结果的相关参数

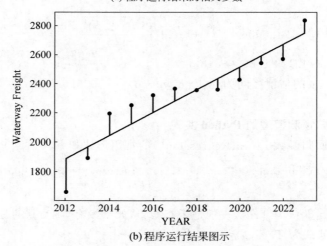

(b) 程序运行结果图示

图 9.1 例 9.2 的运行结果

该例的结果与例 9.1 的结果有些差距,原因是训练集数据太少,所以训练模型不准确。

9.2.2 多元线性回归预测模型

对多元线性回归模型(Multivariate Linear Regression Model)的基本假设是在对一元线性回归模型基本假设的基础上,还要求所有自变量彼此线性无关。这样随机抽取 n 组样本观察值就可以进行参数估计。

1. 多元回归模型

以影响预测的各因素作为自变量 x_j 和因变量 y_i 有以下关系:

$$y_i = b_0 + b_1 x_1 + b_2 x_2 + \cdots + b_k x_k + u_i \quad (i = 1, 2, \cdots, n) \tag{9-6}$$

称为多元线性回归模型,其中 u_i 称为随机项;$b_j (j = 0, 1, 2, \cdots, k)$ 是 $k+1$ 个常数,称为回归系数;j 表示变量的第 j 个观察值,共有 n 组样本观察值。

2. 建立模型与相关检验

1) 参数的最小二乘估计

式(9-6)对应的样本回归模型为 $\hat{y}_i = \hat{b}_0 + \hat{b}_1 x_{1i} + \hat{b}_2 x_{2i} + \cdots + \hat{b}_k x_{ki} (i = 1, 2, \cdots, n)$。利用最小二乘法求参数估计量 $\hat{b}_0$、$\hat{b}_1$、$\hat{b}_2$、$\cdots\cdots$、$\hat{b}_k$。假设残差平方和为 Q,则 $Q = \sum\limits_{i=1}^{n} (y_i - (\hat{b}_0 + \hat{b}_1 x_{1i} + \hat{b}_2 x_{2i} + \cdots + \hat{b}_k x_{ki}))^2$ 要达到最小。

由偏微分知识可知:

$$\begin{cases} \dfrac{\partial Q}{\partial \hat{b}_0} = -2 \sum\limits_{i=1}^{n} (y_i - (\hat{b}_0 + \hat{b}_1 x_{1i} + \hat{b}_2 x_{2i} + \cdots + \hat{b}_k x_{ki})) = 0 \\ \vdots \\ \dfrac{\partial Q}{\partial \hat{b}_k} = -2 \sum\limits_{i=1}^{n} (y_i - (\hat{b}_0 + \hat{b}_1 x_{1i} + \hat{b}_2 x_{2i} + \cdots + \hat{b}_k x_{ki})) = 0 \end{cases} \tag{9-7}$$

经整理,写成矩阵形式,得到:

$$x\hat{B} = y => (x^T x)\hat{B} = x^T y => \hat{B} = (x^T x)^{-1}(x^T y) \tag{9-8}$$

其中 $x = \begin{bmatrix} 1 & x_{11} & \cdots & x_{k1} \\ 1 & x_{12} & \cdots & x_{k2} \\ \vdots & \vdots & & \vdots \\ 1 & x_{1n} & \cdots & x_{kn} \end{bmatrix}$, $y = \begin{bmatrix} y_1 \\ y_2 \\ \vdots \\ y_n \end{bmatrix}$, $B = \begin{bmatrix} \hat{b}_0 \\ \hat{b}_1 \\ \vdots \\ \hat{b}_k \end{bmatrix}$, x^T 为 x 的转置矩阵。

2) 多元线性回归模型的检验

有如下约定:

TSS 为 $\sum\limits_{i=1}^{n} (y_i - \bar{y})^2$,表示观察值 y_i 与其平均值的总离差平方和。

ESS 为 $\sum\limits_{i=1}^{n} (\hat{y}_i - \bar{y})^2$,表示由回归方程中 x 的变化而引起的称为回归平方和。

RSS 为 $TSS - ESS = \sum\limits_{i=1}^{n} (y_i - \hat{y}_i)^2$,表示不能用回归方程解释的部分,由其他不能控制的

随机干扰因素引起的残差平方和。

（1）拟合优度检验。拟合优度 $R^2 = ESS/TSS(0 \leqslant R^2 \leqslant 1)$，拟合优度用于衡量回归平方和在总离差平方和中所占的比重大小，比重越大线性回归效果越好，也就是 R^2 越接近1，回归直线与样本观察值拟合得就越好。拟合优度也称为决定系数或相关系数。

拟合优度的修正值 $R^2 = 1 - (1-R^2)\dfrac{n-1}{n-m-1}$，其中 n 为样本总数，m 为自变量个数，$n-m-1$ 为 RSS 的自由度，$n-1$ 为 TSS 的自由度。

（2）F 检验。在多元线性回归模型中，所得回归方程的显著性检验（F 检验）是指回归系数总体的回归显著性，F 检验的步骤为：

① 假设 $H_0: b_1 = b_2 = \cdots = b_k = 0$，备择假设 $H_1: b_j$ 不全为零$(j=1,2,\cdots,k)$；

② 计算构造统计量 $F = \dfrac{ESS}{k} \times \dfrac{n-k-1}{RSS}$（n 为样本总数，k 为自变量个数）；

③ 给定显著性水平 α，确定临界值 $F_{\alpha}(k, n-k-1)$；

④ 把 F 与 $F_{\alpha}(k, n-k-1)$ 相比较，若 $F > F_{\alpha}(k, n-k-1)$，则认为回归方程有显著意义，否则判定回归方程预测不显著。

（3）t 检验。对引入回归方程的自变量逐个进行显著性检验的过程称为回归系数的显著性检验（t-test or Student-Test），t 检验的步骤为：

① 假设 $H_0: b_j = 0$，备择假设 $H_1: b_j \neq 0(j=1,2,\cdots,k)$；

② 计算统计量 $|T_j|$

$$|T_j| = \frac{\hat{b}_j}{\sqrt{\dfrac{1}{n-k-1}\sum_{i=1}^{n}(y_i - \hat{y}_i)^2(x^T x)}} \tag{9-9}$$

③ 给定显著性水平 α，确定临界值 $t_{\frac{\alpha}{2}}(n-k-1)$；

④ $|T_j|$ 与 $t_{\frac{\alpha}{2}}(n-k-1)$ 比较，也就是统计量与临界值比较，若 $|T_j| > t_{\frac{\alpha}{2}}(n-k-1)$，则认为回归系数 $\hat{b}_j$ 与零有显著差异，必须保留 x_j 在原回归方程中；否则应去掉 x_j，重新建立回归方程。

3. 应用回归方程进行预测

1）预测值的点估计

当方程通过检验后，由已经求出的回归方程和给定的自变量 $x_0 = (x_{01}, x_{02}, \cdots, x_{0k})$，可以求出此条件下的点预测值，输入 x_0 的值，则预测值 $\hat{y}_0 = \hat{b}_0 + \hat{b}_1 x_{01} + \hat{b}_2 x_{02} + \cdots + \hat{b}_k x_{0k}$。

2）区间估计

为估计预测风险和给出置信水平，应继续做区间估计，也就是在一定的显著性水平下求出置信区间，即求出一个正实数 δ，使得实测值 y_0 以 α 的概率落在区间 $(\hat{y}_0 - \delta, \hat{y}_0 + \delta)$ 内，满足 $P(\hat{y}_0 - \delta, \hat{y}_0 + \delta) = \alpha$，其中 $\delta = t_{\frac{\alpha}{2}}(n-k-1) \times \sigma \times \sqrt{1 + x_0(x^T x)^{-1} x^T}$，$\sigma = \sqrt{RSS/(n-k-1)}$。

例 9.3 多元回归方程应用示例。

为了将问题简单化，下面以只含两个自变量城市人口数(x_1)及城市 GDP(x_2)建立关于某城市水路货运量(y)的二元线性回归预测模型，并预测 2025 年的水路货运量。其具体数据如表 9.3 所示。

表 9.3 2012—2023 年某城市的水路货运量、人口数及城市 GDP

序号	年份	水路货运量 y	x_1	x_2
1	2012	342	520	211.9
2	2013	466	522.9	244.6
3	2014	492	527.1	325.1
4	2015	483	531.5	528.1
5	2016	530	534.7	645.1
6	2017	553	537.4	733.1
7	2018	581.5	540.4	829.7
8	2019	634.8	543.2	926.3
9	2020	656.1	545.3	1003.1
10	2021	664.4	551.5	1110.8
11	2022	688.3	554.6	1235.6
12	2023	684.4	557.93	1406

具体预测过程如下,在计算过程中所用到的中间数据如表 9.4 所示。

表 9.4 2012—2023 年某城市水路货运量预测的二元线性回归模型计算过程

年份	x_{1i}	$\bar{x}_1$	$x_{1i}-\bar{x}_1$	x_{2i}	$\bar{x}_2$	$x_{2i}-\bar{x}_2$	y_i	$\bar{y}$	$y_i-\bar{y}$
2012	520	538.88	−18.88	211.9	766.62	−544.72	342	564.625	−222.625
2013	522.9	538.88	−15.98	244.6	766.62	−522.02	466	564.625	−98.625
2014	527.1	538.88	−11.78	325.1	766.62	−441.52	492	564.625	−72.625
2015	531.5	538.88	−7.38	528.1	766.62	−238.52	483	564.625	−81.625
2016	534.7	538.88	−4.18	645.1	766.62	−121.52	530	564.625	−34.625
2017	537.4	538.88	−1.48	733.1	766.62	−33.52	553	564.625	−11.625
2018	540.4	538.88	1.52	829.7	766.62	63.08	581.5	564.625	16.875
2019	543.2	538.88	4.32	926.3	766.62	159.68	634.8	564.625	70.175
2020	545.3	538.88	6.42	1003.1	766.62	236.48	656.1	564.625	91.475
2021	551.5	538.88	12.62	1110.8	766.62	344.18	664.4	564.625	99.775
2022	554.6	538.88	15.72	1235.6	766.62	468.98	688.3	564.625	123.675
2023	557.93	538.88	19.05	1406	766.62	639.38	684.4	564.625	119.775

(1) 参数估计。

从表 9.3 中的数据出发,在 x_1、x_2 和 y 之间建立回归方程 $\hat{y}=\hat{b}_0+\hat{b}_1 x_1+\hat{b}_2 x_2$,其中回归系数的估计仍用最小二乘法,解得 $\hat{b}_0=\bar{y}-\hat{b}_1 x_1-\hat{b}_2 x_2$,并满足以下方程组:

$$\begin{cases} l_{11}\hat{b}_1+l_{12}\hat{b}_2=l_{1y} \\ l_{21}\hat{b}_1+l_{22}\hat{b}_2=l_{2y} \end{cases} \tag{9-10}$$

其中,$\bar{y}=\dfrac{1}{n}\sum_{i=1}^{n}y_i$,$\bar{x}_1=\dfrac{1}{n}\sum_{i=1}^{n}x_{1i}$,$\bar{x}_2=\dfrac{1}{n}\sum_{i=1}^{n}x_{2i}$。

令

$$l_{11}=\sum_{i=1}^{n}(x_{1i}-\bar{x}_1)^2, \quad l_{22}=\sum_{i=1}^{n}(x_{2i}-\bar{x}_2)^2, \quad l_{12}=l_{21}=\sum_{i=1}^{n}(x_{1i}-\bar{x}_1)(x_{2i}-\bar{x}_2)$$

$$l_{1y}=\sum_{i=1}^{n}(x_{1i}-\bar{x}_1)(y_i-\bar{y}), \quad l_{2y}=\sum_{i=1}^{n}(x_{2i}-\bar{x}_2)(y_i-\bar{y}), \quad l_{yy}=\sum_{i=1}^{n}(y_i-\bar{y})^2$$

对式(9-10)所示的方程组求解,得到

$$\hat{b}_1 = \frac{l_{1y}l_{22} - l_{2y}l_{12}}{l_{11}l_{22} - l_{12}l_{21}}, \quad \hat{b}_2 = \frac{l_{1y}l_{11} - l_{1y}l_{21}}{l_{11}l_{22} - l_{12}l_{21}}$$

将表 9.4 中的数据代入以上表达式，可得：

$$l_{yy} = \sum_{i=1}^{n}(y_i - \overline{y})^2 = 125\,733.4, \quad l_{11} = \sum_{i=1}^{n}(x_{1i} - \overline{x}_1)^2 = 1656.185$$

$$l_{22} = \sum_{i=1}^{n}(x_{2i} - \overline{x}_2)^2 = 1\,680\,550, \quad l_{12} = l_{21} = \sum_{i=1}^{n}(x_{1i} - \overline{x}_1)(x_{2i} - \overline{x}_2) = 52\,533.95$$

$$l_{1y} = \sum_{i=1}^{n}(x_{1i} - \overline{x}_1)(y_i - \overline{y}) = 13\,800.16, \quad l_{2y} = \sum_{i=1}^{n}(x_{2i} - \overline{x}_2)(y_i - \overline{y}) = 433\,936.1$$

$$\hat{b}_1 = \frac{l_{1y}l_{22} - l_{2y}l_{12}}{l_{11}l_{22} - l_{12}l_{21}} = \frac{13\,800.16 \times 1\,680\,550 - 433\,936.1 \times 52\,533.95}{1656.185 \times 1\,680\,550 - 52\,533.95^2} = 16.839$$

$$\hat{b}_2 = \frac{l_{1y}l_{11} - l_{1y}l_{21}}{l_{11}l_{22} - l_{12}l_{21}} = \frac{433\,936.1 \times 1656.185 - 13\,800.16 \times 52\,533.95}{1656.185 \times 1\,680\,550 - 52\,533.95^2} = -0.268$$

$$\hat{b}_0 = \overline{y} - \hat{b}_1\overline{x}_1 - \hat{b}_2\overline{x}_2 = 564.625 - 16.839 \times 538.88 - (-0.268) \times 766.62 = -8304.12$$

因此所确定的二元回归方程为：

$$y = -8304.12 + 16.839x_1 - 0.268x_2$$

（2）回归方程的显著性检验。

回归方程的显著性检验计算过程所需的数据均列入表 9.5 中。

表 9.5　2012—2023 年某城市水路货运量二元线性回归模型的检验计算过程

年份	x_{1i}	x_{2i}	$\hat{y}_i$	y_i	$\overline{y}$	$y_i - \overline{y}$	$\hat{y}_i - \overline{y}$	$y_i - \hat{y}_i$
2012	520	211.9	395.371	342	564.625	−222.625	−169.254	−53.371
2013	522.9	244.6	435.440	466	564.625	−98.625	−129.185	30.560
2014	527.1	325.1	484.590	492	564.625	−72.625	−80.035	7.410
2015	531.5	528.1	504.278	483	564.625	−81.625	−60.347	−21.278
2016	534.7	645.1	526.806	530	564.625	−34.625	−37.819	3.194
2017	537.4	733.1	548.688	553	564.625	−11.625	−15.937	4.312
2018	540.4	829.7	573.316	581.5	564.625	16.875	8.691	8.184
2019	543.2	926.3	594.576	634.8	564.625	70.175	29.951	40.224
2020	545.3	1003.1	609.356	656.1	564.625	91.475	44.731	46.744
2021	551.5	1110.8	684.894	664.4	564.625	99.775	120.269	−20.494
2022	554.6	1235.6	703.649	688.3	564.625	123.675	139.024	−15.349
2023	557.93	1406	714.055	684.4	564.625	119.775	149.430	−29.655

① 拟合优度检验。将表 9.5 中的数据代入模型检验参数中得：

拟合优度 $R^2 = ESS/TSS = 116\,009.766/125\,733.422 = 0.9226$；

拟合优度修正值 $\overline{R}^2 = 1 - (1 - R^2)\dfrac{12-1}{12-2-1} = 0.9054$。

② F 检验。

$$F = \frac{ESS}{2} \times \frac{12-2-1}{RSS} = \frac{116\,009.766}{2} \times \frac{9}{9723.656} = 53.688$$

给出显著性水平 $\alpha = 0.05$，$F_{\alpha}(2, 12-2-1) = 4.256$，所以 $F > F_{\alpha}(k, n-k-1)$，则回归方程有显著性意义。

③ t 检验。给定显著水平 $\alpha = 0.05$，临界值 $t_{\frac{\alpha}{2}}(n-k-1) = 2.262$，计算估计标准误差 s_y：

$$s_y = \sqrt{\frac{RSS}{n-k-1}} = \sqrt{\frac{9723.656}{12-2-1}} = 32.869$$

由公式 $|T_j| = \dfrac{\hat{b}_j}{\sqrt{\dfrac{1}{n-k-1}\sum\limits_{i=1}^{n}(y_i-\hat{y}_i)^2(x^Tx)^{-1}}}$ 计算可得 $|T_1| > t_{\frac{\alpha}{2}}(n-k-1)$，并且 $|T_2| >$

$t_{\frac{\alpha}{2}}(n-k-1)$，认为回归系数 $\hat{b}_1$ 和 $\hat{b}_2$ 与零有显著差异，在原回归方程中保留 x_1 和 x_2。

（3）预测分析。

根据上面所求的多元线性回归预测模型 $y = -8304.12 + 16.839x_1 - 0.268x_2$，预测 2025 年的水路货运量，将 $x_1 = 560$，$x_2 = 1546$ 代入二元回归方程，分别得到点估计值和区间估计值。

$$y_{2025} = -8304.12 + 16.839 \times 560 - 0.268 \times 1546 = 711.294$$

y_{2025} 的 95% 的估计区间为 $(711.294-110.198, 711.294+110.198) = (601.096, 821.49)$。

4. 多元线性回归预测模型的 Python 实现

和一元线性回归预测一样，多元线性回归模型的预测也可以由 sklearn 模块中的 LinearRegression() 函数来实现。

例 9.4 用 Python 实现多元线性回归预测模型示例。

程序代码如下：

```python
import pandas as pd
import numpy as np
import matplotlib.pyplot as plt
from sklearn.datasets import load_iris
from sklearn.linear_model import LinearRegression
x = np.array([[520,211.9],[522.9,244.6],[527.1,325.1],[531.5,528.1],[534.7,645.1],[537.4,
733.1],[540.4,829.7],[543.2,926.3], [545.3,1003.1],[551.5,1110.8],[554.6,1235.6],[557.93,
1406]])
y = np.array([[342],[466],[492],[483],[530],[553],[581.5], [634.8],[656.1],[664.4],[688.3],
[684.4]])
x = x.reshape(len(x),2)
y = y.reshape(len(y),1)
clf = LinearRegression()
clf.fit(x,y)
pre = clf.predict(x)
y2025 = clf.predict([[560,1546]])
print('系数', clf.coef_)
print('截距', clf.intercept_)
print('误差量估计',np.mean(y - pre) ** 2)
print('预测 2025 的水路货运量：',y2025)
```

图 9.2 例 9.4 的运行结果

程序运行结果如图 9.2 所示。

9.2.3 非线性回归预测模型

在许多实际问题中，变量之间的关系非常复杂，因变量和自变量之间并非呈现线性关系，如果强行建立线性回归模型，则会影响模型的预测准确性。那么对于此类问题，当因变量和自变量之间可能存在复杂的非线性函数关系时，可以尝试建立非线性回归模型。

1. 数学模型

由于诸多经济变量之间的关系为非线性的，则可以通过变量代换把本来应该用非线性回归处理的问题近似转换为线性回归问题，再进行分析预测。表 9.6 中列举了 5 种常见的非线性模型及线性变换方式,这些非线性模型都可以转换为一元或多元线性模型,利用前面介绍过的一元和多元线性回归模型的最小二乘法求出参数估计、模型的拟合优度和显著性检验及评价预测模型的预测精度等。

表 9.6 5 种常见的非线性模型及线性变换方式

模型名称	函数模型	代换形式	线性回归模型
幂函数模式	$y = ax^b$	$y' = \lg(y)$、$x' = \lg(x)$、$a' = \lg(a)$	$y' = a' + bx'$
双曲线模型	$\dfrac{1}{y} = a + b\left(\dfrac{1}{x}\right)$	$y' = \dfrac{1}{y}$，$x' = \dfrac{1}{x}$	$y' = a + bx'$
对数函数模型	$y = a + b\lg(x)$	$x' = \lg(x)$	$y = a + bx'$
指数函数模型	$y = ae^{bx}$	$y' = \ln(y)$，$a' = \ln(a)$	$y' = a' + bx$
多项式曲线模式	$y = b_0 + b_1 x + b_2 x^2 + \cdots + b_k x^k$	$x_1 = x, x_2 = x^2, \cdots, x_k = x^k$	$y = b_0 + b_1 x_1 + b_2 x_2 + \cdots + b_k x_k$

例 9.5 非线性模型的线性变换示例。

程序代码如下:

```
import matplotlib.pyplot as plt
import numpy as np
import math
x = np.arange(0.5,8,0.2)
y = 5.0 * x ** 3
x1 = [math.log(10,x) for x in x]
y1 = [math.log(10,y) for y in y]
a1 = math.log(10,5.0)
y2 = [(a1 + 3 * t) * 100 for t in x1]
p1 = plt.figure(figsize = (8,4),dpi = 80)
ax1 = p1.add_subplot(1,2,1)
plt.title('y = 5x^3')
plt.plot(x,y)
ax2 = p1.add_subplot(1,2,2)
plt.title('Linear')
plt.plot(x1,y2)
plt.show()
```

程序运行结果如图 9.3 所示。

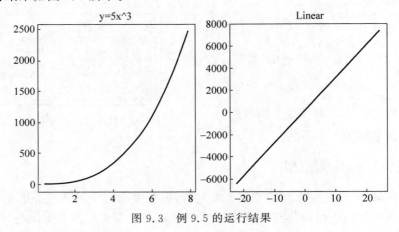

图 9.3 例 9.5 的运行结果

2. 非线性模型拟合示例

用户可以使用 scipy.optimize 包(几种常用的优化算法)的 curve_fit 方法实现指数、幂函数和多项式曲线拟合。

例9.6 指数函数曲线拟合及预测示例。

程序代码如下：

```
from scipy.optimize import curve_fit
import matplotlib.pyplot as plt
import numpy as np
def func(x,a,b):
    return a * np.exp( - b * x)
xdata = np.linspace(0,4,50)
y = func(xdata,2.5,1.3)
ydata = y + 0.2 * np.random.normal(size = len(xdata))
plt.plot(xdata,ydata,'b - ')
popt,pcov = curve_fit(func,xdata,ydata)
print('a = ',popt[0],'b = ',popt[1])
y_pre = popt[0] * np.exp( - popt[1] * 60)
print('当 x = 60,预测值为: ',y_pre)
#在 popt 数组中,其值分别为待求参数 a、b
y2 = [func(i,popt[0],popt[1]) for i in xdata]
plt.plot(xdata,y2,'r -- ')
plt.show()
```

程序运行结果如图9.4所示。

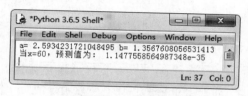

(a) 得到的a、b值及预测值

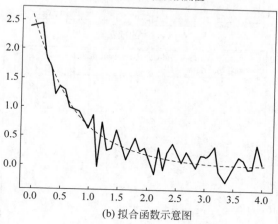

(b) 拟合函数示意图

图9.4　例9.6的运行结果

在数学上已经证明,任何一组数据都可以用多项式来拟合。

最小二乘多项式拟合函数 polyfit() 的常用形式为 np.polyfit(x,y,m)。

参数说明：

(1) x 为数组变量,表示拟合的自变量。

(2) y 为数组变量,表示 x 对应的因变量。

(3) m 为表示需要拟合的最高次幂。

生成多项式对象函数 poly1d() 的常用形式为 np.poly1d(x,b,variable = '字母')。

参数说明：

（1）x 为数组变量。若没有参数 b，则生成一个系数为数组 x 的多项式。例如 print(np. poly1d([2,3,4]))。

（2）若 b 为 True，则表示把数组 x 中的值作为根，然后反推多项式。例如 print(np. poly1d([2,3,4],True))。

（3）variable 表示改变未知数的字母。例如 print(np. poly1d([2,3,5],True,variable='z'))。

例 9.7 多项式拟合及预测示例。

程序代码如下：

```
import matplotlib.pyplot as plt
import numpy as np
x = [1,2,3,4,5,6,7,8]
y = [1,4,9,13,30,25,49,70]
a = np.polyfit(x,y,2)        #用二次多项式拟合 x、y 数组
b = np.poly1d(a)             #拟合完之后用该函数生成多项式对象
c = b(x)                     #生成多项式对象之后获取 x 在这个多项式中的值
y_pre = b(11)
print('x = 11 的预测值：',y_pre)
plt.scatter(x,y,marker = 'o',label = 'original datas') #对原始数据绘制散点图
plt.plot(x,c,ls = '--',c = 'red',label = 'fitting with second-degree polynomial')
                             #对拟合之后的数据(也就是 x、c 数组)绘图
plt.legend()
plt.show()
```

程序运行结果如图 9.5 所示。

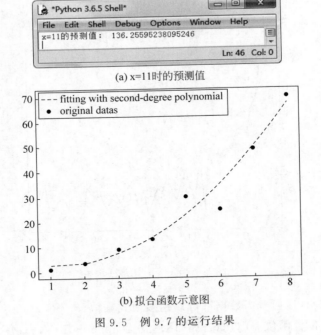

(a) x=11时的预测值

(b) 拟合函数示意图

图 9.5 例 9.7 的运行结果

9.2.4 逻辑回归模型

逻辑回归(Logistic Regression)是一种广义的线性回归分析模型，它仅在线性回归算法的基础上利用 sigmoid 函数对事件发生的概率进行预测。也就是说，在线性回归中可以得到一个预测值，然后将该值通过逻辑函数进行转换，并将预测值转换为概率值，再根据概率值实现分类。逻辑回归常用于数据挖掘、疾病自动诊断和经济预测等领域。

1. sigmoid 函数

逻辑回归输出的预测值需要使用非线性函数进行变换。sigmoid 函数定义如下：

$$g(z) = \frac{1}{1 + e^{-z}} \tag{9-11}$$

例 9.8 sigmoid 函数图像。

程序代码如下：

```python
import matplotlib.pyplot as plt
import numpy as np
def sigmoid(x):
    return 1./(1. + np.exp(-x))
x = np.arange(-8, 8, 0.2)
y = sigmoid(x)
plt.plot(x,y)
plt.xlabel('x',fontsize = 13)
plt.ylabel('y',fontsize = 13,rotation = 0)
plt.title('Sigmoid Function')
plt.show()
```

程序运行结果如图 9.6 所示。

从该图可以看出 sigmoid 函数是一个 s 形曲线，它的值域为 $[0,1]$，在远离 0 的地方函数的值会很快地趋近于 0 或 1。

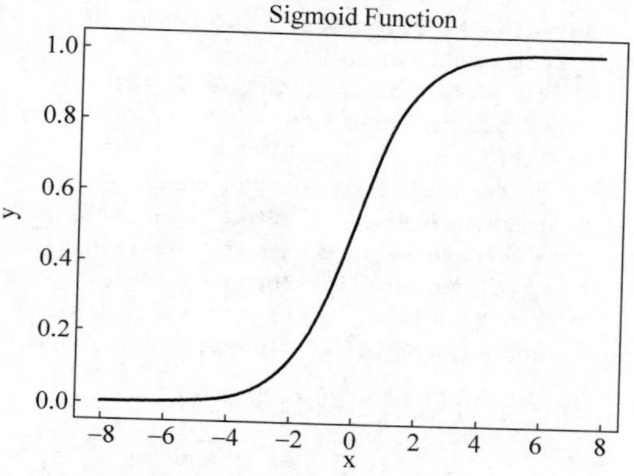

将多元线性回归模型

$$z = \theta^T x = \theta_0 + \theta_1 x + \cdots + \theta_n x_n = \sum_{i=1}^{n} \theta_i x_i \tag{9-12}$$

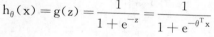

代入 sigmoid 函数中，得到逻辑回归模型，如式（9-13）所示。

$$h_\theta(x) = g(z) = \frac{1}{1 + e^{-z}} = \frac{1}{1 + e^{-\theta^T x}} \tag{9-13}$$

图 9.6 例 9.8 的运行结果

其中 θ 为模型参数，$h(x)$ 的输出表示 $y=1$ 的概率。

由于模型具有特有的学习方式，通过逻辑回归所做的预测也可以用于计算属于类 0 或类 1 的概率。这对于许多需要给出基本原理的问题十分有用。

2. 逻辑回归的 Python 实现

逻辑回归是机器学习中的一个非常常见的模型，在实际生产环境中也被广泛使用。LogisticRegression 回归模型在 sklearn.linear_model 子类下，调用 sklearn 逻辑回归算法的步骤比较简单，即：

（1）导入模型。从 sklearn.linear_model 中导入 LogisticRegression。

（2）fit()训练。调用 fit(x,y)方法来训练模型，其中 x 为数据属性，y 为所属类型。

（3）predict()预测。利用训练得到的模型对数据集进行预测，返回预测结果。

逻辑回归函数 LogisticRegression()一共有 14 个参数，大家可以参考有关文献进行了解，这里不再赘述。

例 9.9 使用逻辑回归预测恶性肿瘤。

程序代码如下：

```
from sklearn.preprocessing import StandardScaler
from sklearn.linear_model import LogisticRegression
from sklearn.model_selection import train_test_split
import pandas as pd
import numpy as np
#创建特征列表
column_names = ['Sample code number','Clump Thickness','Uniformity of Cell Size','Uniformity of Cell
Shape','Marginal Adhesion','Single Epithelial Cell Size','Bare Nuclei','Bland Chromatin','Normal
Nucleoli','Mitoses','Class']
#使用 pandas.read_csv 函数从互联网读取指定数据
data = pd.read_csv('https://archive.ics.uci.edu/ml/ machine - learning - databases/breast -
cancer - wisconsin/breast - cancer - wisconsin.data',names = column_names)
#将?替换为标准缺失值表示
data = data.replace(to_replace = '?',value = np.nan)
#丢弃带有缺失值的数据(只要有一个维度有缺失)
data = data.dropna(how = 'any')
#随机采样 25% 的数据用于测试,剩下的 75% 用于构建训练集合
X_train,X_test,y_train,y_test = train_test_split(data[column_names[1:10]],
#特征:第 0 列的 id 去掉,第 10 列的分类结果去掉
  data[column_names[10]],          #第 10 列的分类结果作为目标分类变量
  test_size = 0.25,
  random_state = 33)
ss = StandardScaler()
X_train = ss.fit_transform(X_train)
X_test = ss.transform(X_test)
#调用 LR 中的 fit 模块训练模型参数
lr = LogisticRegression()
lr.fit(X_train,y_train)
lr_y_predict = lr.predict(X_test)
#评估训练效果——从 sklearn 导入分类报告
from sklearn.metrics import classification_report
print(classification_report(y_test,lr_y_predict,target_names = ['Benign','Malignant']))
#使用逻辑回归自带评分函数获得模型预测正确的百分比
print('Accuracy of LR Classifier:',lr.score(X_test,y_test))
```

程序运行结果如图 9.7 所示。

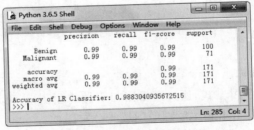

图 9.7　例 9.9 的运行结果

9.2.5　多项式回归模型

在一元回归分析中,如果因变量 y 与自变量 x 的关系为非线性的,但又找不到适当的函数曲线来拟合,则可以采用一元多项式回归。研究一个因变量与一个或多个自变量间多项式的回归分析方法称为多项式回归(Polynomial Regression)。多项式回归模型是线性回归模型的一种,如果自变量只有一个,称为一元多项式回归;如果自变量有多个,称为多元多项式回归。在这种回归技术中,最佳拟合线不是直线,而是一个用于拟合数据点的曲线。

例 9.10　线性回归与多项式回归对比。

程序代码如下:

```
import numpy as np
import matplotlib.pyplot as plt
x = np.random.uniform(-3,3, size = 100)
X = x.reshape(-1,1)
y = 0.5 + x**2 + x + 2 + np.random.normal(0,1, size = 100)
plt.scatter(x,y)
from sklearn.linear_model import LinearRegression
lin_reg = LinearRegression()
lin_reg.fit(X,y)
y_predict = lin_reg.predict(X)
plt.scatter(x,y)
plt.plot(x,y_predict,color = 'r')
X2 = np.hstack([X, X**2])
lin_reg2 = LinearRegression()
lin_reg2.fit(X2,y)
y_predict2 = lin_reg2.predict(X2)
plt.scatter(x,y)
plt.plot(np.sort(x),y_predict2[np.argsort(x)],color = 'r')
plt.show()
```

程序运行结果如图 9.8 所示。

由图 9.8 可以看出,如果直接使用线性回归,拟合效果并不理想。多项式回归关键在于为数据添加新的特征,而这些新特征是原有特征的多项式组合,采用这种方式能解决非线性问题。这种思路与 PCA 降维思想刚好相反,而多项式回归是升维,添加了新的特征之后,使得高维数据可以更好地拟合。

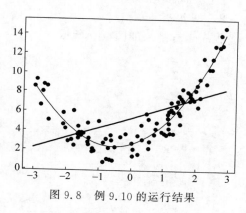

图 9.8　例 9.10 的运行结果

sklearn.preprocessing 模块中包含多项式生成函数:

PolynomialFeatures(degree = 2, interaction_only = False, include_bias = True)

参数说明:

(1) degree 表示多项式阶数,默认值是 2。

(2) interaction_only 的值如果取 True,则会产生相互影响的特征集。

(3) include_bias 默认值为 True。如果为 True,则结果中有 0 次幂项,即这一列全为 1。

例 9.11　PolynomialFeatures()应用实例。

程序代码如下:

```
from sklearn.linear_model import LinearRegression
from sklearn.preprocessing import PolynomialFeatures
import numpy as np
import matplotlib.pyplot as plt
# X 表示企业成本,Y 表示企业利润
X = [[400],[450],[486],[500],[510],[525],[540],[549],[558],[590],[610],[640],[680],[750],
[900]]
Y = [[80],[89],[92],[102],[121],[160],[180],[189],[199],[203],[247],[250],[259],[289],
[356]]
# ================== 线性回归分析 ====================
# 回归训练
clf = LinearRegression()
clf.fit(X,Y)
# 预测结果
```

```
X2 = [[400],[750],[950]]
Y2 = clf.predict(X2)
print(Y2)
res = clf.predict(np.array([1200]).reshape(-1,1))[0]
print(u'预测成本1200元的利润: %.1f' % res)
plt.plot(X,Y,'ks')                                      # 绘制训练数据的散点图
plt.plot(X2,Y2,'g-')                                    # 绘制预测数据的直线
# ================= 多项式回归分析 =================
xx = np.linspace(350,950,100)                           # 350~950的等差数列
quadratic_featurizer = PolynomialFeatures(degree = 2)   # 用二次多项式x做变换
x_train_quadratic = quadratic_featurizer.fit_transform(X)
X_test_quadratic = quadratic_featurizer.transform(X2)
regressor_quadratic = LinearRegression()
regressor_quadratic.fit(x_train_quadratic,Y)
# 把训练好X值的多项式特征实例应用到一系列点上,形成矩阵
xx_quadratic = quadratic_featurizer.transform(xx.reshape(xx.shape[0],1))
plt.plot(xx,regressor_quadratic.predict(xx_quadratic),"r--",
        label = "y = ax^2 + bx + c",linewidth = 2)
plt.legend()
plt.show()
```

程序运行结果如图9.9所示。

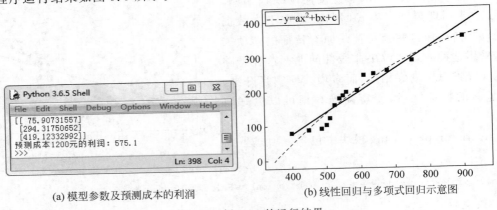

(a) 模型参数及预测成本的利润   (b) 线性回归与多项式回归示意图

图9.9 例9.11的运行结果

多项式回归的最大优点是可以通过增加x的高次项对观测点进行逼近,直到满意为止。多项式回归在回归分析中占有重要的地位,因为从理论上讲任意函数都可以分段用多项式逼近。

9.3 趋势外推法预测模型

趋势外推法(Trend Extrapolation)是根据事物的历史和现实数据寻求事物随时间推移发展变化的规律,从而推测其未来状况的一种常用的预测方法。

9.3.1 趋势外推法概述

趋势外推法又称为趋势延伸法,它是根据预测变量的历史时间序列揭示出的变动趋势外推未来,以确定预测值的一种预测方法。趋势外推法的假设条件如下:

(1) 假设事物的发展过程没有跳跃式变化,即事物的发展变化是渐进型的。

(2) 假设所研究系统的结构、功能等基本信息保持不变,即假定根据过去的资料建立的趋势外推模型能适合未来,能代表未来趋势变化的情况。

由以上两个假设条件可知,趋势外推预测法是事物发展渐进过程的一种统计预测方法。简

而言之,就是运用一个数学模型拟合一条趋势线,然后用这个模型外推预测未来时期事物的发展。

利用趋势外推法进行预测主要包括以下 6 个阶段:

(1) 选择应预测的参数;

(2) 收集必要的数据;

(3) 利用数据拟合曲线;

(4) 趋势外推;

(5) 预测说明;

(6) 研究预测结果在进行决策时应用的可能性。

利用趋势外推法可以揭示事物发展的未来,并定量地估价其功能特性。趋势外推预测法比较适合中、长期新产品预测,要求至少有 5 年的数据资料。

9.3.2 常用的趋势外推法预测模型

在实际预测中最常采用的是一些比较简单的函数模型,例如指数曲线、修正指数曲线、Logistic 曲线、Compertz 曲线等。

1. 指数曲线

一般来说,技术的进步和生产的增长,在未达饱和之前的新生时期是遵循指数曲线增长规律的,因此可以用指数曲线对发展中的事物进行预测。

指数曲线的数学模型为:

$$y = y_0 e^{Kt} \tag{9-14}$$

其中系数 y_0 和 K 的值由历史数据利用回归方法求得。对上式取对数可得:

$$\ln y = \ln y_0 + Kt \tag{9-15}$$

令 $Y = \ln y$,$A = \ln y_0$,则式(9-14)可以表示为 $Y = A + Kt$,其中 A、K 可以用最小二乘法求得。

2. 修正指数曲线

在利用指数曲线外推来进行预测时存在预测值随着时间的推移会无限增大的情况,这是不符合客观规律的,因为任何事物的发展都是有一定限度的。例如某种畅销产品,在其占有市场的初期是呈指数曲线增长的,但随着产品销售量的增加,尤其是产品总量接近于社会饱和量时,这时的预测模型应改用修正指数曲线。

$$y_t = K + ab^t \tag{9-16}$$

在此数学模型中 K、a 和 b 3 个参数要用历史数据来确定。

修正指数曲线用于描述如下一类现象:

(1) 初期增长迅速,随后增长率逐渐降低。

(2) 当 $K > 0, a < 0, 0 < b < 1$ 时,$t \to \infty, ab^t \to 0$,即 $\hat{y}_t \to K$。

当 K 值可预先确定时,采用最小二乘法确定模型中的参数。当 K 值不能预先确定时,应采用三和法。三和法就是把时间序列的 n 个观察值等分为 3 个部分,每一部分有 m 个观察值,即 $n = 3m$。

第一部分:$y_1, y_2, \cdots, y_m$;

第二部分:$y_{m+1}, y_{m+2}, \cdots, y_{2m}$;

第三部分:$y_{2m+1}, y_{2m+2}, \cdots, y_{3m}$。

令每部分的趋势值之和等于相应的观察值之和,由此给出参数估计值。下面给出三和法求参数 a、b、K 的步骤。先考虑观察值的各部分之和:

$$S_1 = \sum_{t=1}^{m} y_t, \quad S_2 = \sum_{t=m+1}^{2m} y_t, \quad S_3 = \sum_{t=2m+1}^{3m} y_t \tag{9-17}$$

且

$$\begin{cases} S_1 = \sum_{t=1}^{m} y_t = \sum_{t=1}^{m} (K + ab^t) = mK + ab(1 + b + b^2 + \cdots + b^{m-1}) \\ S_2 = \sum_{t=m+1}^{2m} y_t = \sum_{t=m+1}^{2m} (K + ab^t) = mK + ab^{m+1}(1 + b + b^2 + \cdots + b^{m-1}) \\ S_3 = \sum_{t=2m+1}^{3m} y_t = \sum_{t=2m+1}^{3m} (K + ab^t) = mK + ab^{2m+1}(1 + b + b^2 + \cdots + b^{m-1}) \end{cases}$$

由于

$$(1 + b + b^2 + \cdots + b^{m-1})(b - 1) = b^m - 1$$

从而

$$\begin{cases} S_1 = mK + ab\dfrac{b^{m-1}}{b-1} \\ S_2 = mK + ab^{m+1}\dfrac{b^{m-1}}{b-1} \\ S_3 = mK + ab^{2m+1}\dfrac{b^{m-1}}{b-1} \end{cases}$$

解得：

$$\begin{cases} b = \left(\dfrac{S_3 - S_2}{S_2 - S_1}\right)^{\frac{1}{m}} \\ a = (S_2 - S_1)\dfrac{b-1}{b(b^m - 1)^2} \\ K = \dfrac{1}{m}\left[S_1 - \dfrac{ab(b^m - 1)}{b-1}\right] \end{cases} \tag{9-18}$$

至此 3 个参数都确定了，于是就可以用式(9-16)进行预测。值得注意的是，并不是任何一组数据都可以用修正指数曲线拟合。在采用前应对数据进行检验，检验方法是看给定数据的逐期增长量的比率是否接近某一常数 1，即 $\dfrac{y_{t+1} - y_t}{y_t - y_{t-1}} \approx 1$。

例 9.12 根据统计资料，某厂家手机产品连续 15 年的销售量如表 9.7 所示，试用修正指数曲线预测 2026 年的销售量。

表 9.7　某厂家手机的年销售量

时间/年	销售量/万部	时间/年	销售量/万部
2009	42.1	2017	79.8
2010	47.5	2018	83.7
2011	52.7	2019	87.5
2012	57.7	2020	91.1
2013	62.5	2021	94.6
2014	67.1	2022	97.9
2015	71.5	2023	101.1
2016	75.7		

解：经计算可知：

$$\frac{y_{t+1}-y_t}{y_t-y_{t-1}}\in[0.9429,0.9762]$$

可以认定这组数据能够采用修正指数曲线拟合。现将以上 15 个数据分为 3 个部分，每一部分 5 个数据，即 $n=15$，$m=5$，并以 2009 年作为开始年份（$t=1$）。

根据式（9-17）得：$S_1=262.5$，$S_2=377.8$，$S_3=472.2$。

再由式（9-18）得：$b=0.9608$，$a=-143.2063$，$K=179.7162$。

故修正指数曲线的数学模型为 $y=179.7162-143.2063\times0.9608^t$。

在预测 2026 年的销售量时，$t=2026-2009+1=18$，所以有：

$$y_{2026}=179.7162-143.2063\times0.9608^{18}\approx110（万部）$$

3. Logistic 曲线（生长曲线）

生物的生长过程要经历发生、发展到成熟 3 个阶段，在这 3 个阶段生物的生长速度是不一样的，例如南瓜重量的增长速度，在第一阶段增长得较慢，在发展时期则突然加快，而到了成熟期又趋减慢，形成一条 S 形曲线，这就是有名的 Logistic 曲线（生长曲线）。很多事物（例如技术和产品发展进程）都有类似的发展过程，因此 Logistic 曲线在预测中有相当广泛的应用。Logistic 曲线的一般数学模型是：

$$\frac{dy}{dt}=ry\left(1-\frac{y}{L}\right)$$

式中 y 为预测值，L 为 y 的极限值，r 为增长率常数，$r>0$。解此微分方程得：

$$y=\frac{L}{1+ce^{-rt}}, \quad 其中 c 为常数$$

Logistic 曲线的一般形式为：

$$y_t=\frac{1}{K+ab^t}, \quad K>0, a>0, 0<b\neq1 \tag{9-19}$$

检验能否使用 Logistic 曲线的方法是看给定数据的倒数逐期增长量的比率是否接近某一常数 l，即 $\dfrac{1/y_{t+1}-1/y_t}{1/y_t-1/y_{t-1}}\approx l$。

在 Logistic 曲线中参数估计方法如下，作变换：$y_t'=\dfrac{1}{y_t}$，得：

$$y_t'=K+ab^t$$

仿照修正指数曲线的三和法估计参数，令

$$S_1=\sum_{t=1}^{m}y_t', \quad S_2=\sum_{t=m+1}^{2m}y_t', \quad S_3=\sum_{t=2m+1}^{3m}y_t' \tag{9-20}$$

则类似于式（9-18）得：

$$\begin{cases} b=\left(\dfrac{S_3-S_2}{S_2-S_1}\right)^{\frac{1}{m}} \\[2mm] a=(S_2-S_1)\dfrac{b-1}{b(b^m-1)^2} \\[2mm] K=\dfrac{1}{m}\left[S_1-\dfrac{ab(b^m-1)}{b-1}\right] \end{cases} \tag{9-21}$$

例 9.13　（接着例 9.12）根据表 9.7 中的数据，试确定手机销售量的 Logistic 曲线方程，求出每年手机销售量的趋势值，并预测 2026 年的销售量。

解：已知 $n=15,m=5$，根据式（9-20）得：$S_1=0.0971,S_2=0.0666,S_3=0.0531$

再由式（9-21）得：$b=0.8493,a=0.0174,K=0.0085$

从而手机销售量的 Logistic 曲线方程为：

$$y_t = \frac{1}{0.0085+0.0174\times0.8493^t}$$

将 $t=18$ 代入方程，得 2026 年手机销售量的预测值为：

$$y_{2026}=106.3981（万部）$$

4. Compertz 曲线

Compertz 曲线的一般形式为

$$y_t = Ka^{b^t} \qquad (K>0,0<a\neq1,0<b\neq1) \tag{9-22}$$

在采用 Compertz 曲线前应对数据进行检验，检验方法是看给定数据的对数逐期增长量

的比率是否接近某一常数 b，即 $\dfrac{\ln y_{t+1}-\ln y_t}{\ln y_t-\ln y_{t-1}}\approx b$。

Compertz 曲线用于描述这样一类现象：初期增长缓慢，以后逐渐加快，当达到一定程度后增长率又逐渐下降。

参数估计方法如下：

对式（9-21）两边取对数，得：$\ln y_t = \ln K+(\ln a)b^t$

记 $\hat{y}'_t=\ln\hat{y}_t,K'=\ln K,a'=\ln a$，得：$\hat{y}'_t=K'+a'b^t$

仿照修正指数曲线的三和法估计参数，令

$$S_1=\sum_{t=1}^{m}y'_t, \quad S_2=\sum_{t=m+1}^{2m}y'_t, \quad S_3=\sum_{t=2m+1}^{3m}y'_t \tag{9-23}$$

其中 $y'_t=\ln y_t$，则类似于式（9-18）得：

$$\begin{cases} b=\left(\dfrac{S_3-S_2}{S_2-S_1}\right)^{\frac{1}{m}} \\[2mm] a'=(S_2-S_1)\dfrac{b-1}{b(b^m-1)^2} \\[2mm] K'=\dfrac{1}{m}\left[S_1-\dfrac{a'b(b^m-1)}{b-1}\right] \end{cases} \tag{9-24}$$

例 9.14 根据表 9.7 中的数据，试确定手机销售量的 Gompertz 曲线方程，求出各年度手机销售量的趋势值，并预测 2026 年的手机销售量。

解：已知 $n=15,m=5$，根据式（9-23）得：$S_1=19.7558,S_2=21.6094,S_3=22.7333$

再由式（9-24）得：$b=0.9048$；$a'=1.2588,a=0.284$；$K'=4.8929,K=133.3341$

从而手机销售量的 Compertz 曲线方程为：$\hat{y}_t=133.3341\times0.284^{0.9048^t}$

将 $t=18$ 代入方程，得 2026 年手机销售量的预测值为：$\hat{y}_{2026}=108.3143（万部）$

9.3.3 趋势外推法的 Python 实现

例 9.15 用 Python 实现趋势外推预测法示例。

程序代码如下：

```
import numpy as np
import matplotlib.pyplot as plt
from matplotlib.font_manager import FontProperties
def Qvshiwaitui(xIN,yIN,n,n1,sum_n):
```

```
        tn = sum_n
        yn = np.mean(yIN)
        sumy = np.sum(yIN * n1)
        sumt = np.sum(n1 ** 2)
        b = (sumy - yn * tn)/(sumt - tn/n * tn)
        a = yn - b * tn/n
        plt.title('extrapolation curve')
        t = np.arange(2009,2023,0.02)
        plt.plot(t,a * np.exp(b * t/100))    #为了方便绘图,自变量缩小到原来的1%
        print("b的值为:",b)
        print("a的值为",a)
        yOUT(a,b,n)
def yOUT(a,b,n):
        y = a + b * (n + 1.0)
        print("%d年数据的预测值为:" % 2026,y)
t = 2.0
sum_n = 0
xIN = np.array([2009,2010,2011,2012,2013,2014,2015,2016,2017, 2018,2019,2020,2021,2022,2023])
yIN = np.array([42.1,47.5,52.7,57.7,62.5,67.1,71.5,75.7,79.8, 83.7,87.5,91.1,94.6,97.9,103.1])
n = len(yIN)
n1 = []
for i in range(n + 1):
    n1.append(i)
    sum_n += i
n1.pop(0)
n1 = np.array(n1)
p1 = plt.figure(figsize = (8,4),dpi = 80)
ax1 = p1.add_subplot(1,2,1)
Qvshiwaitui(xIN,yIN,n,n1,sum_n)
ax2 = p1.add_subplot(1,2,2)
plt.title('distribution')
plt.scatter(xIN,yIN)
plt.xlabel("year")
plt.ylabel("sales volume")
plt.show()
```

程序运行结果如图9.10所示。

(a) 系数及预测值

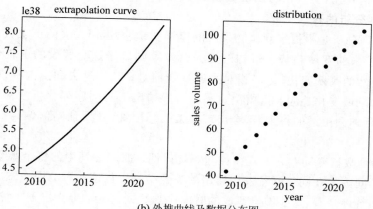

(b) 外推曲线及数据分布图

图9.10　例9.15的运行结果

9.4　时间序列预测法模型

时间序列预测法(Time Series Forecasting Method)是一种历史资料延伸预测,也称为历史引申预测法。

9.4.1　时间序列预测法概述

时间序列预测法就是通过编制和分析时间序列,根据时间序列所反映出来的发展过程、方向和趋势进行类推或延伸,借以预测下一段时间或以后若干年内可能达到的水平。其内容包括收集与整理某种社会现象的历史资料;对这些资料进行检查、鉴别,排成数列;分析时间序列,从中寻找该社会现象随时间变化而变化的规律,得出一定的模式;以此模式去预测该社会现象将来的情况。

1. 时间序列预测法的步骤

时间序列预测法的步骤如下:

第一步,收集历史资料,加以整理,编成时间序列,并根据时间序列绘成统计图。时间序列分析通常是把各种可能发生作用的因素进行分类,传统的分类方法是按各种因素的特点或影响效果分为四大类,即长期趋势、季节变动、循环变动、不规则变动。

第二步,分析时间序列。时间序列中的每一时期的数值都是由许许多多不同的因素同时发生作用后的综合结果。

第三步,求时间序列的长期趋势(T)、季节变动(S)和不规则变动(I)的值,并选定近似的数学模型来代表它们。对于数学模型中的诸未知参数,使用合适的技术方法求出其值。

第四步,利用时间序列资料求出长期趋势、季节变动和不规则变动的数学模型后,就可以利用它来预测未来的长期趋势值 T 和季节变动值 S,同时在可能的情况下预测不规则变动值 I,然后用以下模式计算出未来时间序列的预测值 Y。

加法模式：$T+S+I=Y$

乘法模式：$T \times S \times I=Y$

如果不规则变动的预测值难以求得,则只求长期趋势和季节变动的预测值,以两者相乘之积或相加之和作为时间序列的预测值。如果经济现象本身没有季节变动或不需预测分季、分月的资料,则长期趋势的预测值就是时间序列的预测值,即 $T=Y$。但要注意这个预测值只反映未来现象的发展趋势,即使很准确的趋势线在按时间顺序的观察方面所起的作用,本质上也只是一个平均数的作用,实际值将围绕着它上下波动。

2. 时间序列分析的基本特征

(1) 时间序列分析是根据客观事物发展的连续规律性,运用过去的历史数据,通过统计分析,进一步推测未来的发展趋势。事物的过去会延续到未来这个假设的前提包含两层含义:一是不会发生突然的跳跃变化,是以相对小的步伐前进;二是过去和当前的现象可能表明现在和将来活动的发展变化趋向。这就决定了在一般情况下时间序列分析法对于短、近期预测比较显著,但如延伸到更远的将来,就会出现很大的局限性,导致预测值偏离实际较大而使决策失误。

(2) 时间序列数据变动存在着规律性与不规律性。时间序列中的每个观察值的大小是影响变化的各种不同因素在同一时刻发生作用的综合结果。从这些影响因素发生作用的大小和方向变化的时间特性来看,这些因素造成的时间序列数据的变动分为以下 4 种类型:

① 趋势性。某个变量随着时间进展或自变量变化呈现一种比较缓慢而长期的持续上升、

下降、停留的同性质变动趋向,但变动幅度可能不相等。

② 周期性。某因素由于外部影响随着自然季节的交替出现高峰与低谷的规律。

③ 随机性。个别为随机变动,整体呈现统计规律。

④ 综合性。实际变化情况是几种变动的叠加或组合。在预测时设法过滤除去不规则的变动,突出反映趋势性变动和周期性变动。

9.4.2 常用的时间序列预测法模型

时间序列预测法可用于短期预测、中期预测和长期预测。根据对资料分析方法的不同,时间序列预测法又可分为移动平均法、趋势预测法、指数平滑法、季节性趋势预测法、市场寿命周期预测法等。

1. 移动平均法预测模型

移动平均法(Moving Average Method)是根据时间序列逐项推移,依次计算包含一定项数的时序平均数,以此进行预测的方法。例如,原有材料单价 a_1 元、数量 b_1,一次购入原材料实际单价 a_2 元、数量 b_2,计算成本单价则为 $(a_1 * b_1 + a_2 * b_2)/(b_1 + b_2)$。类似地,如果期间又要购入原材料,则成本单价是上次总额与现购的总额再求一次单价。这可以看作一个移动的过程,所以叫移动平均法。移动平均法是用一组最近的实际数据值来预测未来一期或几期内公司产品的需求量、公司产能等的一种常用方法。移动平均法适用于近期预测,当产品需求既不快速增长也不快速下降,且不存在季节性因素时,移动平均法能有效地消除预测中的随机波动,是非常有用的。

1) 一次移动平均法

一次移动平均法是在算术平均法的基础上加以改进,其基本思想是每次取一定数量周期的数据平均,按时间顺序逐次推进。每推进一个周期,舍去前一个周期的数据,增加一个新周期的数据,再进行平均。一次移动平均法一般只应用于一个时期后的预测(即预测第 $t+1$ 期)。一次移动平均法的预测模型如下:

$$Y_{t+1} = M_t^{(1)} \tag{9-25}$$

其中,$M_t^{(1)}$ 表示第 t 期的一次移动平均值,$M_t^{(1)} = \dfrac{y_t + y_{t-1} + \cdots + y_{t-N+1}}{N}$,$N$ 为计算移动平均值时所选定的数据个数。在一般情况下,N 越大,均匀的程度越强,波动越小;N 越小,对变化趋势的反应越灵敏,均匀的程度越差。在实际预测中可以利用试算法,即选择几个 N 值进行计算,比较它们的预测误差,从中选择使误差较小的 N 值。

2) 二次移动平均法

当序列具有线性增长的发展趋势时,用一次移动平均法预测会出现滞后偏差,表现为对于线性增长的时间序列预测值偏低。这时可进行二次移动平均计算,二次移动平均就是将一次移动平均再进行一次移动平均来建立线性趋势模型。二次移动平均法的线性趋势预测模型如下:

$$y_{t+\tau} = a_t + \hat{b}_t \tau \tag{9-26}$$

其中,截距为 $a_t = 2M_t^{(1)} - M_t^{(2)}$,斜率为 $\hat{b}_t = \dfrac{2}{N-1}(M_t^{(1)} - M_t^{(2)})$,$\tau$ 为超前期预测。$M_t^{(1)}$ 为一次移动平均数,$M_t^{(2)}$ 表示第 t 期的二次移动平均值,计算公式为 $M_t^{(2)} = \dfrac{M_t^{(1)} + M_{t-1}^{(1)} + \cdots + M_{t-N+1}^{(1)}}{N}$,$N$ 代表计算移动平均值时所选定的数据个数。二次移动平均法有多期预测能力,短期预测效

果较好,操作简单,但不能应对突发事件。

确定移动数据个数 N 的多少对这种预测的影响很大,应根据未来趋势与过去的关系确定。移动平均预测模型中数的个数 N 的选择为:期数越多,对均匀处理的作用越大,趋势就越平滑;反之则对波动的反应灵敏。一般来说,当时间序列的变化趋势较为稳定时,N 可以取大一些;当时间序列的波动较大,变化明显时,N 可以取小一些。从理论上说,它应与循环变动或季节变动周期吻合,这样可以消除循环变动和季节变动的影响。

3)移动平均法应用举例

例 9.16　某地区各单位 2015—2023 年缴纳的税金数据如表 9.8 中的第二栏所示,试用二次移动平均法预测 2024 年及之后两年的纳税金额。

表 9.8　2015—2023 年某地区各单位缴纳的税金数据和一次、二次移动均值(N=3)

年份	工商税金 Y_t/万元	一次移动均值 $M_t^{(1)}$	二次移动均值 $M_t^{(2)}$
2015	820	—	—
2016	950	—	—
2017	1140	970.00	—
2018	1380	1156.67	—
2019	1510	1343.33	1156.67
2020	1740	1543.33	1347.78
2021	1920	1723.33	1536.66
2022	2130	1930.00	1732.22
2023	2410	2153.33	1935.55

解:从工商税金数据的观察值判断,该时间序列近似值呈直线上升趋势,可用二次移动平均法预测。为了提高灵敏度,取 N=3。根据式(9-25)计算一次移动平均值,如表 9.8 中的第三栏所示;根据式(9-26)计算二次移动平均值,如表 9.8 中的第四栏所示,参数 a_t、$\hat{b}_t$ 的计算如下:

$$a_t = 2M_t^{(1)} - M_t^{(2)} = 2 \times 2153.33 - 1935.55 = 2371.11$$

$$\hat{b}_t = \frac{2}{N-1}(M_t^{(1)} - M_t^{(2)}) = \frac{2}{3-1}(2153.33 - 1935.55) = 217.78$$

根据 $y_{t+\tau} = a_t + \hat{b}_t\tau$ 模型,预测公式为 $\hat{y}_t = 2371.11 + 217.78\tau$,设 2024 年 $\tau=1$,2025 年 $\tau=2$,2026 年 $\tau=3$,则预测值分别为:

$$y_{2024} = 2371.11 + 217.78 \times 1 = 2588.89$$

$$y_{2025} = 2371.11 + 217.78 \times 2 = 2806.67$$

$$y_{2026} = 2371.11 + 217.78 \times 3 = 3024.45$$

4)移动平均模型的 Python 实现

例 9.17　用 Python 实现移动平均模型示例。

程序代码如下:

```
import pandas as pd
import numpy as np
import math
# 计算[n, m]区间内 count 的平均值
def average_n_m(data, n, m):
    sum = 0;
    for i in range(m - n):
        sum += data[i + n]
```

```
            return round(sum/(m - n))
        def one_moving_average(data, N):                          #一次移动平均
            #第一个参数是表格数据,第二个参数是N跨度的取值
            if N > len(data):
                return "N 的取值大于数据的数量"
            M = []                                                #定义 M 来记录预测计算结果
            for i in range(len(data) - N):
                m = average_n_m(data, i, i + N)
                M.append(m)
            M.append(average_n_m(data, len(data) - N, len(data)))  #预测值
            return M
        def standard_deviation(data, M, N):                        #一次移动平均计算标准差
            #第一个参数是表格数据,第二个是预测计算的数据,第三个是N跨度的取值
            sum = 0
            for i in range(len(M) - 1):
                sum += (pow(M[i] - data[i + N], 2))
            S = int(math.sqrt((sum)/(len(M) - 1)))
            print("N 为", N, "时,标准差为: ", S)
        def two_moving_average(data, N):                           #二次移动平均
            M1 = one_moving_average(data, N)
            M2 = one_moving_average(M1, N)
            T = 1
            a = 2 * M1[len(M1) - 1] - M2[len(M2) - 1]
            b = (2/(N - 1)) * (M1[len(M1) - 1] - M2[len(M2) - 1])   #计算 b
            print("a:", a, "b:", b)
            X = a + b * T                                          #计算 X(预测值)
            print("N 为", N, "时,二次移动平均法预测值:", X)
        def one_exponential_smoothing(data, a):                    #一次指数平滑法
            #第一个参数是表格数据,第二个参数是a分析加权系数
            S = []
            if len(data) > 50:                                    #初始值 s 的计算
                s = round(data[0], 1)
            elif len(data) < 3:
                s = round(data[0], 1)
            else:
                s = round((data[0] + data[1] + data[2])/3, 1)
            S.append(s)
            s_flag = s
            for i in range(len(data)):
                s_now = round(a * data[i] + (1 - a) * s_flag, 1)
                s_flag = s_now
                S.append(s_now)
            return S
        def two_exponential_smoothing(data, a):                    #二次指数平滑法
            M1 = one_exponential_smoothing(data, a)
            M2 = one_exponential_smoothing(M1, a)
            A = round(2 * M1[len(M1) - 1] - M2[len(M2) - 1], 1)     #计算 a
            b = round((a/(1 - a)) * (M1[len(M1) - 1] - M2[len(M2) - 1]), 1)  #计算 b
            print("a:", A, "b:", b)
            T = 1                                                 #计算 T
            X = A + b * T                                          #计算 X(预测值)
            print("a 为", a, "时,二次指数平滑法预测值:", X)
if__name__ == '__main__':
    data = [820, 950, 1140, 1380, 1510, 1740, 1920, 2130, 2410]    #读取数据
    for i in range(2, 4):                                          #二次移动平均法
        two_moving_average(data, i)
```

程序运行结果如图 9.11 所示。

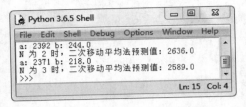

图 9.11　例 9.17 的运行结果

2. 指数平滑预测模型

指数平滑法（Exponential Smoothing）是用过去时间数列值的加权平均数作为预测值，它是加权移动平均法的一种特殊情形。根据平滑次数的不同，指数平滑法分为一次指数平滑法、二次指数平滑法和三次指数平滑法等，它们的基本思想都是预测值是以前观测值的加权和，对不同的数据给予不同的权，新数据给较大的权，旧数据给较小的权。

1）一次指数平滑法

设时间序列为 $y_1, y_2, \cdots, y_t$，则一次指数平滑公式为：

$$S_t^{(1)} = ay_t + (1-a)S_{t-1}^{(1)} \tag{9-27}$$

其中，$S_t^{(1)}$ 为第 t 周期的一次指数平滑值；a 为加权系数，$0 < a < 1$。为了弄清楚指数平滑的实质，将上述公式依次展开，可得 $S_t^{(1)} = a\sum_{i=0}^{t-1}(1-a)^i y_{t-i} + (1-a)^t S_0^{(1)}$，由于 $0 < a < 1$，当 $t \to \infty$ 时，$(1-a)^t \to 0$，于是上述公式变为 $S_t^{(1)} = a\sum_{i=0}^{t-1}(1-a)^i y_{t-i}$，以第 t 周期的一次指数平滑值作为第 t+1 期的预测值为：

$$\hat{y}_{t+1} = S_t^{(1)} = ay_t + (1-a)\hat{y}_t \tag{9-28}$$

2）二次指数平滑法

当时间序列没有明显的趋势变动时，使用第 t 周期的一次指数平滑就能直接预测第 t+1 期的值。但当时间序列的变动出现直线趋势时，用一次指数平滑法来预测存在着明显的滞后偏差，修正的方法是在一次指数平滑的基础上做二次指数平滑，利用滞后偏差的规律找出曲线的发展方向和发展趋势，然后建立直线趋势预测模型，即使用二次指数平滑法。

设一次指数平滑为 $S_t^{(1)}$，则二次指数平滑 $S_t^{(2)}$ 的计算公式为：

$$S_t^{(2)} = aS_t^{(1)} + (1-a)S_{t-1}^{(2)} \tag{9-29}$$

若时间序列 $y_1, y_2, \cdots, y_t$ 从某时期开始具有直线趋势，且认为未来时期也按此直线趋势变化，则与趋势移动平均类似，可用如下直线趋势模型来预测：

$$\hat{y}_{t+T} = a_t + b_t T \tag{9-30}$$

其中，t 为当前时期数；T 为由当前时期数 t 到预测期的时期数；$\hat{y}_{t+T}$ 为第 t+T 期的预测值；a_t 为截距，b_t 为斜率，它们的计算公式为 $a_t = 2S_t^{(1)} - S_t^{(2)}$，$b_t = \dfrac{a}{1-a}(S_t^{(1)} - S_t^{(2)})$。

3）三次指数平滑法

若时间序列的变动呈现出二次曲线趋势，则需要用三次指数平滑法。三次指数平滑是在二次指数平滑的基础上再进行一次平滑，其计算公式为：

$$S_t^{(3)} = aS_t^{(2)} + (1-a)S_{t-1}^{(3)} \tag{9-31}$$

三次指数平滑的预测模型为：

$$y_{t+T} = a_t + b_t T + c_t T^2 \tag{9-32}$$

其中：

$$a_t = 3S_t^{(1)} - 3S_t^{(2)} + S_t^{(3)}$$

$$b_t = \frac{a}{2(1-a)}\left[(6-5a)S_t^{(1)} - 2(5-4a)S_t^{(2)} + (4-3a)S_t^{(3)}\right]$$

$$c_t = \frac{a}{2(1-a)^2}\left[S_t^{(1)} - 2S_t^{(2)} + S_t^{(3)}\right]$$

4）指数平滑法应用举例

例9.18 某餐饮公司 2012—2023 年的营业额如表 9.9 中的第三栏所示，预测 2024—2026 年该公司的营业额。

从观察期时间序列资料可知变动趋势接近直线上升，可用二次指数平滑法，因观察值期数较少，初始值用最初两期观察值的平均 124 万元代替。取 $a=0.4$，按式(9-28)计算一次指数平滑值，如表 9.9 中的第四栏所示。

表 9.9 某餐饮公司 2012—2023 年营业额资料和预测过程　　　　　　单位：万元

年份	t	年营业额 Y_t	$S_t^{(1)}(a=0.4)$	$S_t^{(2)}(a=0.4)$	预测值 $\hat{Y}_t$
2012	0	120	124.0	124.0	104.8
2013	1	128	125.6	124.6	117.5
2014	2	130	127.4	125.7	130.2
2015	3	142	133.2	128.7	142.9
2016	4	140	135.9	131.6	155.6
2017	5	154	143.2	136.2	168.3
2018	6	170	153.9	143.2	181.0
2019	7	196	170.7	154.3	193.7
2020	8	210	186.4	167.1	206.4
2021	9	225	201.9	181.0	219.1
2022	10	228	212.3	193.5	231.8
2023	11	245	225.4	206.3	244.5

$$S_1^{(1)} = 0.4 \times 128 + (1-0.4) \times 124 = 125.6$$

$$S_8^{(1)} = 0.4 \times 210 + (1-0.4) \times 170.7 = 186.4$$

其他略。

由式(9-29)，根据一次指数平滑资料 $S_1^{(1)}$ 做二次指数平滑，平滑值如表 9.9 中的第五栏所示，即：

$$S_1^{(2)} = 0.4 \times 125.6 + (1-0.4) \times 124 = 124.6$$

$$S_8^{(2)} = 0.4 \times 186.4 + (1-0.4) \times 154.3 = 167.1$$

其他略。

预测模型参数：

$$a_t = 2S_t^{(1)} - S_t^{(2)} = 2 \times 225.4 - 206.3 = 244.5$$

$$b_t = \frac{a}{1-a}(S_t^{(1)} - S_t^{(2)}) = \frac{0.4}{1-0.4}(225.4 - 206.3) = 12.7$$

预测方程为：

$$\hat{y}_{t+T} = 244.5 + 12.7T$$

由建立的预测方程计算预测值（理论趋势值）见表 9.9 中的第六栏，如：

$$\hat{Y}_{2023} = \hat{Y}_{11+0} = 244.5 + 12.7 \times 0 = 244.5$$

$$\hat{Y}_{2022} = \hat{Y}_{11-1} = 244.5 + 12.7 \times (-1) = 231.8$$

由预测方程预测未来的年营业额为：

$$\hat{Y}_{2024} = \hat{Y}_{11+1} = 244.5 + 12.7 \times 1 = 257.2$$

$$\hat{Y}_{2025} = \hat{Y}_{11+2} = 244.5 + 12.7 \times 2 = 269.9$$

$$\hat{Y}_{2026} = \hat{Y}_{11+3} = 244.5 + 12.7 \times 3 = 282.6$$

例 9.19 用 Python 实现指数平滑法拟合示例。

(1) 实现一次指数平滑法。

```python
import matplotlib.pyplot as plt
#单指数平滑
def exponential_smoothing(series,a_):
    result = [series[0]]                     #第一个值与序列相同
    for n in range(1,len(series)):
        result.append(a_ * series[n] + (1 - a_) * result[n-1])
    return result
def plotExponentialSmoothing(series,a_s):
    with plt.style.context('seaborn-white'):
        plt.figure(figsize = (15,7))
        for a_ in a_s:
            plt.plot(exponential_smoothing(series,a_),label = "a_values {}".format(a_))
        plt.plot(series,"c--",label = "Actual")
        plt.legend(loc = "best")
        plt.title("Exponential Smoothing")
        plt.grid(True);
data = [120,128,130,142,140,154,170,196,210,225,228,245]
plotExponentialSmoothing(data,[0.5,0.1])
plt.show()
```

程序运行结果如图 9.12 所示。

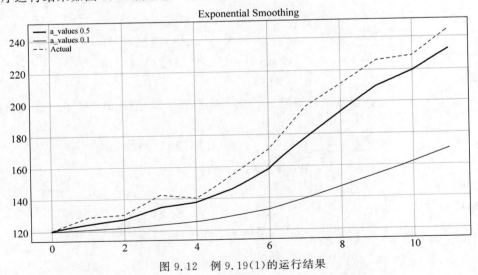

图 9.12 例 9.19(1)的运行结果

(2) 实现二次指数平滑法。

```python
import matplotlib.pyplot as plt
def double_exponential_smoothing(series,a_,beta):
    result = [series[0]]
    for n in range(1,len(series) + 1):
```

```
    if n == 1:
        level, trend = series[0], series[1] - series[0]
    if n >= len(series):
        value = result[-1]
    else:
        value = series[n]
    last_level, level = level, a_ * value + (1 - a_) * (level + trend)
    trend = beta * (level - last_level) + (1 - beta) * trend
    result.append(level + trend)
    return result
def plotDoubleExponentialSmoothing(series, a_s, betas):
    with plt.style.context('seaborn-white'):
        plt.figure(figsize=(13,5))
        for a_ in a_s:
            for beta in betas:
                plt.plot(double_exponential_smoothing(series, a_, beta), label="a_values {},
b_values {}".format(a_, beta))
        plt.plot(series, "c--", label="Actual")
        plt.legend()
        plt.title("Double Exponential Smoothing")
        plt.grid(True)
data = [120,128,130,142,140,154,170,196,210,225,228,245]
plotDoubleExponentialSmoothing(data, a_s=[0.5,0.3], betas=[0.9,0.3])
plt.show()
```

程序运行结果如图 9.13 所示。

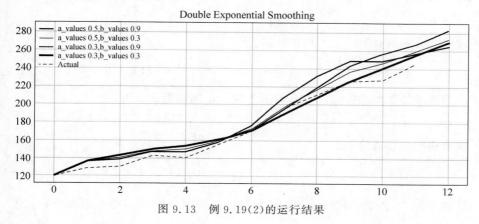

图 9.13 例 9.19(2)的运行结果

3. 季节指数预测模型

季节指数法是根据时间序列中的数据资料所呈现的季节变动规律性对预测目标未来状况作出预测的方法。在市场销售中,一些商品(例如电风扇、冷饮、四季服装等)往往受季节影响而出现销售淡季和旺季之分的季节性变动规律。掌握了季节性变动规律,就可以利用它来对季节性的商品进行市场需求量预测。

1) 季节指数水平法模型

季节指数水平法的步骤如下:

第一步,收集 3 年以上各年中的各月或各季数据 Y_t,形成时间序列。

第二步,计算各年同季或同月的平均值 $\overline{Y}_i$,$\overline{Y}_i = \sum_{j=1}^{n} Y_{ij}/n$,$Y_{ij}$ 为各年中的各月或各季观察值,n 为年数。

第三步,计算所有年度中所有季或月的平均值 $\overline{Y}_0$,$\overline{Y}_0 = \sum_{i=1}^{m} \overline{Y}_i/m$,m 为一年的季数或

月数。

第四步,计算各季或各月的季节比率 f_i(即季节指数),$f_i = \overline{Y}_i / \overline{Y}_0$。

第五步,计算预测趋势值 $\hat{X}_t$,趋势值是不考虑季节变动影响的市场预测趋势估计值,其计算方法有多种,可以采用以观察年的年均值除以一年的月数或季数。

第六步,建立季节指数水平预测模型进行预测,即 $\hat{Y}_t = \hat{X}_t \cdot f_t$。

例 9.20　某地区 2020—2023 年棉衣、毛衣、皮衣各季的销售额如表 9.10 中的第二~五栏所示,试预测 2024 年各季的销售额。

表 9.10　某地区 2020—2023 年棉衣、毛衣、皮衣各季的销售额数据及预测过程

季	各年销售额				季均销售	季节比率	预测值
	2020	2021	2022	2023	$\overline{Y}_t$	$f_t/\%$	$\hat{Y}_t$
1	148	138	150	145	145.25	127.27	147.00
2	62	64	58	66	62.50	54.76	63.25
3	76	80	72	78	76.50	67.03	77.42
4	164	172	180	173	172.25	150.93	174.32

预测过程如下。

(1) 计算各年同季的季平均销售额,列入表 9.10 的第六栏中。例如第 1 季为:

$$\frac{148+138+150+145}{4}=145.25$$

(2) 计算所有年所有季的季平均销售额。

$$\overline{Y}_0 = \frac{145.25+62.5+76.5+172.25}{4}=114.125$$

(3) 计算各季节比率,列入表 9.10 的第七栏中。例如第 2 季为:

$$f_2 = 62.5/114.125 = 54.67\%$$

(4) 预测年的季趋势值 $\hat{X}_t$。

$$\hat{X}_t = \frac{145+66+78+173}{4}=115.5$$

(5) 计算 2024 年各季的预测值 $\hat{Y}_t$,列入表 9.10 的第八栏中。例如第 3 季为:

$$\hat{Y}_3 = 115.5 \times 0.6703 = 77.42$$

2) 季节指数趋势法

长期趋势的季节指数法是指在时间序列观察值既有季节周期变化又有长期趋势变化的情况下,首先建立趋势预测模型,然后在此基础上求得季节指数,最后建立数学模型进行预测的一种方法。

季节指数趋势法的步骤如下:

第一步,以一年的季数 4 或一年的月数 12 为 N,对观察值的时间序列进行 N 项移动平均。由于 N 为偶数,应再对相邻两期移动的平均值进一步平均形成新序列 M,以此为长期趋势。

第二步,将各期观察值除去同期移动均值得到季节比率 f_t($f_t = Y_t / M_t$),以消除趋势的影响。

第三步,将各年同季或同月的季节比率平均得到季节平均比率 F_i,可消除不规则的变动。其中 i 表示季别或月别。

第四步,计算时间序列线性趋势预测值 $\hat{X}_t$,模型为 $\hat{X}_t = a + bt$,可以采用多种方法,这里采

用移动平均法：

$$b = \frac{M_t \text{ 末项} - M_t \text{ 首项}}{M_0 \text{ 项数}}, \quad a = \frac{\sum\limits_{t=1}^{n} Y_t - b \sum\limits_{t=1}^{n} t}{n}$$

第五步，求出季节指数趋势预测值 $\hat{Y}_t$，$\hat{Y}_t = \hat{X}_t \cdot F_t$。

例 9.21 某公司水产品 2020—2023 年各季的销售额数据如表 9.11 所示，试预测 2024 年各季的水产品销售额。

预测过程如下：

（1）将数列 Y_t 进行四项移动平均，平均值放在表的第四栏中。例如 2020 年第 1、2、3、4 季的平均值 302.5 放在第 3、4 季之间。

（2）将相邻两移动平均值 M_t 再平均后对应列入表的第五栏中。例如 $(302.5 + 332.5)/2 = 317.5$，将 317.5 列入 2020 年的第 3 季。

（3）将同期 Y_t 除以 M_t，计算出各期季节比率 f_t 列入表的第六栏中。例如 2021 年第 1 季 f_t 为 $460/401.3 = 1.1463$。

（4）计算季节比率平均值 F_i，各季平均比率之和应等于季数。由于小数原因，该值可能略大于或小于季数，通过计算调整系数来调整平均比率。调整系数 $r = $ 季数/平均比率之和 $= 4/4.01 = 0.9975$。将系数 r 乘以平均比率为调整后的平均比率 F_i，列入表 9.12 中。

表 9.11　某公司 2020—2023 年各季的销售数据及预测

年	季	销售额 Y_t	移动均值 N=4	对正均值 M_t(N=2)	季节比率 f_t	长期趋势 $\hat{X}_t$	预测值 $\hat{Y}_t$
2020	1	340	—	—	—	288.43	313.8
	2	210	—	—	—	316.14	284.2
	3	300	302.5	317.5	0.9449	343.85	319.2
	4	360	332.5	357.5	1.0070	307.56	402.9
2021	1	460	382.5	401.3	1.1463	399.27	434.5
	2	410	420.0	446.3	0.9187	426.98	383.9
	3	450	472.5	481.3	0.9350	454.69	422.1
	4	570	490.0	498.8	1.1427	282.40	523.1
2022	1	530	507.5	516.3	1.0265	510.11	555.1
	2	480	525.0	537.5	0.8930	537.82	483.6
	3	520	550.0	570.0	0.9123	565.53	525.0
	4	670	590.0	602.5	1.1120	593.24	643.3
2023	1	690	615.0	627.5	1.0996	620.95	675.7
	2	580	640.0	650.0	0.8923	648.66	583.2
	3	620	660.0	—	—	676.37	627.9
	4	750	—	—	—	704.08	763.5

表 9.12　某公司 2020—2023 年销售数据季节比率平均值

季	2020	2021	2022	2023	比率合计	平均比率	调整比率
1	—	1.1463	1.0265	1.0996	3.2724	1.0908	1.0881
2	—	0.9187	0.8930	0.8923	2.7040	0.9013	0.8991
3	0.9449	0.9350	0.9123	—	2.7922	0.9307	0.9284
4	1.0070	1.1427	1.1120	—	3.2617	1.0872	1.0844

（5）建立趋势模型，计算各期线性值 $\hat{X}_t$。例如模型参数 a、b 的值按移动平均算法计算：

$$b = \frac{M_t \text{末项} - M_t \text{首项}}{M_t \text{项数}} = \frac{650 - 317.5}{16 - 4} = 27.71$$

$$a = \frac{\sum\limits_{t=1}^{n} Y_t - b \sum\limits_{t=1}^{n} t}{n} = \frac{7940 - 27.71 \times 136}{16} \approx 260.72$$

趋势模型则为 $\hat{X}_t = 260.72 + 27.71t$。

各年各季预测趋势值 $\hat{X}_t$ 的计算结果见表 9.11 中的第七栏。例如 2020 年第 1 季与第 2 季为：

$$\hat{X}_1 = 260.72 + 27.71 \times 1 \approx 288.43, \quad \hat{X}_2 = 260.72 + 27.71 \times 2 \approx 316.14$$

2024 年各季趋势预测值为：

第 1 季 $\hat{X}_{17} = 260.72 + 27.71 \times 17 \approx 731.79$；

第 2 季 $\hat{X}_{18} = 260.72 + 27.71 \times 18 \approx 759.50$；

第 3 季 $\hat{X}_{19} = 260.72 + 27.71 \times 19 \approx 787.21$；

第 4 季 $\hat{X}_{20} = 260.72 + 27.71 \times 20 \approx 814.92$。

（6）计算各季预测 $\hat{Y}_t$。按 $\hat{Y} = \hat{X}_t \cdot F_i$ 模型计算。

通过表 9.12 得 $F_1 = 1.0881, F_2 = 0.8991, F_3 = 0.9284, F_4 = 1.0844$。

2023 年第 4 季以前的计算结果见表 9.11 中的第八栏。

2024 年 4 个季度的预测值分别为：

第 1 季　731.79×1.0881≈796.3

第 2 季　759.50×0.8991≈682.9

第 3 季　787.21×0.9284≈730.8

第 4 季　814.92×1.0844≈883.7

季节比率平均值见表 9.12。

扫一扫

自测题

习题 9

9-1　选择题：

（1）下列各项中，根据预测变量的历史时间序列揭示出的变动趋势外推未来的预测分析法是（　　）。

　　A. 趋势平均法　　　B. 移动平均法　　　C. 趋势外推法　　　D. 平滑指数

（2）下列各项中，不属于定量分析法的是（　　）。

　　A. 判断分析法　　　B. 算术平均法　　　C. 回归分析法　　　D. 平均指数法

（3）用一组有 30 个观测值的样本估计模型 $y_t = b_0 + b_1 x_{1t} + b_2 x_{2t} + u_t$ 后，在 0.05 的显著水平上对 b_1 的显著性作 t 检验，则 b_1 显著地不等于 0 的条件是其统计量 t 大于或等于（　　）。

　　A. $t_{0.05}(30)$　　　B. $t_{0.025}(28)$　　　C. $t_{0.025}(27)$　　　D. $F_{0.025}(1,28)$

（4）多元线性回归分析中的 ESS 反映了（　　）。

　　A. 因变量观测值总变差的大小　　　　　B. 因变量回归估计值总变差的大小

　　C. 因变量观测值与估计值之间的总变差　　D. y 关于 x 的边际变化

（5）建立一个预测模型,通过这个模型根据已知的变量值来预测其他某个变量值属于数据挖掘的(　　)任务。

    A. 根据内容检索　　B. 建模描述　　　　C. 预测建模　　　　D. 寻找模式和规则

9-2　填空题:

（1）定性预测主要是根据事物的性质和特点以及(　　　　　)的有关数据对事物做非数量化的分析。

（2）从统计意义上讲,所谓的时间序列就是将某一指标在(　　　　)上的不同数值按时间的先后顺序排列而成的数列。

（3）从统计意义上看,时间序列就是某一系统在(　　　　)的响应。

（4）按所研究对象的多少分类,时间序列分为(　　　　)时间序列和多元时间序列。

（5）多项式回归的关键在于为数据添加新的(　　　　),而这些新的特征是原有特征的多项式组合。

9-3　需要建立一个计量经济模型来说明在学校跑道上慢跑一千米或一千米以上的人数,以便决定是否修建第二条跑道,以满足所有的锻炼者。通过整个学年收集数据,得到两个可能的解释方程:

方程 A: $\hat{y} = 125.0 - 15.0x_1 - 1.0x_2 + 1.5x_3$　　　$\overline{R}^2 = 0.75$

方程 B: $\hat{y} = 123.0 - 14.0x_1 - 5.5x_2 - 3.7x_4$　　　$\overline{R}^2 = 0.73$

其中,y 为某天慢跑者的人数;x_1 为该天降雨的英寸数;x_2 为该天的日照小时数;x_3 为该天的最高温度(按华氏温度);x_4 为第二天需要提交学期论文的班级数。

请回答下列问题:

（1）这两个方程哪个更合理一些? 为什么?

（2）为什么用相同的数据去估计相同变量的系数得到了不同的符号?

9-4　Python 多项式拟合(一元回归)问题。假设贷款、还款数据集如表 9.13 所示,编程实现一元回归方程、R^2 的值以及可视化。

表 9.13　贷款、还款数据集

贷款金额(x)	31.5	134.22	200.4	244.43	300.61	320.39	345.66	449.43	524.7
还款金额(y)	16.21	35.29	59.23	52.47	67.44	73.03	61.34	129.37	129.37

9-5　房子的面积(平方米)和房价(万元)之间的对应关系如表 9.14 所示,可以看出房价和房子面积之间是有相关关系的,且可以大致看出是线性相关关系。为了简单起见,在这组数据的基础上编程实现房价与房子面积的一元线性回归分析,并预测 88 平方米房子的房价。

表 9.14　房子的面积和房价之间的对应关系

大小	60	80	100	120	150	200	250	300	350	400	480
房价	360	420	500	580	645	743	828	936	1167	1552	1630

第4篇

后续学习引导篇

第 **10** 章

深度学习简介

深度学习(Deep Learning)是机器学习研究中的一个新的领域,其是建立、模拟人脑进行分析学习的神经网络,它模仿人脑的机制来解释数据,例如图像、声音和文本等。深度学习的概念源于人工神经网络的研究,含有多隐层的多层感知机就是一种深度学习结构。深度学习通过组合低层特征形成更加抽象的高层表示属性类别或特征,以发现数据的分布特征表示。

10.1　深度学习概述

深度学习是近年来计算机专业发展十分迅速的研究领域之一,并且在人工智能的很多子领域都取得了突破性的进展。

10.1.1　人工智能、机器学习和深度学习的关系

2016 年年初,由 Deep Mind 公司研发的 AlphaGo 以 4∶1 的成绩击败了曾 18 次荣获世界冠军的围棋选手李世石(Lee Sedol)。AlphaGo 声名鹊起,一时间"人工智能""机器学习""深度神经网络"和"深度学习"的报道在媒体铺天盖地般的宣传下席卷了全球,那么"人工智能""机器学习""深度神经网络"和"深度学习"之间又有怎样的关系呢? 人工智能自20 世纪 50 年代被提出以来,经过几十年的发展,目前研究的问题包括知识表现、智能搜索、推理、规划、机器学习与知识获取、组合调度问题、感知问题、模式识别、逻辑程序设计与软计算、不精确和不确定的管理等。人工智能包括机器学习,机器学习主要解决的问题是分类、回归和关联,其中最具代表性的有支持向量机、决策树、逻辑回归、朴素贝叶斯等算法。深度学习是机器学习中的重要分支,由神经网络深化而来,如图 10.1 所示。

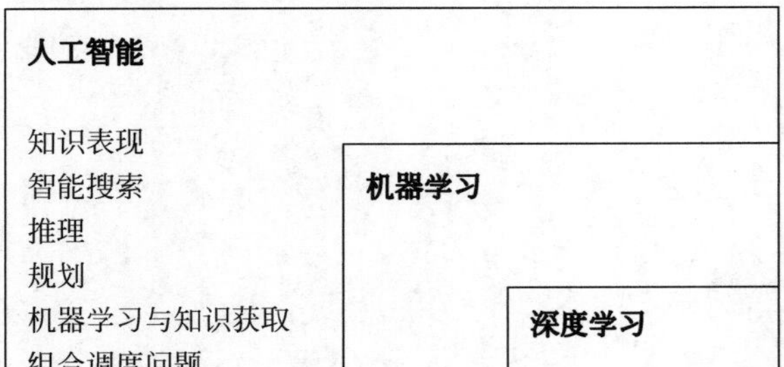

人工智能		
知识表现		
智能搜索	**机器学习**	
推理		
规划		
机器学习与知识获取		**深度学习**
组合调度问题		
感知问题		
模式识别	分类	深度神经网络
逻辑程序设计与软计算	回归	深度置信网络
不精确、不确定的管理	关联	深度强化学习

图 10.1　人工智能、机器学习、深度神经网络与深度学习之间的关系

10.1.2 深度学习的发展历程

早期绝大多数机器学习与信号处理技术都使用浅层结构,在这些浅层结构中一般含有一到两层非线性特征变换,常见的浅层结构包括支持向量机、高斯混合模型、条件随机场、逻辑回归等。研究已经证明,浅层结构在解决大多数简单问题或者有较多限制条件的问题上效果显著,但是受制于有限的建模和表示能力,在遇到一些复杂的涉及自然信号的问题(例如人类语言、声音、图像与视觉场景等)时就会陷入困境。

受人类信息处理机制的启发,研究者们开始模仿视觉和听觉等系统中的深度层次化结构,从丰富的感官输入信号中提取复杂结构并构建内部表示,提出了更高效的深度学习方法。追溯到 20 世纪 40 年代,美国著名的控制论学家 Warren Maculloach 和逻辑学家 Walter Pitts 在分析与总结了生物神经元的基本特征后设计了一种人工神经元模型,并指出了它们运行简单逻辑运算的机制,这种简单的神经元被称为 M-P 神经元。在 20 世纪 40 年代末,心理学家 Donald Hebb 在生物神经可塑性机制的基础上提出了一种无监督学习规则,称为 Hebbian 学习,同期 Alan Turing 的论文中描述了一种"B 型图灵机",之后研究人员将 Hebbian 学习的思想应用到"B 型图灵机"上。到了 1958 年,Rosenblatt 提出可以模拟人类感知能力的神经网络模型——感知机(Perceptron),并提出了一种接近于人类学习过程的学习算法,通过迭代、试错使得模型逼近正解。在这一时期,神经网络在自动控制、模式识别等众多应用领域取得了显著的成效,大量的神经网络计算器也在科学家们的努力中纷纷问世,神经网络从萌芽期进入了第一个发展高潮。

但是好景不长,1969 年 Minsky 和 Papert 指出了感知机网络的两个关键缺陷:一是感知机无法处理异或回路问题;二是当时的计算资源严重制约了大型神经网络所需要的计算能力。以上两大缺陷使得大批研究人员对神经网络失去了信心,神经网络的研究进入十多年的"冰河期"。

1975 年 Werbos 博士在论文中发表了反向传播算法,使得训练多层神经网络模型成为现实。1983 年 John Hopfield 提出了一种用于联想记忆和优化计算的神经网络——Hopfield 网络,在旅行商问题上获得了突破。受此启发,Geoffrey Hinton 于 1984 年提出了一种随机化版本的 Hopfield 网络——玻尔兹曼机。1989 年 Yann LeCun 将反向传播算法应用到卷积神经网络,用于识别邮政手写数字并投入真实应用。

神经网络的研究热潮刚起,支持向量机和其他机器学习算法却更快地流行起来,神经网络虽然构建简单,通过增加神经元数量、堆叠网络层就可以增强网络的能力,但是付出的代价是计算量呈指数级增长。20 世纪末期的计算机性能和数据规模不足以支持训练大规模的神经网络,相比之下 Vapnik 基于统计学习理论提出了支持向量机(Support Vector Machine,SVM),通过核(Kernel)技巧把非线性问题转换成线性问题,其理论基础清晰、证明完备,具有较好的可解释性,得到了人们的广泛认同。同时,统计机器学习专家从理论角度怀疑神经网络的泛化能力,使得神经网络的研究又一次陷入了低潮。

2006 年 Hinton 等提出用限制玻尔兹曼机(Restricted Boltzmann Machine)通过非监督学习的方式构建神经网络的结构,再由反向传播算法训练网络内部的参数,使用逐层预训练的方法提取数据的高维特征。逐层预训练的技巧后来被推广到不同的神经网络架构上,极大地提高了神经网络的泛化能力。随着计算机硬件能力的提高,特别是图形处理器(Graphics Processing Unit,GPU)强大的并行计算能力非常适合创建神经网络运行时的矩阵运算,计算机硬件平台可以为更多层的神经网络提供足够的算力支持,使得神经网络的层数可以不断加深,因此以 Hinton 为代表的研究人员将不断变深的神经网络重新定义为深度学习。2012 年,Hinton 的学生 Alex Krizhevsky 在计算机视觉领域闻名的 ImageNet 分类比赛中脱颖而出,以高出第二名 10 个百分点的成绩震惊四座。发展到现在,随着深度神经网络不断加深,能力不断加强,其对照片的分类能力已经超过人类,2010—2016 年的 Image Net 分类错误率从 0.28% 降到了 0.03%;物体识别的平均准确率从 0.23% 上升到了 0.66%。

深度学习方法不仅在计算机领域大放异彩,在无人驾驶、自然语言处理、语音识别与金融大数据分析方面也有广泛的应用。

10.2 感知机

感知机算法是由美国科学家 Frank Rosenblatt 在 1957 年提出的,它是一种十分简单、易实现的机器学习方法,它也是很多知名方法的起源,由此揭开了人工神经网络研究的序幕。

10.2.1 感知机的起源

感知机接收多个输入信号,输出一个信号,如图 10.2 所示。

在图 10.2 中感知机接收 3 个信号,其结构非常简单,x_1、x_2、x_3 代表人们选择的输入信号

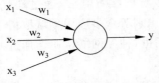

图 10.2 接收 3 个输入信号的
感知机

(Input),y 为输出信号(Output),w_1、w_2、w_3 为感知机内部的参数,称为权重(Weight),图中的○通常称为"神经元"或者"节点"。输入信号与权重相乘后求和,与一个阈值 θ 比较输出 0 或 1,用数学式来表达为:

$$y = \begin{cases} 0 & \sum_j w_j x_j \leqslant \theta \\ 1 & \sum_j w_j x_j > \theta \end{cases} \tag{10-1}$$

感知机的多个输入信号都有各自的权重,权重越大,对应信号的重要性就越高。为了使表达简洁,可以用向量的形式重写上式,其中 w 和 x 都是向量,向量中的元素分别代表权重与输入,并使用偏置(Bias)代表阈值,令 $b = -\theta$,则有:

$$y = \begin{cases} 0 & w^T x + b \leqslant 0 \\ 1 & w^T x + b > 0 \end{cases} \tag{10-2}$$

当输出 1 时,称此神经元被激活。其中权重 w 是体现输入信号重要性的参数,而偏置 b 是调整神经元被激活容易程度的参数,此处称 w 为权重,称 b 为偏置,但参照上下文有时也会将 w、b 统称为权重。

下面用感知机解决一个简单的问题:使用感知机来实现含有两个输入的与门(AND gate)。由与门的真值表 y_1(表 10.1)可知,与门仅在两个输入为 1 时输出 1,否则输出 0。

表 10.1 二输入与门、与非门、或门真值表

x_1	x_2	y_1	y_2	y_3	y_4
0	0	0	1	0	1
0	1	0	1	1	1
1	0	0	1	1	1
1	1	1	0	1	0

使用感知机来表示这个与门 y_1 需要做的就是设置感知机中的参数,设置参数 $w = [1,1]$ 和 $b = -1$,可以验证,感知机满足表 10.1 中第三栏 y_1 的条件;设置参数 $w = [0.5, 0.5]$ 和

b＝－0.6 也可以满足表 10.1 中第三栏 y_1 的条件。实际上,满足表 10.1 中第三栏 y_1 的条件的参数有无数个。

那么对于含有两个输入的与非门（N AND gate）呢？对照与非门的真值表 y_2,设置参数 w＝[－0.2,－0.2],b＝0.3,可以让感知机表达与非门 y_2；设置参数 w＝[0.4,0.5],b＝－0.3,可以让感知机表达或门（OR gate）y_3,真值表如表 10.1 中的第四栏 y_2 和第五栏 y_3 所示。

如上,我们已经使用感知机表达了与门、与非门、或门,其中重要的一点是使用的感知机的形式是相同的,只有参数的权重和阈值不同。这里决定感知机参数的不是计算机而是人,对权重和偏置赋予了不同值而让感知机实现了不同的功能。看起来感知机只不过是一种新的逻辑门,没有特别之处。但是,人们可以设计学习算法（Learning Algorithm）,使得计算机能够自动地调整感知的权重和偏移,而不需要人的直接干预。这些学习算法使得人们能够用一种根本上区别于传统逻辑门的方法使用感知机,不需要手工设置参数,也无须显式地排布逻辑门组成电路,取而代之的是通过简单的学习来解决问题。

10.2.2 感知机的局限性

感知机所面临的问题主要分为两个方面,一方面是这类算法只能处理线性可分的问题,即它只能表示由一条直线分割的空间,对于线性不可分问题,简单的单层感知机没有可行解,一个代表性的例子就是感知机的异或门（XOR gate）问题,如表 10.1 中的第六栏 y_4 所示。

前面已经使用感知机来表示与门、与非门和或门,但是对于这种逻辑电路门,找不出一组合适的参数 w 和 b 来满足表 10.1 中第六栏 y_4 的条件。将或门和异或门的响应可视化,如图 10.3 所示。

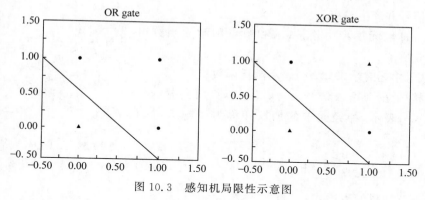

图 10.3 感知机局限性示意图

对于图 10.3 中左侧的或门,对应的感知机表示如下：

$$y = \begin{cases} 0 & (x_1 + x_2 - 0.5 \leqslant 0) \\ 1 & (x_1 + x_2 - 0.5 > 0) \end{cases}$$

上式所示的感知机会生成由直线 $x_1 + x_2 - 0.5 = 0$ 分开的两个空间,其中一个空间输出 1,另一个空间输出 0,或门在 (x_1, x_2) 为 (0.0) 处输出 0,在 (x_1, x_2) 为 $(0,1)$、$(1,0)$ 和 $(1,1)$ 处输出 1,而直线 $x_1 + x_2 - 0.5 = 0$ 正确地分开了这 4 个点。对于异或门,想用一条直线将不同标识的点分开是不可能做到的。

另一方面感知机需要人工选择特定的特征作为输入,这就意味着更多的问题被转移到了如何提取特征上,并使特征的线性关系得以解决,对于这样的特征,还是需要人来提取,这就极大地限制了感知机的应用。对于研究者而言,最紧迫的任务是如何自动提取这些复杂的特征,然而当研究者找到自动提取特征的方法时,感知机已经"陷入了寒冬"二十余年。

1975年,Werbos博士在其论文中证明将多层感知机堆叠成神经网络,并利用反向传播算法训练神经网络自动学习参数,解决了异或门等问题。图10.4给出了多层感知机对于异或门的可行解。

使用3个简单感知机 y_1、y_2、y_3 组成一个两层的感知机,可以满足表10.1中异或门 y_4 的响应条件,感知机 y_1、y_2、y_3 的形式如下面的3个式子所示。不难验证这个两层的感知机对输入信号的响应与异或门一致。

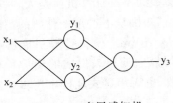

图 10.4　多层感知机

$$y_1 = \begin{cases} 0 & (x_1 - x_2 - 0.5 \leq 0) \\ 1 & (x_1 - x_2 - 0.5 > 0) \end{cases}$$

$$y_2 = \begin{cases} 0 & (-x_1 + x_2 - 0.5 \leq 0) \\ 1 & (-x_1 + x_2 - 0.5 > 0) \end{cases}$$

$$y_3 = \begin{cases} 0 & (x_1 + x_2 - 0.5 \leq 0) \\ 1 & (x_1 + x_2 - 0.5 > 0) \end{cases}$$

10.3　前馈神经网络

解决感知机困境的方法就是将感知机堆叠,进而形成多层神经网络,研究者们也称之为深度神经网络(Deep Neural Network,DNN)。

10.3.1　神经元

神经元(Neuron)是构成神经网络的基本单元,它主要模拟生物神经元的结构和特性,接收一组输入信号并产生输出。

现代人工神经元模型由连接、求和节点和激活函数组成,如图10.5所示。

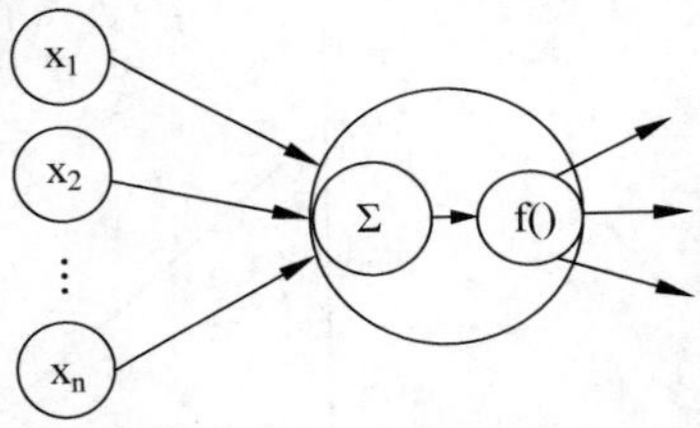

在图10.5中 $\sum$ 表示求和,f()表示激活函数。

神经元接收 n 个输入信号 x_1、x_2、$\cdots$、x_n,用向量 $x = [x_1, x_2, \cdots, x_n]$ 表示,神经元中的加权和称为净输入(Net Input)。

图 10.5　人工神经元结构示意图

$$z = \sum_{j=1}^{n} w_j x_j + b = w^T x + b \tag{10-3}$$

回顾一下感知机的表达式:

$$y = \begin{cases} 0 & \left(\sum_j w_j x_j + b \leq 0 \right) \\ 1 & \left(\sum_j w_j x_j + b > 0 \right) \end{cases}$$

将其形式改写成:

$$y = f(x), \quad f(x) = \begin{cases} 0 & (x \leq 0) \\ 1 & (x > 0) \end{cases}$$

在引入了函数 f(x) 后,感知机就可以写成神经元的形式,输入信号会被 f(x) 转换,转换后的值就是输出 y。这种将输入信号的总和转换为输出信号的函数称为激活函数(Activation Function)。

f(x)表示的激活函数以阈值为界,一旦输入超过阈值就切换输出,这样的函数称为阶跃函数（Step Function），可以说感知机是使用阶跃函数作为激活函数。实际上，当将阶跃函数换作其他的激活函数时就已经进入神经网络的世界了，那么为什么需要使用激活函数呢？又有哪些激活函数可以使用呢？

首先讨论第一个问题，之前介绍的感知机无法解决线性不可分的问题，是因为这类线性模型的表达力不够，从输入到加权求和都是线性运算，而激活函数一般是非线性的，为神经网络引入了非线性因素，这样才能逼近更复杂的数据分布，激活函数也限制了输出的范围，控制该神经元是否激活。激活函数对于神经网络有非常重要的意义，它提升非线性表达能力，缓解梯度消失问题，将特征图映射到新的特征空间，以加速网络收敛等。

不同的激活函数对神经网络的训练与预测有不同的影响，接下来讨论第二个问题，详细介绍神经网络中经常使用的激活函数以及它们的特点。

1. sigmoid 函数

sigmoid 函数是一个在生物学中常见的 S 形函数，也称为 S 形生长曲线，在信息学科中称为 Logistic 函数。sigmoid 函数可以使输出平滑面连续地限制在 0～1，在 0 附近表现为近似线性函数，而远离 0 的区域表现出非线性，输入越小，越接近于 0；输入越大，越接近于 1。sigmoid 函数的数学表达式为：

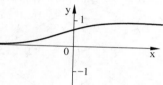

$$\sigma(x) = \frac{1}{1 + e^{-x}} \tag{10-4}$$

图 10.6 sigmoid 函数图像

其函数图像如图 10.6 所示。

与感知机使用的阶跃激活函数相比，sigmoid 函数是连续可导的，其数学性能更好。sigmoid 函数的导数如下：

$$\frac{dy}{dx} = \frac{1}{(1 + e^{-x})^2} \cdot e^{-x} \cdot (-1) = \frac{e^{-x}}{(1 + e^{-x})^2}$$

$$= \frac{1}{1 + e^{-x}} \cdot \left(1 - \frac{1}{1 + e^{-x}}\right) = \sigma(x)(1 - \sigma(x))$$

sigmoid 函数的导数可直接用函数的输出计算，简单、高效，但 sigmoid 函数的输出恒大于 0。非零中心化的输出会使其后一层神经元的输入发生偏置、偏移，可能导致梯度下降的收敛速度变慢。另一个缺点是 sigmoid 函数导致的梯度消失问题，由上面 sigmoid 函数的导数表达式可知在远离 0 的两端导数值趋于 0，梯度也趋于 0，此时神经元的权重无法再更新，神经网络的训练变得困难。

2. tanh 函数

tanh 函数继承自 sigmoid 函数，改进了 sigmoid 变化过于平缓的问题，它将输入平滑地限制在 -1～1 的范围内。tanh 函数的数学表达式为：

$$\tanh(x) = \frac{e^x - e^{-x}}{e^x + e^{-x}} \quad 即 \quad \tanh(x) = 2\sigma(2x) - 1 \tag{10-5}$$

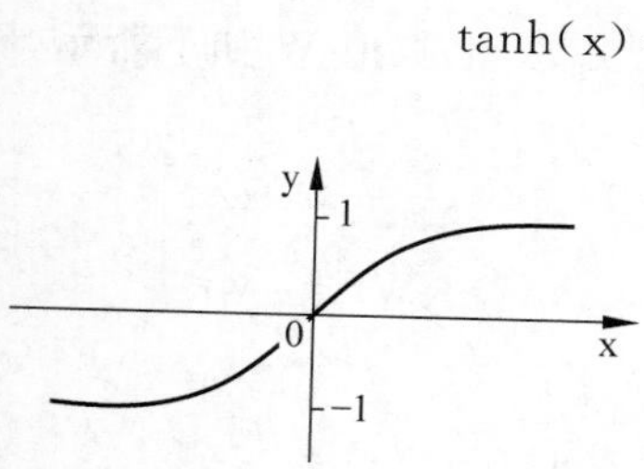

其函数图像如图 10.7 所示。

tanh 函数的导数为：

$$\frac{dy}{dx} = \frac{(e^x + e^{-x})^2 - (e^x - e^{-x})^2}{(e^x + e^{-x})^2} = 1 - y^2$$

图 10.7 tanh 函数图像

对比 tanh 函数图像和 sigmoid 函数图像以及式（10-5）可以看出，其实 tanh 函数就是 sigmoid 函数的缩放平移版。

tanh 函数的输出是以 0 为中心的,解决了 sigmoid 函数的偏置、偏移问题,而且 tanh 函数在线性区的梯度更大,能加快神经网络的收敛,但是在 tanh 函数两端的梯度也趋于 0,梯度消失问题依然没有解决。

另外还有一些激活函数,例如 rectifier 函数等,这里不再赘述。

10.3.2 前馈神经网络概述

单一神经元的功能是有限的,需要很多神经元连接在一起传递信息来协作完成复杂的功能,这就是神经网络。按拓扑结构神经网络可以分为前馈神经网络(Feedforward Neural Network)、反馈神经网络(Recurrent Neural Network)和图网络(Graph Neural Network),本部分重点讨论前馈神经网络。

在前馈神经网络中,神经元按信息的先后进行分组,每组构成神经网络的一层,下一层的接入仅来自上一层的输入,不存在回环,信息总是向前传播,没有反向回馈,网络结构可以用一个有向无环图来表示,如图 10.8 所示。

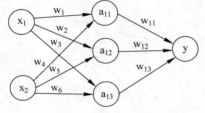

图 10.8 前馈神经网络示意图

在图 10.8 所示的网络中最左边的一层被称为输入层,其中的神经元被称为输入神经元;最右边的一层是输出层,包含的神经元被称为输出神经元。在该图中,输入层有两个神经元 x_1 和 x_2,输出层有一个神经元 y。网络中处于输入层与输出层之间的层被称作隐藏层,在一个网络中往往有多个隐藏层。

例 10.1 图 10.8 是一个简单的前馈神经网络图,在该图中有 3 层结构,第一层为输入层,第二层为隐藏层,第三层为输出层,假设图中的 $x_1 = 0.7$、$x_2 = 0.9$、$w_1 = 0.2$、$w_2 = 0.3$、$w_3 = 0.4$、$w_4 = 0.3$、$w_5 = -0.5$、$w_6 = 0.2$、$w_{11} = 0.6$、$w_{12} = 0.1$、$w_{13} = -0.2$,为连接边的权值。请利用该图说明前馈神经网络的计算过程。

解:

(1) 利用输入层计算隐藏层的权重。

$$a_{11} = w_1 \times x_1 + w_4 \times x_2 = 0.2 \times 0.7 + 0.3 \times 0.9 = 0.14 + 0.27 = 0.41$$
$$a_{12} = w_2 \times x_1 + w_5 \times x_2 = 0.3 \times 0.7 + (-0.5) \times 0.9 = 0.21 - 0.45 = -0.24$$
$$a_{13} = w_3 \times x_1 + w_6 \times x_2 = 0.4 \times 0.7 + 0.2 \times 0.9 = 0.28 + 0.18 = 0.46$$

(2) 利用隐藏层计算输出层的权值。

$$y = w_{11} \times a_{11} + w_{12} \times a_{12} + w_{13} \times a_{13}$$
$$= 0.6 \times 0.41 + 0.1 \times (-0.24) - 0.2 \times 0.46$$
$$= 0.13$$

由于最终 y 的值大于 0,所以 y 的结果为正类。

观察图 10.8,输入为 x_1 和 x_2,将输入转化为矩阵表示 $X = [x_1, x_2]$,权值 W 如下所示,隐藏层的 a 表示如下。

$$W = \begin{bmatrix} w_1 & w_2 & w_3 \\ w_4 & w_5 & w_6 \end{bmatrix}, \quad a = [a_{11} \quad a_{12} \quad a_{22}], \quad X = [x_1 \quad x_2], \quad W_1 = \begin{bmatrix} w_{11} \\ w_{12} \\ w_{13} \end{bmatrix}$$

由输入层计算的隐藏层又进一步计算的输出层转化为矩阵表示为:

$$y = aW_1 = (XW)W_1$$

上述前馈神经网络只是简单地实现了神经网络的计算过程(网络中的权值都是预先设置好的),而神经网络的优化过程是优化神经元中参数取值的过程。

10.3.3 训练与预测

神经网络训练其实就是从数据中学习,通过不断地修改网络中的所有权值 W 和偏置 b,使得神经网络的输出尽可能地接近真实模型的输出。在神经网络中,衡量网络预测结果 $\hat{y}=$ F(x)与真实值 y 之间差别的指标称为损失函数(Loss Function),损失函数值越小,表示神经网络的预测结果越接近真实值。在大多数情况下,对权重 W 和偏置 b 做出的微小变动并不会使神经网络输出所期望的结果,这导致人们很难去刻画如何优化权重和偏置,因此需要代价函数来指导人们如何去改变权重和偏置,以达到更好的效果。

神经网络的训练就是调整权重 W 和偏置 b 使得损失函数值尽可能小,在训练过程中将损失函数值逐渐收敛,当其小于设定阈值时训练停止,得到一组使得神经网络拟合真实模型的权重 W 和偏置 b。具体来说,对于一个神经网络 F,其权重 W 和偏置 b 用随机值来初始化,给定一个样本(x,y),将 x 输入神经网络 F,经过一次前馈网络计算出预测结果 $\hat{y}=F(x)$。计算损失值 loss＝L($\hat{y}$,y),要使得神经网络的预测结果尽可能接近真实值,就要让损失值尽可能小,于是神经网络的训练问题演化为一个优化问题,如下式:

$$\min_{w,b}\{\text{loss}(F(x;W,b),y)\} \tag{10-6}$$

神经网络需要解决的问题主要为分类和回归问题。分类是输出变量为有限个离散变量的预测问题,目的是寻找决策边界。例如,判断手写邮编是不是 6,判断结果"是"与"不是",这是一个二分类问题;判断一个动物是猫、是狗还是其他,这是一个多分类问题。回归问题是输入变量与输出变量均为连续变量的预测问题,目的是找到最优拟合方法。例如预测明天的股市指数就是一个大家都希望结果能够准确的回归问题。

1. 损失函数

神经网络在进行分类和回归任务时会使用不同的损失函数,下面列出一些常用的分类损失和回归损失函数。

1) 分类损失函数

Logistic 损失:

$$\text{loss}(y,\hat{y}) = \prod_{i=1}^{N} \hat{y}_i^{y_i} \cdot (1-\hat{y}_i)^{1-y_i} \tag{10-7}$$

负对数似然损失:

$$\text{loss}(y,\hat{y}) = -\sum_{i=1}^{N} y_i \cdot \log\hat{y}_i + (1-y_i) \cdot \log(1-\hat{y}_i) \tag{10-8}$$

交叉熵损失:

$$\text{loss}(y,\hat{y}) = -\sum_{i=1}^{N}\sum_{j=1}^{M} y_{ij} \cdot \log\hat{y}_{ij} \tag{10-9}$$

Logistic 损失用于解决每个类别的二分类问题,为了方便数据集把最大似然转化为负对数似然,而得到负对数似然损失,交叉熵损失是从两个类别扩展到 M 个类别,交叉熵损失在二分类时应当是负对数似然损失。

2) 回归损失函数

均方误差(L2 损失):

$$loss(y,\hat{y}) = \frac{1}{N}\sum_{i=1}^{N}(\hat{y}_i - y_i)^2 \tag{10-10}$$

平均绝对误差（L1 损失）：

$$loss(y,\hat{y}) = \frac{1}{N}\sum_{i=1}^{N}|\hat{y}_i - y_i| \tag{10-11}$$

均方对数差损失：

$$loss(y,\hat{y}) = \frac{1}{N}\sum_{i=1}^{N}(\log\hat{y}_i - y_i)^2 \tag{10-12}$$

Huber 损失：

$$loss(y,\hat{y}) = \begin{cases} \dfrac{1}{2}(y_i - \hat{y}_i)^2 & |y_i - \hat{y}_i| \leqslant \delta \\ \delta|y_i - \hat{y}_i| - \dfrac{1}{2}\delta^2 & \text{其他} \end{cases} \tag{10-13}$$

$$loss(y_i, \hat{y}_i) = \frac{1}{N}\mathrm{Huber}(y_i - \hat{y}_i)$$

L2 损失是使用最广泛的损失函数，在优化过程中更为稳定和准确，但是对于局外点敏感。L1 损失会比较有效地惩罚局外点，但它的导数不连续，使得寻找最优解的过程低效。Huber 损失由 L2 损失与 L1 损失合成，当 δ 趋于 0 时退化成了 L1 损失，当 δ 趋于无穷时则退化为 L2 损失。δ 决定了模型处理局外点的行为，当残差大于 δ 时使用 L1 损失，很小时则使用更为合适的 L2 损失来进行优化。Huber 损失函数克服了 Ll 损失和 L2 损失的缺点，不仅可以保持损失函数具有连续的导数，同时可以利用 L2 损失梯度随误差减小的特性来得到更精确的最小值，也对局外点具有更好的鲁棒性，但 Huber 损失函数的良好表现得益于精心训练的超参数 δ。

2. 参数学习

参数学习是神经网络的关键，神经网络使用参数学习算法把从数据中学习到的"知识"保存在参数里面。对于训练集中的每一个样本(x,y)计算其损失（例如均方误差损失），那么在整个训练集上的损失为：

$$\hat{y}_i = F(x_i; W, b), \quad loss(y,\hat{y}) = \frac{1}{N}\sum_{i=1}^{N}L(y_i, \hat{y}_i)$$

其中 $y \in \{0,1\}^K$，是标签 y 对应的向量表示，有了目标函数和训练样本，可以通过梯度下降算法来学习神经网络的参数。

使用梯度下降求神经网络的参数，需要计算损失函数对参数的偏导数，直接使用链式法对每个参数逐一求偏导效率很低，计算量大，而在 20 世纪 90 年代计算机能力还不足以为庞大的神经网络提供足够的算力支持，这也是当时神经网络陷入低潮的原因之一。

10.4　反向传播算法

反向传播算法（Back propagation Algorithm，BP 算法）在 1970 年由 Werbos 博士提出，但是直到 1986 年 David Rumelhart、Geoffrey Hinton 和 Ronald Williams 发表的论文中才说明反向传播算法能更快地计算神经网络中各层参数的梯度，解决了参数逐一求偏导效率低下的问题，使得神经网络能应用到一些原来不能解决的问题上。

10.4.1　反向传播学习算法

反向传播学习是前馈神经网络的有指导学习方法，和所有的有指导学习过程一样，它包括训练和检验两个阶段。在训练阶段中,训练实例重复通过网络。对于每个训练实例,计算网络输出值,根据输出值修改各个权值。这个权值的修改方向是从输出层开始,反向移动到隐藏层,改变权值的目的是最小化训练集中的错误率。训练过程是一个迭代过程,网络训练直到满足一个特定的终止条件为止。终止条件可以是网络收敛到最小的错误值,也可以是一个训练时间标准,还可以是最大迭代次数。

　　例 10.2　利用图 10.9 所示的神经网络结构和输入实例说明反向传播学习方法。

　　输入向量:$[0.8,1.0,0.4]$。

　　目标:描述使用 BP 学习算法训练前馈神经网络的过程(一次迭代过程)。

　　方法:使用图 10.9 所示的神经网络结构、输入向量、表 10.2 中的初始权值和式(10-4)的 sigmoid 函数。假设与图 10.9 所示的输入向量相关的目标输出值为 0.67,该输入的计算输出与目标值之间存在误差。假设该误差与输出节点相关的所有网络连接都有关,故需从输出层开始到输入层,逐层修正输出层与隐藏层、隐藏层之间和隐藏层与输入层之间的权值。也就是将节点 o 的输出误差反向传播到网络中,修改所有(12 个)相关的网络权重值,每个连接权重的修改量使用公式计算得出。该公式利用节点 o 的输出误差、各个节点的输出值和 sigmoid 函数的导数推导出,且公式具备平滑实际误差和避免对训练实例矫枉过正的能力。

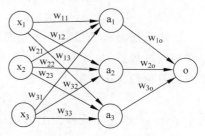

图 10.9　神经网络示意图

表 10.2　图 10.9 所示的神经网络的初始权值

标识	w_{11}	w_{21}	w_{31}	w_{12}	w_{22}	w_{32}	w_{13}	w_{23}	w_{33}	w_{1o}	w_{2o}	w_{3o}
权值	0.10	0.20	0.30	-0.20	-0.10	0.10	0.10	-0.10	0.20	0.3	0.5	0.4

　　步骤 1:计算节点 a_1、a_2、a_3 和 o 的输入和输出值。

　　(1) 节点 a_1 的输入为 $0.1 \times 0.8 + 0.2 \times 1.0 + 0.3 \times 0.4 = 0.4$

　　(2) 节点 a_1 的输出为 $f(0.4) = 0.599$

　　(3) 节点 a_2 的输入为 $(-0.2) \times 0.8 + (-0.1) \times 1.0 + 0.1 \times 0.4 = -0.22$

　　(4) 节点 a_2 的输出为 $f(-0.22) = 0.445$

　　(5) 节点 a_3 的输入为 $0.1 \times 0.8 + (-0.1) \times 1.0 + 0.2 \times 0.4 = 0.06$

　　(6) 节点 a_3 的输出为 $f(0.06) = 0.515$

　　(7) 节点 o 的输入为 $0.3 \times 0.599 + 0.5 \times 0.445 + 0.4 \times 0.515 = 0.608$

　　(8) 节点 o 的输出为 $f(0.608) = 0.648$

　　步骤 2:计算输出层和隐藏层的误差,公式如式(10-14)、式(10-15)和式(10-16)所示。

$$loss(o) = (y - o_y)[f'(x_o)] \tag{10-14}$$

其中 y 为目标输出 o_y,即节点 o 的计算输出;$(y - o_y)$ 为实际输出误差;$f'(x_o)$ 为 sigmoid 函数的一阶导数;x_o 为 sigmoid 函数在节点 o 处的输入。

　　式(10-14)表示实际输出误差与 sigmoid 函数的一阶导数相乘,sigmoid 函数在 x_o 处的导数可简单地计算为 $o_y(1 - o_y)$,则有:

$$loss(o) = (y - o_y)o_y(1 - o_y) \tag{10-15}$$

　　隐藏层节点的输出误差的一般公式为:

$$loss(a_i) = loss(o) \cdot w_{io} \cdot f'(x_i) \tag{10-16}$$

其中 $loss(o)$ 表示节点 o 的计算输出误差;w_{io} 表示节点 a_i 与输出节点 o 之间的连接权重;

$f'(x_i)$表示 sigmoid 函数的一阶导数；x_i 表示节点 a_i 处的 sigmoid 函数的输入。

依据式(10-15)，$f'(x_i) = o_i(1-o_i)$。再由题目假设目标输出值为 0.67，从而有：

$$loss(o) = (0.67 - 0.648) \times 0.648 \times (1 - 0.648) \approx 0.005$$

$$loss(a_1) = 0.005 \times 0.3 \times 0.599 \times (1 - 0.599) \approx 0.000\,36$$

$$loss(a_2) = 0.005 \times 0.5 \times 0.445 \times (1 - 0.445) \approx 0.000\,617$$

$$loss(a_3) = 0.005 \times 0.4 \times 0.515 \times (1 - 0.515) \approx 0.0005$$

步骤 3：更新 12 个权重值。

反向传播过程的最后一步是使用梯度下降法(Delta 法则)进行权重校正，更新与输出节点连接相关的权重，目标是最小化平方误差和，该误差被定义为计算输出和实际输出之间的欧氏距离。权重校正公式如下：

$$w_{io}(\text{new}) = w_{io}(\text{corrent}) + \Delta w_{io} \qquad (10\text{-}17)$$

其中 Δw_{io} 为加到当前权值上的增量值。Δw_{io} 的计算公式为：

$$\Delta w_{io} = r \cdot loss(o) \cdot O_i$$

其中 r 为学习率参数，$1 > r > 0$，本例中取 $r = 0.3$；$loss(o)$ 为节点 o 的计算误差；O_i 为节点 a_i 的输出值。

Δw_{1o} 为 $0.3 \times 0.005 \times 0.599 \approx 0.0009$，$w_{1o}$ 的校正值为 $0.3 + 0.0009 = 0.3009$

Δw_{2o} 为 $0.3 \times 0.005 \times 0.445 \approx 0.0007$，$w_{2o}$ 的校正值为 $0.5 + 0.0007 = 0.5007$

Δw_{3o} 为 $0.3 \times 0.005 \times 0.515 \approx 0.0008$，$w_{3o}$ 的校正值为 $0.4 + 0.0008 = 0.400\,08$

Δw_{11} 为 $0.3 \times 0.00036 \times 0.8 = 0.000\,086\,4$，$w_{11}$ 的校正值为 $0.1 + 0.000\,086\,4 = 0.100\,086\,4$

Δw_{21} 为 $0.3 \times 0.000\,36 \times 1.0 = 0.000\,108$，$w_{21}$ 的校正值为 $0.2 + 0.000\,108 = 0.200\,108$

Δw_{31} 为 $0.3 \times 0.000\,36 \times 0.4 = 0.000\,043\,2$，$w_{31}$ 的校正值为 $0.3 + 0.000\,043\,2 = 0.300\,043\,2$

Δw_{12} 为 $0.3 \times 0.000\,617 \times 0.8 \approx 0.000\,148$，$w_{12}$ 的校正值为 $-0.2 + 0.000\,148 \approx -0.199\,85$

Δw_{22} 为 $0.3 \times 0.000\,617 \times 1.0 \approx 0.000\,185$，$w_{22}$ 的校正值为 $-0.1 + 0.000\,185 \approx -0.099\,82$

Δw_{32} 为 $0.3 \times 0.000\,617 \times 0.4 \approx 0.000\,074$，$w_{32}$ 的校正值为 $0.1 + 0.000\,074 = 0.100\,074$

Δw_{13} 为 $0.3 \times 0.0005 \times 0.8 = 0.000\,12$，$w_{13}$ 的校正值为 $0.1 + 0.000\,12 = 0.100\,12$

Δw_{23} 为 $0.3 \times 0.0005 \times 1.0 = 0.000\,15$，$w_{23}$ 的校正值为 $-0.1 + 0.000\,15 = -0.099\,85$

Δw_{33} 为 $0.3 \times 0.0005 \times 0.4 = 0.000\,06$，$w_{33}$ 的校正值为 $0.2 + 0.000\,06 = 0.200\,06$

至此，一次迭代过程结束，校正的所有权值如表 10.3 所示。

表 10.3　第一次迭代后图 10.9 所示的神经网络的权值

w_{11}	w_{21}	w_{31}	w_{12}	w_{22}	w_{32}
0.100\,086\,4	0.200\,108	0.300\,043\,2	−0.199\,85	−0.099\,82	0.100\,074

w_{13}	w_{23}	w_{33}	w_{1o}	w_{2o}	w_{3o}
0.100\,12	−0.099\,85	0.200\,06	0.3009	0.5007	0.400\,08

总结上述过程，得到反向传播学习算法的描述如下：

step1　初始化网络；

step1-1　若有必要，变换输入属性值为[0,1]区间的数值数据，确定输出属性格式；

step1-2　通过选择输入层、隐藏层和输出层的节点个数来创建神经网络结构；

step1-3　将所有连接的权重初始化为[−1.0,1.0]区间的随机值；

step1-4　为学习参数选择一个[0,1]区间的值；

step1-5　选取一个终止条件；

step2　对于所有训练集实例：

step2-1　让训练实例通过神经网络；

step2-2　确定输出误差；

step2-3　使用 Delta 法则更新网络权重；

step3　如果不满足终止条件，重复步骤 step2；

step4　在检验数据集上检测网络的准确度，如果准确度不是最理想的，改变一个或多个网络参数，从 step1 开始。

用户可以在网络训练达到一定的总周期数或是目标输出与计算输出之间的均方根误差 rms(表示网络训练的程度)达到一定标准时终止网络训练。通常的标准是当 rms 低于 0.10 时终止反向传播学习。

往往假设在进行了充分的迭代后，反向学习技术一定收敛，然而不能保证收敛是最理想的，所以可能需要使用多种神经网络学习算法反复实验才能得到理想的结果。

10.4.2　反向传播学习的 Python 实现

例 10.3　用 Python 实现 BP 神经网络示例。

程序代码如下：

```python
import numpy as np
from sklearn.datasets import load_digits
from sklearn.preprocessing import LabelBinarizer          # 标签二值化
from sklearn.model_selection import train_test_split      # 切割数据,交叉验证法
def sigmoid(x):
    return 1/(1 + np.exp( - x))
def dsigmoid(x):
    return x * (1 - x)
class NeuralNetwork:
    def __init__(self,layers):       # (64,100,10)
        # 权重的初始化,范围为 - 1~1,加 1 的一列是偏置值
        self.V = np.random.random((layers[0] + 1,layers[1] + 1)) * 2 - 1
        self.W = np.random.random((layers[1] + 1,layers[2])) * 2 - 1
    def train(self,X,y,lr = 0.11,epochs = 10000):
        # 添加偏置值,最后一列全是 1
        temp = np.ones([X.shape[0],X.shape[1] + 1])
        temp[:,0: - 1] = X
        X = temp
        for n in range(epochs + 1):
            # 在训练集中随机选取一行(一个数据): randint()在范围内随机生成一个 int 类型的数据
            i = np.random.randint(X.shape[0])
            x = [X[i]]
            # 转为二维数据: 由一维一行转为二维一行
            x = np.atleast_2d(x)
            # L1 为输入层传递给隐藏层的值,输入层 64 个节点,隐藏层 100 个节点
            # L2 为隐藏层传递到输出层的值,输出层 10 个节点
            L1 = sigmoid(np.dot(x, self.V))
            L2 = sigmoid(np.dot(L1, self.W))
            # L2_delta 为输出层对隐藏层的误差改变量
            # L1_delta 为隐藏层对输入层的误差改变量
            L2_delta = (y[i] - L2) * dsigmoid(L2)
            L1_delta = L2_delta.dot(self.W.T) * dsigmoid(L1)
            # 计算改变后的新权重
            self.W += lr * L1.T.dot(L2_delta)
            self.V += lr * x.T.dot(L1_delta)
            # 每训练 1000 次输出一次准确率
```

```
        if n % 1000 == 0:
            predictions = [ ]
            for j in range(X_test.shape[0]):
                #获取预测结果：返回与10个标签值逼近的距离,数值最大的选为本次的预测值
                o = self.predict(X_test[j])
                #将最大的数值所对应的标签返回
                predictions.append(np.argmax(o))
            #np.equal():相同返回 True,不同返回 False
            accuracy = np.mean(np.equal(predictions, y_test))
            print('迭代次数：',n,'准确率：',accuracy)
    def predict(self,x):
        #添加偏置值,最后一列全是1
        temp = np.ones([x.shape[0] + 1])
        temp[0: - 1] = x
        x = temp
        #转为二维数据：由一维一行转为二维一行
        x = np.atleast_2d(x)
        #L1 为输入层传递给隐藏层的值,输入层 64 个节点,隐藏层 100 个节点
        #L2 为隐藏层传递到输出层的值,输出层 10 个节点
        L1 = sigmoid(np.dot(x, self.V))
        L2 = sigmoid(np.dot(L1, self.W))
        return L2
#载入数据：8 * 8 的数据集
digits = load_digits()
X = digits.data
Y = digits.target
#输入数据归一化：当数据集数值过大,乘以较小的权重后还是很大的数时,代入 sigmoid 激活函数就
#趋近于1,不利于学习
X -= X.min()
X/= X.max()
NN = NeuralNetwork([64,100,10])
#sklearn 切分数据
X_train,X_test,y_train,y_test = train_test_split(X,Y)
#标签二值化：将原始标签(十进制)转为新标签(二进制)
labels_train = LabelBinarizer().fit_transform(y_train)
labels_test = LabelBinarizer().fit_transform(y_test)
print('开始训练')
NN.train(X_train,labels_train,epochs = 20000)
print('训练结束')
```

程序运行结果如图 10.10 所示。

图 10.10　例 10.3 的运行结果

sklearn 的神经网络 API 中含有多层感知机分类器 MLPClassifier()和神经网络回归预测函数 MLPRegressor()。MLPClassifier()的常用形式如下：

```
MLPClassifier(hidden_layer_sizes = (100,), activation = 'relu', solver = 'adam', alpha = 0.0001,
learning_rate_init = 0.001, max_iter = 200, momentum = 0.9)
```

参数说明：

（1）hidden_layer_sizes 为 tuple 类型，默认值为（100，）。第 i 个元素表示第 i 个隐藏层中的神经元的数量。

（2）activation 用于设置激活函数，取值为 'identity'、'logistic'、'tanh' 或 'relu'，默认为 'relu'。'identity' 为隐藏层的激活函数，返回 $f(x) = x$；'logistic' 为 sigmoid 函数，返回 $f(x) = 1/(1 + \exp(-x))$；'tanh' 为双曲 tan 函数，返回 $f(x) = \tanh(x)$；'relu' 为整流后的线性单位函数，返回 $f(x) = \max(x)$。

（3）solver 取值为 'lbfgs'、'sgd' 或 'adam'，默认为 'adam'。'lbfgs' 是准牛顿方法簇的优化器；'sgd' 是随机梯度下降；'adam' 是由 Kingma、Diederik 和 Jimmy Ba 提出的基于随机梯度的优化器。注意，默认优化器 'adam' 面对较大的数据集（包含数千个训练样本或更多）时在训练时间和验证分数方面都有很好的表现，但是对于小型数据集，'lbfgs' 可以更快地收敛并且表现更好。

（4）alpha 为 float 类型，可选，默认值为 0.0001，是 L2 惩罚（正则化项）参数。

（5）learning_rate_init 为 double 类型，可选，默认值为 0.001，用于控制更新权重的步长，仅在 solver 为 'sgd' 或 'adam' 时使用。

（6）max_iter 为 int 类型，可选，默认值为 200，用于设置最大迭代次数。

（7）momentum 为 float 类型，默认值为 0.9，是梯度下降更新的动量，值的范围应该在 0～1，仅在 solver = 'sgd' 时使用。

使用 sklearn 库构建 BP 神经网络只需构建多层感知机分类器 MLPClassifier，输入神经网络隐藏层的神经元个数，并通过 fit()方法进行训练，训练完成后通过 predict()方法进行预测即可。对于识别手写数字来说，其测试结果的准确率较高，能达到 98%。

例 10.4 MLPClassifier()应用示例。

程序代码如下：

```
from sklearn.neural_network import MLPClassifier
from sklearn.datasets import load_digits
from sklearn.model_selection import train_test_split
from sklearn.metrics import classification_report
import matplotlib.pyplot as plt
digits = load_digits()
x_data = digits.data
y_data = digits.target
print(x_data.shape)
print(y_data.shape)
# 数据拆分
x_train, x_test, y_train, y_test = train_test_split(x_data, y_data)
# 构建模型,有两个隐藏层,第一个隐藏层有 100 个神经元,第二个隐藏层有 50 个神经元,训练 500 个周期
mlp = MLPClassifier(hidden_layer_sizes = (100,50), max_iter = 500)
mlp.fit(x_train, y_train)
# 测试集准确率的评估
predictions = mlp.predict(x_test)
print(classification_report(y_test, predictions))
```

程序运行结果如图 10.11 所示。

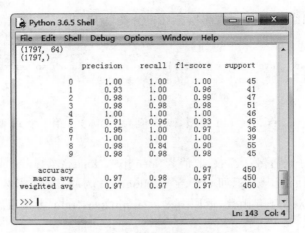

图 10.11　例 10.4 的运行结果

10.5　卷积神经网络

卷积神经网络(Convolutional Neural Network,CNN)是多层感知机的变种,由生物学家休博尔和维瑟尔早期关于猫视觉皮层的研究发展而来,视觉皮层的细胞存在一个复杂的构造,这些细胞对视觉输入空间的子区域非常敏感,称之为感受野(Receptive Field)。

10.5.1　卷积神经网络概述

卷积神经网络是一种具有局部连接、权重共享等特性的前馈神经网络,它由多层感知机(MLP)演变而来,由于其具有局部区域连接、权值共享、降采样的结构特点,使得卷积神经网络在图像处理领域表现出色,被广泛应用于人脸识别、物品识别、医学影像和遥感科学等领域。

对卷积神经网络的研究可追溯至日本学者福岛邦彦(Kunihiko Fukushima)提出的neocognitron模型,他仿造生物的视觉皮层(visual cortex)设计了以"neocognitron"命名的神经网络,这是一个具有深度结构的神经网络,也是最早被提出的深度学习算法之一。Wei Zhang 于 1988 年提出了基于二维卷积的"平移不变人工神经网络"用于检测医学影像。1989年,Yann LeCun 等对权重进行随机初始化后使用了随机梯度下降进行训练,并首次使用了"卷积"一词,"卷积神经网络"因此得名。1998 年,Yann LeCun 等在之前卷积神经网络的基础上构建了更加完备的卷积神经网络 LeNet-5,并在手写数字的识别问题上取得了很好的效果,LeNet-5 的结构也成为现代卷积神经网络的基础,这种卷积层、池化层堆叠的结构可以保持输入图像的平移不变性,自动提取图像特征。近些年来,研究者们通过逐层训练参数与预训练的方法使得卷积神经网络可以设计得更复杂,训练效果更好。卷积神经网络快速发展,在各大研究领域取得了较好的成绩,特别是在图像分类、目标检测和语义分割等任务上不断突破。

10.5.2　卷积神经网络的整体结构

卷积神经网络主要由卷积层(Convolutional Layer)、池化层(Pooling Layer)和全连接层(Full-connected Layer)3 种网络层构成,在卷积层与全连接层后通常会连接激活函数,与之前介绍的前馈神经网络一样,卷积神经网络也可以像搭积木一样通过组装层来组装。

1. 卷积层

卷积层会对输入的特征(或原始数据)进行卷积操作,输出卷积后产生特征图。卷积层是卷积神经网络的核心部分,卷积层的加入使得神经网络能够共享权重,能够进行局部感知,并开始层次化地对图像进行抽象理解。

CNN 中所用到的卷积是离散卷积。离散卷积本质上是一种加权求和,所以 CNN 中的卷积本质上就是利用一个共享参数的过滤器,通过计算中心点以及相邻像素点的加权求和来构成特征图,实现空间特征的提取。

先来看一个一维卷积的例子,如图 10.12 所示。

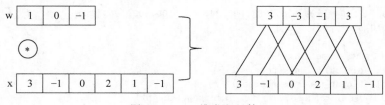

图 10.12　一维卷积运算

其中 x_i 是输入信号,w_k 是卷积核(也称滤波器),随着卷积核 $[-1,0,1]$ 滑过输入信号,对应位置的元素相乘并计算出总和(也称乘加运算)作为相应窗口位置的输出,一般情况下卷积核的长度 n 远小于输入信号序列的长度。输入信号 x_i 与卷积核 w_k 的一维卷积操作可以写为 $y_i = \sum_{k=1}^{n} w_k x_{i+k-1}$,也可以写成 $Y = W \otimes X$,其中 $\otimes$ 代表卷积运算。

相比于一维卷积,二维卷积在两个维度上以一定的间隔带动二维滤波窗口,并在窗口内进行乘加运算。如图 10.12 所示,对于一个(4,4)的输入,卷积核的大小是(3,3),输出大小是(2,2)。当卷积核窗口滑过输入时,卷积核与窗口内(图中阴影部分)的输入元素进行乘加运算,并将结果保存到输出对应的位置,当卷积核窗口滑过所有位置后二维卷积操作完成,如图 10.13 所示。

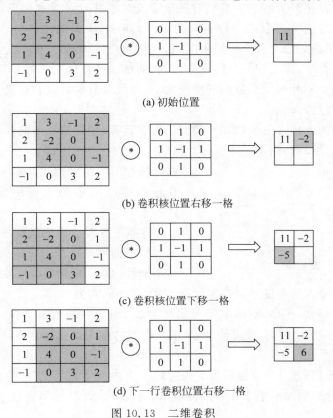

(a) 初始位置

(b) 卷积核位置右移一格

(c) 卷积核位置下移一格

(d) 下一行卷积位置右移一格

图 10.13　二维卷积

对于输入信号 $X \in R^{H \times W}$ 与卷积核 $W \in R^{h \times w}$ 的二维卷积操作 $Y = W \otimes X$，表达式为：

$$y_{i,j} = \sum_{u=1}^{h} \sum_{v=1}^{w} w_{u,v} x_{i+u-1, j+v-1}$$

例 10.5 离散型卷积的 Python 实现。

程序代码如下：

```
array = [[40,24,135],[200,239,238],[90,34,94],[100,100,100]]
kernel = [[0.0,0.6],[0.1,0.3]]
k = 2
def my_conv(input,kernel,size):
    out_h = (len(input) - len(kernel) + 1)
    out_w = (len(input[0]) - len(kernel) + 1)
    out = [[0 for i in range(out_w)]for j in range(out_h)]
    for i in range(out_h):
        for j in range(out_w):
            out[i][j] = compute_conv(input,kernel,i,j,size)
    return out
def compute_conv(input,kernel,i,j,size):            #定义卷积操作
    res = 0
    for kk in range(size):
        for k in range(size):
            res += input[i+kk][j+k] * kernel[kk][k]
    return int(res)
result = my_conv(array,kernel,k)
for i in range(len(result)):
    print(' '.join(map(str,result[i])))
```

2. 池化层

池化层的引入是仿照人的视觉系统对视觉输入对象进行降维和抽象，它实际上是一种形式的降采样。非线性池化函数有多种不同的形式，其中"最大池化(Max pooling)"是最常见的，它是将输入的图像划分为若干个矩形区域，对每个子区域输出最大值。在直觉上，这种机制能够有效的原因在于，在发现一个特征之后，它的精确位置远不及它和其他特征相对位置的关系重要。池化层会不断地减小数据的空间大小，因此参数的数量和计算量也会下降，这在一定程度上也控制了过拟合。

池化层滤波器的大小一般为(2,2)，类似于卷积运算，随着滤波器的移动，依次选择窗口内的最大值作为输出，结果如图 10.14 所示。

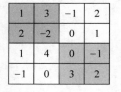

图 10.14　池化操作

池化操作后的结果相比其输入缩小了。

在卷积神经网络的工作中池化层主要有如下作用：

(1) 特征不变性。池化操作使模型更加关注是否存在某些特征而不是特征的具体位置。其中不变性包括平移不变性、旋转不变性和尺度不变性。平移不变性是指输出结果对输入的小量平移基本保持不变，例如输入为(1,3)，最大池化将会取 3，如果将输入右移一位得到(3,−1)，输出的结果仍然为 3。对于伸缩的不变性，如果原先的神经元在最大池化操作后输出 3，那么经过伸缩(尺度变换)后，最大池化操作在该神经元上的输出很大概率仍是 3。

(2) 特征降维(下采样)。池化相当于在空间范围内做了维度约减，从而使模型可以抽取更加广的范围的特征，同时减小了下一层的输入，进而减少计算量和参数个数。

（3）在一定程度上防止过拟合，更方便优化。

3. 全连接层

前面介绍了使用全连接层堆叠的方式构造前馈神经网络模型，前一层的神经元与后一层的神经元全部相连，这种连接方式有什么问题呢？

首先，使用全连接层构造的前馈神经网络模型需要大量的参数，以常见的单通道 640×480 的图像为例，图像输入时需要 $640\times480=307\,200$ 个节点，假设网络有 3 个隐藏层，每层 100 个节点，则需要 $640\times480\times100+100\times100+100\times100=3.074\times10^{7}$ 个连接，这样的计算资源消耗是人们难以接受的。

其次，输入数据的形状被"忽略"了，所有输入全连接层的数据被拉平成了一堆数据，例如输入图像时，输入数据是在高、宽、通道方向上的三维数据，这个形状中包含重要的空间信息。一般来说空间上邻近的像素会是相似的值，各通道之间的像素值有密切的关联，而相距较远的像素之间关联性较少，三维形状中可能含有值得提取的本质模式。而在全连接层，图像被平整成一堆数据后，一个像素点对应一个神经元，图像相邻像素间的关联被破坏，无法利用与形状相关的信息。

在全连接构成的前馈神经网络中，网络的参数除了权重以外还有偏置，在卷积神经网络中卷积核的参数对应全连接的权重，同时在卷积神经网络中也存在偏置，如图 10.15 所示。

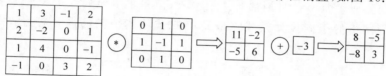

图 10.15 卷积运算偏置

卷积层中参数的数量是所有卷积核中参数的总和，相较于全接连的方式，极大地减少了参数的数量，而且卷积层可以保持数据的形状不变，图像数据输入卷积层时，卷积层以三维数据的形式接收，经过卷积操作后同样以三维数据的形式输出至少一层，保留了空间信息。

10.6 循环神经网络

循环神经网络（Recurrent Neural Network，RNN）出现于 20 世纪 80 年代，其雏形见于美国物理学家 J. J. Hopfield 于 1982 年提出的可用作联想存储器的互联网络——Hopfield 神经网络模型。卷积神经网络擅长处理大小可变的图像，循环神经网络则对可变长度的序列数据具有较强的处理能力。

10.6.1 循环神经网络概述

循环神经网络用于解决训练样本输入是连续的序列，且序列长短不一的问题，比如基于时间序列的问题。基础的神经网络只在层与层之间建立了权连接，循环神经网络最大的不同之处就是在层之间的神经元之间也建立了权连接。

循环网络在每一个时间点都有一个单独的参数，可以在时间上共享不同序列长度或序列不同位置的统计强度，并使得模型能够扩展到应用于不同形式的样本。简单循环网络结构示意图如图 10.16 所示。

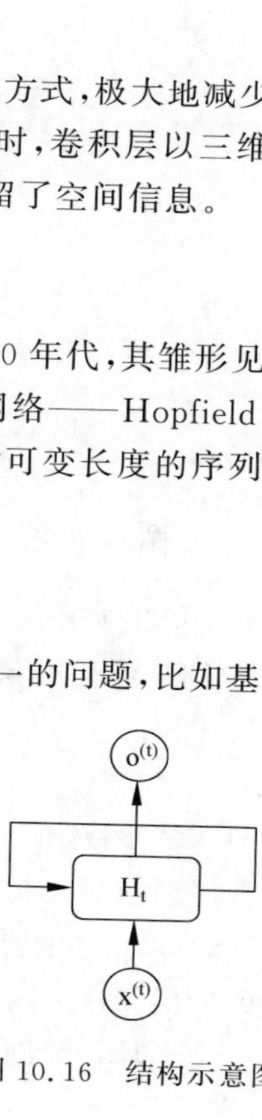

图 10.16 结构示意图

在 t 时刻，H 会读取输入层的输入 $x^{(t)}$，并输出一个值 $o^{(t)}$，同时 H 的状态值会从当前步传递到下一步。也就是说，H 的输入除了来自输入层的输入数据 $x^{(t)}$ 以外，还来自上一时刻 H 的输出。这样就不难理解循环神经网络的工作过程了。从理论上来讲，一个完整的循环神经网络可以看作同一网络结构被无限运行的结果（一些客观原因的存在使得无限运行无法真正地完成）。循环神经网络在每一个时刻会有一个输入 $x^{(t)}$，H 根据 $x^{(t)}$ 和上一个 H 的结果提供一个输出 $o^{(t)}$。将循环神经网络的计算按时间先后展开如图 10.17 所示。

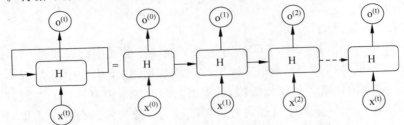

图 10.17　按时间先后展开的循环神经网络示意图

10.6.2　循环神经网络的设计模式

循环神经网络要求每一个时刻都有一个输入，但是不一定每个时刻都需要有输出。这涉及了循环神经网络的不同设计模式。最简单的循环体结构的循环神经网络如图 10.18 所示。

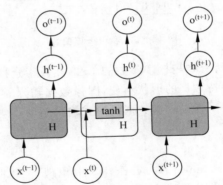

图 10.18　在循环神经网络中使用单层全连结构作为循环体（隐藏层）

10.6.3　循环神经网络的运算

对于简单循环网络计算图，输入层到隐藏层的参数为权重矩阵 U，隐藏层到输出层的参数为权重矩阵 V，隐藏层到隐藏层的反馈连接参数为权重矩阵 W，该循环神经网络的前向传播插值公式为：

$$a_t = b + Wh^{(t)} + Ux^{(t)}, \quad h^{(t)} = \tanh(a_t), \quad o^{(t)} = c + Vh^{(t)}$$

其中的网络参数为 3 个权重矩阵 U、V 和 W 以及两个偏置向量 b 和 c。该循环神经网络将一个输入序列映射为相同长度的输出序列。对于分类任务，可以将输出层的神经元分别通过 softmax 分类层（主要作用是输出各个类的概率）进行分类；对于回归任务，可以直接将输出层神经元的信息作为需要使用的回归值。

一个循环神经网络前向传播的具体计算过程（不包括 softmax 部分）如图 10.19 所示。

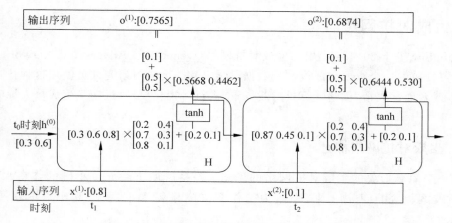

图 10.19　循环神经网络的局部前向传播示意图

10.6.4　循环神经网络的 Python 实现

例 10.6　用 Python 实现简单循环神经网络前向传播的计算过程示例。
程序代码如下：

```python
import numpy as np
# 定义相关参数，init_state 是输入 t1 的 t0 时刻输出的状态
x = [0.8,0.1]
init_state = [0.3,0.6]
W = np.asarray([[0.2,0.4],[0.7,0.3]])
U = np.asarray([0.8,0.1])
b_h = np.asarray([0.2,0.1])
V = np.asarray([[0.5],[0.5]])
b_o = 0.1
# 执行两轮循环，模拟前向传播过程
for i in range(len(x)):
    # NumPy 的 dot() 函数用于矩阵相乘，函数原型为 dot(a,b,out)
    before_activation = np.dot(init_state,W) + x[i] * U + b_h
    # NumPy 也提供了 tanh() 函数实现双曲正切函数的计算
    state = np.tanh(before_activation)
    # 本时刻的状态作为下一时刻的初始状态
    init_state = state
    # 计算本时刻的输出
    final_output = np.dot(state,V) + b_o
    # 打印 t1 和 t2 时刻的状态和输出信息
    print("t%s state: %s" % (i+1,state))
    print("t%s output: %s" % (i+1,final_output))
```

程序运行结果如图 10.20 所示。

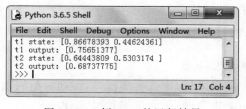

图 10.20　例 10.6 的运行结果

10.7　生成对抗网络

Goodfellow 等于 2014 年提出的生成对抗网络（Generative Adversarial Networks,GAN）是深度学习领域的一个重要生成模型。数据科学家和深度学习研究人员使用这种技术生成逼真的图像，改变面部表情，创建计算机游戏场景，进行可视化设计，近期又生成令人惊叹的艺术作品。

10.7.1　生成对抗网络概述

先看一个简单形象的生成对抗网络的思想：警察严惩小偷导致小偷的盗窃水平提升，警察为了破案提高自己的水平，小偷为了作案提高偷盗水平，警察和小偷的水平都越来越高。

下面通过一个人脸识别的案例来说明 GAN 原理，假设已有采集的人脸样本数据集，但这里的人脸数据集没有类别标签，即我们不知道哪个人脸对应的是谁。例子中的人脸生成器和判别器都采用神经网络。计算流程结构如图 10.21 所示。

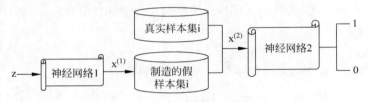

图 10.21　计算流程结构图

图 10.21 左半部分（神经网络 1）的生成模型是神经网络结构，输入是一组随机数 z，输出是一个图像；右半部分（神经网络 2）是判别模型，也是一个简单的神经网络结构，输入一幅图像，输出是一个概率值，用于判断真假时使用（概率值大于 0.5 为真，小于 0.5 为假）。

从图中可以看到会存在两个数据集，一个是真实数据集，另一个是由生成网络生成的假数据集。

判别模型的目的：能判别出来输入的图是来自真实样本集还是假样本集。例如输入的是真样本，网络输出接近 1；输入的是假样本，网络输出接近 0。

生成网络的目的：使得自己生成样本的能力尽可能强，强到判别网络无法判断自己生成的样本是真还是假。

由此可见，生成模型与判别模型的目的正好相反，一个说我能判别得好，一个说我让你判别不好，所以叫作对抗，也称为博弈。

最后的结果到底是谁赢，就要归结于模型设计者希望谁赢了。作为设计者，如果要得到以假乱真的样本，那么就希望生成模型赢，希望生成的样本很真，判别模型的能力不足以区分真假样本。

10.7.2　生成对抗网络算法

生成对抗网络的训练过程如下：

（1）在噪声数据分布中随机采样，输入生成模型，得到一组假数据，记为 D(z)；

（2）在真实数据分布中随机采样，作为真实数据，记作 x；

（3）将前两步中某一步产生的数据作为判别网络的输入（因此判别模型的输入为两类数据，真或假），判别网络的输出值为该输入属于真实数据的概率，True 为 1，False 为 0，然后根据得到的概率值计算损失函数；

（4）根据判别模型和生成模型的损失函数，可以利用反向传播算法，更新模型的参数（先更新判别模型的参数，然后通过再采样得到的噪声数据更新生成模型的参数）。

用 Mini-batch 随机梯度下降训练生成对抗网络。应用于判别器的梯度下降次数 k 是超参数。为了选择最低代价，这里取 k＝1，算法描述如下：

step1   for 训练迭代次数 do

step1-1   for 优化 k 次 do

step1-1-1   从先前分布 $p_g(z)$ 选取 m 个噪声样例 $\{z^{(1)}, \cdots, z^{(m)}\}$

step1-1-2   从数据分布 $p_{data}(x)$ 选取 m 个样例 $\{x^{(1)}, \cdots, x^{(m)}\}$

step1-1-3   获得生成对抗网络数据 $\{\tilde{x}^{(1)}, \tilde{x}^{(2)}, \cdots, \tilde{x}^{(n)}\}, \tilde{x}^{(i)} = G(z^{(i)})$

step1-1-4   利用提升随机梯度来更新判别器：

$$\nabla_{\theta_d} \frac{1}{m} \sum_{i=1}^{m} \left[\log D(x^{(i)}) + \log(1 - D(G(z^{(i)}))) \right]$$

step1-2   end for

step1-3   再从分布 $p_g(z)$ 选取 m 个噪声样本 $\{z^{(1)}, \cdots, z^{(m)}\}$

step1-4   通过减去其随机梯度来更新生成器：

$$\nabla_{\theta_g} \frac{1}{m} \sum_{i=1}^{m} \log(1 - D(G(z^{(i)})))$$

step2   end for

当生成模型和判别模型都是多层感知机时，可直接应用生成模型框架。为了在输入数据 x 上学习生成器的分布 p_g，在输入噪声变量 $p_z(z)$ 上定义先验，然后将数据空间的映射表示为 $G(z; \theta_g)$，其中 G 是由多层感知机表示的可微函数，参数是 θ_g。另外还定义了输出单个标量的第二个多层感知机 $D(x; \theta_d)$。$D(x)$ 表示 x 来自数据而不是 p_g 的概率。训练 D 最大化为训练样本和来自 G 的样本分配正确标签的概率（即最大化 $\log D(x)$）。同时训练 G 最小化 $\log(1 - D(G(z)))$。换句话说，D 和 G 使用值函数 $V(G, D)$ 进行以下二元极小极大博弈：

$$\min_G \max_D V(D, G) = E_{x \sim p_{data}(x)}[\log D(x)] + E_{z \sim p_z(z)}[\log(1 - D(G(z)))] \tag{10-18}$$

假如 G 固定，那么最大化 $V(G, D)$ 就相当于下列积分值取得最大：

$$V(G, D) = \int_x p_{data}(x) \log(D(x)) dx + \int_z p_z \log(1 - D(g(z))) dz$$

$$= \int_x p_{data}(x) \log(D(x)) + p_g(x) \log(1 - D(x)) dx$$

可以证明，积分在满足下式时取最大：

$$D_G^*(x) = \frac{p_{data}(x)}{p_{data}(x) + p_g(x)}$$

习题 10

10-1 选择题：

（1）人工智能、机器学习和深度学习的关系是（   ）。

     A. 人工智能⊃机器学习⊃深度学习   B. 人工智能⊃深度学习⊃机器学习

     C. 深度学习⊃机器学习⊃人工智能   D. 机器学习⊃人工智能⊃深度学习

扫一扫

自测题

(2) 下列( )是深度学习快速发展的原因。

    A. 现在有了更好、更快的计算能力

    B. 神经网络是一个全新的领域

    C. 因特网上产生大量的多媒体数据

    D. 深度学习已经取得了重大的进展,比如在在线广告、语音识别和图像识别方面有了很多的应用

(3) 使得自己生成样本的能力尽可能强,强到判别网络无法判断自己生成的样本是真还是假,它是( )。

    A. 判别模型的目的   B. 生成网络的目的

    C. BP 网络的目的   D. 循环网络的目的

(4) 卷积神经网络主要由 3 种网络层构成,不包括( )。

    A. 卷积层   B. 池化层   C. 全连接层   D. 网络层

10-2   填空题:

(1) 从系统的观点上讲,人工神经元网络是由大量神经元通过极其丰富和完善的链接而构成的( )、非线性、动力学系统。

(2) 感知机的多个输入信号都有各自的权重,权重越大,对应信号的( )就越高。

(3) L2 损失是使用最广泛的损失函数,在优化过程中更为稳定和准确,但是对于( )敏感。

(4) 神经网络是将( )连接在一起传递信息来协作完成复杂的功能。

(5) 循环神经网络要求每一个时刻都有一个( ),但是不一定每个时刻都需要有输出。

10-3   从信息处理角度来看,神经元具有哪些基本特征?写出描述神经元状态的方程,并说明其含义。

10-4   前馈神经网络与反馈神经网络有何不同?

10-5   在 Python 中提供了神经网络的第三方库 NeuroLab,用户可以通过 NeuroLab 实现一个深层神经网络。运行以下程序并解释运行结果。

```
import numpy as np
import neurolab as nl
import matplotlib.pyplot as plt
min_value = - 12
max_value = 12
num_datapoints = 90
x = np.linspace(min_value, max_value, num_datapoints)
y = 2 * np.square(x) + 7
y/ = np.linalg.norm(y)
data = x.reshape(num_datapoints, 1)
labels = y.reshape(num_datapoints, 1)
plt.figure()
plt.scatter(data, labels)
plt.xlabel('X - axis')
plt.ylabel('Y - axis')
plt.title('Input data')
plt.show()
multilayer_net = nl.net.newff([[min_value, max_value]], [10, 10, 10, 10, 1])
multilayer_net.trainf = nl.train.train_gd
error = multilayer_net.train(data, labels, epochs = 800, show = 100, goal = 0.01)
predicted_output = multilayer_net.sim(data)
```

```
plt.figure()
plt.plot(error)
plt.xlabel('Number of epoches')
plt.ylabel('Error')
plt.title('Training error progress')
plt.show()
x2 = np.linspace(min_value,max_value,num_datapoints * 2)
y2 = multilayer_net.sim(x2.reshape(x2.size,1)).reshape(x2.size)
y3 = predicted_output.reshape(num_datapoints)
plt.figure()
plt.plot(x2,y2,'-',x,y,'.',x,y3,'p')
plt.title('Ground truth va predicted output')
plt.show()
```

参 考 文 献

［1］ 李忠.数据挖掘技术及应用实践［M］.北京：清华大学出版社,2022.

［2］ 魏伟一,张国治.Python 数据挖掘与机器学习［M］.北京：清华大学出版社,2021.

［3］ 刘金岭,钱升华.文本数据挖掘与 Python 应用［M］.北京：清华大学出版社,2021.

［4］ Han J W,Kamber M,Pei J.数据挖掘：概念与技术（原书第 3 版）［M］.范明,孟小峰,译.北京：机械工业出版社,2012.

［5］ 陈燕.数据挖掘技术与应用［M］.2 版.北京：清华大学出版社,2016.

［6］ 高随祥,文新,马艳军,等.深度学习导论与应用实践［M］.北京：清华大学出版社,2019.

［7］ 李涛.大数据时代的数据挖掘［M］.北京：人民邮电出版社,2020.

［8］ 吴建生,许桂秋.数据挖掘与机器学习［M］.北京：人民邮电出版社,2022.

［9］ 方小敏.Python 数据挖掘实战［M］.北京：电子工业出版社,2021.

［10］ 田雅娟.数据挖掘方法与应用［M］.北京：科学出版社,2022.

［11］ Yuan G,Sun P,Zhao J,et al. A Review of Moving Object Trajectory Clustering Algorithms［J］. Artificial Intelligence Review,2017,47(1)：123-144.